새들의 천재성

# 새들의 천재성

제니퍼 애커먼

김소정 옮김

까치

THE GENIUS OF BIRDS

Jennifer Ackerman

Copyright © 2016 by Jennifer Ackerman

Illustrations by John Burgoyne

역자 김소정(金昭廷)

대학교에서 생물학을 전공했고 과학과 역사를 좋아한다. 꾸준히 동네 분들과 독서 모임을 하고 있고, 번역계 후배들과 함께 번역을 공부하고 있다. 실수를 하고 좌절하고 배우고 또 실수를 하는 과정을 되풀이하고 있지만, 꾸준히 성장하는 사람이기를 바라며 되도록 오랫동안 번역을 하면서 살아가기를 바란다. 『아주, 기묘한 날씨』, 『내가 너에게 절대로 말하지 않는 것』, 『허즈번드 시크릿』, 『만물과학』 등을 번역했다.

편집, 교정 _ 권은희(權恩喜)

## 새들의 천재성

저자 / 제니퍼 애커먼

역자 / 김소정

발행처 / 까치글방

발행인 / 박후영

주소 / 서울시 용산구 서빙고로 67, 파크타워 103동 1003호

전화 / 02·735·8998, 736·7768

팩시밀리 / 02·723·4591

홈페이지 / www.kachibooks.co.kr

전자우편 / kachibooks@gmail.com

등록번호 / 1-528

등록일 / 1977. 8. 5

초판 1쇄 발행일 / 2017. 8. 30

　　3쇄 발행일 / 2022. 2. 25

값 / 뒤표지에 쓰여 있음

ISBN 978-89-7291-640-6   03490

이 도서의 국립중앙도서관 출판예정도서목록(CIP)은 서지정보유통지원시스템 홈페이지(http://seoji.nl.go.kr)와 국가자료공동목록시스템(http://www.nl.go.kr/kolisnet)에서 이용하실 수 있습니다. (CIP제어번호: CIP2017020602)

칼에게, 내 모든 사랑을 담아

# 차례

새들의 천재성

# 새들의 천재성

아주 오래 전부터 사람들은 새들은 멍청하다고 트집을 잡아왔다. 새는 구슬 같은 눈에 뇌가 땅콩만 한, 날개 달린 파충류라고 말이다. 영어로 비둘기 머리(pigeon head), 칠면조(turkey)는 멍청이라는 뜻이다. 새는 창문으로 날아와 창문에 비친 자기 모습을 부리로 쪼고, 전선에 앉았다가 감전되어 죽는다.

영어에는 새를 무시하는 말들이 가득하다. 쓸모없거나 시시한 물건을 가리킬 때는 "새들에게나 필요한 것(for the birds)"이라고 말한다. 임기말이 되어 힘이 약해진 정치인에게는 "레임 덕(lame duck, 절름발이 오리)"이 왔다고 한다. 완전히 실패했을 때에는 "알을 낳다(lay an egg)"라고 하고, 끊임없이 괴롭힘을 당할 때는 "암탉에게 쪼인다(henpecked)"고 한다. "까마귀를 먹는다(eating crow)"는 표현은 굴욕을 참는다는 뜻이다. 1920년대 초반부터 영어에서는 멍청이, 바보, 산만한 사람을 가리킬 때, "새대가리(bird brain)"라는 표현을 쓰기 시작했는데, 그 이유는 사람들이 새를 뇌가 작아서 생각할 능력이 전혀 없는 그저 날아다니고 쪼기나 하는 기계라고 생각했기 때문이다.

이런 편견은 점차 사라지고 있다. 지난 20여 년 동안 전 세계 과학자들은 현장과 실험실에서 연구를 하면서 조류가 영장류만큼이나 훌륭하게 뇌를 활용하는 모습을 끊임없이 목격해왔다. 장과류의 열매와 풀, 꽃

등을 이용해서 암컷을 유혹하는 멋진 작품을 만드는 새도 있고, 수십 제곱킬로미터가 넘는 곳에 3만3,000개나 되는 씨앗을 여기저기 숨겨두었다가 몇 달이 지난 뒤에도 숨긴 장소를 어김없이 기억해서 찾아 먹는 새도 있다. 다섯 살 아이와 거의 비슷한 속도로 고전적인 퍼즐을 푸는 새도 있고, 능숙하게 자물쇠를 여는 새도 있다. 수를 세고 간단한 산수를 하는 새도 있고, 도구를 만드는 새도 있으며, 음악의 박자에 맞춰 몸을 흔드는 새도 있고, 물리학의 기본 원리를 이해하는 새도 있고, 과거를 기억하고 미래를 계획하는 새도 있다.

과거에도 사람과 거의 비슷한 영리함을 발휘하여 유명해진 동물들은 여럿 있었다. 침팬지는 나무토막으로 창을 만들어 작은 영장류를 사냥하고, 돌고래는 휘파람을 불거나 이를 부딪치는 복잡한 신호체계로 서로 의사소통을 한다. 유인원들은 동료를 위로하며 코끼리는 동료가 죽으면 슬퍼한다.

이제 새가 명성을 얻을 차례이다. 수많은 연구 결과가 지금까지의 편견은 틀렸다고 말하고 있고, 사람들은 마침내 새가 우리가 생각했던 것보다 훨씬 더 영리하다는—여러 가지 측면에서 볼 때, 조류가 파충류보다는 영장류와 더 가까운 친척이라는—사실을 받아들이기 시작했다.

1980년대가 시작될 무렵에 매력적이고 영리한 알렉스라는 이름의 회색앵무는 과학자 아이린 페퍼버그와 함께 영장류만큼이나 지적 능력이 뛰어난 새도 있음을 세상에 알려주었다. 회색앵무의 평균 수명의 절반 정도인 서른한 살에 갑자기 죽기 전까지 알렉스는 사물과 색과 모양을 가리키는 영어 단어 수백 개를 익혔다. 알렉스는 수와 색과 모양이 같은지 다른지를 구별할 수 있었고, 쟁반에 놓인 다양한 색과 재료의 물체들 중에서 특정한 종류의 물체가 몇 개 있는지를 알아맞힐 수 있었다. 페퍼버그가 녹색과 주황색 열쇠 몇 개를 코르크 몇 개와 같이 두고 "녹색 열쇠가 몇 개 있지?"라고 물어보면, 알렉스는 열 번에 여덟 번은 정확하게 맞혔다. 알렉스는 더하기 문제도 숫자를 이용해 맞힐 수 있었다. 페퍼버그는 알렉스가 0과 같은 추상적인 개념을 익힌 것, 일렬로 늘어놓은 수의 위치를 보고 그 수가 가지는 의미를 알게 된 것, 아이들처럼 한 음절씩 또박또박 단어를 말할 수 있게 된 것 등 엄청난 일들을 해냈다고 했다. 알렉스를 보기 전까지 우리는 사람의 단어를 사용하는 존재는 거의 전적으로 우리밖에 없다고 생각했다. 그러나 알렉스는 사람이 사용하는 단어를 이해했을 뿐만 아니라 그 단어를 사용해서 논리와 정보를 전달하고, 어쩌면 감정까지 표현했을 수도 있다. 알렉스는 죽기 전날 밤에 자기를 새장에 넣는 페퍼버그에게 늘 하던 대로 "잘 지내. 내일 봐. 사랑해"라고 말했다. 그것이 알렉스가 남긴 마지막 말이었다.

1990년대가 되자, 남태평양에 있는 조그만 섬 뉴칼레도니아에서 직접 도구를 만들어 쓴다는 야생 까마귀에 관한 보고서가 쏟아져 나오기 시작했다. 까마귀들은 서식지에 따라서 도구를 다르게 만들어 썼을 뿐만 아니라 한 세대가 만든 도구 제작법은 다음 세대로 전달되는 듯했다. 이는 사람의 문명을 떠오르게 하는 행동이자, 정교한 도구를 만들려면 반드시 영장류 뇌가 있어야 한다는 주장에 반론을 제기하는 증거였다 (뇌 과학에서는 흔히 사람의 뇌는 파충류 뇌, 포유류 뇌, 영장류 뇌로 이루어져 있다고 한다. 파충류 뇌는 반사신경 같은 본능을 담당하고, 포유류 뇌는 감정을, 인간 뇌라고도 부르는 가장 늦게 진화한 영장류 뇌는 논리를 담당한다고 알려져 있다/옮긴이).

이 뉴칼레도니아까마귀들의 문제 해결 능력을 알아보려고 까마귀에게 여러 가지 문제를 제시한 과학자들은 까마귀들의 뛰어난 능력에 깜짝 놀랐다. 2002년에 옥스퍼드 대학교의 알렉스 카셀릭 연구팀은 뉴칼레도니아에서 포획한 베티라는 까마귀에게 "네 부리로는 닿지 않을 텐데, 이 긴 통 바닥에 있는 먹이를 꺼내먹을 수 있겠니?"라고 물었다. 그러자 베타는 놀랍게도 철사를 구부려 갈고리를 만들더니, 그 철사를 통에 넣고는 수월하게 먹이를 꺼내먹었다.

"우리 만난 적 있나? 비둘기는 익숙한 사람의 얼굴을 기억한다", "박새 울음소리에 담겨 있는 구문", "문조가 구별하는 언어", "협화음을 좋아하는 병아리", "리더십을 결정하는 흑기러기의 성격", "영장류와 동등한 숫자 감각을 지닌 비둘기"처럼 눈이 휘둥그레질 정도로 놀라운 제목을 붙인 많은 연구 논문들이 과학 잡지에 실렸다.

**새대가리 :** 이런 중상모략은 새는 뇌가 아주 작기 때문에 본능에 따른 행동밖에는 할 수 없을 것이라는 믿음에서 비롯되었다. 조류의 뇌에는 온갖 "영리한" 행동을 할 수 있게 해준다는 사람의 피질(cortex) 같은 조직은 없다. 우리는 새의 머리가 작은 데에는 분명히 이유가 있다고 생각한다. 머리가 작아야 중력을 거스르고 하늘로 올라가 공중에 떠 있고, 재빨리 하강하고 솟구쳐 오르고 몇 날 며칠을 상공에 머물고 수천 킬로미터를 이동하고 좁은 공간을 능숙하게 빠져나오는 등 날짐승으로서의 삶을 제대로 살아갈 수 있다고 말이다. 사람들에게는 새가 하늘에서 제대로 살기 위해서 인지능력을 기꺼이 포기한 것처럼 보인다.

그러나 자세히 들여다보면 그렇지 않음을 알게 된다. 당연히 새의 뇌는 실제로 사람의 뇌와는 아주 다르다. 사람과 새의 조상이 같았던 시기는 3억 년 전이 끝으로, 그 뒤로는 오랜 시간 동안 서로 독자적으로 진화해왔으니 그럴 수밖에 없다. 하지만 사람처럼 몸집에 비해서 상대적으로 뇌가 큰 새도 있다. 그런데 뇌가 발휘하는 능력은 뇌의 크기가 아니라 뉴런의 수, 뉴런의 위치, 뉴런의 연결 상태에 더 크게 영향을 받는다고 알려져 있다. 일부 새들의 경우, 뉴런의 수가 영장류만큼이나 많고 조밀하며, 뉴런이 사람처럼 복잡하게 연결되어 있다는 사실이 밝혀졌다. 일부 새들이 뛰어난 인지능력을 가진 이유를 이런 뉴런의 양상으로 설명할 수 있을지도 모른다.

사람의 뇌처럼 새의 뇌도 좌우 기능이 나누어져 있다. 각기 다른 정보를 처리하는 좌반구와 우반구가 있는 것이다. 또한 새의 뇌도 가장 필요한 순간에 오래된 세포를 새로운 세포로 대체하는 능력이 있다. 새의 뇌와 사람의 뇌는 전적으로 다른 방식으로 조직되어 있지만 유전자와 신경 회로는 비슷하게 공유하고 있으며, 정신적 능력이 뛰어나다는 점도 비슷하다. 예를 들면 까치는 거울에 비친 자기 모습을 인식할 수 있다. 한때 "자기 자신"을 인식하는 능력은 사람이나 유인원, 코끼리, 돌고래처럼 사회적 공감 능력이 고도로 발달한 몇몇 종만이 가진 특징이라고 알려져 있었다. 캘리포니아덤불어치는 먹이를 저장한 장소를 다른 어치가 찾지 못하도록 아주 교묘한 전략을 구사한다. 단, 자기가 물건을 훔친 경험이 있을 때에만 그런 전략을 사용한다. 이런 어치들은 아주 기초적인 수준에서는 다른 새들이 무슨 "생각"을 하는지 아는 것 같으며, 다른 어치들의 관점도 인지하는 것처럼 보인다. 특별한 장소에—그리고 언제—어떤 종류의 먹이를 숨겨두었는지도 기억해서 먹이가 썩기 전에 회수하는 어치도 있다. 특정한 사건이 일어난 장소와 시간, 일어난 일을 기억하는 능력을 일화 기억(episodic memory)이라고 하는데, 어치들에게 일화 기억 능력이 있다는 사실은 과거를 회상할 수 있음을 보여주는 증거라고 생각하는 과학자도 있다. 한때 사람의 고유한 능력이라고 자부했던 시간 여행을 하려면 일화 기억이 반드시 있어야 한다.

명금(鳴禽)이 노래를 배우는 방식은 사람이 언어를 배우는 방식과 같은데, 우리 영장류 조상이 여전히 네 발로 허둥지둥 돌아다니던 수천만 년 전에 이미 명금은 저마다 자기 문화에 맞는 다양한 곡조(tune)를 후대에 전수했다.

천성이 기하학자로 태어나는 새도 있다. 그런 새들은 기하학 단서와 주요 지형지물을 활용해 3차원 공간에서 자기가 어디에 있는지 파악하고, 알지 못하는 장소에서 길을 찾고, 보물을 숨겨놓은 장소를 찾아낸다. 회계사로 태어나는 새도 있다. 2015년에 과학자들은 갓 태어난 병아리가 사람처럼 수를 왼쪽에서 오른쪽으로 센다는 사실을 알아냈다(왼쪽은 더 적음을 의미하고, 오른쪽은 더 많음을 의미한다). 이는 병아리도 사람처럼 왼쪽에서 오른쪽으로 진행하는 방향 체계—고등 수학을 하려면 반드시 갖추고 있어야 하는 인지 전략—를 갖추고 있다는 뜻이다. 아기 새도 비율을 이해할 수 있으며 사물의 순서를 나타내는 서수—세 번째, 여덟 번째, 아홉 번째 등—를 가지고 줄 지어 있는 물체들 가운데 목표물을 골라내는 법을 배울 수 있다. 또한 더하기나 빼기 같은 간단한 산수 계산도 할 수 있다.

새의 뇌는 크기는 작을지 몰라도 그 능력만큼은 결코 작지 않다.

내 눈에 새가 바보 같아 보였던 적은 한번도 없다. 오히려 기질이나 재능 면에서 그렇게 영민하고 생동감 있고, 활기 넘치는 생명체는 그다지 많이 보지 못했다. 정말이다. 한번은 탁구공이 아주 맛있는 알이라고 생각했는지, 탁구공을 깨려고 애쓰던 갈까마귀 이야기를 들은 적이 있다. 스위스에 놀러 간 내 친구는 건조한 북서풍이 불어올 때, 커다란 꼬리를 부채처럼 부치는 공작을 보았다. 그 공작은 꼬리를 축 늘어뜨렸다가 똑바로 세우고 부채질을 한 뒤에 다시 축 늘어뜨렸다가 똑바로 세우고 부채질하기를 예닐곱 번이나 연속해서 했다. 우리 집 벚나무에서 둥지를 틀고 사는 울새는 봄이면 마치 경쟁자가 있기라도 한 것처럼 우리 차의 사이드미러로 날아와 거울에 비친 자기 모습을 부리로 쪼아대고 차문에 기다란 배설물을 뿌리고 간다.

이 세상에 허영심 때문에 넘어져본 적이 없고, 자기 자신이 만든 허상을 적으로 삼아본 적이 없는 사람이 과연 있을까?

거의 한평생 새를 관찰해왔지만, 나는 항상 그 작은 몸에서 뿜어져나오는 감당하기가 힘들 것 같은 엄청난 용기와 집중력, 탄탄함과 잽싼 활력에 감탄하게 된다. 루이스 할이 언젠가 쓴 것처럼 "그렇게 강렬하게 살다가는 사람은 곧 기진맥진해지고 말 것이다." 내가 오래 전부터 살고 있는 이 마을에서 흔히 볼 수 있는 새들은 왕성한 호기심을 가지고 태평하게 살아가는 것처럼 보인다. 마치 재산이 많은 왕자라도 되는 것처럼 우리 집 쓰레기통 주위를 활보하는 미국까마귀들은 정말로 기지가 넘쳐 보인다. 나는 한번은 도로 한가운데서 크래커를 두 개 쌓더니 안전한 곳으로 가져가서 게걸스럽게 먹어치우는 미국까마귀를 본 적도 있다.

어느 해인가는 북아메리카귀신소쩍새가 우리 집 부엌의 창문에서 불과 몇십 센티미터 거리의 단풍나무에 달아둔 새 상자에 둥지를 틀었다. 낮이면 소쩍새는 우리 집 창문에서 곧바로 보이는 구멍으로 동그란 머리만 내민 채 계속 잠만 잤다. 하지만 밤이면 상자에서 나와 사냥을 다녔다. 나는 새벽 동이 틀 무렵이면 상자 밖으로 비둘기나 울새의 슬픈 날개가 삐져나와 녀석의 뱃속으로 사라지기 전까지 파닥거리는 모습을 보면서 이 녀석이 얼마나 화려하게 사냥에 성공했는지를 알 수 있었다.

심지어 델라웨어 만에서 만난 붉은가슴도요도 아주 인상적이었다. 이 새는 아주 영리하다는 평가는 받은 적이 없는데도 보름달이 뜨는 봄이면 언제, 어디로 가야 투구게가 낳은 알을 잔뜩 먹을 수 있는지 아는 것 같았다. 도대체 하늘에는 어떤 달력이 있기에 도요새에게 북쪽으로 오라고, 어딘가로 가라고 말해주는 것일까?

나에게 새들에 대해서 가르쳐준 사람은 두 명의 빌이었다. 첫 번째 빌은 나의 아버지 빌 고럼이다. 아버지는 내가 일고여덟 살 무렵에 우리 집 근처에 있던 새 관찰지로 나를 데려갔다(우리 집은 수도 워싱턴에 있었다). 새를 보러 가는 여정은 워싱턴 순환도로판 스웨덴 새벽산책 (gökotta)이었다. 자연을 감상하려고 이른 아침에 떠나는 이 여행이 나에게는 정말로 즐거운 어린 시절의 추억으로 남아 있다. 매년 봄이 되면 우리는 에밀리 디킨슨이 쓴 것처럼 "공간처럼 운율적이지만/정오처럼 가까운 음악"이 수천 가지 새들의 노랫소리로 한데 뒤섞여 터져나오는 신비로운 순간을 경험하려고 주말마다 일찍 일어나 집을 떠나 새벽어둠을 뚫고 포토맥 강을 둘러싸고 있는 숲으로 갔다.

아버지는 보이스카우트 시절에 거의 앞이 보이지 않았던 아폴로 테일 포로스라는 노인에게서 새에 대해서 배웠다. 아폴로 노인은 오직 귀로만 듣고, 어떤 새인지를 알아맞혔다. 아메리카휘파람새, 노란꽁지휘파람새, 붉은풍금새. 아폴로 노인은 "저기 새가 있다. 가서 찾아봐"라고 소년들에게 소리쳤다. 아버지도 새 소리를 알아맞히는 데에 탁월한 재주가 있었다. 숲지빠귀의 플루트 같은 아름다운 소리도 노란목솔새의 부드럽게 위치티, 위치티 하는 소리도 흰목참새의 맑은 휘파람 소리도 아버지는 모두 구별했다.

나는 아버지와 함께 별이 빛나는 밤에 숲을 걸으면서 캐롤라이나굴뚝새의 거친 노랫소리를 들을 때마다 도대체 저 노랫말은 무슨 뜻인지, 어떻게 새들은 노래하는 법을 배우는 것인지 궁금해졌다. 한번은 어린 흰정수리북미멧새 수컷을 만났는데, 이 새는 히말라야 삼목의 낮은 가지에 앉아 있어서 모습은 보이지 않았지만 분명히 노래 연습을 하고 있었다. 부드럽게 휘파람을 불 듯이 지저귀던 그 새는 흰정수리북미멧새들이 부르는 노래를 정확하게 부를 수 있게 될 때까지 틀리면 다시 조용하고 끈질기게 처음부터 새로 불렀다. 나중에 알게 된 바로는 흰정수리북미멧새 수컷은 노래를 아비 새에게서 배우지 않고 태어난 곳에서 살아가는 다른 새들에게서 배운다고 한다. 아버지와 내가 산책을 다녔던 바로 그 숲과 강에서, 자기들만의 사투리를 세대에서 세대로 전달하는 것이다.

또다른 빌은 내가 살던 델라웨어 주 루이스에 있는 서식스 새 클럽에서 만났다. 빌 프레시는 오전 5시면 일어나서 밖으로 나와 4시간 내지 5시간 동안 루이스 주변의 숲이나 들판에서 흔히 볼 수 있는 물새나 작은 참샛과 새들을 관찰했다. 인내심 많고 헌신적이고 지치지 않는 관찰자였던 빌은 새를 발견할 때마다 새의 종류, 발견 장소, 시간을 꼼꼼하게 기록해서 델마바 조류학회에 제출했다. 빌이 제출한 기록은 델라웨어 주의 공식 조류 기록이 되었다. 이 빌은 귀가 거의 들리지 않았지만 눈으로 보이는 GISS(일반적 인상[general impression], 크기[size], 모양[shape])만으로도 새를 구분했다. 빌은 나에게 하늘 높은 곳에서 위아래로 요동치며 나는 모습으로 오색방울새를 확인하는 방법을, 전체적인 행동이나 걸음걸이로 멀리 있는 친구를 알아보듯이, 어떤 특성이나 행동, 형태로 물새들을 구별하는 방법을 알려주었다. 빌은 단순히 "새를 관찰하는 취미(birdwatching)"와 좀더 전문적으로 새를 관찰하는 "탐조(birding)"의 차이를 알려주면서 단순히 새를 구분하는 데에서 그치지 말고 행동하고 활동하는 모습도 주의 깊게 관찰하라고 했다.

이런저런 새 관찰 여행에서 내가 만난 새들은 자기들이 하는 일을 정확하게 알고 있는 것 같았다. 내 친구가 본 천막벌레나방 애벌레의 보금자리 바로 위에 자리를 잡고 앉아 있던 검은부리뻐꾸기처럼 말이다. 이 뻐꾸기는 은신처에서 나와 나무를 타고 올라가는 애벌레를 회전초밥을 먹는 것처럼 한 번에 한 마리씩 집어먹었다.

그러나 나는 까치, 어치, 박새, 왜가리의 깃털과 비행, 그들의 울부짖음과 노래에 경탄했지만, 그런 새들이 우리 영장류에 버금가는—심지어 우리 영장류를 뛰어넘는— 지적 능력이 있다는 생각은 한번도 해본 적이 없었다.

고작 땅콩만 한 뇌를 가진 생명체가 어떻게 그토록 정교하고 지적인 일을 해낼 수 있을까? 새들의 지능은 어떻게 형성되었을까? 새들의 지능은 우리의 지능과 같을까, 아니면 다를까? 어쩌면 새들의 작은 뇌가 우리의 큰 뇌에 관해서 해줄 말이 있지 않을까?

**지능은 아주** 애매한 개념이기 때문에 사람의 지능도 명확하게 규정하거나 측정하기가 어렵다. 한 심리학자는 지능은 "경험을 통해서 무엇인가를 배우거나 이득을 얻는 능력"이라고 정의했지만, 누군가는 "능력을 획득하는 능력"이라고 했다. 하버드 대학교의 심리학자 에드윈 보링도 그와 비슷하게 "지능이란 지능검사로 측정할 수 있는 무엇"이라는 순환 정의(전제와 결론을 비슷하게 제시하는 그릇된 정의/옮긴이)를 제시했다. 그 때문에 터프츠 대학교 학장이었던 로버트 스턴버그는 "지능을 정의하는 방법은 거의……지능을 정의해달라고 부탁받은 전문가 수만큼 있는 것 같다"며 비아냥거리기도 했다.

동물의 지능을 제대로 판단하려면 한 동물이 다양한 환경에서 얼마나 성공적으로 생존하고 생식할 수 있는지 알아야 한다. 이 기준대로라면 조류는 어류, 양서류, 파충류, 포유류를 포함한 거의 모든 척추동물보다 지능이 뛰어나다. 새는 지구의 거의 모든 야생에서 발견할 수 있는 동물이다. 적도에서 극지방까지, 저지대 사막에서 고지대 산맥까지, 지구의 모든 지역에서, 땅이건 바다건 민물이건 간에 거의 모든 서식지에서 새들은 살아간다. 생물학 용어로 말하자면, 새들은 아주 커다란 생태 지위

(ecological niche)를 차지하고 있는 셈이다.

새라는 동물군은 거의 1억 년이 넘는 시간 동안 지구에서 살고 있다. 자연의 위대한 성공 사례 가운데 하나인 새는 생존에 필요한 다양한 전략을 개발했는데, 새들의 독특한 재간들 가운데 적어도 몇 개는 사람의 재간을 훨씬 뛰어넘는 것처럼 보인다.

머나먼 과거의 어느 때인가에는 벌새부터 왜가리에 이르기까지 현존하는 모든 새의 공동조상(überbird)이 살았다. 현재 돌물떼새, 댕기물떼새, 올빼미앵무새, 솔개, 코뿔새, 넓적부리황새, 메추라기닭, 차찰라카 등, 지구상에 존재하는 새는 약 1만400종인데, 이는 포유류의 종수보다 두 배 이상 많은 수이다. 1990년대 말에 과학자들은 지구에 사는 야생 조류의 전체 개체수를 추정하면서 대략 2,000억에서 4,000억 개체쯤 된다는 결론을 내렸다. 지구에 사는 사람보다 30배 내지 60배 정도 더 많다는 뜻이다. 사람이 새보다 더 성공했다느니, 새보다 더 발달한 동물이라느니 하는 말은 그 말을 어떻게 정의하느냐에 따라서 다르게 결론을 내릴 수 있다. 결국 진화란 얼마나 진보했느냐가 아니라 얼마나 성공적으로 생존했느냐의 문제이다. 진화란 환경에서 발생한 문제를 어떻게 풀어나가느냐의 문제인데, 새들은 이 문제를 아주 오래 전부터 월등하게 잘 해내고 있다. 그 때문에 나는 많은 사람들이—심지어 새를 사랑하는 우리 같은 사람들도 아주 많은 수가—새들은 우리가 상상할 수 없을 정도로 영리하다는 사실을 쉽게 받아들이지 못한다는 것이 무엇보다도 놀랍다.

아마도 그 이유가 새는 사람하고 너무 달라서 새들이 가진 지적 능력을 우리가 완벽하게 이해할 수 없기 때문일 것이다. 새는 공룡이다. 새는 사촌에게 닥쳤던 재앙에서—그 재앙이 무엇이었는지 모르겠지만—살아남은 운이 좋고 융통성이 뛰어났던 몇 안 되는 공룡의 후손이다.

그에 반해서 우리 사람은 공룡이라는 야수가 거의 멸종한 뒤에야 그 그늘에서 벗어나 진화하기 시작한, 작고 소심했던 뾰족뒤쥐를 닮은 생명체의 후손이다. 자연 선택이라는 동일한 과정을 거치면서 우리의 조상이 부지런히 커지는 방향으로 진화하는 동안 새들은 부지런히 작아졌다. 우리가 똑바로 서서 두 발로 걷는 법을 배우는 동안 새들은 몸을 가볍게 해서 나는 법을 완성했다. 우리가 대뇌 피질에 뉴런을 연결해서 복잡한 행동을 할 수 있게 되는 동안, 새들은 포유류와는 다르지만— 적어도 몇 가지 측면에서는—우리만큼이나 정교한 행동을 할 수 있는 형태로 뉴런을 연결해왔다. 새들도 우리 포유류처럼 세상이 작동하는 방식을 파악해왔고, 그동안 진화는 새의 뇌를 조정하고 다듬어 오늘날 새가 아주 막강한 지적 능력을 갖추도록 했다.

**새는 배운다**. 새는 처음 접한 문제를 풀고, 낡은 해결책 대신 새로운 해결책을 찾아낸다. 새는 도구를 만들고 사용한다. 새는 수를 세고 다른 생명체의 행동을 보고 따라 한다. 어디에 물건을 두었는지도 기억한다.

새들의 지적 능력이 우리가 가진 복잡한 사고력과 정확하게는 일치하지 않거나, 우리의 사고력을 반영하지 않을 때에도 새들은 복잡한 사고력을 발휘할 수 있는 잠재력은 품고 있을 때가 많다. 예를 들면, 사람이 비싼 대가를 치르고 획득한 인지능력인 통찰(insight)만 해도 그렇다. 통찰이란 시행착오 없이 갑자기 복잡한 문제를 해결할 방법을 찾아내는 능력이다. 통찰은 문제를 마음속으로 떠올려본 다음에 어느 순간 갑자기 문제를 분명하게 이해하고 해결책을 찾는 "아하(aha)!"의 순간이 포함될 때가 많다. 새에게도 사람과 동일한 통찰이 존재하는지는 아직 알 수 없지만, 통찰의 기본요소들 가운데 하나인 인과관계를 이해하는 새들은 있다고 여겨진다. 의식적으로 판단하기 전에 타인의 감정과 생각을 알아내는 능력인 "마음 이론(theory of mind)"도 마찬가지이다. 새에게 고도의 인지능력인 마음 이론이 있는지에 대해서는 아직 논란의 여지가 있지만, 일부 새들은 마음 이론의 필수요소인 다른 새의 생각을 읽고 욕구를 알아채는 능력을 갖춘 것으로 보인다. 다른 새의 생각과 욕구를 알아채는 능력은 인지능력을 구성하는 기본단위이자 디딤돌이며, 이 능력이야말로 논리력, 계획력, 공감 능력, 자기 자신의 사고 과정을 객관적으로 인식하는 메타 인지(metacognition) 능력 같은 복잡한 인지능력을 발휘할 수 있는 전제조건이라고 생각하는 과학자들도 있다.

**물론 지금까지** 살펴본 방법들은 사람의 기준으로 지능을 측정하는 방법이다. 우리는 우리 기준으로만 다른 동물의 지능을 측정할 수 있다. 그러나 새들에게는 우리가 이해할 수 없는 지능이 분명히 있을 것이다. 이런 지능을 그저 본능이라거나 내재된 행동이라고 치부하면 안 된다.

멀리 있는 폭풍이 다가온다는 사실을 예상하는 새에게는 어떤 지능이 있는 것일까? 한번도 가보지 못한 길을 따라 수천 킬로미터나 떨어져 있는 곳까지 가는 새에게는 어떤 지능이 있는 것일까? 수백 종이나 되는 다른 동물의 복잡한 울음소리를 정확하게 따라 하는 새에게는 어떤 지능이 있는 것일까? 수백 제곱킬로미터가 넘는 넓은 땅에 수만 개나 되는 씨앗을 숨겨놓고도 6개월 뒤에 정확하게 찾아내는 새에게는 어떤 지능이 있는 것일까? (새가 우리가 보는 시험을 보면 낙제하듯이 나에게 이런 시험을 보라고 하면 분명히 낙제할 것이다.)

천재라는 말은 아마도 칭찬일 것이다. 천재를 뜻하는 영어 genius는 유전자를 뜻하는 gene과 어원이 같다. 두 단어 모두 "태어날 때 받는 부수적인 정신, 본질적인 능력이나 성향"을 뜻하는 라틴어 단어에서 유래했다. 시간이 흘러 **천재**라는 단어에는 천부적인 능력이라는 의미가 더해졌고, 마침내 1711년에 조지프 애디슨이 쓴 "천재"라는 수필 덕분에 타고났건 교육을 받아 얻었건 간에 천재라는 말은 뛰어난 재능을 가리키는 말로 쓰이게 되었다.

좀더 최근에는 **천재**라는 말이 그저 "다른 사람은 잘 못하는 일을 잘하는 사람"이라는 의미로 쓰인다. 사람이건 동물이건 간에 남과 비교했을 때, 특별히 잘하는 일이 있으면 천재라고 부른다. 비둘기는 우리보다 훨씬 더 길을 잘 찾는 천재이다. 흉내지빠귀나 개똥지빠귓과의 트래셔는 다른 명금류보다 수백 곡이나 많은 노래를 배우고 기억할 수 있는 천재이다. 덤불어치와 잣까마귀는 사람의 기억력이 초라하게 느껴질 정도로 물건을 둔 장소를 잘 기억하는 천재이다.

**이 책에서는 천재**라는 용어를 주변 상황을 잘 "파악하고" 문제를 이해하고 문제를 해결할 방법을 찾아 자기가 해야 할 일을 하는 재주라고 정의할 것이다. 다시 말해서 여러 새들이 풍부하게 갖추고 있는 총명함과 융통성을 발휘해서 환경과 사회가 주는 압박을 헤쳐나가는 재간을 뜻할 것이다. 그 재간이란 예를 들면, 새로운 먹이 자원으로 이득을 취하거나 새로운 먹이 자원을 획득하는 법을 배우는 것 같은 혁신적이고 새로운 일을 하는 것이다. 몇 해 전에 영국에서 관찰된 박새가 바로 그런 재간을 부렸다. 영국 박새 두 종(큰박새와 파란박새)은 아침이면 가정집 앞에 배달되는 우유병에서 판지로 만든 뚜껑을 따고 위에 떠 있는 풍성한 크림을 먹어치웠다(박새는 우유에 들어 있는 탄수화물은 소화를 시킬 수 없으므로 오직 지방만 먹었다). 박새는 이런 재주를 1921년에 스웨이들링에서 처음 배웠는데, 1949년이 되면 잉글랜드, 웨일스, 아일랜드에 사는 수백 명의 사람이 우유를 훔쳐 먹는 박새를 보게 된다. 박새들은 다른 박새가 우유병을 따는 모습을 보면서 그 재주를 배웠다.

상당히 놀라운 사회 학습의 한 예라고 하겠다.

**오해에서 비롯된** "새대가리"라는 비방은 자업자득이 되어 돌아오고 있다. 새와 우리의 가까운 친척 영장류를 분명하게 구분해주는 차이라고 생각했던 특징들—도구 제작, 문화, 논리력, 과거를 기억하고 미래를 생각하는 능력, 다른 개체의 생각을 이해하고 다른 개체에게서 배우는 능력 같은— 은 크게 차이가 나지 않는다는 사실이 조금씩 밝혀지고 있다. 부분으로든 전체로든, 우리가 소중해마지 않는 여러 가지 지적 능력들을 새도 우리 곁에서 상당히 독자적이고 솜씨 좋게 진화시켜온 것처럼 보인다.

어떻게 그럴 수 있을까? 3억 년 동안이나 독자적으로 진화한 두 동물군이 어떻게 비슷한 인지 전략과 기량과 능력을 가지게 되었을까?

그 이유는 우선 흔히 생각하는 것보다 사람과 새가 생물학적으로 다르지 않다는 데에 있다. 자연은 이미 존재하는 재료를 변형해서 새로운 목적을 가진 작품을 만드는 브리콜라주(bricolage : 손에 닿는 물건은 무엇이든지 이용하는 예술기법/옮긴이)의 달인이다. 사람을 다른 동물과 구별할 수 있게 하는 많은 변화들은 새로운 유전자나 세포의 진화가 아니라 기존 유전자와 세포의 미세한 변형을 통해서 발현된다. 사람의 뇌와 행동을 연구할 때에 군소(*Aplisia*)의 학습법, 제브라피시의 불안, 보더콜리의 강박장애 같은 다른 유기체의 행동방식을 살펴보는 이유도 사람이 다른 생물과 생물학적으로 같은 점을 공유하고 있기 때문이다.

사람과 새는 자연의 시련에 비슷한 방식으로 맞서는데, 그런 방식을 개발하는 진화의 과정은 사뭇 달랐다. 이런 식으로 결과는 같지만 과정은 다른 진화 방식을 수렴진화(convergent evolution)라고 하는데, 수렴진화는 자연계 곳곳에서 볼 수 있다. 날아야 하기 때문에 생긴 문제를 해결하려고 새와 박쥐와 익룡이라고 부르는 파충류가 찾은 방법도 수렴진화의 한 예이다. 수염고래와 홍학처럼 생명의 나무(tree of life)에서 아주 멀리 떨어져 있는 동물들이 바닷물에서 먹이를 걸러먹는다는 공통 문제를 해결하려고 찾은 방법은 놀랍도록 유사하다. 두 동물은 행동뿐만 아니라 신체 특징(커다란 혀와 먹이를 거르는 머리빗처럼 생긴 촘촘한 라멜라[lamellae]가 있는 구강 구조)도 비슷하고 심지어 먹이를 먹을 때 몸을 구부리는 방향도 비슷하다. 그러니 진화생물학자 존 엔들러가 언급한 것처럼 "계속해서 전적으로 관계가 없는 생물군이 형태, 외양, 해부학 구조, 행동 같은 여러 측면에서 수렴진화를 했다는 증거가 나오고 있다. 그러니 인지능력이라고 해서 다를 것이 무엇이겠는가?"

사람과 몇몇 조류 종이 몸집에 비해서 커다란 뇌를 가지도록 진화한 것도 수렴진화의 결과임이 거의 분명하다. 마찬가지로 잠을 자는 동안 뇌가 거의 비슷한 패턴으로 활동한다는 것과 새가 지저귀는 법을 배우고 사람이 말하는 법을 배울 때 형성되는 뇌 회로와 학습 과정이 비슷하다는 사실도 수렴진화일 가능성이 크다. 다윈은 새의 지저귐은 "사람의 언어와 거의 유사하다"라고 했는데, 맞는 말이다. 새와 사람의 의사소통 도구는 으스스할 정도로 닮았다. 사람과 새가 진화상 아주 멀리 떨어져 있다는 사실을 생각해보면, 특히나 기이하게 느껴진다. 최근에 연구소 80곳에서 근무하는 과학자 200명이 조류 48종의 게놈을 분석하고 사람과 새가 유사한 특징을 가지는 이유를 설명하는 근거를 제시했다. 2014년에 출간된 이 논문에서 과학자들은 새가 지저귐을 배울 때나 사람이 언어를 배울 때, 뇌에서 유전자의 활동이 아주 놀라울 정도로 유사한데, 이는 사람과 새가 학습을 할 때 유전자가 발현되는 핵심 패턴이 있고, 그 패턴을 수렴진화를 통해서 획득했을 수도 있음을 암시한다는 결론을 내렸다.

이런 여러 가지 이유들 때문에 사람의 뇌가 어떻게 학습하고 기억하는지, 어떻게 언어를 만드는지, 문제를 풀 때는 정신에서 어떤 작용이 일어나는지, 공간이나 사회집단 내부에서 자기 자신의 위치를 어떻게 파악하는지를 연구할 때에 새가 유용한 동물 모형임이 밝혀지고 있다. 새의 사회적 행동에 관여하는 뇌 회로는 사람의 뇌 회로와 상당히 유사하며, 발현되는 유전자와 분비하는 화학물질도 아주 유사하다. 신경화학적인 측면에서 새의 사회적 본성을 연구하면 사람의 사회적 본성을 알 수 있을 것이다. 또한 새마다 독특한 지저귐을 익힐 때 새의 뇌에서 일어나는 일을 알게 되면 사람이 어떻게 언어를 배우는지, 시간이 흐를수록 새로운 언어를 익히는 일이 왜 더 어려워지는지, 더 나아가 애초에 언어가 어떻게 진화했는지도 좀더 자세히 알게 될 수도 있다. 상당히 다른 두 동물군이 잠을 자는 동안 동일한 뇌 활동을 하게 된 이유를 알게 되면, 자연의 엄청난 수수께끼 하나—즉, 잠을 자는 목적—를 풀 수 있을지도 모른다.

이 책은 여러 새들이 탁월하게 구사하는 천재성과 그 천재성을 발휘하는 방법을 탐색해가는 여정이다. 바베이도스나 보르네오 같은 독특한 지역뿐만 아니라 우리 집 뒤뜰 같은 가까운 지역도 살펴볼 것이다(새들의 영리함을 알아보려고 낯선 곳으로 가서 낯선 새를 살펴볼 이유는 전혀 없다. 새들의 천재성은 어디에서든 발견할 수 있다. 집에 매단 새 모이통에서도, 가까운 공원에서도, 도시의 거리에서도, 시골의 하늘에서도 새는 천재라는 사실을 쉽게 알 수 있다). 이 책은 또한 새의 뇌로 들어가 세포와 분자를 거쳐 생각에 이르는 항해 일지이기도 하다. 새들의 생각을, 때로는 우리의 생각을 들춰보는 여정인 셈이다.

각 장을 읽는 동안 독자들은 기술, 사회, 음악, 예술, 공간 활용, 창의

성, 적응력 분야에서 새들이 얼마나 뛰어난 능력과 노련함을 발휘하고 있는지 알게 될 것이다. 이 책에는 이국적인 새들도 몇 종 나올 테지만, 대부분은 흔히 볼 수 있는 새들이다. 영리하기로 정평이 나 있는 까마귀 과와 앵무샛과 새는 물론이고, 집참새, 되새, 비둘기, 박새 과의 새들도 거듭해서 등장할 것이다. 나는 조류계의 아인슈타인은 물론이고 그저 평범한 새들에게도 관심이 간다. 내가 특별히 선호하는 새들도 있는데, 그런 새들을 자주 언급하는 이유는 단순하다. 그 새들에게는 우리가 들어야 할 이야기가 있기 때문이다. 그 새들이 주변에서 일어나는 문제를 해결할 때, 새들의 마음속에서 어떤 일이 일어나는지를 알려주는 이야기가 있기 때문이다. 그런 이야기를 듣는 동안 어쩌면 우리의 마음속에서 일어나는 일도 조금은 이해할 수 있게 될지도 모른다. 이런 새들의 이야기는 지능을 규정하는 우리의 생각을 훨씬 더 확장시켜줄 것이다.

마지막 장에서는 특별히 적응력이 뛰어난 새들을 다룰 생각이다. 적응력이라는 천재성을 발휘하는 새들은 상당히 적다. 환경 변화— 특히 사람이 야기한 환경 변화—는 새들의 삶을 엉망으로 만들고 유용하게 활용했던 여러 재능들을 쓸모없게 만든다. 미국의 조류학자 오듀본은 북아메리카쏙독새, 흰꼬리솔개, 검은부리아비, 넓적부리, 피리물떼새, 들꿩을 막론하고 북아메리카 대륙에 서식하는 새들 중 절반 정도가 앞으로 50년 안에 멸종할 수도 있다는 보고서를 발표하면서 그 이유는 사람이 엄청난 속도로 바꾸는 환경에 적응할 수 없기 때문이라고 설명했다. 그렇다면 어떤 새가 살아남을 것이며, 살아남는 이유는 무엇일까? 어떤 방식으로 우리 인간은 살아남을 새를 결정하고, 그 새의 지능에 영향을 미치는 진화적인 힘이 될까?

**과학자들은 다양한** 방법으로 이런 문제들을 해결하려고 노력하고 있다. 새의 두개골을 열고 현대 기술을 이용해서 새가 사람의 얼굴을 알아보면 뇌의 뉴런 회로에 어떤 변화가 생기는지를 보고, 명금류가 노래를 배울 때 각 뇌 세포가 어떤 소리를 내는지를 듣고, 무리 생활을 하는 새와 단독 생활을 하는 새의 뇌에서는 어떤 신경화학물질이 분비되는지를 알아보려는 과학자도 있다. 새들의 게놈의 염기서열을 비교분석해서 학습처럼 복잡한 행동에 관여하는 유전자를 찾아내려는 과학자도 있다. 새가 이동하는 경로와 뇌에 새겨진 길 찾기 지도를 파악하려고 철새의 등에 초소형 위치추적기를 넣은 배낭을 매다는 과학자도 있다. 과학자들은 새들을 지켜보고 꼬리표를 달고 측정하고 쉬지 않고 관찰하며 신중하고 꼼꼼하게 실험을 준비한다. 그러나 그 실험이 결국 실패로 끝나는 경우도 있고, 연구 대상이 너무 경계를 하거나 평범하기 때문에 연구 방법을 바꿔야 할 때도 있다. 과학자들은 독특하고도 어려운— 심지어 영웅적이기까지 한— 방법으로 새의 뇌와 행동을 연구하고 있다.

그러나 이 책에서는 새들이 바로 자신들의 이야기를 하는 영웅이 될 것이다. 나는 독자들이 이 책을 다 읽은 뒤에는 박새, 까마귀, 흉내지빠귀, 집참새를 조금은 다른 눈으로 보게 되기를 희망한다. 새는 잠시 머물다 가는 발랄한 친구가 아니다. "자기만의 언어"로 서로 대화를 하고 방향도 묻지 않고 복잡한 길을 찾아가고 지형과 지표를 이용해서 물건을 놓은 장소를 기억하고 돈을 훔치고 먹이를 훔치고 다른 개체의 마음을 이해하는 창의적이고 노련하며 쾌활하고 영리한 천재들이다.

분명, 현명한 뇌를 만들기 위해서 신경계를 배선하는 방법은 한 가지만이 아니다.

# 제1장

# 도도부터 까마귀까지
새의 마음 꿰뚫어보기

숲은 서늘하고 어둡다. 내 머리 위로 드리운 무성한 나뭇가지 사이 어딘가에서 간간이 들려오는 새소리를 제외하고는 거의 아무 소리도 들리지 않는다. 여기저기 흩어져 있는 에메랄드빛 잡풀, 지의류, 아보카도, 짙은 적갈색에서 거의 무지갯빛 녹색, 오스트레일리아 대륙과 피지 중간에 위치한 남서 태평양의 기다란 열대의 섬 뉴칼레도니아에 있는 이곳은 전형적인 열대우림 산맥이다. 거대 양치식물 공원이라는 명칭은 7층 높이까지 자라서 이 숲을 진정한 원시림으로 만들어주는 거대한 양치식물 때문에 붙은 이름이다. 한참을 산을 오르다가 시냇물이 있는 내리막 길을 따라 내려오자 새소리는 점점 더 크게 들려온다.

 내가 뉴칼레도니아를 방문한 이유는 세상에서 가장 영리한 새임이 분명한 뉴칼레도니아까마귀를 보기 위해서이다. 뉴칼레도니아까마귀는 까마귓과에 속하는 평범한 새이지만 평범하지 않은 지능을 가지고 있다. 이 까마귀는 몇 해 전에 병 속에 들어 있어서 부리가 닿지 않는 먹이를 갈고리처럼 구부린 철사로 꺼내먹은 베티 덕분에 유명해졌는데, 최근에는 "007"이라는 별명으로 불린 천재 새 덕분에 더욱 유명해졌다. 2014년에 BBC는 8-단계 문제를 빠른 속도로 해결하고 먹이를 먹는 까마귀 007을 촬영하여 방영했고, 007은 스타가 되었다.

뉴질랜드 오클랜드 대학교의 부교수 알렉스 테일러가 고안한 이 8-단계 문제는 탁자 위에 있는 나무막대와 돌이 들어 있는 "도구상자"를 이용해서 풀어야 한다. 까마귀 007은 8-단계 문제를 풀기 전에 개별적으로 각 단계를 푸는 방법을 보기는 했지만, 전체적인 과정은 본 적이 없었다. 마지막 상자에 들어 있는 맛있는 먹이를 먹으려면 007은 정확히 순서대로 문제를 풀어야 했다.

영상에서 이 시커멓고 잘생긴(정말로 잘생겼다) 새는 보이지 않는 곳에 있다가 화면 위쪽에 있는 가지로 날아와 앉아서 탁자 위를 잠시 살펴본다. 그러고는 가지 위에서 종종거리다가 첫 번째 문제 해결 과제인 나무막대가 묶여 있는 줄을 부리로 잡아 끌어올리기 시작한다. 007은 줄에 묶여 있는 나무막대를 부리로 빼낼 수 있을 때까지 조금씩 줄을 끌어올린다. 나무막대를 빼낸 007은 탁자 위로 날아가 먹이가 들어 있는 상자 앞으로 껑충껑충 뛰어간다. 007은 폭이 좁고 기다란 상자 속에 있는 먹이를 꺼내려고 하지만 나무막대가 너무 짧아서 먹이에는 닿지 않는다. 그러자 짧은 나무막대를 가지고 3개의 상자로 가서 그 막대로 각 상자 안에 들어 있는 돌을 1개씩 총 3개의 돌을 꺼낸다. 007은 상자 내부의 시소판 위에 긴 나뭇가지를 놓아둔 상자에 꺼낸 돌을 집어넣어, 판을 기울게 해서 긴 나뭇가지가 밖으로 굴러 나오게 했다. 그러고는 마침내 긴 나뭇가지를 이용해서 먹이를 꺼냈다.

이 놀라운 과정을 007은 불과 2분 30초 만에 해치웠다. 007이 정말로 놀라운 이유는 8-단계 문제를 풀려면 도구를 사용해야 먹이를 먹을 수 있다는 사실뿐만 아니라 적절한 도구를 얻기 위해서는 다른 도구를 사용해야 한다는 사실을 알았다는 데에 있다. 먹이를 획득하려고 도구를 사용하는 것이 아니라 다른 도구를 얻으려고 도구를 사용하는 것—이를 메타 툴(metatool)을 사용한다고 한다— 은 그 전까지는 사람과 유인원에게서만 관찰되던 특성이었다. 테일러는 007이 메타 툴을 사용한다는 사실은 "까마귀가 도구가 가진 추상적인 의미를 이해한다는 증거일 수 있습니다"라고 말했다. 도구를 사용해서 다른 도구를 얻으려면 문제를 푸는 동안 작업 기억(working memory)이 작동해야 한다. 작업 기억은 몇 초 정도 지속되는 단기간에 사실이나 생각을 기억하고 조작할 수 있는 능력으로, 책장을 훑어보면서 책을 찾으려고 하거나 글을 쓰려고 종이를 집어들면서 전화번호를 생각해내려고 할 때에 필요한 정보를 떠오르게 해주는 기억이다. 작업 기억은 지능을 구성하는 필수요소인데, 007의 작업 기억은 아주 뛰어난 것처럼 보인다.

**시냇물을 따라** 걷다 보니 어딘가에서 뉴칼레도니아까마귀가 와악와악 하는 소리가 들린다. 아마도 두 마리가 서로를 부르는 소리 같다. 이 까마귀들은 와악와악 하고 미국까마귀들은 까악까악 하는 것만 다를 뿐 아마도 비슷한 대화를 할 것이다. 새들은 이렇게 모습을 드러내지 않고 소리만 들려줄 때가 많다. 먼 곳에서 낮고 구슬픈 소리로 우, 우, 우 하는 새는 아마도 진한 녹색 몸통에 날개와 궁둥이에 흰 줄무늬가 있는 아주 독특한 뉴칼레도니아비둘기일 것이다. 그러나 숲이 너무 무성해서 정말로 뉴칼레도니아비둘기인지는 확인할 수 없다.

해가 구름 뒤로 숨고 숲이 어두워지자 갑자기 숲의 낮은 곳에서 기이하게 쉿쉿 거리는 소리가 들린다. 나는 숲에 난 오솔길을 뚫어져라 쳐다본다. 쉿쉿 소리는 점점 더 가까워지더니 갑자기 땅속에서 유령이 튀어나오는 것처럼 어둑어둑한 초록색을 뚫고 커다랗고 희미한 새 한 마리가 새 같기도 하고 유령 같기도 한 모습으로 나를 향해 뛰어온다. 그 왜가리처럼 다리가 길고 앵무새 같은 관모(冠毛)가 있는 옅은 회색빛

새는 카구이다. 카구속 카구과에서 현존하는 유일한 종인 카구는 극히 희귀한 새이다.

내가 뉴칼레도니아에 온 것은 엄청나게 영리하지만 이곳에서는 흔히 볼 수 있는 새를 만나기 위해서였다. 그런데 전혀 생각지도 않았던……, 여기서도 아주 보기가 힘들다는……정말 진귀한 새하고 떡 하니 마주친 것이다. 카구는 수백 마리밖에 남지 않은 멸종 위기종이다. 카구를 보니 그럴 수밖에 없겠다는 생각이 들었다. 천적일지도 모르는 동물 **앞으로** 뛰어오는 새인데, 왜 안 그러겠는가?

어떻게 보면 카구는 지능 스펙트럼에서 까마귀의 정반대편에 위치하여 까마귀를 더욱 돋보이게 하는 존재인지도 모르겠다. 영리한 까마귀와 카구를 계통학적으로 같은 부류에 넣는 것이 과연 옳은 일일까? 카구와 뉴칼레도니아까마귀는 모두 대륙으로부터 멀리 떨어진 섬에서 산다. 뉴칼레도니아까마귀는 깃털을 가진 다른 동료들을 월등히 뛰어넘는, 진화상 이례적으로 지능이 뛰어난 변칙적인 존재일까? 아니면 그저 새들의 천재성이라는 연속 스펙트럼에서 아주 높은 곳에 위치해 있는 것뿐일까? 같은 기준으로 비교했을 때, 카구는 정말 도도(dodo : 지금은 멸종한 새로, 포르투갈어로 '멍청하다'는 뜻이다/옮긴이)와 동급인 것일까?

적어도 지금까지 밝혀진 바에 따르면 분명히 새들은 저마다 능력과 지능이 다르다. 예를 들면 비둘기는 까마귀라면 쉽게 배우는 문제 풀이 방법을 이끌어낼 수 있는 일반 규칙을 쉽게 익히지 못한다. 그러나 그 점에서는 열등한 비둘기라고 해도 다른 여러 가지 재능을 보유하고 있다. 비둘기는 아주 긴 시간이 지나도 여러 가지 물체들을 구별하고 기억하며, 미술 양식을 구분할 수 있고 어디로 가야 하는지를 기억한다. 수백 킬로미터 떨어진 낯선 곳에서도 길을 찾아낸다. 물떼새, 세발가락도요새, 깝작도요 같은 물가에서 사는 새들에게는 뉴칼레도니아까마귀처럼 먹이를 구하려고 도구를 사용하거나 사람이 만든 장치를 작동하는 등, 사물의 관계를 고려하여 문제를 해결하는 "통찰 학습(insight learning)" 능력이 있다는 증거는 없다. 그러나 피리물떼새는 마치 "날개를 다친" 것처럼 꾸며서 얕은 곳에 훤하게 노출되어 있는 자기 둥지로부터 천적을 멀리 떨어지게 하는 놀라운 연기력을 발휘한다.

한 새를 다른 새보다 똑똑하게 만드는 요소는 무엇일까? 한 새의 지능을 어떤 방법으로 측정할 수 있을까?

**이런 질문에 대한** 답을 찾으려고 나는 뉴칼레도니아에서 지구를 반 바퀴 돌아가야 하는 곳으로 향했다. 10년도 더 전에 루이스 르페브르가 최초로 새들의 지능을 측정하는 방법을 고안한 장소인 카리브 해의 바베이도스 섬이 이번 목적지이다.

맥길 대학교의 생물학자이자 비교심리학자인 르페브르는 새들의 지능에 내재하는 본성과 지능을 측정하는 방법을 연구한다. 그리 오래되지 않은 어느 겨울에 나는 르페브르와 그의 새들을 보려고 바베이도스의 서부 해안 도시 홀타운 부근의 벨레어즈 연구소를 찾아간 적이 있다. 벨레어즈 연구소는 작은 건물 네 채로 이루어졌으며, 연구소 부지는 해군 장교이자 정치가였던 칼리온 벨레어즈 사령관이 해양연구소로 사용해달라며 1954년에 맥길 대학교에 기증했다. 현재 벨레어즈 연구소는 르페브르 연구팀 외에는 사용하는 사람이 거의 없다. 내가 바베이도스 섬에 갔을 때는 건기가 한참인 2월이었지만 몬순 같은 폭우가 자주 내렸기 때문에 연구소 안뜰이 흠뻑 젖을 때가 많았고, 르페브르가 연구를 하면서 머물던—카리브 해와 아주 가까운 시본에 자리한—숙소 테라스의 움푹 파인 곳에도 물이 고일 때가 많았다.

부스스한 반백의 머리에 느긋하게 웃는 60대인 르페브르는 진화생물학자 리처드 도킨스에게 수학했다. 처음에 르페브르는 동물에 내재되어 있는 "프로그램 된" 행동인 그루밍(grooming)을 연구했지만 지금은—새가 어떻게 생각하고, 배우고, 혁신적인 기술을 개발하는지 같은—좀더 복잡한 새들의 행동을 이해하려고 바베이도스 섬에 있는 자기 집 뒤뜰에서 삐쩍 마른 새를 연구하고 있다.

뉴칼레도니아와 달리 바베이도스는 야생 조류를 원 없이 관찰할 수 있는 곳이 아니다. 열대 지방은 대부분 풍성한 종 다양성을 자랑한다는 사실을 생각해보면, 바베이도스는 실망스러운 곳이다. 전문가들이 흔히 말하듯이 바베이도스는 특히나 "조류가 빈약한 곳"으로 토종 조류는 고작 30종이 서식하고 외래종도 7종밖에 없다. 그 이유는 어느 정도는 섬의 물리적 특성 때문이다. 비교적 젊은 바베이도스는 소앤틸리스 제도 중심부에서 동쪽에 위치해 있는 작고 낮은 산호석회암 섬으로 열대우림을 형성하기에는 지형이 너무 평평하고 샛강과 습지를 형성하기에는 토지가 지나치게 다공질(多孔質)이다. 더구나 섬에 조성되어 있던 천연 들판과 숲과 관목지는 지난 몇 세기 동안 사탕수수 농업 때문에 사라졌고, 지금은 관광산업 때문에 다양한 도시와 편의시설이 들어서고 있다. 관광객들은 화려하게 채색한 버스를 타고 창문을 열고 카리브 해의 칼립소 음악을 들으며 호텔과 해변을 오간다. 바베이도스에 서식하는 몇 종 되지 않는 새들은 사람의 활동이 늘어나는 동안 수가 줄기는커녕 더 늘었다. 카구 같은 희귀한 새를 찾고자 하는 사람에게 바베이도스는 아무 쓸모도 없는 곳이다. 그러나 영리하고 매력적인 행동을 하는 새를 보고 싶다면, 바베이도스는 천국이다.

"이곳 새들은 온순해서 쉽게 실험할 수 있어요." 르페브르는 말했다. 그 한 가지 예가 르페브르의 아파트 앞에 붙어 있어 또다른 연구실이 되어주는 넓은 석조 테라스를 돌아다니면서 얌전히 연구를 기다리는 제나이다비둘기와 카리브해찌르레기이다. 광택이 흐르는 검은 몸에 밝은 색 노란 눈의 카리브해찌르레기는 미국넙적꼬리찌르레기보다 좀더 작고 날씬하다. 르페브르의 말처럼 그를 "먹이와 물을 주는 남자"로 아는 이 새들은 테라스 위를 조급한 성직자처럼 종종걸음을 치면서 르페브르가 먹이를 주기를 기다렸다. 르페브르가 테라스에 물을 부어 작은 호수를 만들어주고 마른 땅에 딱딱한 개 사료를 던져놓으면 카리브해찌르레기들은 부리로 개 사료를 물고 날개를 쭉 펴고는 물웅덩이로 걸어갔다. 새들은 우아하고 점잖게 사료를 물속에 담갔다가 사료가 부드러워지면 날개를 퍼덕이면서 먹었다.

야생에서 먹이를 물에 씻어 먹는 새는 25종이 넘는데, 그 이유는 다양하다. 먹이에 묻은 흙이나 독성물질을 제거하고 딱딱하고 건조한 먹이를 부드럽게 하고 삼키기 힘든 먹이의 털이나 깃털을 부드럽게 만들려고(토레시안까마귀는 죽은 참새를 물에 담갔다가 먹는다) 물에 담그기도 한다. "도구를 사용하기 전 단계의 행동입니다. 일종의 먹이 가공 과정이지요." 르페브르는 설명했다. 먹이를 물에 담그면 훨씬 먹기 쉬워진다. "한번은 사료를 물에 불려서 주니까 녀석들이 물에 담그지 않더군요. 물웅덩이까지 가기는 했지만 물에 담그지는 않았어요. 녀석들도 자기들이 무슨 일을 하는지 알고 있다는 뜻이지요."

사실 카리브해찌르레기는 위험 부담이 크기 때문에 먹이를 물에 담갔다 먹는 경우가 드물다. "우리가 관찰한 대로라면 이 찌르레기들은 80내지 90퍼센트 정도가 먹이를 물에 담가 먹을 줄 알았어요. 하지만 이 친구들은 그래도 될 때에만 먹이를 물에 담갔어요. 먹이를 물에 담가야지만 먹을 수 있거나 주변에 먹이를 훔쳐갈 경쟁자가 없을 때만 담가 먹었습니다." 먹이를 처리하는 시간이 길어질수록 다른 새가 먹이를 낚아채 갈 가능성도 그만큼 커진다. "먹이를 물에 담가 먹을 때 치러야 하는 가장 큰 대가는 도둑맞을 수 있다는 겁니다." 물에 담근 먹이는 대략 15퍼센트 정도는 먹지 못하고 다른 새에게 빼앗긴다. "편의를 추구할 때는 대가가 발생하기 마련이다. 새들은 똑똑해서 어떻게 행동하는 것이 더 이득인지 계산할 수 있다." 어느 모로 보나 이는 카리브해찌르레기의 지능이 뛰어나다는 증거처럼 보인다.

**르페브르는 지능이라는** 단어 자체가 사람을 떠오르게 하기 때문에 동물학자들은 되도록 지능이라는 용어를 사용하지 않는다고 했다. 『동물의 역사(*De historia animalium*)』에서 아리스토텔레스는 동물도 "난폭함, 유순함, 심술, 용기, 소심함, 두려움, 확신, 진취적 기상, 저급한 교활함 같은 사람의 특성과 자질을 갖추고 있으며 지능에 관해서는 영민하다고 할 수 있을 정도"라고 했다. 그러나 요즘은 새도 사람처럼 지능과 의식이 있고 감정을 주관적으로 느낄 수 있다고 말하면 사람들은 지나친 의인화에 빠져 있다고, 새의 행동을 깃털을 입은 사람처럼 해석한다고 비난한다. 사람이 다른 생명체의 본성을 추론할 때 우리 자신의 경험을 대입하는 것은 자연스러운 일이지만 그 때문에 그릇된 결론을 내릴 수 있다(그리고 내리고 있다). 새도 사람처럼 동물계의 일원이다. 분류학(계문강목과속종 순으로 계보가 이루어진다/옮긴이)에서 사람과 새는 동물계 척삭동물문 척추동물아문에 속한다. 새와 사람은 그 뒤에 갈라진다. 새는 조류강이고 우리는 포유강이다. 그 지점부터 새와 사람은 생물학적으로 많은 차이가 나타난다.

그러나 새와 새의 뇌가 본질적으로는 사람과 사람의 뇌와는 다르다고 해서 새와 우리의 지적 능력에도 공통점이 전혀 없으리라고 결론을 내리는 것은 잘못된 추론이 아닐까? 사람은 스스로를 호모 사피엔스(*Homo sapiens*)라고 부른다. 영리한(sapient)이라는 수식어를 붙여서 다른 동물과 차별화하는 것이다. 하지만『인간의 유래(*The Descent of Man*)』에서 다윈은 사람과 동물의 정신적 능력의 차이는 정도의 차이이지 종류의 차이는 아니라고 했다. 다윈은 속담에도 나오는 "일찍 일어나는 새"를 피하려고 소나무 잎이나 식물을 가져와서 은신처 입구를 막는 지렁이의 행위도 "어느 정도는 지능으로 볼 수 있다"라고 했다. 사람에게는 사람과 동물의 정신 작용에 전혀 유사성이 없다고 거부하려는 마음이 다른 동물의 행동을 사람의 정신 과정에 빗대어 설명하려는 마음보다 훨씬 강할 것이다. 영장류학자 프란스 드 발은 다른 종에게서 보이는 사람과 비슷한 특성에 눈을 감는 성향을 "사람 부정(anthropodenial)"이라고 한다. "사람 부정 성향이 있는 사람은 사람과 사람이 아닌 동물 사이에 벽돌 벽을 세우려고 애쓴다."

**르페브르는 어쨌거나** "단어 사용에 주의해야" 한다고 말한다. 그는 최근에 생쥐의 공감능력과 새들의 정신적 시간 여행에 관한 논문을 발표했을 때, 많은 사람들이 이마를 찡그리며 의심의 눈초리를 던졌다는 사실을 지적한다. "그 실험에 문제가 있었다고는 생각하지 않아요. 모두 제대로 진행한 실험이에요. 의인화 따위는 하지 않았어요. 하지만 우리가 생각한 내용을 묘사할 때 너무 과한 단어를 선택했는지도 모릅니다."

르페브르처럼 새를 연구하는 과학자들은 대부분 **지능** 대신에 **인지**(cognition)라는 용어를 사용한다. 동물 연구에서 인지라는 용어는 동물이 정보를 얻고 처리하고 저장하고 사용하는 방식을 규정하는 데에 사용된다. 인지란 흔히 학습, 기억, 지각, 의사결정을 포함하는 메커니즘을 지칭하며, 인지에는 고등한 형태와 하등한 형태가 있다. 통찰력, 논리력, 계획하는 능력은 고등한 인지이고, 주의력이나 동기부여는 하등한 인지이다.

새가 어떤 인지능력을 소유하고 있는지에 대해서는 의견이 분분하다. 완벽하게 맞아떨어지지는 않지만 새에게는 공간, 사회, 기술, 소리라는 뚜렷하게 분리된 인지능력이 있다고 생각하는 과학자도 있다. 사회 문제를 해결하는 능력이 없는 새도 공간 인지능력은 뛰어날 수 있다는 뜻이다. 이런 관점에서 보면 새의 뇌는 공간에서 길을 찾거나 새소리를 배우는 데에 특화된 뇌 회로처럼 특별한 목적에 쓰이거나 적응된 개별적인 뇌 구역, 즉 전문적으로 분화된 여러 가지 처리장치 혹은 "모듈(module)"이라고 할 수 있다. 이런 뇌에서는 각 모듈에 저장된 정보를 기본적으로 다른 모듈이 "사용할 수 없다." 그러나 르페브르는 새의 뇌에서 인지능력이 분리되어 있다면, 한 영역에서는 이 새가 뛰어난 인지능력을 보이는 반면 다른 영역에서는 저 새가 뛰어난 인지능력을 보여야 한다고 반박하면서, 그보다는 새의 뇌는 모든 인지 과정을 담당할 수 있는 보편적인 인지능력 처리장치가 산만하게 흩어져 있어서, 문제 해결에 뇌의 여러 영역이 한꺼번에 작용할 것이라고 주장했다. 르페브르는 "한 동물이 문제를 풀 때는 네트워크를 형성한 뇌의 여러 구역들이 상호작용을 하는 것으로 보인다"고 했다.

르페브르는 뇌의 모듈 모형을 지지하던 학자들도 여러 새들이 보편적인 인지능력을 활용해서 다양한 문제를 푼다는 증거가 몇 가지 나오자 입장을 바꾸기도 했다고 전한다. 몇몇 새들의 경우 사회적 지능은 무슨 일이 언제, 어디에서 일어났는지를 기억하는 능력인 공간 기억이나 일화 기억(과 비슷한 기억)과 밀접하게 연결되어 있는 것처럼 보인다는 것이 바로 그런 증거들 가운데 하나이다.

사람의 지능을 둘러싸고도 그와 비슷한 논쟁이 벌어지고 있다. 심리학자들과 신경과학자들은 대부분 사람에게는 정서, 분석, 공간, 창조, 실용 등으로 나눌 수 있는 여러 종류의 지능이 있다는 데에 동의한다.

그러나 이 지능들이 독자적으로 존재하는지, 서로 관계가 있는지는 여전히 합의에 이르지 못하고 있다. 하버드 대학교의 심리학자 하워드 가드너는 "다중 지능(multiple intelligence)" 이론에서 지능을 여덟 가지 종류로 나눌 수 있으며 모두 독자적으로 존재한다고 주장했다. 하워드가 분류한 여덟 가지 지능은 신체, 언어, 음악, 수리논리, 자연탐구(자연계에 감성을 느끼는 정도), 공간(고정된 장소를 기준으로 자기가 어디에 있는지 아는 능력), 대인관계(다른 사람과 조화를 이루고 다른 사람을 감지할 수 있는 능력), 자기이해(자기 자신의 감정과 생각을 이해하고 조절할 수 있는 능력) 지능인데, 새의 세계에서 지능을 나눌 때에도 유용하게 활용할 수 있다. 공중에서 자유롭게 떠 있는 벌새나 능숙하게 함께 노래를 부르는 굴뚝새 부부나 집으로 가려면 어디로 날아가야 하는지를 알고 있는 비둘기를 생각해보면 된다.

그러나 사람의 지능은 g인자(g factor)라고 알려진 만능도구를 활용한다고 주장하는 과학자들도 있다. 수년 전에 이 문제를 풀려고 함께 모인 52명의 과학자들은 "지능이 여러 요소들 가운데서도 논리, 계획, 문제풀이, 사고, 추상화, 복잡한 생각 이해하기, 빠른 속도로 배우기, 경험을 통해서 배우기 같은 능력이 한데 어우러져서 작용하는 아주 보편적인 능력"이라는 사실에 동의했다.

**새의 지능을** 정의하는 문제가 쉽지 않다면, 새의 지능을 측정하는 문제는 그보다 훨씬 어려울 수밖에 없다. 르페브르는 "새의 인지능력을 측정하는 일련의 실험이 개발되고 있지만, 사실은 아직 걸음마 단계"라고 했다. 새의 지능을 측정하는 표준 지능검사는 아직 개발되지 않았다. 그렇기 때문에 과학자들은 종이 다른 새들은 물론이고, 같은 종의 개체들 간의 과제 수행 능력을 비교해서 새들의 인지능력을 밝힐 수 있는 검사

방법을 개발하려고 노력 중이다.

최근에 르페브르는 조그맣고 평범한 갈색 바베이도스 새를 집중적으로 연구하고 있다. 내가 르페브르의 아파트 뒤쪽 베란다에서 푸른 바다를 바라보면서 글을 쓰고 있을 때면 작은 갈색 새가 베란다 가까이 있는 오스트레일리아 목마왕이나 마호가니 나무의 가지로 날아와 앉았다가 불쑥 베란다 난간으로 풀쩍 뛰어내리고는 했다. 그중 한 마리는 내가 손을 뻗으면 만질 수 있을 만큼 가까이 다가왔는데, 난간 위를 총총거리며 움직이던 그 새는 고개를 갸우뚱거리면서 나를 뚫어져라 쳐다보았다.

마치 "나한테 왜 그렇게 관심이 많은 거야?"라고 묻는 듯했다.

'그야 너희가 이 지역에서 영리하기로 유명하니까. 도둑질로 말이야. 더구나 너희는 새로운 먹이 자원을 발견하는 데도 탁월한 재능이 있잖아.'

바베이도스멋쟁이새. 르페브르는 이 작은 멋쟁이새는 바베이도스의 집참새(제8장에 나오는 아주 영리한 지략가로 우리나라의 나무참새[tree sparrow]와는 다른 종이다/옮긴이)라고 했다. 뎅기열을 막으려고 아파트에 방충망을 설치하기 전까지 멋쟁이새는 아파트 창문이나 바다 공기를 마시려고 열어둔 문으로 들어와 부엌 조리대에서 바나나를 훔쳐가거나 빵이나 케이크 조각을 물고 날아갔다. 그러나 멋쟁이새가 유명해진 이유는 그런 좀도둑질 때문이 아니라 카리브 해 해변에 쭉 늘어서 있는 야외 식당에서 새로운 먹이 자원을 발견하는 능력 때문이다. 나중에 르페브르는 내가 바베이도스멋쟁이새가 먹이를 확보하는 독특한 방법을 볼 수 있도록 도와주었다. 홀타운 해변에 있는 두 클럽 사이로 난 좁은 길의 끝에는 바다에 접한 맨션의 돌담이 있다(15세기 이탈리아 건축가 안드레아 팔라디오의 건축양식으로 지은 맨션이다). 르페브르는 바위 위에 설탕이 든 종이 상자를 하나 놓고, 돌담 위에 설탕 상자를 4개 더 쭉 늘어놓았다. 그러자 몇 초도 되지 않아 멋쟁이새가 한 마리 날아왔다. 돌담에 내려앉은 바베이도스멋쟁이새는 네모난 작은 흰색 종이 상자를 이리저리 살펴보고 홱 뒤집어보기도 하면서 구멍 안쪽을 조사하더니 상자를 물고 가까운 나뭇가지로 날아갔다. 그리고 30초 안에 부리로 종이를 뚫고, 입가에 우유를 묻히고 먹는 어린아이처럼 부리에 하얀 설탕 가루를 묻히면서 식사를 했다. 이것은 바베이도스 섬을 서식처 삼아 사는 다른 새들에게서는 볼 수 없는 독특한 재능이다. 바베이도스멋쟁이새는 자기가 무슨 일을 해야 하는지 정확하게 알고 있었다. 대담하고 결연하고 재빨리 새로 발견한 먹이 자원을 자기 것으로 삼았다.

바베이도스멋쟁이새가 사는 섬에서 르페브르는 영리한 새는 새로운 방법을 개발한다는 사실에 착안해서 새의 지능을 검사하는 방법을 고안했다. 상자를 열어 설탕을 먹는 멋쟁이새나 우유병을 따서 크림만 먹는 박새 같은 새들은 새로운 일을 한다. 뇌가 작은 새들은 자기 방식이 굳어져서 새로운 방법을 발명하거나 탐구하거나 습득하는 경우가 드물다.

그런데 공교롭게도 바베이도스멋쟁이새에게는 같은 장소에서 살아가는 도플갱어 같은 존재가 있다. 바베이도스멋쟁이새와 아주 가까운 친척인 검은얼굴목도리참새는 아주 흥미로운 대조를 보인다. 두 새는 딱한 가지 점을 빼면 거의 다른 점이 없다. 두 새는 지능만 다르다. 멋쟁이새는 아주 빨리 새로운 일을 익히지만 목도리참새는 배우는 속도가 아주 느리다. 뒤뜰에서 흔히 볼 수 있는 두 새가 전혀 다른 행동을 한다는 사실 덕분에 르페브르는 새의 지능에 존재하는 본성을 생각해볼 수 있었다.

"두 새는 사실 유전적으로는 조상이 같은 쌍둥이라고 할 수 있어요. 두 새가 갈라져나온 시기는 수백만 년에 불과하니까요. 더구나 둘 다 같은 곳에서 살아가지요. 둘 다 텃새고 서식하는 생태계도 같아요." 르페브르는 말했다. 두 새의 유일한 차이점이라면 멋쟁이새는 영리하고 두려움이 없고 기회를 잡을 줄 알지만, 목도리참새는 겁이 많고 보수적이고 거의 모든 것을 두려워한다는 것뿐이다.

바베이도스멋쟁이새의 진화 과정을 살펴보면 그런 차이가 생긴 이유를 알 수 있을지도 모른다. 바베이도스 섬에 도착한 뒤에 멋쟁이새는 화려한 소앤틸리스멋쟁이새에게서 분리되어 나왔다. 소앤틸리스멋쟁이새는 수컷과 암컷의 외모가 상당히 다르다. 암컷은 평범한 갈색이지만 수컷은 성 선택의 결과로 검은 몸에 밝은 붉은색 목을 가지게 되었다. 그러나 바베이도스멋쟁이새는 암수 모두 검소한 갈색인 단형성이다(암수의 외양이 다른 경우를 이형성[dimorphic]이라고 하고, 같은 경우를 단형성[monomorphic]이라고 한다/옮긴이).

르페브르는 "아마도 노란색이나 붉은색 깃털을 만드는 카로티노이드(carotenoide)를 섭취할 수 없다는 점이 바베이도스 섬에서 그런 진화적 변이가 일어난 이유 가운데 하나인지도 몰라요. 하지만 밝혀진 것처럼 소앤틸리스멋쟁이새의 붉은색 깃털은 카로티노이드로 만드는 게 아니에요. 그렇다면 바베이도스멋쟁이새 암컷은 멋진 깃털이 아니라 다른 기준으로 짝짓기 할 수컷을 고르는지도 모르는 거지요. 어쩌면 이 암컷들은 새로운 먹이 자원을 찾는 능력, 그러니까 설탕 상자를 찾는 능력 같은 재능을 보고 수컷을 고르는지도 모릅니다"라고 말했다. 다시 말해서 바베이도스멋쟁이새 암컷이 좋아하는 배우자는 머리가 좋은 수컷일 수도 있는 것이다.

"이렇게 가까운 두 종이 기회를 낚아채는 기술이나 먹이 획득 전략이 이렇게도 다른 경우가 또 있는지는 모르겠어요." 르페브르는 포크스톤 해양 공원의 숲과 들판이 있는 작은 공간에서 자신이 한 말을 증명하려고 간단한 실험을 했다. 들판에는 목도리참새 몇 마리가 30미터쯤 떨어진 곳에서 씨앗을 먹으려고 풀을 뒤지고 있었고, 좀더 먼 나무에는 다른 새들이 앉아 있었다(목도리참새는 영어로 grassquit나 seedeater라고 한다. 씨를 찾아 가만히 서 있는 모습을 묘사한 이름인지도 모르겠다/옮긴이). 르페브르는 새 모이를 한 움큼 뿌리고 풀숲에 웅크리고 앉았다. 새모이에 가장 먼저 반응한 새는 찌르레기들이었다. 30분도 되지 않아 찌르레기들이 시끄러운 소리를 내며 모이 주위로 모였고, 시끄러운 찌르레기 소리에 이끌려 작은 비둘기와 더 많은 찌르레기들이 다가왔고, 멋쟁이새도 여러 마리 날아왔다. 하지만 목도리참새들은 꼼짝도 하지 않았다. 목도리참새들은 그저 고개를 숙이고 자기들이 차지하고 있는 좁은 풀밭만을 꼼꼼하게 뒤질 뿐이었다. 르페브르는 속삭이듯이 목소리를 낮추고 영국식 억양으로 말했다. "데이비드 애튼버러가 숨어 있다가 튀어나와야 할 것 같은 아주 완벽한 결과를 만드는 거지요." 그러면서 르페브르는 텔레비전에 자주 출연하는 유명한 동식물학자인 애튼버러의 기묘한 말투를 흉내 내면서 말하기 시작했다. "이 새는 아주 **놀랍습니다.**
왜냐하면……."

르페브르는 갑자기 벌떡 일어나더니 목도리참새를 손으로 가리켰다. "다른 선택을 하는 경우가 전혀 없으니까요. 새 모이도 그 새 모이를 먹는 다른 새들도 목도리참새의 시선을 끌 수 없습니다. 저 새들은 다른 먹이 자원을 찾는 법이 전혀 없으니까요."

목도리참새들은 너무…… 너무…… **따분해서** 르페브르는 15년 동안 그 새들을 무시했다. 그러나 이제는 바베이도스멋쟁이새와 유전적으로 유사성이 많다는 이유로 검은얼굴목도리참새는 훌륭한 연구 주제가 되었다.

"목도리참새들은 어째서 다른 행동을 하는 건지가 궁금했어요. 멋쟁이새들과 조상의 유전자형도 같고 사는 환경도 같은데 말이지요. 어째서 먹이를 획득하는 방법이 그렇게나 다른 걸까요?" 르페브르는 궁금했다. 어째서 한 새는 그렇게나 대담하고 영리하고 적극적인데 다른 새는 그렇지 않은 것일까?

르페브르는 "먹이 생태가 다른 종은 학습 능력이 다르고 학습을 담당하는 뇌 구조도 다르다는 연구 결과들이 나와 있어요"라고 했다. 따라서 두 새의 차이를 알아보려면, 우선 과제를 제시하여 두 새의 기본 인지능력을 측정하는 실험을 해야 한다. 그래야 과학자들이 야생에서 관찰하는 자연스러운 행동과 실험실에서 측정할 수 있는 차이를 연결 지을 수 있다.

그러나 쉽지 않은 일이다. 무엇보다도 검은얼굴목도리참새는 잘 잡히지 않는다. 르페브르는 걸어 들어가면 갇히는 덫을 이용해서 바베이도스멋쟁이새를 잡았다. 하지만 바베이도스 섬에서 연구를 하는 25년 동안 같은 덫으로 목도리참새를 잡은 경우는 단 한번도 없었다. 목도리참새는 엄청나게 신중했다. 그래서 르페브르 연구팀은 새그물로 목도리참새를 잡았다.

"목도리참새들이 수행할 과제를 찾는 일도 쉽지 않았어요. 그 새들은 너무나 겁이 많아서 실험장치가 조금만 이상해도 절대로 다가갈 생각도 하지 않았으니까요." 르페브르의 말이다. 르페브르의 제자인 대학원생 리마 카옐로는 뚜껑이 없는 새 모이통에서 두 새가 먹이를 발견하고 먹는 속도를 측정했다. 바베이도스멋쟁이새는 5초 안에 새로 발견한 모이에 달려들었지만, 검은얼굴목도리참새는 5일 뒤에야 모이통으로 날아왔다. 카옐로는 "씨를 가득 넣은 요구르트가 그 새들에게는 너무나도 이상했던 거죠"라고 말했다.

인지능력 실험에서, 카옐로는 두 새 모두 한번도 보지 못했던 장치—뚜껑을 열 수 있는 작고 투명한 실린더—를 가지고, 새가 장치에 다가올 때까지 걸리는 시간, 장치를 살펴보고 뚜껑을 열 때까지 걸리는 시간, 결국 모이를 먹을 때까지 걸리는 시간을 측정했다. 이 과제는 바베이도스멋쟁이새들조차도 다양한 과제 수행능력을 보였다. 첫 번째 멋쟁이새는 몇 분 동안 새장을 빙글빙글 돌다가 박쥐처럼 횃대에 거꾸로 매달려 몇 분을 더 소비한 뒤에야 장치로 다가가 뚜껑을 열고 모이를 먹었다. 과제를 해결하는 데에 8분이 걸린 것이다. 두 번째 멋쟁이새는 곧바로 처음 보는 장치로 다가가 모이를 꺼내먹었다. "진짜 멋졌어요." 과제 수행 시간은 7초였다.

카옐로가 실험한 멋쟁이새 30마리 가운데 24마리가 과제를 재빨리 해치웠다. 하지만 목도리참새는 15마리 가운데 실린더에 다가가기라도 한 새가 단 한 마리도 없었다.

두 번째 멋쟁이새처럼 몇 번 시도해보지 않고도 문제를 푸는 방법을 쉽게 깨닫고 과제를 수행하는 것처럼 보이는 새도 있다. 이는 통찰력이 있다는 증거가 아닐까? 르페브르는 그렇게 생각하지 않는다. 대학원생 세라 오베링턴은 실험 결과를 비교해보려고 찌르레기들이 비슷한 과제를 수행할 때 모이를 쪼는 방식을 살펴보았다. 수백 시간 동안 영상을 판독한 뒤에 오베링턴은 찌르레기들이 두 가지 방식으로 모이를 쫀다는 사실을 알아냈다. 하나는 모이를 위에서 아래로 직접 쪼는 방식이고, 다른 하나는 옆쪽에서 쪼는 방식이었다. 옆쪽에서 모이를 쪼는 새들은 용기를 쫄 때마다 뚜껑이 움직인다는 사실을 알고 계속해서 같은 방식으로 모이를 쪼았다. 약간의 시각적, 촉각적 단서만 잡아도 새는 뚜껑을 열었다. 르페브르는 "이런 걸 통찰이라고 한다면, 당신도 모든 문제를 갑자기 풀 수 있게 될 거예요. 유레카라고 외치면서요"라고 말했다. 새들이 보여준 능력은 통찰이라기보다는 "낮은" 인지능력인 시행착오 학습에 더 가깝다.

**여기서 명심해야** 할 것은 뛰어난 지능을 보여주는 듯한 행동도 사실은 단순하고 반사적인 행동일 수 있다는 점이다.

그 한 가지 예가 새나 다른 동물이 무리를 지어—가끔은 정말로 엄청나게 규모가 큰 무리를 지어—마치 한 몸처럼 움직이는 모습이다. 나는 한번은 마치 지저귀는 검은색 꽃처럼 팽나무를 가득 덮고 앉아서 시끄럽게 울어대는 찌르레기들에게 이끌려 안마당에 나가본 적이 있다(바베이도스 섬에서 르페브르 연구팀이 연구하던 찌르레기는 그래클[grackle]이고, 저자의 앞마당에 있던 찌르레기는 스탈링[starling]이다. 한국어로는 둘 다 찌르레기라고 번역하지만, 그래클은 부리가 검고 한데 모인 꽁지가 길지만, 스탈링은 부리가 노랗고 넓게 퍼진 꽁지가 짧다/옮긴이). 이 찌르레기들은 위에서 매가 그림자를 드리우며 지나가자 갑자기 한 몸처럼 하늘로 솟구치더니 회오리바람처럼 날아가버렸다. 나는 하늘을 넓게 가리면서 마치 한 몸처럼 선회하고 구부러지고 회오리치면서 일사분란하고 복잡하게 움직이는 찌르레기 떼를 한참이나 쳐다보았다. 찌르레기들의 행동은 매나 송골매 같은 천적을 따돌리는 데에 아주 효과적인 전략이다. 과학이라는 열정을 가지고 열렬하게 새를 사랑하고 관찰했던 위대한 동식물학자 에드먼드 셀루스는 새가 떼를 지어 날아다닐 수 있는 이유는 한 새가 다른 새에게 텔레파시로 생각을 전하기 때문이라고 했다. 셀루스는 "새들은 빙글빙글 돈다. 광을 낸 지붕처럼 조밀하게 모였다가 하늘 전체에 넓은 그물을 펼친 것처럼 쫙 퍼졌다가 수백만 빛의 광선처럼 번쩍이면서……정신없이 하늘을 난다"라고 썼다. "이 새들은 분명히 집단적으로 모두 동시에 같은 생각을 하거나 적어도 한 줄이나 조그만 구역 단위—대략 1제곱미터 넓이—로 한꺼번에 많은 새의 뇌가 같은 생각을 하는 것이 분명하다."

새 떼(그리고 물고기 떼, 포유류 무리, 곤충들, 사람 군중)가 일사분란하게 한 몸처럼 행동하는 장엄한 광경은 개체들이 상호작용할 때에 따르는 간단한 규칙인 자기 조직화(self-organized) 때문에 연출된다. 새들은 셀루스의 추측과 달리 다른 개체에게 자기 생각을 주입하지 않는다. 한꺼번에 같은 행동을 하도록 텔레파시를 보내지 않는다. 그보다는 가까이 있는 개체 7마리와 상호작용하면서, 옆에 있는 동료와 정해진 거리를 유지하고 속도를 맞추면서 어떻게 행동할지를 결정하고 바로 옆에 있는 새가 갑자기 방향을 바꾸면 그 모습을 보고 함께 방향을 바꾼다. 이런 식으로 400마리가 넘는 새들이 0.5초 만에 모두 같은 방향으로 날아갈 수 있다. 새 떼가 살아 있는 커튼처럼 물결을 이루면서 거의 동시에 움직일 수 있는 이유는 모두 이 때문이다.

**흔히 복잡한 행동은** 복잡한 사고 과정의 결과임이 분명하다고 생각한다. 그러나 간단한 인지능력 실험에서 멋쟁이새와 찌르레기가 보여준 **빠른** 문제 풀이 능력은 빨리 "결론을 내리려고" 하지 말고 정확한 피드백과 자기-수정 과정에 주의를 기울이면서 세심하게 살펴볼 필요가 있다.

르페브르의 대학원생 카옐로는 새들이 배운 내용을 잊고 새로운 내용을 "다시 익힐" 수 있도록 유도하는 또다른 인지 실험을 진행했다. 카옐로는 새에게 먹을 수 있는 씨가 담긴 노란색과 녹색 컵을 주고 마음껏 먹게 해서 새가 선호하는 색을 확인한 다음에 새가 선호하는 컵에 담겨 있던 먹을 수 있는 씨를 빼고 컵 바닥에 먹지 못하는 씨를 붙였다. 그러고는 새가 선호하는 색이지만 이제는 먹지 못하는 씨가 담긴 컵에서 선호하지는 않지만 먹을 수 있는 씨가 담긴 컵으로 관심을 돌리는 시간을 측정했다. 그리고 새가 선호하지 않던 컵에서 씨를 먹게 되면 다시 먹을 수 있는 씨를 원래 색의 컵으로 바꿨다.

전도 학습(reversal learning, 반전 학습이라고도 한다/옮긴이)이라고 부르는 이 기술은 새가 얼마나 빨리 생각을 바꾸고 새로운 패턴을 익히는지를 측정할 때에 자주 쓰인다. 르페브르는 "새뿐만 아니라 사람에게도 자주 쓰는 측정방법입니다. 정신장애가 있거나 알츠하이머를 앓고 있는 사람이 얼마나 유연하게 사고할 수 있는지 알아볼 때 전도 학습과 관련된 과제를 자주 냅니다"라고 설명했다.

의심할 여지없이 바베이도스멋쟁이새는 학습 속도가 빨랐다. 몇 번만 시도해보면 컵이 바뀌었다는 사실을 인지했다. 검은얼굴목도리참새는 학습 속도가 느렸다. 목도리참새는 굼떴고 신중했다. 그러나 결국에는 컵을 바꿔야 한다는 사실을 인지했고, 멋쟁이새에 비해서 그다지 많은 실수를 하지도 않았다.

"놀랍지만, 어찌 보면 안심이 되기도 합니다. 적어도 목도리참새가 잘하는 걸 하나는 찾은 셈이니까요. 우리가 하는 실험마다 완벽하게 실패하는 동물이 있다면, 그건 그 동물 잘못이 아니라 연구하는 우리가 문제일 수도 있는 거예요. 한 새가 세상을 보는 방식을 제대로 이해하지 못하고 있기 때문에 계속해서 그런 결과가 나올 수도 있는 거니까요." 르페브르의 말이다.

**과제를 해결할** 수 있는지, 얼마나 빨리 해결할 수 있는지를 측정하는 것은 연구실에서 과학자들이 새의 지능 측정에 이용하는 한 가지 방법이다. 과학자들은 자연환경에서 새들이 접할 수 있는 어려운 상황과 비슷한—장애물을 제거하거나 장벽을 돌아가야만 숨겨둔 먹이를 찾을 수 있는—과제를 제시한다. 과학자들은 먹이를 먹으려면 레버를 내리거나 줄을 잡아당기거나 뚜껑을 옆으로 돌려야만 열리는 상자를 새 앞에 내민다. 과학자들은 새들이 문제를 푸는 데에 걸리는 시간을 측정하고 문제를 풀려고 얼마나 빨리 기존의 문제 해결 방식을 바꾸는지를 측정한다("X가 안 되면, Y로 해봐"). 과학자들은 새들이 문제를 해결하는 이유가 갑자기 문제 해결 방식이 떠오르는 통찰(유레카!) 때문인지, 순차적으로 시도를 하다가 알게 되는 반사 작용(시행착오)의 결과인지를 알아내려고 노력한다.

그러나 그 어떤 것도 쉽지 않은 과제이다. 연구실에서 실험을 할 때는 다양한 변수가 새의 과제 수행능력에 영향을 미칠 수 있다. 대담한가, 두려움이 많은가 하는 각 새의 성격도 영향을 미친다. 문제를 빠르게 해결한다고 해서 반드시 영리하다고 볼 수도 없다. 그저 주저하지 않고 새로운 과제에 뛰어드는 성향이 있을 뿐인지도 모른다. 과학자들은 인지능력을 검사하는 실험이라고 생각하지만 사실은 두려움을 측정하는 실험일 수도 있다. 목도리참새는 그저 수줍은 것이 아닐까?

"안타깝지만 수많은 다른 요인들에 영향을 받지 않고 '순수하게' 인지능력만 측정하기란 아주 어려운 일입니다." 르페브르의 제자였고 지금은 세인트앤드루스 대학교에서 조류 인지과학을 연구하고 있는 네일테보헤트의 말이다. "새도 사람처럼 인지 검사를 할 때 동기부여나 스트레스, 주변 환경, 비슷한 검사를 몇 번이나 했는지에 따라 다른 결과가 나옵니다. 행동생태학 분야에서는 동물의 인지능력을 어떤 식으로 검사할 것인가를 놓고 격렬하게 논쟁을 벌이고 있습니다만, 아직까지는 이렇다 할 해결책이 나오지 않고 있습니다."

몇 년 전에 르페브르는 연구실뿐만 아니라 야생에서도 새의 인지능력을 측정할 수 있는 또다른 방법을 떠올리고 잔뜩 고무된 적이 있었다. 그 방법은 바베이도스 섬의 해변을 따라 걷는 동안 갑자기 찾아왔다. "격렬한 폭풍이 지나간 직후였어요. 그때 나는 홀타운에 있는 홀 석호 부근을 걷고 있었죠. 석호가 흘러넘칠 정도로 비가 많이 온 뒤였는데,

거기 모래톱에 만들어진 조그만 물웅덩이에 갇혀버린 수백 마리의 구피가 보였어요." 이 줄무늬 물고기들이 한 물웅덩이에서 다른 웅덩이로 팔딱팔딱 뛰어넘는 동안 회색딱새가 날아와 물고기를 낚아채더니 나무 위로 날아갔다. 나무 위에서 회색딱새는 물고기를 가지에 내려친 다음에야 먹었다.

회색딱새는 서인도딱새류에 속하는 조류이다. 이 새들이 유명해진 이유는 물고기가 아니라 날고 있는 상태에서 곤충을 잡아먹기 때문이다. 르페브르는 홀 석호에서 한 새가 기존 사냥 기술을 활용해서 완전히 새로운 먹이를 잡는 첫 번째 사례를 목격한 것이다.

회색딱새를 보면서 르페브르는 궁금해졌다. "회색딱새가 저 엄청난 새로운 먹이 자원으로 이득을 볼 수 있는 이유는 무엇일까?" 회색딱새도 우유병 뚜껑을 따고 크림만 걷어 먹었던 영국 박새처럼 특별히 지능이 높거나 혁신적인 조류인 것일까?

르페브르는 회색딱새의 경우처럼 야생에서 처음 접하는 상황에서 새가 하는 행동을 연구하면, 새의 인지능력을 제대로 측정할 수도 있겠다는 생각을 했다. 사실 이런 생각은 30년 전에 영장류를 연구하는 제인 구달과 그의 동료인 한스 쿠머가 먼저 했다. 두 사람은 야생동물의 지능을 관찰하려면 자연에서 문제를 해결하는 능력을 관찰해야 한다고 호소했다. 동물의 지능을 제대로 관찰하려면 연구소 장비가 아니라 생태 환경이 필요하다고 말이다. 왜냐하면 동물의 창의력은 그 동물이 살고 있는 환경에서 "새로운 문제를 해결하거나 기존 문제를 새로운 방식으로 해결하는" 모습을 관찰해야만 알 수 있기 때문이다.

르페브르는 아마추어 새 관찰자나 새 전문가 모두에게 관찰한 새들의 희귀한 행동을 발표할 지면을 공평하게 제공하는 『윌슨 조류학회지 (*Wilson Bulletin*)』 정보란에 회색딱새의 행동을 관찰한 내용을 발표했다. 그러자 조류 잡지에 실린 사례들을 모아 분석하면 쿠머와 구달이 생태 환경에서만 관찰할 수 있다고 했던 증거를 찾을 수도 있지 않을까 하는 생각이 들었다. 야생에서라면 어떤 새가 가장 혁신적일까?

르페브르는 "인지능력을 측정할 때 실험과 관찰 연구는 중요해요. 하지만 이런 분류학 연구 방법은 새의 행동에 관한 정보를 발견하는 독특한 기회가 될 뿐만 아니라 동물 지능검사에 존재하는 허점을 피할 수 있게 해주지요. 예를 들어서 동물이 실제 자연환경에서는 접할 수 없는 실험장치를 쓸 필요가 없어지는 거예요"라고 했다.

르페브르는 "특이한", "진귀한", "처음 목격한" 같은 단어를 찾아 75년간 발행된 조류 잡지를 모두 뒤졌고, 수백만 종에 달하는 조류에게서 관찰한 진귀한 행동을 2,300건 이상 수집했다. 르페브르가 수집한 사례에는 벌새 먹이통 옆에 있는 지붕에 앉아서 벌새를 잡아먹은 로드러너, 새끼 물개들 사이에 끼어 천연덕스럽게 어미 물개의 젖을 먹은 남극도둑갈매기, 토끼나 사향뒤쥐를 먹은 왜가리, 런던에서 비둘기를 한입에 삼킨 펠리컨, 북미큰어치를 잡아먹은 갈매기, 보통은 곤충만 먹지만 처음으로 군자란 열매를 먹는 모습을 들킨 뉴질랜드노란머리새처럼 새로운 먹이를 과감하게 취하는 새들도 있었다.

또한 원래의 먹이를 새롭고 독창적인 방법으로 먹은 사례도 있었다. 남아프리카 공화국에 서식하는 갈색머리흑조는 가는 나뭇가지로 소똥에서 먹이를 골라냈다. 물고기를 잡으려고 곤충을 미끼삼아 물 위에 던져놓던 검은댕기해오라기도 있었고, 토끼가 달아나지 못하도록 공중에서 조개를 떨어뜨리는 기술을 구사한 재갈매기도 있었다. 그보다 훨씬 더 혁신적인 새도 있었다. 애리조나 주 북부에서는 흰머리독수리가 얼음낚시를 하는 모습이 목격되었다. 이 흰머리독수리들은 얼어붙은 호수 밑에서 죽어 있는 연준모치 무리를 발견했다. 수면 위에 나 있는 구멍을 본 흰머리독수리들은 얼음 위에서 쿵쿵 뛰어서 그 반동으로 연준모치 사체가 구멍 밖으로 밀려나오게 했다. 르페브르는 짐바브웨 독립전쟁 당시 보고된 대머리독수리의 사례를 아주 좋아한다. 이 대머리독수리들은 지뢰밭에서 가까운 곳에 설치한 가시 철망 위에 자리잡고 앉아서 가젤 같은 초식동물이 지뢰밭으로 들어갔다가 폭발하기를 기다렸다. 기다리기만 하면 대머리독수리는 이미 잘게 다져진 고기를 먹을 수 있는 셈이었다. 그러나 르페브르의 말처럼 "먹이를 먹으려고 들어갔다가 되레 자기가 지뢰를 건드려 폭발하는 경우"도 있었다.

일단 사례들을 모은 뒤에 르페브르는 새를 과(科) 단위로 분류하고 각 집단의 혁신율을 계산했다. 그는 또한 계산에 정확성을 기하기 위해서 가능한 혼재변수(연구자가 인과관계를 관찰하려고 조작한 독립변수 외에 종속변수에 영향을 미치는 기타 변수/옮긴이)도 함께 계산했다. 관찰 횟수가 많을수록 새로운 발견을 하게 될 가능성도 커지기 때문에 관찰자들이 얼마나 부지런했는지는 특히 신경 써서 고려했다.

"솔직히 말해서 처음에는 이 일이 불가능할 거라고 생각했어요." 르페브르는 말했다. 왜냐하면 사례는 과학으로 인정되지 않기 때문이다. 말 그대로 사례는 "그다지 설득력이 없는 자료"일 뿐이다. "한 가지 사례를 과학이 아니라고 하면, 어떻게 2,000가지 사례를 과학이라고 하겠어요? 나는 자료를 액면 그대로 받아들였어요. 자료에 허풍이 있다고 해도 집단 내부에 무작위로 분포되어 있을 테니 결과에는 영향을 주지 않을 테니까요. 내 계산방식을 버릴 수밖에 없는 결정적인 허점이 발견되기를 기다렸지만, 그런 허점은 찾을 수 없었습니다."

르페브르가 계산해서 찾아낸 가장 똑똑한 새는 어떤 과일까?

당연히 앵무샛과와 까마귓과의 새였다(까마귓과는 몸집이 작은 까마귀와 몸집이 큰 갈까마귀 모두 월등하게 똑똑했다). 그 뒤로는 찌르레깃과, 맹금과(특히 송골매와 매), 딱따구릿과, 코뿔샛과, 갈매깃과, 물총샛과, 뻐꾸깃과, 왜가릿과 새가 똑똑했다(올빼미는 야행성이라 배설물을 가지고 추측할 뿐 혁신적인 방법을 사용하는 모습을 직접 목격하는 경우가 드물어 비교 대상에서 제외했다). 참샛과와 박샛과도 비교적 높은 순위를 차지했다. 메추라깃과, 타조과, 느싯과, 칠면조과, 쏙독샛과가 순위가 낮았다.

르페브르는 계산 결과를 가지고 한 단계 더 나아갔다. 혁신적인 행동을 가장 많이 한 집단의 새가 뇌도 더 클까? 거의 대부분의 경우에 상관 관계가 있었다. 몸무게가 똑같이 320그램인 두 새를 비교했을 때, 기발한 행동을 16번 보인 미국까마귀의 뇌는 7그램이었지만 혁신적인 행동을 단 1번 보인 자고새의 뇌는 1.9그램에 불과했다. 몸무게가 똑같이 85그램인 두 새의 경우, 혁신율이 9인 오색딱따구리의 뇌는 2.7그램이었지만, 1인 메추라기의 뇌는 0.73그램밖에 되지 않았다.

르페브르가 자신이 발견한 사실을 2005년에 열린 미국 과학진흥회 연례회의에서 발표했을 때, 언론은 르페브르의 계산 결과를 세계 최초로 포괄적으로 새의 지능을 다룬 IQ 지수라고 보도했다. 르페브르는 자기가 한 계산 결과를 IQ 지수라고 부른다는 사실이 "조금 부끄럽다"라고 했다. "하지만 안 될 거야 없지요"라고도 덧붙였다.

새의 IQ 지수라는 보도는 사람들의 흥미를 끌었고, 결국 관심이 많은 기자들이 찾아와서 르페브르에게 질문을 했다. 그들 중 한 기자가 이 세상에서 가장 멍청한 새는 어떤 새냐고 물었고, 르페브르는 "에뮤일 것"이라고 대답했다. 그러자 그 다음 날 신문에는 "캐나다 연구자, 오스트레일리아의 국조(國鳥)를 '세상에서 가장 멍청한 새'로 낙인찍다"라는 기사가 대문짝만 하게 실렸다(오스트레일리아 정부는 에뮤와 캥거루가 쉽게 뒤로 물러서지 않는다는 흔히 퍼져 있는ㅡ하지만 잘못된ㅡ믿음을 근거로 전진하는 나라를 만들겠다는 뜻으로 에뮤와 캥거루를 비공인 국가 상징으로 삼고 있다). 그렇다고 르페브르가 오스트레일리아에서 유명해지지는 않았다. 그러나 그가 오스트레일리아의 한 라디오 방송 프로그램에 출연했을 때, 전화를 건 청취자가 자기가 오스트레일리아 원주민과 함께 오지에 갔을 당시 등을 바닥에 대고 누워서 발을 올리고 있으면 에뮤가 다가와서 살펴보다가 자기 동료로 인정해준다는 원주민의 말을 들었다고 해준 덕분에 르페브르는 새 권위자라는 지위를 유지할 수 있었다.

**르페브르는** 새의 뇌 크기는 물론이고, 뇌의 주요 부분의 크기도 지능을 재는 척도로 쓰기에는 조악하다는 사실을 알고 있다. "어쨌거나 작은도요도 몸집에 비해 뇌가 상당히 큽니다. 하지만 그 새가 하는 일이라고는 (무릎이 젖기 싫어, 무릎은 젖기 싫다고 하면서) 밀려오는 파도를 피해 앞으로 갔다가 뒤로 갔다가 하면서 무척추동물이나 주워 먹는 게 전부지요."

큰 뇌가 영리함의 전제조건은 아니라는 사실은 이미 오래 전부터 알려져 있다. 소의 뇌는 생쥐의 뇌보다 100배는 더 크지만 그렇다고 소가 생쥐보다 그만큼 더 영리하지는 않다. 뇌가 아주 작지만 놀라운 지적 능력을 보유한 동물도 있다. 꿀벌은 뇌가 1밀리그램이지만 포유류만큼 지형을 잘 익히고, 초파리는 다른 초파리에게서 사회성을 배운다. 몸집에 따른 뇌 크기를 비교하는 뇌 대뇌화(brain encephalization) 지수는 분명히 어떤 의미가 있다고 생각되지만 대뇌화와 지능에 어떤 상관관계가 있는지는 아직 논쟁의 여지가 많다.

"단순히 크기가 중요한 건 아니에요. 적어도 모든 동물이 그런 건 아니에요. 우리가 뇌의 부피를 측정한다고 정보 처리능력까지 알 수 있을까요? 아마 아닐 거예요." 르페브르의 말이다.

지금은 창의력을 새의 인지능력을 측정하는 기준으로 활용하는 과학자들이 많다. 뇌의 크기가 혁신하는 능력과 관계가 없다면, 무엇이 관여하는 것일까? 창의력이 뛰어난 새와 그렇지 않은 새의 차이점은 무엇일까? 뇌의 크기는 같지만 영리한 멋쟁이새와 우둔함이 분명하게 보이는 목도리참새의 뇌에는 어떤 차이가 있을까?

르페브르는 "문제는 다른 동물의 머리를 어떻게 들여다볼 것인가겠지요. 지금까지는 전적으로 전체로든 부분으로든 뇌의 용량에 초점을 맞춰왔어요. 하지만 그래서는 실제로 무슨 일이 일어나고 있는지 알 수 없어요. 창의력과 인지능력을 조절하는 건 크기가 아니라 뉴런 단계에서 일어나는 일일 테니까요"라고 말했다.

르페브르의 말은 뉴런이 기억을 저장하는 원리를 생리학적으로 밝힌 공로로 노벨 상을 수상한 신경과학자 에릭 캔들이 스승인 해리 그런드페스트에게 들은 조언을 떠오르게 한다. 캔들이 아직 젊은 과학자였을 때, 그런드페스트는 "자네, 정말로 뇌를 이해하고 싶다면 환원주의자들의 방법을 택해야 할 거야. 한 번에 세포 하나만 살펴보는 거지"라고 했다. 캔들은 "정말 옳은 말이었다"라고 했다.

새의 인지능력을 연구하는 많은 과학자들처럼 이제 르페브르도 뉴런과 뉴런을 연결하는 부위인 시냅스(synapse)에서 일어나는 활동을 살펴보면 혹시라도 새가 학습을 하고 문제를 푸는 방법을 알 수 있지 않을까 하는 소망을 품고 "뉴런"을 살펴보고 있다. 두 신경세포 사이에 있는 시냅스에서 뉴런은 서로 정보를 전달한다. 르페브르는 "한 동물이 융통성 있고 창의적으로 행동하는가, 그렇지 않은가는 여기, 시냅스에서 일어나는 일이 결정한다고 믿어요"라고 말했다.

바베이도스멋쟁이새나 뉴칼레도니아까마귀가 영리하고 창의적인 행동을 하는 이유는 무엇일까? 정말로 검은얼굴목도리참새나 카구는 바보일까?

"이런 문제들을 여러 관점에서 살펴보고 있어요. 시작은 언제나 야생으로 나가는 겁니다. 현장에 나가서 궁금한 새를 직접 자세하게 관찰해야 해요. 새를 이해하고 싶으면 반드시 그 새가 야생에서 어떻게 행동하는지 알아야 합니다. 그런 다음에야 머릿속을 들여다볼 시도를 할 수 있는 겁니다. 야생에서 새가 어떻게 행동하는지 관찰하고, 각 종마다 창의성이 어떻게 다른지 비교하고, 포획한 새로 실험을 해본 뒤에야 실험실에서 알아낸 유전자와 세포 정보를 야생에서 우리가 관찰한 내용과 접목할 방법을 찾을 수 있는 거지요." 르페브르의 말이다.

조류의 지능을 연구하는 곳에서는 언제나 이런 식으로 야심차게 과학 연구를 진행한다. 새의 마음을 제대로 알아내려고 야생에서 새의 생태와 행동을 관찰하고, 연구실에서 인지 연구를 진행하고, 새의 뇌 깊은 곳을 탐색하는 연구 과정을 놀라운 방법으로 접목하여 활용하는 것이다.

# 제2장

# 새의 방식

## 다시 새의 뇌로

애디론댁 산맥에서 크로스-컨트리 스키를 하던 나는 점심을 먹으려고 숲속 작은 빈터에서 발걸음을 멈추었다. 두툼하게 눈이 쌓인 빈터는 뼈가 시릴 정도로 추웠다. 호일을 벗기고 땅콩버터 샌드위치를 꺼내자마자 갑자기 눈 옆으로 어떤 물체가 휙 지나갔고 귀에 익은 지이이이 하는 소리가 들렸다. 빈터 가장자리에 있는 나무 위에 앉아 있던 크림만 걷어 먹는 박새의 친척인 그 검은머리박새는 가지에서 훌쩍 날아올랐다. 한 마리가 날아오르자 또 한 마리가 날아올랐고, 계속해서 파드닥 날아오르더니 어느새 내 발 밑에 옹기종기 모여 있었다. 내가 빵을 잘게 잘라내자 한 마리가 재빨리 날아오르더니 빵부스러기를 채어갔다. 잠시 뒤에 이 건방진 작은 새는 아예 내 팔에 자리를 잡고 앉더니 내가 들고 있는 빵을 쪼아 먹기 시작했다.

새들의 왕국에서 검은머리박새를 똑똑한 구성원으로 분류하는 사람은 많지 않을 것이다. 검은머리박새는 주로 그 귀여움 덕분에 유명해졌다. 솜털처럼 동그란 작은 몸은 멋진 회색 코트를 둘렀고 머리에는 멋진 검은색 모자를 쓴 검은머리박새는 부리는 짧고 머리는 ET처럼 크다. 검은머리박새는 울새나 개고마리처럼 호리호리하고 세련된 멋도 없고 까마귀처럼 거들먹거릴 수 있는 영리함도 없다. 검은머리박새가 유명한 이유는 대부분 먹이를 주는 사람에게 친근하게 행동하고 놀라운 곡예비행을 하기 때문이다. 언젠가 조류학자 에드워드 하우 포부시가 관찰한 것처럼, 검은머리박새는 "곤충을 쫓아 나뭇가지에서 몸을 뒤쪽으로 재빨리 뒤집은 뒤에 곤충을 잡아채고는 완벽하게 공중제비를 한 바퀴 돌아 옆에 있는 비스듬한 나무기둥에 착지하더니 쪼르륵 나무 위로 올라갈" 수 있다.

그러나 검은머리박새는 그저 활기차고 경쾌한 새가 아니다. 공중에서 곡예를 부릴 줄도 알고 호기심도 많고 머리도 좋고 기회를 잡을 줄도 알고 기억력도 비상하다. 포부시의 말처럼 검은머리박새는 "무슨 말로도 제대로 찬양할 수 없는 걸작"이다. 르페브르가 고안한 새들의 IQ 지수 순위에서도 검은머리박새는 딱따구릿과만큼이나 높은 순위를 차지한다.

최근에 과학자들은 검은머리박새가 내는 높고 가는 휘파람 소리 — 피비스, 지이이스, 디디디스, 스튜힙스 같은 — 와 목을 울리는 듯한 복잡한 울음소리를 분석한 뒤에 검은머리박새의 소리는 가장 정교하고 정확한 육상동물의 통신 수단 가운데 하나라는 결론을 내렸다. 크리스 템플턴 연구진은 검은머리박새가 울음소리를 언어처럼 사용한다는 사실을 밝혀냈다. 무한히 확장 가능한 독특한 울음소리로 완벽한 구문을 완성하는 것이다. 검은머리박새는 다른 검은머리박새에게 자기가 있는 위치를 알리거나 맛있는 간식이 있는 장소를 전하고, 천적이 나타났음을 경고하는 소리를 낸다(어떤 천적인지, 얼마나 위험한 천적인지를 알리는 소리도 있다). 날아다니면서 부드럽고 높은 소리로 시이트라고 하거나 날카롭게 시-시-시 하는 소리는 때까치나 줄무늬새매가 나타났다는 신호이다. 치카디-디-디 하는 소리는 나무 꼭대기에 앉아 있는 맹금이나 하늘 높은 곳에서 희미하게 보이는 북아메리카귀신소쩍새처럼 멈춰 있는 천적이 있음을 알리는 소리이다. 물수제비를 뜨는 것처럼 통통 끊기는 이런 디 소리의 횟수는 천적의 크기와 위험한 정도를 나타낸다. 디 소리를 많이 내면 낼수록 더욱 작고 더욱 위험한 천적이 나타났다는 뜻이다. 작은데 더 위험하다니 말이 되지 않는다고 생각할지도 모르지만, 쉽게 몸을 움직일 수 있는 작고 재빠른 천적이 크고 굼뜬 천적보다 훨씬 더 위험하다. 따라서 참새올빼미가 나타나면 네 번 울지만 아메리카수리부엉이가 나타나면 두 번만 울 수도 있다. 검은머리박새의 울음소리는 위협 강도에 맞춰 적을 공격하거나 쫓아낼 집단을 형성할 전력을 강화하려고 동료들을 부르는 소리이다. 그렇기 때문에 검은머리박새의 소리는 다른 종에게도 믿을 만한 경고음으로 작동한다.

검은머리박새가 상황에 따라서 다른 소리를 낸다는 사실을 알면 숲속을 걷는 동안 검은머리박새의 노랫소리가 사뭇 다르게 느껴진다. 지금 나를 유심히 살펴보면서 상당히 위험한지 조금만 위험한지를 평가하고 있는 거구나 하는 기분이 든다.

그러나 그렇지 않을 수도 있다. 검은머리박새들은 나를 그저 느릿느릿 걷는—덩치는 크지만 전혀 해롭지 않은—멍청이라는 결론을 내리고 내가 지나가도 거의 아무 말도 하지 않을 수도 있다.

검은머리박새는 사람 때문에 동요하는 일이 거의 없다. 멋쟁이새처럼 대담하고 호기심이 많은 검은머리박새는 "뿌리 깊은 자기 확신"에 차 있는 새이다. 검은머리박새는 사람을 비롯해서 자기 영역으로 들어온 모든 존재를 조사한다. 사냥철이면 사냥꾼의 오두막 주위를 서성이다가 사냥꾼이 트럭에 실어놓은 동물의 사체에서 지방을 쪼아 먹는다. 새에게 모이를 주는 사람이 숲속에 들어가면 가장 먼저 찾아오는 새도 검은머리박새일 경우가 많으며, 빈터에서 나에게 그랬듯이 사람의 손에 앉아서 먹이를 먹는 새도 검은머리박새이다. 멋쟁이새처럼 검은머리박새도 새로운 먹이 자원을 찾아내고 이용하는 데에 탁월한 재주가 있다. 크리스 템플턴은 매달려 있는 벌새 모이통에서 꿀을 빨아 먹는 검은머리박새를 보기도 했다. 겨울이면 검은머리박새는 벌, 쉬고 있는 박쥐, 나무 수액, 죽은 물고기까지 먹는다.

1970년대에 외래종인 수레국화의 확산을 막으려고 미국 서부에 어리상수리혹벌을 도입했을 때에도 검은머리박새는 새로운 기회를 재빨리 거머쥐었다. 템플턴은 검은머리박새가— 평소에는 보지 못했던 영양가 많은 먹이인—어리상수리혹벌의 유충이 잔뜩 모여 있는 수레국화 화서(seedhead)를 쉽게 찾는다는 사실을 알아냈다. 어떤 단서를 보고 유충이 있음을 아는지는 모르지만, 검은머리박새들은 날고 있는 상태에서 어느 꽃으로 날아가야 할지 고민하느라 시간을 지체하지 않았다. 검은머리박새가 내려앉는 화서에는 틀림없이 어리상수리혹벌의 유충이 있었다. 검은머리박새는 꽃 위에 내려앉지도 않고 유충을 잡아채 나무로 돌아가 전리품을 쪼아 먹었다.

템플턴은 그 모습을 보고 깜짝 놀랐다. "그토록 짧은 시간에 화서의 상태를 평가하고 먹이를 찾는 검은머리박새의 능력은 정말 놀랍다." 템플턴은 그렇게 썼다. 검은머리박새가 전혀 먹어보지 못했던 새로운 먹이 자원을 찾는 방법을 그토록 빨리 익혔다는 사실도 놀랍지만, 그 먹이가 얼마 전에야 서식지에 들어온 외래종 식물에서 살아가는 외래종 곤충이라는 사실 역시 놀랍다.

검은머리박새는 기억력도 아주 비상하다. 검은머리박새는 나중에 먹으려고 수천 곳이 넘는 장소에 씨앗 같은 먹이를 숨겨두는데, 6개월이 지난 뒤에도 먹이를 숨겨둔 장소를 정확하게 기억한다.

이 모든 재주를 검은머리박새는 완두콩보다 대략 두 배 정도 큰 뇌로 해내고 있다.

**얼마 전에 나는** 집 근처에 있는 소나무가 자라는 조그만 공간에서 검은머리박새의 두개골을 찾았다. 내 손 위에 단정하게 올라가 있는 그 두개골은 백묵처럼 하얬고 놀라울 정도로 밝아서 마치 얇은 달걀 껍데기처럼 보였다. 안구가 있던 둥근 부분은 날카로운 바늘처럼 보이는 부리와 연결되어 있고, 그 뒤로는 뇌를 감싸고 있던 반투명하고 볼록한 뼈가 두 개 있었다. 검은머리박새의 몸무게는 보통 11내지 12그램이고 뇌의 무게는 0.6에서 0.7그램밖에 되지 않는다. 이렇게 작은 뇌로 그렇게나 놀라운 정신적 재주를 부리다니, 도대체 어떻게 그럴 수 있을까?

그저 크기만으로 뇌의 작용을 설명할 수 없음은 분명한 사실이다. 그러나 크기를 견줄 때에 새는 오랫동안 부당한 비난을 받아왔다. 흔히 생각하는 것과 달리 새는 사실상 몸집에 비해 상당히 큰 뇌를 가지고 있다. 새의 뇌 크기는 비록 진화상의 경로는 완전히 다르지만, 우리에게 큰 뇌를 가져온 독특한 과정을 새도 거쳤기 때문에 만들어진 결과이다.

새의 뇌는 가장 작은 쿠바에메랄드벌새가 0.13그램이고, 가장 큰 황제펭귄의 뇌는 46.19그램이다. 뇌가 7,800그램이나 되는 향유고래에 비하면 정말 작지만 몸무게가 동일한 다른 동물과 비교해보면 절대로 작지 않다. 인도네시아 반탐닭의 뇌는 몸무게가 비슷한 도마뱀에 비하면 거의 10배나 무겁다. 몸무게 대비 뇌의 무게 비율을 따져보더라도 새는 포유류에게도 지지 않는다.

몸무게가 64킬로그램쯤 되는 사람의 평균 뇌 무게는 1,360그램이다. 몸무게가 같은 늑대나 양의 뇌 무게는 사람의 뇌 무게의 7분의 1정도에 불과하다. 자연이 정한 규칙을 함부로 어기는 뉴칼레도니아까마귀의 몸무게를 64킬로그램으로 환산하면, 뇌 무게는 사람과 비슷해질 것이다.

뉴칼레도니아까마귀는 몸무게는 220그램 정도에 불과하지만 뇌 무게는 7.5그램이나 된다. 그 정도 뇌 크기는 마모셋원숭이나 타마린 같은 작은 원숭이의 뇌 크기와 비슷하고, 갈라고원숭이보다는 50퍼센트 정도 더 크다(세 원숭이 모두 크기가 까마귀만 하다).

그렇다면 검은머리박새의 뇌는 어떨까? 검은머리박새의 뇌는 몸무게가 비슷한 참새나 딱새의 뇌보다 두 배 정도 크다.

이런 식으로 계속 비교를 해보면 많은 새들이 몸집에 비해서 놀라울 정도로 큰 뇌를 가지고 있음을 알게 된다. 과학자들이 사람의 뇌를 가리킬 때에 하는 것처럼, 새들의 뇌는 지나치게 부풀어올라 있다.

**수세기 동안** 사람들은 새의 뇌가 여러 가지 이유들로 인해서 작아졌으리라고 생각했다. 그래야 개구리매가 넓은 곳을 원을 돌며 날고, 칼새가 전적으로 하늘에서만 생활하고, 검은머리박새가 30밀리초보다 짧은 시간에 방향을 바꿔 날 수 있다고 생각했다.

뇌는 조직이 무겁고 심장에 이어서 두 번째로 신진대사 비용이 많이 드는 기관이다. 뉴런은 아주 작지만 뉴런을 만들고 유지하고 기능하는 데에 쓰이는 에너지는 다른 세포와 동등한 크기로 놓고 비교했을 때, 거의 10배 이상 많이 든다. 그러니 우리 사람이 생각하기에 자연이 새의 회백질을 잘라낸 것도 전혀 이상한 일이 아니다. 미국의 작가 피터 매티슨은 언젠가 "우리가 새가 이룬 가장 위대한 업적이라고 생각하는 비행의 힘은 아이러니하게도 포유류가 가진 지능을 상당 부분 포기하고 이룬 진화적 적응이다"라고 했다. 사람이 보기에 새는 영리함이 아니라 날아가는 것으로 문제를 해결한 것이다.

비행은 실제로도 에너지가 상당히 많이 든다. 비둘기만 한 새는 쉴 때에 소비하는 에너지의 10배를 소비한다. 되샛과 같은 작은 새는 짧은 거리를 날아갈 때도 쉼 없이 날갯짓을 하기 때문에 쉴 때 소비하는 에너지보다 거의 30배는 많은 에너지를 소비한다(그와 달리 오리 같은 물새가 수면에서 헤엄칠 때는 쉴 때보다 3배나 4배 정도 많은 에너지를 소비한다). 비행을 방해하는 제약을 없애려고 자연은 실제로도 새의 뼈에서 많은 부분을 덜어내서 강하면서도 가볍게 만들었다. 어떤 뼈는 한데 융합했고 어떤 뼈는 제거했다. 무겁고 이가 나는 턱뼈는 가벼운 케라틴이 주요 구성성분인 부리로 바뀌었다. 날개뼈 같은 뼈는 거의 비어 있는 것처럼 구멍이 나 있지만 버팀대 같은 섬유주(trabeculae)로 강화해서 뒤틀리지 않는다. 새의 뼈는 다리나 날개를 고정하고 지탱하는 몸속 깊은 곳에 있는 가슴뼈처럼 꼭 그래야만 하는 뼈들만 골밀도가 높다(그렇기 때문에 새가 한 번의 날갯짓으로 자기 무게의 두 배나 되는 물체를 들어 올릴 수 있는 것이다). 이런 뼈들은 포유류의 뼈보다 훨씬 더 단단하다. 새의 골격계를 조절하는 유전자를 연구한 생물학자들은 새들이 포유류보다 뼈를 개조하고 재흡수하는 유전자를 2배 이상 많이 가지고 있다는 사실을 발견했다. 새의 뼈는 대부분 구멍이 나 있고 얇았지만 강도는 엄청나게 셌다. 그 때문에 가끔 놀라운 사실이 발견되기도 한다. 날개폭이 2미터가 넘는 군함새에게는 군함새의 깃털보다도 가벼운 뼈가 있다는 사실 같은 것이 말이다.

진화는 새에게서 필요 없는 신체기관을 간소화하거나 완전히 제거하는 방법 역시 활용했다. 일단 방광은 사라졌다. 간은 고작 0.5그램 정도로 축소되었다. 조류의 심장도 사람처럼 2심방 2심실로 이루어져 있고 동맥과 정맥이 나누어져 있지만 아주 작고 훨씬 더 빨리 뛴다(검은머리박새의 심장은 1분에 500번에서 1,000번 정도 뛴다. 사람은 78번 뛴다). 조류의 호흡기관은 포유류의 호흡기관에 비해서 아주 특이할 정도로 몸에서 많은 비중을 차지하며(몸 전체 부피의 5분의 1을 차지한다. 포유류는 20분의 1이다) 훨씬 더 효율적이다. 공기가 계속 "한 방향으로 흘러가는" 조류의 허파는 견고한 몸통에 감싸여 있으며 일정한 부피를 유지하는데(포유류의 허파는 유연한 몸통 안에서 수축하고 팽창한다), 이 허파는 얽히고설킨 그물처럼 퍼져 있는 기낭(氣囊)에 연결되어 있다(풍선처럼 생긴 기낭은 외부에서 들어온 공기를 저장한다). 친척인 파충류와 달리 새의 난소는 왼쪽에 있는 한 개만 생식 작용을 한다(오른쪽 난소는 진화하는 동안 기능을 상실했다). 새의 생식기관은 번식기에만 활성화되고 그 외의 기간에는 난소도 정소도 난관도 줄어든 상태로 존재한다.

줄어든 게놈의 수 역시 새가 날기 위해서 적응한 결과이다. 새는 양막강(羊膜腔)을 공유하지만 땅에서 알을 낳는 척추동물인 파충류와 포유류와 달리 게놈의 수가 아주 적다. 포유류의 게놈은 보통 10억에서 80억 개의 염기쌍으로 이루어져 있지만, 조류는 진화를 하는 동안 수많은 DNA를 결실(deletion)을 통해서 제거했기 때문에 반복되는 염기쌍이 거의 없어 10억 개 정도에 불과하다(DNA의 염기배열 일부가 소실되는 현상을 결실이라고 한다/옮긴이). 날아다니는 데에 가장 중요한 유전자를 재빨리 조절하는 능력을 가지려면 게놈의 수가 더 적어야 하는지도 모르겠다.

**몸을 가볍게** 한다는 놀라운 진화 과정은 새들의 조상이었던 공룡에서부터 시작한다.

영국의 생물학자 토머스 헉슬리는 그 누구보다도 먼저 현생 조류와 공룡의 관계를 연결한 사람이었지만, 그가 발견한 내용은 새가 똑똑하다는 사실을 알려주는 데에는 아무런 소용이 없었다. 헉슬리의 제자 H. G. 웰스가 묘사한 것처럼 "노르스름한 얼굴에 각진 턱과 밝게 빛나는 작은 눈을 소유한 노인"이었던 헉슬리는 진화론을 공격적으로 옹호하여

"다윈의 불도그"라는 별명을 얻은 사람이다. 헉슬리가 살펴본 공룡 화석
은 많지는 않지만, 그는 공룡 화석에서 조류의 특징을 찾아냈고 좀더
나중에 발견한 1억5,000만 년 된 시조새 화석에서는 공룡의 특징을 찾
아냈다. 실제로 헉슬리는 "장골에서 발가락 끝까지 이어지는 전체 후반
신(hind quarter)은 반쯤 부화한 병아리가 갑자기 커져서 경화(硬化)된
뒤에 화석이 된 것처럼 보인다. 이 화석은 파충류가 새로 진화하는 마지
막 단계를 보여주고 있다. 이 화석의 특징을 살펴볼 때 새를 공룡류라고
부르지 못할 이유는 하나도 없어 보인다"라고 썼다.

　당연히 헉슬리의 추론은 옳았다. 새는 1억5,000만 년 내지 1억6,000
만 년 전인 쥐라기에 공룡에서 분리되어 진화하기 시작했다. 에든버러
대학교의 고생물학자 스티븐 브루사테는 "'공룡'과 '새' 사이에 뚜렷한
차이는 찾지 못했습니다. 공룡이 하루아침에 새로 변하지는 않았습니
다. 그보다는 새의 몸을 일찌감치 구상해놓고 1억 년이라는 긴 시간 동
안 착실하게 진화하면서 천천히 한조각 한조각 만들어갔을 것입니다"라
고 했다.

　새를 보면 파충류의 특징을 쉽게 찾을 수 있다. 구슬 같은 눈, 기민하
고 날렵한 행동에서 우리는 파충류를 본다. 코뿔새의 날개는 마치 익수
룡의 날개처럼 생겼고, 소리를 들으려고 꼼짝도 하지 않고 꼿꼿하게 고
개를 쳐들고 있는 울새의 무표정한 얼굴은 도마뱀을 떠오르게 한다. 천
천히 날개를 펄럭이고 뱀처럼 목을 움직이면서 기괴한 소리로 우는 큰
청왜가리는 영락없는 공룡이다. 그러나 조그맣고 귀여운 검은머리박새
가 이제는 사라진 거대한 동물이 변한 생물이라고? 그런 생각은 하는
것만으로도 당혹스러울 것 같다.

**중국의 북동쪽 끝**에 있는 외진 곳에는 이 놀라운 변화를 증언해주는

땅이 있다. 백악기 초기에 내몽골과 허베이 성과 랴오닝 성을 덮은 화산재 덕분에 이 지역에는 화석이 많이 발견되는 제홀 화산 지대가 생겼다.

거의 20년 전에 나는 랴오닝 성의 작은 마을 시헤툰에서 가까운 곳에 있는 화석 발굴지를 찾아갔다. 최근에야 마을 사람들이 화석을 발굴하기 시작한 층상 구조로 이루어진 지형에는 어디에나 고대에 살았던 물고기, 민물 갑각류, 하루살이 유충 화석이 부서지기 쉬운 얇은 실트암(siltstone)에 박혀 있었다. 그때 나는 신문기사를 통해서 그보다 1년 전에 한 농부이자 아마추어 화석 수집가가 절벽의 지층을 살펴보다가 제홀 화석 지대를 발견했다는 사실을 알고 있었다. 그곳에는 사체가 전형적으로 취하는 자세인 머리는 뒤로 젖히고 뻣뻣한 꼬리는 곧게 세운 채로 작은 생물의 화석이 묻혀 있었다. 몸길이는 30센티미터쯤 되고 다리가 두 개인 커다란 도마뱀처럼 보이는 동물이었다. 그런데 이 동물에게는 특이한 점이 있었다. 등에 머리카락처럼 보이는 자잘한 솜털 갈기가 있었던 것이다.

이 동물은 시노사우롭테릭스(*Sinosauropteryx*)라고 명명된 수각류(獸脚類, theropod) 공룡이다. "깃털 달린 중국 용"이라는 뜻의 시노사우롭테릭스는 새와 공룡을 연결하는 중요한 연결 고리이다(수각류란 "다리 동물"이라는 뜻으로 무시무시하고 거대한 티라노사우루스 렉스부터 30센티미터 정도 되는 트루돈티드가 속한 데이노니쿠스처럼 두 발로 걷는 다양한 공룡 무리를 가리키는 용어이다). 나는 바위에 갇혀 있는 원시 깃털을 제대로 찍어보려고 하루에 10시간 동안 이 작은 수각류 화석을 붙잡고 고생한 사진작가의 작품을 본 적이 있다. 공룡의 꼬리에서 튀어나와 있는 짙은 섬유 같은 줄무늬는 너무나도 놀라웠다. 그것은 정말로 태고의 깃털이었다.

한때 사람들은 깃털이야말로 현생 조류만이 가지고 있는 배타적인 특징이라고 생각했다. 그러나 고대에 형성된 제홀 화석 지대를 발견한 뒤로 그 생각은 바뀌었다. 지난 20년 동안 제홀 화석 지대는 1억2,000만 년에서 1억3,000만 년 정도 전에 살았던 공룡의 화석을 쏟아냈는데, 그 공룡들은 아주 원시적인 솜털이나 잔털부터 제대로 모양을 갖춘 비행용 깃털에 이르기까지 온갖 종류의 깃털을 몸에 달고 있었다. 파라베스류 공룡(영화 「쥐라기 공원」 덕분에 유명해진 벨로키랍토르가 속한)은 그 당시에 많은 개체들이 살았는데, 이 깃털 달린 공룡들은 나는 법을 연습하기도 하고 활공하거나 낙하하거나 나무에서 나무로 뛰어다녔다. 그러다가 몇몇 종이 강력하게 도약했고 결국 비행을 배운 공룡들이 새가 되었다.

공룡이 검은머리박새나 왜가리로 변한 이유는 부분적으로는 이상한 나라에 간 앨리스가 경험한 "지속적인 소형화(sustained miniaturization)"라고 알려진 축소 과정을 거쳐 가차 없이 작아졌기 때문이다. 2억 년도 더 전에 공룡은 새롭게 형성된 생태 지위를 채우려고 몸집을 다양하게 나누기 시작했다. 그러나 공룡이 조류로 바뀌는 진화의 방향만이 이 같은 높은 변화율을 유지했다. 5,000만 년 동안 진화하면서 새의 조상인 수각류는 163킬로그램에서 1킬로그램 미만까지로 계속해서 몸을 줄였다. 거의 모든 것이 작아졌다. 작고 가벼워진 새들의 조상은 새로운 생태 지위를 차지할 수 있었고, 나무를 기어오르거나 활공하거나 비행해서 천적을 따돌릴 수 있었다. 몸집이 작아진 수각류들은 다른 공룡보다 훨씬 더 빠르게 새로운 환경에 적응했다. 작은 크기, 진화적 유연성, 새로 획득한 재능(풍성한 깃털 덕분에 효과적으로 유지할 수 있는 체온과 멀리 날아 넓은 곳에서 먹이를 찾을 수 있는 능력 같은) 덕분에 공룡 사촌들이 거의 대부분 멸종한 재앙을 겪은 뒤에도 새들은 생존할 수 있었고, 결국 지구에서 가장 성공한 육상 척추동물 가운데 하나가 되었다.

그렇다면 새는 뇌도 작아졌을까?

그렇게 많이 작아지지는 않았다. 공룡이 새로 변하는 동안 뇌는 비행술을 익히기 전보다 오히려 지나칠 정도로 부풀어올랐다. 뇌의 시각 중추는 나무에서 나무로 뛰어오를 때 부딪치지 않도록 앞을 잘 보기 위해서 커진 눈과 발달한 시각을 조절해야 했기 때문에 이미 더욱 커졌고, 소리를 관장하는 부분과 운동을 조절하는 뇌 부위도 역시 아주 커졌다. 새로운 생태 지위를 찾고 천적을 피해 달아나야 할 필요성 때문에 조류의 뇌는 신경계와 근육을 조절하는 운동계를 아주 정교하게 다룰 수 있을 정도로 진화해야 했다. 다시 말해서 새의 뇌는 깃털이 그랬듯이 새가되기 전부터 이미 형성되어 있었다.

몸의 나머지 부분은 줄어드는데 뇌만 크게 유지하다니, 생명체는 어떻게 그런 일을 할 수 있을까? 새는 우리 사람이 쓴 방식을 그대로 사용했다. 아기 같은 머리와 얼굴을 유지하는 것이다. 성체가 된 뒤에도 유체의 특징을 그대로 간직하는 진화 과정을 "유형진화(幼形進化, paedomorphosis, 말 그대로 '유체를 형성한다'는 뜻)"라고 한다.

최근에 여러 나라의 과학자들이 한데 모여 새, 수족류, 악어의 두개골을 비교한 연구에서 과학자들은 공룡과 악어는 대부분 자라면서 두개골의 형태가 바뀐다는 사실을 알아냈다. 연구에 참여한 하버드 대학교의 아크하트 아브자노프는 "유체가 성체가 되는 동안 비조류 공룡들은 이가 난 턱관절과 얼굴이 커졌기 때문에 뇌는 상대적으로 아주 작아졌습니다. 커다란 몸에 비해 뇌가 상당히 작은 용각류 공룡과 검용류 공룡이 가장 좋은 예입니다"라고 설명했다. 그러나 새의 조상이나 현생 새는 유체였을 때에 형성된 커다란 눈과 부푼 뇌를 그대도 간직한 채로 성체가 되었다. "현생 새를 본다는 건 어린 공룡을 보고 있다는 뜻입니다." 아브자노프는 말했다.

공교롭게도 사람은 「피터 팬」 같은 이야기에 끌린다. 우리는 어른이 되어서도 큰 머리, 넓적한 얼굴, 작은 턱, 드문드문 나 있는 체모 같은 아기 영장류의 특징을 그대로 간직한다. 어쩌면 우리가 큰 뇌를 가지게 된 이유는 유형진화 때문일 수도 있다. 새 또한 그럴 수 있고 말이다.

**모든 새가** 몸집에 비해서 큰 뇌를 가진 것은 아니다. 모든 동물 집단이 그렇듯이 조류도 똑똑한 새가 있고 아둔한 새가 있다. 몸집이 비슷한 까마귀와 자고새의 뇌 크기가 달랐다는 사실을 기억하자(까마귀의 뇌는 7에서 10그램 정도이지만 자고새는 고작 1.9그램이다). 둘 다 몸집이 아주 작은 오색딱따구리와 메추라기도 마찬가지이다(오색딱따구리의 뇌는 2.7그램이지만, 메추라기의 뇌는 0.73그램이다).

생식 전략도 뇌의 크기에 중요한 영향을 미친다. 전체 새의 20퍼센트를 차지하는 조성조(precocial bird, 눈을 뜨고 부화하기 때문에 하루나 이틀이 지나면 둥지를 떠날 수 있는 새)는 만성조(altricial bird, 부화한 뒤에 어미의 보살핌을 받아야 하는 새)보다 부화했을 때에 뇌의 크기가 크다. 깃털 하나 없이 눈을 감은 채로 약하게 태어나는 만성조는 몸집이 어미만큼 커지고 완벽하게 날 수 있게 된 뒤에야 둥지를 떠난다. 그러나 물새 같은 조성조는 곧바로 정글 같은 삶 속으로 뛰어든다. 조성조는 부화하자마자 곤충을 잡아먹어야 하고 며칠 만에 짧은 거리는 뛰어다닐 수 있어야 하기 때문에 부화했을 때는 만성조보다 뇌가 크지만 그 뒤로는 거의 뇌가 자라지 않기 때문에 성체가 된 뒤에는 만성조가 조성조보다 뇌가 더 크다.

자기 알을 다른 새의 둥지에 낳아 직접 육아를 하는 비용을 아끼는 탁란(brood parasite) 습성을 가진 뻐꾸기, 검은머리오리, 꿀잡이새 같은 새의 뇌도 발달 형태가 비슷하다. 탁란을 하는 새의 새끼는 위탁모의 새끼를 둥지 밖으로 밀어버리거나(뻐꾸기) 죽이는데(꿀잡이새), 이런 새들은 다른 새의 둥지에서 태어났을 때, 자기 자신을 방어할 정도로 영리해야 하기 때문에 큰 뇌를 가지고 태어나지만, 그 뒤로는 뇌가 거의 자라지 않는다.

탁란을 하는 새의 뇌는 왜 그렇게 작은 것일까? 꿀잡이새의 뇌를 연구한 루이스 르페브르는 두 가지 가능성을 제시했다. 탁란을 하는 새는 위탁모의 새끼보다 훨씬 더 빠른 속도로 자라야 하기 때문에 뇌가 작아지는 쪽으로 진화했을 가능성이 있다. 아니면 새끼를 양육할 의무를 다른 새에게 맡겼기 때문에 양육과 관계가 있는 뇌 부분이 사라졌을 수도 있다. 르페브르는 "우리 사람은 아이를 양육할 때, 얼마나 많은 에너지가 드는지 잘 알아요. 우리가 아이를 기르지 않고 그저 침팬지 우리에 던져버린다면 우리도 정보 처리능력이 크게 감소할 거예요"라고 했다.

조류는 80퍼센트가 만성조이다. 검은머리박새, 박새, 까마귀, 갈까마귀, 어치 모두 뇌도 작고 힘도 없이 태어나지만 부화하고 자라는 동안 뇌가―우리처럼―아주 커진다. 부모의 양육이 큰 힘을 더했음은 두말할 나위가 없다.

다시 말해서 둥지를 지키고 앉은 새가 둥지를 버리고 떠나는 새보다 뇌가 더 크다.

**날 수 있게 된 뒤에도** 얼마나 오랫동안 둥지에 남아 부모에게 삶의 기술을 배우는가도 뇌의 크기에 영향을 미친다. 부모 밑에서 보내는 어린 시절이 길수록 뇌는 커지는데, 이는 학습한 내용을 저장할 공간이 필요하기 때문인 것 같다. 어린 시절이 긴 동물은 대부분 지능이 높다.

어느 여름에 나는 코넬 대학교 조류학 연구소에서 샙서커 숲에 있는 10에이커 너비의 호수에 설치한 웹카메라에 찍히는 영상을 보고 있었다. 영상에는 죽은 떡갈나무 안에서 느긋하게 부모의 보살핌을 받고 있는 큰청왜가리 새끼 다섯 마리가 보였다. 그때까지 울새나 지빠귀나 굴뚝새 둥지에 있는 새끼를 간간이 들여다본 적은 있었지만, 큰청왜가리의 놀라운 어린 시절을 그토록 놀랍게도 자세하게 오래 들여다볼 수 있었던 것은 모두 신기술 덕분이었다.

그전에도 물론 나는 큰 날개로 우아하게 날아다니는 큰청왜가리를 항상 사랑했다. 그러나 나는 큰청왜가리가 자라는 모습을 가까이에서 들여다보는 동안 전혀 상상도 하지 못했던 기쁨과 경이로움을 느낄 수 있었다. 그 순간 나는 같은 영상을 지켜보는 166개국 50만 명의 왜가리 관찰자들과 마찬가지로 이 다섯 왜가리들에게 중독되고 말았다.

우리의 온라인 대화방은 조류 방 "모니터"의 세심한 감독을 받는 친밀한 가상 공동체였다. 매일 아침마다 아이들은 교실에서 영상을 시청했고, 원인을 모르는 통증에 시달리는 사람은 왜가리를 보고 있는 동안에는 고통을 잊을 수 있다고 했다.

우리는 함께 4월 말에 왜가리 새끼들이 부화하는 모습을 지켜보았고, 폭풍이 칠 때나 올빼미가 공격해올 때면 맥없이 부모 왜가리 밑에서 부들부들 떨고 있는 모습도 지켜보았다. 부모가 뱉어준 물고기를 허겁지겁 삼키는 모습, 먹이를 먹은 뒤에는 꾸벅꾸벅 조는 모습도 보았다. 새끼 왜가리들은 막대기, 카메라, 곤충, 부모의 부리, 형제들 할 것 없이 모든 것을 부리로 쪼았다. 모두 물고기를 잡는 정확한 기술을 익히는 연습이었다. 다섯 번째로 부화한 막내 왜가리는 다른 새끼보다 훨씬 더 작고 먹이에도 관심이 없어서 우리 공동체의 엄청난 걱정을 사기도 했다.

- "5번. 아무것도 먹지 않음. 걱정됨."
- "5번. 더 많이 울고 짜증을 냄. 너무 먹지 않아서 두려울 지경임."

- 이런 반응이 올라오면 모니터가 나섰다. "도대체 5번은 멀쩡한데 어째서 사람들은 비극을 만들어내지 못해서 안달임?"

감동적인 이야기가 없으면 사람들은 일부러라도 지어낸다. 그것이 사람이다.

- "5번을 보면 『세일즈맨의 죽음(*Death of a Salesman*)』에 나오는 이웃집 소년이 생각난다. 1막에서 그 소년은 약간 촌스러운 공부벌레였는데 2막에서는 대법원에서 변론하는 잘나가는 변호사였잖아."

**밤이 되면** 나는 왜가리가 잠든 모습을 지켜보았다. 아주 오랫동안 잠을 자지 않고 활동하는 새도 있다. 예를 들면 북극에는 해가 지지 않는 여름이면 몇 주일 동안이나 잠을 자지 않고 활동하는 아메리카메추라기도요도 있다. 그러나 왜가리를 포함한 새들 거의 대부분은 우리 사람처럼 정기적으로 자야 하는 것 같다. 새들에게 수면은 우리처럼 뇌의 발달에 중요한 역할을 하는 것처럼 보인다.

새도 사람처럼 서파 수면(slow-wave sleep)과 렘 수면(rapid eye movement)을 반복하면서 잠을 자는데, 과학자들은 새나 사람이 커다란 뇌를 보유하려면 이런 뇌 활동 패턴이 아주 중요하다고 믿는다. 새의 렘 수면 시간은 10초 정도로 짧고 자는 동안 수백 번 정도 렘 수면 상태가 되지만, 사람의 렘 수면 시간은 10분에서 1시간 정도로 길고 자는 동안 몇 번 정도만 렘 수면을 한다. 그러나 포유류나 조류 모두 뇌의 발달 초기에는 렘 수면이 특히 중요할 수도 있다. 갓 태어난 포유류는 새끼 고양이처럼 어른 고양이보다 훨씬 더 렘 수면 횟수가 많다. 사람도 갓난아기는 전체 수면 시간의 50퍼센트가 렘 수면이지만 성인은 20퍼센트에 불과하다. 마찬가지로 올빼미도 어린 개체가 다 자란 개체보다 렘 수면 시간이 길다.

아마 왜가리도 마찬가지일 것이다.

사람처럼 새도 깊은 서파 수면을 취하는 시간은 깨어 있는 시간에 비례한다. 더구나 사람과 새 모두 깨어 있을 때에 활발하게 사용한 뇌 영역일수록 수면 시간에는 더 깊이 잠이 든다. 이런 유사성 또한 수렴진화의 한 예라고 하겠다. 막스플랑크 조류연구소의 닐스 라텐보르크가 이끄는 국제 연구팀은 최근에 사람은 할 수 없는 일을 하는 새의 능력을 이용해서 기발한 연구를 하다가 이런 유사성을 발견했다. 연구팀이 이용한 새의 능력은 깊은 수면 상태에 빠졌을 때에 한쪽 눈을 뜨고 잠으로써 서파 수면이 오직 뇌의 한쪽 반구에서만 일어나고 다른 쪽 뇌는 깨어 있어서 자면서도 날 수 있고 천적을 볼 수 있는 능력이다(4월의 어느 날 아침, 아직 해가 뜨기 전에 둥지에서 잠을 자고 있던 왜가리는 이 능력 덕분에 아메리카수리부엉이를 발견할 수 있었다). 연구팀은 비둘기가 관람할 수 있는 작은 영화관을 만들고, 비둘기의 한쪽 눈을 가린 뒤에 동물학자이자 영화감독인 데이비드 애튼버러가 찍은 「새들의 삶(The Life of Birds)」을 보여주었다. 비둘기들은 한쪽 눈으로 영화를 8시간이나 본 뒤에야 비로소 잠을 잘 수 있었다. 잠을 잘 때 비둘기의 뇌에서 서파 수면을 취한 뇌 영역은 영화를 본 눈과 관계가 있는 시각 처리 영역이었다.

라텐보르크는 사람과 새의 뇌가 모두 국소적으로 작동한다는 사실은 서파 수면이 뇌가 최적의 상태로 기능하는 데에서 아주 중요한 역할을 한다는 의미일 수도 있다고 했다. "종합적으로 판단했을 때, 포유류와 조류의 수면 활동이 비슷하다는 것은 두 동물군에서 나타나는 독립적인 진화가 수면 패턴을 형성하는 뇌 기능과 관계가 있을지도 모른다는 흥미로운 가능성을 제기합니다. 두 동물군 모두 커다랗고 복잡한 뇌를 가지는 방향으로 진화가 일어났으니까요."

나는 생명의 나무에서 그토록 멀리 떨어져 있는 사람과 새가 같은 수면 패턴을 활용해서 큰 뇌를 만들어냈다는 라텐보르크의 생각이 마음에 든다.

아침마다 큰청왜가리들이 깨어나는 모습을 지켜보려고 모니터를 켜면서 느끼는 감정은 멋진 성장소설의 다음 장을 펼치면서 느끼는 감정과 조금도 다르지 않다. 비행을 배우는 5월에서 6월이 되자, 새끼 왜가리들은 서툰 자세로 둥지 안을 총총거리며 돌아다녔고 부모 새들은 엄청난 속도로 자라는 새끼들에게 먹이를 가져다주느라 바빴다. 부화 당시 70그램 정도였던 새끼 새들은 7주일 만에 거의 2킬로그램 이상 자랐다. 엄마 등에 매달려 세상을 보는 사람의 아기처럼 어린 새들도 비행기, 거위, 벌, 부모 새들이 호수로 뛰어들 때의 입사각 등, 움직이는 모든 존재를 세밀하게 관찰했다. 그러다 새끼 새들은 날아올랐다. 처음으로 팔짝 뛰어올라 둥지에서 벗어났다(이때 우리의 대화방은 정말 흥분의 도가니였다. "4번은 다이빙대 위에서 잔뜩 긴장하고 서 있는 아이처럼 보여요." "아우, 눈을 뗄 수가 없네."). 나중에 어린 새들은 모두 얕은 물가로 내려가 사냥을 해보려고 애썼고, 많은 경우 실패했지만, 끈질기게 연습했으며 해가 질 무렵에야 둥지로 돌아왔다. 이 모든 일은 잔뜩 주변을 경계하고 있다가 새끼들이 둥지로 돌아오면 아낌없이 개구리나 물고기를 내어주는 부모의 보호 아래에서 일어났다.

이런 양육방식은 부화하고 얼마 지나지 않아 깃털이 마르는 순간 문자 그대로 벌떡 일어나서 뛰어가는 조성조에게서는 볼 수 없는 삶의 방식이다. 어쨌거나 모두 비용 대비 이득의 문제인 것이다. 완벽하게 기능하는 새로 태어날 것이냐, 나중에 좀더 강력한 뇌를 가질 것이냐의 문제

말이다.

**서식처를 옮길 것이냐**, 말 것이냐를 결정하는 것도 비용 대비 이득의 문제이다. 텃새보다는 철새가 뇌의 크기가 더 작다. 그도 그럴 것이 많은 에너지를 소비하면서 천천히 발달하는 뇌를 가지기에는 여행을 하는 새가 치러야 할 대가가 너무 크다. 더구나 스페인 생태산림 적용연구센터의 다니엘 솔의 말처럼, 굉장히 멀리 떨어져 있는 서식처를 옮겨 다녀야 하는 철새는 학습에 의한 창의적인 행동을 하기보다는 이미 단단하게 내재되어 있는 행동을 하는 편이 훨씬 더 유용하다. 한 장소에서 정보를 수집하느라 정신 자원을 많이 소비한다고 해서 그 자산이 다른 곳에서도 유용하리라는 보장은 없기 때문이다.

그런데 한 가지 놀라운 사실이 있다. 같은 종이라고 하더라도 새는 개체에 따라서 뇌의 크기— 적어도 뇌의 특정 부위의 크기— 가 다양하다는 점이다. 네바다 대학교의 블라디미르 프라보수도프 연구팀은 검은머리박새 10개 집단을 연구해서 알래스카나 미네소타, 메인 주처럼 극한 환경에서 사는 검은머리박새가 아이오와나 캔자스 주처럼 온화한 환경에서 사는 검은머리박새보다—공간 개념과 학습과 기억에 아주 중요한 역할을 한다고 알려진 뇌 영역— 해마(hippocampus)가 더 크고 뉴런의 수도 더 많다는 사실을 알아냈다. 검은머리박새의 강인한 친척으로 주로 서부 산악지대에 서식하는 산박새도 마찬가지였다. 좀더 춥고 눈이 많이 오는 고지대에 사는 산박새가 저지대에 사는 산박새보다 해마가 더 컸다. 예를 들면 시에나네바다 산맥의 정상에 사는 산박새는 그보다 600미터 정도 낮은 지역에 사는 산박새보다 해마의 뉴런 수가 거의 두 배나 많았다(문제 해결 능력도 더 뛰어났다). 지극히 당연한 결과이다. 산의 고도가 높을수록 추운 기간이 더 길기 때문에 새는 더 많은 씨를 모아야 하고 그 씨를 숨긴 장소를 더 많이 기억해야 한다. 1년 내내 먹이를 얻을 수 있는 온화한 기후에서 사는 새에게는 먹이를 숨긴 장소를 기억하는 일이 그다지 중요하지 않다.

크기에 상관없이 먹이를 여기저기에 숨겨놓는 새들에게는 주기적으로 해마에서 놀라운 일이 벌어진다. 새로운 뉴런이 생겨나 원래 있던 뉴런에 더해지거나 원래 있던 뉴런을 대체하는 것이다. 이런 뉴런 생성 과정이 일어나는 이유는 아직 밝혀지지 않았다. 어쩌면 새로운 정보를 배우려면 새로운 뉴런이 필요하기 때문일 수도 있고, 옛 기억이 새로운 기억을 간섭하지 못하게 하려는 조치일 수도 있다. 프라보수도프가 지적한 것처럼 검은머리박새는 "매일 같이 먹이를 숨기고 숨긴 먹이를 찾고 전에 숨겼던 먹이를 다른 곳에 다시 숨겨야 한다. 겨울에는 특히 더 많이 활동해야 하기 때문에 기존에 숨긴 장소와 새로 숨긴 장소를 제대로 기억하고 있어야 한다." "간섭 피하기" 주장은 새가 다른 기억은 다른 뉴런을 만들어 저장함으로써 사건을 분리해서 기억할지도 모른다는 의미를 담고 있다. 프라보수도프는 가혹한 환경에서 살아가는—그 때문에 먹이 저장소를 더 많이 만들어야 하는— 검은머리박새 집단에서 뉴런 생성 비율이 훨씬 더 높다는 사실을 알아냈다.

어쨌거나 뉴런이 바뀐다는 사실은 우리 사람을 비롯해서 척추동물의 뇌에 관한 우리의 생각을 영원히 바꿔놓았다. 과학자들의 오랜 믿음과 달리 사람의 뇌 세포는 태어난 뒤로 절대로 변하지 않는 영구세포가 아니다. 사람 뇌의 해마 세포도 새로 태어나기도 하고 죽기도 한다. 프라보수도프의 말처럼, 이제 우리는 뉴런을 바꾸고 새로 만들고 뉴런끼리 연결하는 능력 덕분에 "뇌가 자기 구조를 바꿈으로써 몇 초, 몇 분, 몇 주일 단위로 학습할 수 있다"는 사실을 알고 있다. 먹이를 저장하는 검은머리박새 같은 새가 용량이 정해진 뇌를 가지고 거친 세상을 헤쳐나가는 데에 필요한 지능을 구사할 수 있는 이유는 이런 가소성(plasticity) 덕분인지도 모른다.

**조류나 포유류** 같은 척추동물은 뇌가 클수록 언제나 더 좋고 더 뛰어난 성능을 발휘한다는 오래된 믿음은 간단하지만 독창적인 뉴런의 수를 세는 뇌 능력 측정방법 덕분에 마침내 폐기되었다. 2014년에 브라질의 신경과학자 수자나 에르쿨라노-오젤 연구팀은 앵무샛과 11종과 맹금과 14종의 뇌를 구성하는 뉴런과 여러 세포들의 수를 세어보았다. 에르쿨라노-오젤은 새의 뇌는 작을지도 모르지만 "뉴런의 수는 놀라울 정도로 많습니다. 뉴런의 밀도도 적어도 영장류에 버금갈 정도로 높고요. 까마귓과와 앵무샛과는 그 수가 훨씬 많습니다"라고 했다.

지능은 뇌의 어느 영역에 뉴런이 많은지에도 영향을 받는다. 에르쿨라노-오젤은 코끼리의 뇌 뉴런 수는 사람의 뇌 뉴런 수보다 3배나 많지만(사람은 평균 860억 개이고 코끼리는 2,570억 개), 코끼리의 뉴런은 98퍼센트가 코를 움직이는 데에 관여하는 뇌인 소뇌(cerebellum)에 몰려 있다는 사실을 보여주었다. 90킬로그램이나 되는 코끼리 코는 극도로 민감한 감각 기관이자 운동 기관이다. 그에 반해서 코끼리의 대뇌 피질(cerebral cortex)은 사람의 대뇌 피질보다 두 배나 크지만 뉴런의 개수는 3분의 1밖에 되지 않는다. 에르쿨라노-오젤은 이것이 인지능력은 뇌 전체에 존재하는 뉴런의 수가 아니라 대뇌 피질에—새의 경우는 그에 상응하는 부위에—존재하는 뉴런의 수가 결정한다는 증거일 수도 있다고 했다. 예를 들면 에르쿨라노-오젤 연구팀은 마코앵무새의 뇌 뉴런은 거의 80퍼센트가 뇌의 대뇌 피질에 상응하는 부분에 들어 있고, 소뇌에는 20퍼센트 정도만 들어 있다는 사실을 밝혀냈다. 포유류의 뇌는 대부분 그와는 반대 비율로 뉴런이 분포되어 있다.

간단히 말해서 앵무샛과, 명금과, 그리고 무엇보다도 까마귓과가 보유한 "엄청난 계산 능력"은 대뇌 피질에 상응하는 뇌 부위에 뉴런이 많기 때문인지도 모른다고 과학자들은 말한다. 이런 새들이 복잡하고도 뛰어난 인지능력을 보이는 이유도 특정 부위에 존재하는 많은 뉴런으로 설명할 수 있을지도 모른다.

  **새의 뇌가** 오랫동안 혹평을 받은 이유는 단지 크기 때문만이 아니다. 해부 구조도 오해를 낳는 데에 한몫을 했다. 새는 뇌가 아주 작다는 이유로 파충류보다 조금 더 복잡하기는 하지만 원시적인 생명체로 취급되었다. 지난 50년 동안 조류의 뇌를 연구해온 샌디에이고, 캘리포니아 대학교의 신경과학자 하비 카튼의 말처럼 "사람들은 새를 정해진 행동만 하는 사랑스러운 작은 기계"라고 생각했다.

  해부학적으로 이런 경멸적인 태도를 취하는 전통은 19세기 말에 비교해부학의 아버지라고 알려진 독일의 신경생물학자 루트비히 에딩거 때문에 시작되었다. 에딩거는 진화는 선형적이며 진보하는 형태로만 진행된다고 믿었다. 아리스토텔레스처럼 에딩거도 생명체를 사다리의 계단을 올라가는 방식으로 나열했다. 에딩거의 분류대로라면 가장 밑에는 진화가 덜 된 어류와 파충류가 있고, 그 위로 더욱 진화한 동물이 놓이는데, 사람은 당연히 가장 꼭대기에 위치한다. 사다리 위로 올라갈수록 아래쪽보다 더 정교하게 다듬은 생물 종이 나타난다. 에딩거는 뇌도 같은 식으로 진화하기 때문에 기존의 부위에 새로운 부위가 더해지면서 원시적인 뇌가 좀더 복잡한 뇌로 진화한다고 믿었다. 지층구조처럼 좀더 영리한 고등동물의 새로운 뇌는 그보다 못한 하등동물의 뇌 위에 얹히기 때문에 가장 원시적인 어류와 양서류의 뇌에서 시작해 진화의 정점인 인간의 대뇌로 갈수록 뇌는 복잡해지고 커진다고 믿었다.

가장 오래되어 맨 밑에 있는 뇌는 뉴런이 덩어리져 있고 먹는 행위, 성, 양육, 운동 능력 조절 같은 본능적인 행동을 조절한다. 꼭대기에 있는 가장 새로운 뇌는 오래된 뇌를 감싸고 있는 평평한 6개의 세포층으로 이루어져 있으며 고등한 지능을 담당한다. 사람의 뇌는 너무나도 크게 발달해서 두개골 안에 들어가려면 뒤틀리고 이리저리 접힐 수밖에 없었다.

뇌의 맨 꼭대기에 새로 추가된 층은 고등한 사고를 담당한다. 에딩거가 보기에 새의 뇌에는 복잡한 행동을 하려면 반드시 있어야 할 뇌 부위가 없었다. 새의 뇌에는 주름지고 층상구조인 "꼭대기" 층의 뇌는 없고, 열등한 파충류 뇌를 형성하는 뉴런으로만 거의 전적으로 이루어진 반질반질한 "바닥" 층의 뇌만 있었다. 따라서 에딩거가 보기에 새는— 정해진 반사 행동인—본능에 따라서 움직이고 고등한 지적 활동은 할 수 없는 생명체였다.

에딩거가 새의 뇌 구조에 부여한 이름에는 그 자신의 잘못된 믿음이 그대로 반영되어 있다. 그는 새의 뇌에는 "고(paleo나 archaic)"라는 접두어를 붙였고 포유류의 뇌에는 "신(neo나 new)"이라는 접두어를 붙여서 명명했다. 즉 "오래된" 새의 뇌는 구뇌(paleoencephalon)라고 불렀고(지금은 기저핵[basal ganglia]이라고 부른다), "새로운" 포유류 뇌는 신뇌(neoencephalon)라고 불렀다(지금은 신피질[neocortex]이라고 부른다). 새의 뇌가 포유류의 뇌보다 더 원시적이라는 암시를 하는 이런 용어들 때문에 새들의 지적 능력은 심각하게 저평가되어왔다. 언어에는 그런 힘이 있다. 우리는 다른 생물의 이름을 짓는 종이다. 우리가 다른 종을 부르는 방식은 우리가 다른 생명체를 생각하는 방식에 영향을 미치고, 우리가 다른 생명체를 다루는 실험방법에 영향을 미친다. 새의 뇌 부위에 "구선조체(paleostriatum primitivum)" 같은 단어를 가져다붙이면, 새의 뇌는 원래부터 우둔하다는 인상을 심어주기 때문에 새의 학습 능력과 지능을 연구하고 싶다는 마음을 애초에 억눌러버린다.

연구자의 마음속에는 다음과 같은 삼단논법이 형성된다.

- 신피질은 지능을 관장하는 특별한 뇌 부위이다.
- 새에게는 신피질이 없다.
- 따라서 새는 지능이 낮거나 지능 자체가 없다.

**에딩거가 조장한** 이런 개념은 1990년대가 될 때까지 거의 100년 이상 과학계에서 사라지지 않았다. 그러나 1960년대 말이 되면 하비 카튼 같은 과학자들이 새와 포유류의 뇌를 더욱 깊숙이 들여다보기 시작했다. 카튼 연구진은 뇌 세포와 뇌 세포 회로, 뇌가 분비하는 분자, 뇌에 관여하는 여러 동물들의 유전자를 비교 검토했다. 카튼 연구진은 뇌의 어느 영역이 다른 영역으로 발달하는지 살펴보려고 배아의 발달 과정을 조사했고, 뉴런이 다른 영역들을 어떤 방식으로 연결하는지를 알아내려고 뉴런의 배선 과정을 추적했다.

이런 일련의 연구를 진행하는 동안 카튼 연구진은 에딩거의 주장에 회의를 품게 되었다. 새의 뇌는 단순히 제대로 발달하지 않은 원시적인 포유류의 뇌가 아니었다. 새가 포유류와 분리된 채 3억 년 이상 독자적으로 진화해왔다는 사실을 생각해보면, 새의 뇌와 포유류의 뇌는 당연히 아주 다를 수밖에 없을 것이다. 그러나 복잡한 행동을 조절하는 포유류의 대뇌 피질 같은 정교한 뇌 부분이 새에게도 있다. 조류학에서 쓰는 용어를 빌리자면 그 부분은 등쪽 뇌실 능선(dorsal ventricular ridge, DVR)이라고 부른다. 새의 배아 단계에서 등쪽 뇌실 능선이 발달하는 부위는 포유류의 배아 단계에서 대뇌 피질이 자라는 부위와 일치한다.

두 부위 모두 팔리움(pallium, 라틴어로 "외투"라는 뜻)으로부터 시작하지만 성장하면서 전혀 다른 구조로 발달한다.

거의 비슷한 시기에 실험실에서도 새가 복잡한 행동을 한다는 증거들이 나오기 시작했다. 비둘기는 그림에 나오는 사람의 차이—옷을 입고 있는지 벗었는지 같은—를 구별하는 탁월한 능력을 입증해 보였고, 회색앵무는 수를 계산하고 사물을 분류했으며, 까마귀 기술자들은 다른 새가 먹이를 숨겨놓은 장소를 기가 막히게 기억했다.

**그러나 이런 눈부신** 연구 결과에도 불구하고 새의 뇌를 바라보는 편견은 사라지지 않았는데, 부분적으로 그 이유는 에딩거가 뇌 부위에 잘못 붙인 명칭 때문이었다.

마침내 2004년과 2005년에 과학계는 새의 뇌에 붙은 해부학적 명예를 회복해줄 성명을 발표했다. 신경생물학자인 듀크 대학교의 에릭 자비스와 테네시 대학교의 앤턴 라이너가 이끄는 29명으로 구성된 국제 연구팀이 에딩거의 잘못된 견해를 검토하고, 대단히 복잡하기만 하지, 사실은 틀린 명칭을 낡은 개념으로 만드는 논문을 여러 편 발표했다(이것은 쉽지 않은 일이었다. 이 연구에 참가한 과학자 한 명은 새의 뇌를 연구하는 전문가들의 합의를 이끌어내는 과정은 고양이 떼를 훈련시키는 일만큼이나 어려웠다고 밝혔다). 조류 뇌 명명법 협회 회원들은 오늘날의 지식에 맞게 새의 뇌 부위에 이름을 다시 붙이고 있을 뿐만 아니라 장차 새를 연구하는 생물학자들이 포유류를 연구하는 생물학자들에게 두 연구 대상의 뇌가 얼마나 비슷한지를 알려줄 수 있도록 새의 뇌에서 포유류 뇌에 나타나는 특징을 찾는 작업도 함께 하고 있다.

자비스는 "사람의 경우 전뇌(前腦)는 75퍼센트가 피질입니다. 그건 새도 마찬가지입니다. 특히 명금이나 앵무새가 그렇습니다. 상대적인 비율을 따져보면 새들도 우리만큼 많은 '피질'을 가지고 있습니다. 그저 우리하고는 다른 방식으로 구성되어 있을 뿐입니다"라고 했다. 포유류의 신피질을 구성하는 신경 세포는 합판처럼 뚜렷하게 구별되는 6개의 층으로 이루어져 있는 반면, 신피질에 상응하는 조류의 뇌 부위는 통마늘에 들어 있는 마늘쪽처럼 덩어리져 있다. 그러나 두 신경 세포는 본질적으로는 차이가 없어서 똑같이 빠른 속도로 여러 번 반복해서 활성화될 수 있으며, 똑같이 정교한 작업을 융통성 있고 창의적으로 수행할 수 있다. 더구나 신경 세포가 신호를 전달할 때에 활용하는 화학물질도 동일하다. 무엇보다도 중요한 사실은 새와 사람이 복잡한 행동을 하려면 반드시 뇌 부위를 연결하는 신경 회로가 존재해야 하는데, 이 신경 회로가 연결된 방식도 서로 비슷하다는 점이다. 신경 세포의 연결이야말로 지능을 결정하는 가장 중요한 요소이다. 이런 관점에서 보았을 때, 새의 뇌는 사람의 뇌와 거의 다른 점이 없다고 하겠다.

아이린 페퍼버그는 이 같은 상황을 컴퓨터에 비유했다. 포유류의 뇌를 IBM이라고 한다면 새의 뇌는 애플이라고 할 수 있다고 말이다. 두 컴퓨터는 연산처리 과정은 다르지만 출력되는 결과는 비슷하다.

에릭 자비스는 중요한 것은 복잡한 행동을 만드는 방식은 한 가지가 아니라는 점이라고 말했다. "포유류에게는 포유류의 방식이 있고 새에게는 새의 방식이 있습니다."

작업 기억이 작동하는 방식을 생각해보자. 작업 기억은 뉴칼레도니아 까마귀 007이 나무막대와 돌, 상자로 이루어진 8-단계 문제를 풀 때에 활용한 인지능력 중 하나이다. 스크래치패드 기억(scratchpad memory)이라고도 하는 작업 기억은 문제를 처리하는 짧은 시간 동안 사실을 기억하는 능력이다. 전화를 걸 때 상대방의 전화번호를 기억할 수 있는 이유도 모두 작업 기억 덕분이다. 까마귀 007이 필요한 8-단계를 모두 완수하고 목표를 이룰 수 있었던 이유도 모두 작업 기억 덕분이다.

사람과 새는 비슷한 방식으로 작업 기억을 활용하는 것 같다. 사람의 뇌에서 작업 기억은 층상구조인 대뇌 피질이 담당한다. 그러나 새에게는 피질이 없다. 그렇다면 까마귀의 뇌는 순간순간 받아들이는 정보를 어떻게 저장할까?

새가 작업 기억을 처리하는 방법을 찾으려고 튀빙겐 대학교 신경생물학 연구소의 안드레아스 니더 연구진은 까마귀 네 마리에게 방금 본 영상을 기억해서 짝을 찾는 영상 기억 게임을 가르쳤다. 과학자들은 까마귀들에게 무작위로 영상을 하나 보여주고 2초 뒤에 보여주는 네 가지 영상 가운데 하나를 부리로 찍어 앞에서 본 영상을 맞추게 했다. 옳은 영상을 찾으면, 까마귀는 밀웜(meal worm, 먹이용 곤충)이나 새 모이를 상으로 받았다. 까마귀가 과제를 수행하는 동안 과학자들은 까마귀의 뇌에서 일어나는 전기적(electrical) 활동을 관찰했다.

까마귀들은 모두 전문가였다. 모두 능숙하고 쉽게 문제를 풀었다. 문제를 푸는 동안 까마귀의 뇌에서는 어떤 일이 벌어졌을까? 영장류의 전전두 피질(prefrontal cortex)에 해당하는 새의 NCR(nidopallium caudolaterale region)에는 200개가량의 세포가 모여 있는데, 까마귀들에게 첫 영상을 보여주었을 때, 활성화된 이 부위는 새가 같은 영상을 찾는 동안에도 계속해서 활성 상태를 유지했다. 사람이 한 가지 과제를 수행하는 동안 연관되는 정보들을 계속해서 생각하는 방식도 이와 다르지 않다.

분명히 대뇌 피질이 없어도 작업 기억은 있을 수 있다. 독일 보훔 루르 대학교의 신경과학자 오누어 귄튀어퀸은 새와 사람은 "사람에게만 언어를 담당하는 영역이 있다는 것만 다르다. 작업 기억을 수행하는 방법은 새나 사람이나 차이가 없는 것 같다"라고 했다.

**새는 마침내** 새로운 평판을 얻었다. 뇌는 상대적으로 작을지 몰라도 새의 지적 능력은 분명히 낮지 않다.

그렇다면 이제는 "새는 똑똑한가?"라는 질문 대신에 "새가 똑똑한 이유는 무엇인가?"를 물어야 할 것이다. 특히 날아야 한다는 조건이 뇌의 크기에 어떤 영향을 미쳤는지 물어야 한다. 진화라는 힘은 새가 지능을 형성하는 데에 어떤 영향을 미쳤을까?

이에 대해서는 여러 가지 가설들이 나와 있지만, 그 가운데 가장 그럴듯한 가설은 두 가지이다. 첫 번째 가설은 환경 속에서 풀어야 하는 문제들, 특히 먹이를 구하는 문제가 새의 뇌를 크게 만들어 인지능력을 높였다고 주장한다. 어떻게 해야 혹독한 계절에 맞서고 1년 내내 충분히 먹이를 구할 수 있을까? 씨를 숨겨놓은 장소를 어떻게 찾을 수 있을까? 구하기 힘든 먹이를 어떻게 얻을 수 있을까? 일반적으로 가혹하고 예측하기 힘든 환경에서 사는 동물이 문제를 푸는 능력이 뛰어나고 더욱 과감하게 새로운 상황을 탐색하는 등, 인지능력이 더 발달한다고 알려져 있다.

또다른 가설은 다른 개체와 어울려 살아야 하고 자기 영역임을 주장하고 자기 영역을 방어하고 좀도둑을 막고 짝을 찾고 자손을 양육하고 책임을 나누기를 요구하는 사회적 압력이 유연하고, 높은 지능을 가지게 한 진화의 원동력이라고 주장한다(심지어 야생에서 따오기가 이주하면서 나는 동안 무리를 이끄는 역할을 교대로 맡는 방식도 상호주의로 얻는 이득을 이해하는 사회적 인지능력에 적응한 결과일 수 있다고 한다. 한 번 좋은 자리에서 날았으면 그 다음에는 무리의 이득을 위해서 봉사해야 한다고 믿는 것이다).

다윈이 처음 제안한 또다른 가설은 동물의 인지능력은 자연 선택만큼이나 성 선택의 영향을 받는다고 주장한다. 과연 까다로운 암컷이 정말로 자기가 속한 종의 지능을 결정할 수 있을까?

　전부 그렇지는 않겠지만 까마귓과, 어칫과, 흉내지빠귓과, 되샛과, 비둘깃과, 참샛과 새들에게서는 그럴 가능성이 조금은 엿보인다.

제3장

# 과학자들
## 마술 같은 과학 기술

블루라는 이름의 새에게 문제가 생겼다. 새장 안 탁자 위에 있는 블루 옆에는 고기가 들어 있는 플라스틱 튜브가 있다. 이 튜브는 너무 길어서 부리가 닿지 않는다. 블루도 007처럼 능숙한 도구 사용 능력과 엄청난 문제 해결 능력으로 유명한 뉴칼레도니아까마귀이다.

블루는 자신이 처한 상황을 이리저리 살펴보면서 튜브 주위를 깡충깡충 뛰고 튜브 안을 들여다보다가 정밀한 클릭–스톱(click-stop)처럼 정확한 시간 간격을 유지하면서 고개를 갸우뚱거렸다. 블루는 파드닥 바닥으로 내려가더니 그곳에 흩어져 있는 잎이나 작은 나뭇가지, 플라스틱 조각 등을 부리로 콕콕 찔러보았지만 마음에 드는 도구를 찾지 못한 듯했다. 블루는 다시 탁자 위로 돌아가 잔가지가 많은 나뭇가지가 여러 개 꽂혀 있는 화분 옆에 자리를 잡고 앉아서는 고개를 좌우로 갸우뚱하면서 선택할 수 있는 도구들을 살펴보았다. 그리고는 큰 가지에서 자라나온 잔가지 하나를 물더니 뚝 부러뜨렸다. 블루는 능숙하게 잔가지 옆에 붙은 조그만 가지들을 다 잘라내서 길고 곧은 막대기를 만들었다. 블루가 원하던 도구가 만들어진 것이다. 블루는 막대기를 튜브에 넣고 고기를 창처럼 꽂더니 재빨리 꺼내먹었다.

잔가지가 많은 가지를 정리해서 완벽한 도구로 만드는 블루의 모습은 정말 경이로웠다. 야생에서 뉴칼레도니아까마귀들은 막대나 나뭇잎 가장자리 같은 여러 물질들을 가지고 도구를 만들어 쓰러진 나무의 구멍이나 나무껍질이나 잎, 잎 밑면, 갈라진 틈새의 구멍, 모든 종류의 공동(空洞)에 숨어 있는 곤충이나 곤충의 애벌레를 꺼내먹는다. 까마귀가 장소를 옮길 때, 도구를 가지고 간다는 사실은 도구의 가치를 안다는 뜻이다. 까마귀들은 어떤 도구가 좋은지 알기 때문에 좋은 도구를 발견하면 가지고 있다가 다시 사용한다.

이런 행동은 어딘지 모르게 기이하게 느껴진다. 새가 가지고 있다가 다시 쓰고 싶을 정도로 좋은 도구를 만든다고? 도구를 사용하는 동물은 많다. 그러나 아주 정교한 도구를 만드는 동물은 많지 않다. 사실 지금까지 밝혀진 대로라면 지구에 사는 동물들 가운데 복잡한 도구를 만들 수 있는 동물은 사람, 침팬지, 오랑우탄, 뉴칼레도니아까마귀, 이렇게 네 종류뿐이다. 심지어 자기가 만든 도구를 보관했다가 다시 쓰는 동물은 그보다 더 적다.

**블루가 보여준** 모습은 큰 생각을 들여다볼 수 있는 작은 창문이다. 새가 영리한 이유는 자기가 처한 환경 속에서 생존에 필요한 문제를 풀어야 하기 때문이다. 특히 먹이를 얻기 힘든 장소에서도 먹이를 찾아내야 하기 때문이다. 생태계 내에서 문제를 해결해야 했기 때문에 지능이 생겼다는 주장을 기술 정보 가설(technical intelligence hypothesis)이라고 한다. 생태계에서 접하는 도전이 새의 지능이 발전하는 방향으로 진화하도록 자극했다는 것이다.

보핀(boffin)은 영국 속어로 특수한 전문 분야에서 탁월한 기량을 발휘하는 기술자나 과학자를 뜻하는 은어이다. 뉴칼레도니아까마귀는 정말로 그 명칭이 딱 들어맞다. 새들의 세계에서 뉴칼레도니아까마귀처럼 도구를 제대로 쓰는 새는 없다. 도구를 쓰는 이 까마귀들의 능력은 침팬지나 오랑우탄 같은 영장류의 영리함에 절대로 뒤지지 않는다.

그것이 왜 중요할까? 도구 사용이 왜 그렇게나 큰일인 것일까?

도구를 만들고 사용하는 능력은 높은 지능이나 복잡한 인지능력의 증표로, 언어나 의식처럼 사람에게만 있다고 간주된 적도 있었다. 사람들은 도구를 사용하려면 사람처럼 원인과 결과를 추론해서 인과관계를 따질 수 있는 이해력이 있어야 한다고 생각했다. 바로 이런 이해력이 우리 종을 다른 동물과는 다른 특별한 존재로 만들었고, 사람 종이 진화하고 발전하는 데에서 중요한 역할을 했다고 믿었다. 벤저민 프랭클린은 우리를 "도구를 만드는 인간"이라는 의미로 호모 파베르(*Homo faber*)라고 불렀다. 오클랜드 대학교의 알렉스 테일러와 러셀 그레이는 사람이 발명한 도구 목록은 "돌도끼, 불, 옷, 도기, 바퀴, 종이, 콘크리트, 화약, 인쇄기, 자동차, 핵폭탄, 인터넷에 이르기까지 우리 종의 전체 역사를 살펴볼 수 있는 유용한 대용물이다. 이런 도구들은 만들어진 뒤에는 도구를 발명한 사회에 혁명을 일으켰다. 이런 도구들이 등장할 때마다 사람은 사람이 환경에 영향을 주는 방식을, 또는 사람과 환경이 상호작용하는 방식을 다시 규정해야 했다"라고 했다.

도구 사용이 사람에게만 있는 유일한 특징이라는 생각은 제인 구달이 곰베 국립공원에서 침팬지가 도구를 사용하는 모습을 발견한 뒤로 버려야 했다. 그 뒤로 오랑우탄, 마카크원숭이, 코끼리는 물론이고 곤충까지 도구를 사용한다는 사실이 알려졌다. 나나니벌 암컷은 굴 입구를 막을 흙과 자갈을 다질 때에 구기(口器)로 자갈을 물고 망치처럼 사용한다. 베짜기개미는 자기 유충을 도구처럼 사용해 튼튼한 둥지를 짓거나 수리한다. 일개미는 유충이 고치를 만들 때에 분비하는 끈적끈적한

실을 이용해서 나뭇잎을 이어붙여 둥지를 만든다(유충을 입에 물고 나뭇잎에 문지른다). 그러나 이런 여러 사례들이 있다고는 해도 동물의 세계에서 도구 사용은 극히 드물어서, 전체 생물 종 가운데 1퍼센트도 되지 않는다.

오랫동안 도구를 가장 잘 사용하는 동물은 영장류라고 알려져 있었다. 그러나 지난 10여 년 동안 뉴칼레도니아까마귀가 그런 명성을 놓고 경쟁을 벌이고 있다. 이는 결코 하찮은 업적이 아니다. 특히 각 동물들이 사용하는 도구를 살펴보면 그 사실을 더욱 잘 알게 될 것이다. 오랑우탄은 도구를 활용해 이를 쑤시거나 닦고 자위를 하거나 천적에게 무기처럼 던진다. 잎이나 이끼를 따서 냅킨처럼 쓰거나 잎이 달린 가지를 부채나 국자나 끌이나 갈고리나 손톱 청소기로 사용하기도 하고 벌이 쏘려고 하면 모자처럼 뒤집어쓰는 용도로도 활용한다. 침팬지도 엄청난 도구를 만들어 쓴다. 먹이를 얻으려고 막대기나 대나무를 최대 세 개까지 한데 거머쥐고 "갈퀴"처럼 쓰기도 하고, 잎을 모아 일종의 접시를 만들기도 하고, 잎을 변형해서 컵을 만들기도 한다.

이런 영리한 경쟁자들 틈에서도 뉴칼레도니아까마귀의 능력은 빛을 발한다. 침팬지나 오랑우탄처럼 다양한 도구를 만들어 쓰지는 않지만, 뉴칼레도니아까마귀는 다양한 재료를 가지고 정밀한 도구를 만들어낸다. 주어진 과제에 꼭 맞는 너비와 길이의 도구를 만든다. 뉴칼레도니아까마귀는 새롭게 주어진 문제를 풀기 위해서 도구를 변형하고, 창의성을 발휘한다. 8-단계 문제를 풀었던 까마귀 007이 그랬던 것처럼 뉴칼레도니아까마귀는 짧은 도구부터 긴 도구 순으로 순서대로 도구를 사용해서 먹이를 얻을 수 있다. 무엇보다도 놀라운 점은 뉴칼레도니아까마귀는 갈고리를 만들어 사용할 줄 안다는 점이다. 이 새들 외에 갈고리를 사용하는 동물은 사람뿐이다.

94

뉴칼레도니아의 남부에 있는 포칼로에서 파리노로 가는 가파른 도로 위에서 나는 뉴칼레도니아까마귀가 야생에서 도구를 사용하는 모습을 처음 보았다. 최근에 뉴칼레도니아 자치정부는 전망대 옆쪽으로 뻗은 도로에 멋진 나무 난간을 세웠다. 전망대는 고속도로를 달리던 관광객들이 숲이 우거진 산맥과 모앙두 만의 푸른 바다가 선사하는 근사한 풍광을 보려고 멈춰 서는 장소이다. 그러나 4월 아침에는 날개 달린 방문객들로 전망대는 한층 더 붐볐다.

알렉스 테일러는 아침에 뉴칼레도니아까마귀가 돌을 가지고 견과류를 깨서 먹이를 먹는 모습을 보여주겠다며 나를 데리고 그곳에 갔다. 뉴칼레도니아까마귀는 사람이 낮에 8시간 동안 활동하는 것처럼 정확히 규칙을 지켜 하루를 보낸다. 동이 트기 시작하면 활동을 시작해 오전 늦게까지 움직이고, 이른 오후까지는 사람이 낮잠을 자는 것처럼 잠시 쉬었다가 다시 날이 지기 전까지 활동한다.

테일러는 "지금이 까마귀들이 가장 활발하게 먹이를 찾는 시간입니다. 하루 중에 기꺼이 자기 몸을 위험에 노출하는 극히 짧은 시간인 겁니다"라고 말했다.

아니나 다를까, 테일러의 말처럼 네 무리 혹은 다섯 무리 정도 되는 뉴칼레도니아까마귀들이 도로 아래에 있는 관목 숲에서 바스락거리면서 나뭇가지 사이를 돌아다니며 조용한 소리로 왁왁 거리고 있었다. 길가에 놓인 쓰레기통에 올라가서 쓰레기를 뒤지는 까마귀도 있었다.

뉴칼레도니아까마귀는 사람이나 쥐처럼 광식성(廣食性) 동물인데, 그 이유는 부분적으로 뉴칼레도니아에 식물과 동물 먹이가 다양하기 때문이다. 까마귀들은 곤충, 곤충의 유충, 달팽이, 도마뱀, 동물 사체, 과일, 견과류, 사람들이 마구 버리고 간 쓰레기 등을 즐겁게 먹어치운다. 이곳에는 먹을 것이 천지에 널려 있기 때문에 굳이 돌로 견과류를 깨는 것 같은 힘든 일은 할 필요가 없을 것 같다. 뉴칼레도니아까마귀가 먹는 견과류는 까마귀가 도구를 사용해서 영양가가 풍부한 딱정벌레 유충을 빼먹기도 하는 쿠쿠이 나무 열매인데, 이 열매는 쉽게 깨지지 않는다. 그러나 갑자기 우리 뒤에 있는 포장도로에서 뭔가가 깨지는 날카로운 소리가 들렸다. 뒤를 돌아보니 길가 나무 위에 까마귀가 몇 마리 앉아 있는 모습이 보였다. 그 가운데 한 마리는 포장도로로 드리워진 갈라진 나뭇가지 위에 앉아서 쿠쿠이 나무 열매를 포장도로 위로 떨어뜨리더니, 도로에 부딪쳐 열매 껍데기가 부서지자 그 속에 든 열매를 먹으려고 재빨리 바닥으로 내려왔다.

뉴칼레도니아까마귀는 이런 방법으로 견과류를 깨서 먹을 뿐만 아니라 훨씬 식탐이 많은 경우에는 뉴칼레도니아 섬에서만 서식하는 진귀한 달팽이까지도 같은 방법으로 쪼개 먹는다. 열대우림의 마른 시내 바닥에 드러난 바위에 달팽이를 떨어뜨려 껍데기를 깨고 그 안에 든 맛난 살을 빼먹는 것이다.

이와 유사한 방법으로 견과류나 조개, 다른 동물의 알을 깨먹는 새는 많다. 갈라파고스에 서식하는 뱀파이어핀치는 부비새의 큰 알을 땅에 부리를 대고 두 발로 알을 차서 알이 바위에 부딪혀 깨지게 하거나 절벽에서 떨어뜨려서 먹는다. 오스트레일리아의 검정가슴벌매는 에뮤의 둥지에 돌을 떨어뜨리고, 이집트독수리는 타조 알에 돌을 떨어뜨려서 깨뜨린다. 호두처럼 단순히 포장도로 위에 떨어뜨려서는 깰 수 없는 딱딱한 견과류를 차가 지나가는 도로에 올려놓고 깨뜨려 먹는 까마귀(한국에도 서식하는 종이다/옮긴이)도 있다. 일본 어느 도시에서 촬영한 이 유명한 영상에서는 까마귀 한 마리가 횡단보도 위쪽에 앉아 있었다. 이 까마귀는 빨간불이 켜지자 횡단도보에 호두를 놓더니 다시 앉아 있던 자리로 날아가 녹색불이 켜지고 차들이 지나다닐 때까지 기다렸다. 다시 신호등이 빨간불로 바뀌자 까마귀는 횡단보도로 날아와 으깨진 호두를 쪼아 먹었다. 만약 차가 지나간 뒤에도 호두가 깨지지 않으면 까마귀는 호두의 위치를 바꾸고 다시 날아가 기다렸다.

엄밀하게 말해서 딱딱한 표면에 먹이를 떨어뜨리는 행위를 도구 사용이라고 할 수는 없다. 그러나 뉴칼레도니아까마귀는 좀더 획기적인 방법을 쓴다. 우리가 서 있던 도로에서 조금 내려간 곳에 있는 새로 만든 나무 난간에 까마귀가 한 마리 내려앉았다. 이 까마귀는 커다란 금속 볼트가 박혀서 생긴 커다란 둥근 구멍 속에 쿠쿠이 나무 열매를 넣었다. 견과류를 구멍에 넣은 까마귀는 금속 볼트를 견과류를 꼭 쥐고 있는 모루처럼 사용해 부리로 견과류를 돌리면서 깨뜨려 나갔다. 정말로 독창적인 녀석이었다.

**다른 새들도** 주변에서 찾을 수 있는 도구를 활용한다. 조류학회지를 뒤적거리거나 로버트 슈메이커가 지은 『동물의 도구 사용(*Animal Tool Behavior*)』이라는 흥미로운 개론서를 읽다 보면 새가―물을 옮기거나 등을 긁거나 몸을 닦거나 사냥감을 유혹할 때―어떤 식으로 찾아낸 물건을 사용하는지를 알려주는 놀랍고도 멋진 이야기들을 발견할 수 있다. 예를 들면 황새는 이끼를 물에 담근 뒤에 새끼들에게 가져가 부리로 이끼를 쥐어짜서 새끼에게 물을 준다. 아프리카회색앵무는 새 모이 접시에 담긴 물을 담뱃대나 병뚜껑으로 퍼낸다. 미국까마귀는 플라스틱 원반에 물을 담아와 바싹 마른 모이를 불려서 먹었고, 플라스틱 슬링키토이(가는 철사나 플라스틱을 돌돌 만 형태로 만들어 계단 같은 곳에 올려 밑으로 내리면 계속해서 뒤집어지면서 아래로 내려오는 장난감/옮긴이)를 횃대에 올려놓고 고정하지 않은 반대쪽 끝을 이용해 머리를 긁었다. 힐라딱따구리는 나무껍질을 벗겨서 수저를 만들어 새끼들에게 꿀을 가져다주었고, 북미큰어치는 자기 몸을 냅킨처럼 사용해 개미가 뿜어내는 독성 포름산을 문질러 닦은 뒤에 개미를 먹었다.

물체를 무기로 사용하는 새도 있다. 오클라호마 주 스틸워터의 미국까마귀는 자기 둥지가 있는 나무를 오르는 과학자의 머리를 향해 솔방울을 세 개나 던졌다. 오리건 주에서는 갈까마귀가 새끼를 지키려고 둥지에 접근하는 연구자 두 명에게 같은 행동을 했는데, 이 새는 미국까마귀보다 훨씬 심한 무기를 사용했다. 그 과학자 가운데 한 명은 "거의 골프공만 한 돌이 하나는 얼굴 바로 옆을 스쳐갔고 또 하나는 내 다리 밑에 떨어졌다"라고 적었다. 처음에 두 과학자는 갈까마귀가 둥지 위에 있는 벼랑에 앉아 있다가 우연히 돌을 발로 건드린 것이라고 생각했다. 그러나 두 사람이 발견한 갈까마귀는 부리로 돌멩이를 물고 있었다. 갈까마귀는 고개를 한 번 힘차게 내질러 목표물을 향해 돌을 던졌다. 한 개씩 한 개씩, 여섯 개를 더 던졌고, 그 가운데 하나는 한 과학자의 다리에 맞았다. 다리에 남은 흔적으로 보아 갈까마귀는 땅에 살짝 파묻혀 있던 돌을 물어온 것이 분명했다.

물고기를 잡으려고 미끼를 사용하는 새도 있다. 검은댕기해오라기는 미끼낚시 전문가로 빵, 팝콘, 씨앗, 꽃, 살아 있는 곤충, 거미, 깃털은 물론이고, 물고기 사료까지도 미끼로 활용해서 물고기를 잡는다. 굴올빼미는 동물의 배설물을 미끼로 쓴다. 둥지가 있는 굴 입구에 동물의 배설물을 묻혀놓고 노상강도처럼 꼼짝도 하지 않고 숨어서 순진한 쇠똥구리가 굴 안으로 들어오기만 기다린다.

동고비는 부리로 문 나뭇조각을 나무에 꽂아 지레처럼 나무껍질을 뜯어내고 그 밑에 있는 벌레를 잡아먹는다. 철조망으로 만든 새 모이통에서 가시를 이용해서 먹이를 빼먹는 밤색등검은머리박새도 있다. 막대기나 크고 작은 나뭇가지를 사용해서 유명해진 새들도 있다. 야생에서 야자앵무는 자기 영역을 알리거나 암컷에게 둥지가 될 수 있는 공간이 있음을 알리려고 자주 속이 빈 나무 기둥을 나뭇가지를 북채 삼아 친다. 유황앵무나 회색앵무처럼 나뭇가지로 등(과 머리와 목)을 긁는 새도 있고, 곤봉을 부리로 물고 거북을 공격하는 흰머리독수리도 있다. 하지만 뭐니 뭐니 해도 가장 신기한 광경을 연출한 새는 모이통에 들어 있는 씨를 차지하려고 막대를 물고 결투하듯이 휘둘러대던 까마귀와 어치이다.

이 까마귀와 어치의 결투는 서로 다른 새들끼리 물체를 무기로 사용해서 맞선 첫 번째 기록 자료이기 때문에 잠깐 설명을 하고 넘어가자. 그다지 오래되지 않은 4월 초의 어느 날, 애리조나 주 플래그스태프에서 조류학자인 러셀 발다는 그 지역에 사는 새가 찾아와 먹을 수 있도록 다양한 먹이를 놓아둔 플랫폼에서 미국까마귀가 모이를 먹는 모습을 느긋하게 지켜보고 있었다. 여러 저장고에 숨겨둘 먹이를 찾는 스텔러어치도 자주 찾아와 그곳에서 손쉽게 먹이를 얻어가고는 했다. 발다가 지켜보는 동안 한 어치가 모이통에 다가왔는데, 이 어치는 느긋하게 식사를 하면서 도통 비켜줄 기미가 없는 까마귀가 영 마음에 들지 않는 것이 분명했다. 어치는 까마귀 옆에서 잔소리도 하고 갑자기 달려들기도 하면서 까마귀를 모이통에서 떼어내려고 했지만 소용이 없었다. 그러자 이 어치는 가까이 있는 나무로 쪼르르 날아가더니 죽은 잔가지 하나를 부리로 물고는 격렬하게 흔들었다. 잔가지가 꺾이자 어치는 잔가지의 뭉툭한 부분을 부리로 물고 날카로운 부분을 앞으로 쭉 빼더니 플랫폼으로 날아왔다. 어치는 잔가지를 창이나 작살처럼 쭉 내밀고 까마귀에게 돌진했지만, 잔가지는 까마귀를 찌르지 못하고 2.5센티미터쯤 비켜나갔다. 까마귀가 어치를 향해 달려들자 어치는 물고 있던 잔가지를 떨어뜨렸다. 그러자 까마귀가 그 잔가지를 물더니 뾰족한 곳을 앞으로 하고 어치를 찌르려고 했다. 어치는 파드닥 날아올랐고, 까마귀는 잔가지를 문 채 맹렬하게 쫓아갔다.

**이런 사례들은** 대부분 도구를 가끔 사용하는 새들에 관한 기록이다. 뉴칼레도니아까마귀 외에 일상에서 도구를 자주 사용하는 새들 가운데 한 종이 갈라파고스에서 사는 딱따구리핀치이다.

갈라파고스에서 다윈은 여러 핀치들을 발견했는데, 이 핀치들은 사는 장소에서 가장 많이 찾을 수 있는 먹이에 따라서 저마다 부리의 모양이 최적화되어 있었다. 나무껍질을 벗겨내고 그 밑에 숨은 굼벵이나 딱정벌레를 잡아먹는 담황색가슴딱따구리핀치의 부리는 곡괭이처럼 생겼고 단단하다. 이 핀치는 부리가 닿지 않는 구멍 속이나 틈새는 나무껍질을 벗길 때에 떨어져나온 부스러기를 이용해서 탐색했다. 또한 좁은 틈새나 외진 곳에 숨어 있는 절지동물은 나뭇가지나 나뭇잎 줄기, 선인장 가시를 사용해서 꺼내먹었다. 이런 새들을 15년 이상 연구한 빈 대학교의 행동생물학자 사비네 테비히는 먹이가 부족하고 쉽게 구할 수 없는 건조하고 예측하기 힘든 서식지에서 사는 핀치들만이 도구를 사용하는데, 전체 먹이 찾는 시간의 절반가량을 도구를 사용해 먹이를 찾는다고 했다. 그와 달리 먹이가 풍부하고 쉽게 얻을 수 있는 습한 지역에 사는 핀치들은 도구를 좀처럼 사용하지 않았다.

새들이 도구를 사용하는 방법을 어떻게 알게 되는지 알아보려고 진행한 첫 번째 실험에서 테비히는 딱따구리핀치는 도구 사용 능력을 타고나기 때문에 따로 어른 새에게 배울 필요는 없지만, 자라면서 시행착오를 겪는 동안 도구 사용 기술이 더욱 정교하게 다듬어진다는 사실을 알아냈다.

테비히는 연구를 하려고 데려온 새 한 마리 덕분에 새가 도구를 사용하는 기술을 서서히 익히는 과정을 가까이에서 지켜볼 수 있었다. 테비히는 그 새 "비슈(Whish)"를 산타크루즈 섬에 있는 커다란 스칼레시아 나뭇가지 위에 있는 둥지에서 찾았다. 이끼와 풀로 만든 둥근 둥지에 있던 비슈는 부화한 지 며칠밖에 되지 않은 작은 새끼였는데 온몸에 파리 구더기가 들끓고 있었다. 찰스다윈 연구소의 과학자들은 그 새끼를 데려와 몇 달 동안 돌봐주었고, 그 과정을 두 과학자가 멋진 기록으로 남겼다.

처음에 비슈는 물체에 그다지 관심을 보이지 않았다. 그러나 생후 두 달쯤 되자 꽃줄기와 작은 나뭇가지를 가지고 놀면서 부리로 빙글빙글 돌리기도 하고 직각으로 물기도 했다. 얼마 지나지 않아 비슈는 주변에 있는 모든 물건에 엄청난 호기심을 보이면서 단추를 비틀기도 하고 연필을 물어뜯기도 하고 챙이 있는 모자 뒤에 난 조그만 구멍으로 삐죽 나온 머리카락을 잡아당기기도 하고 부리나 도구로 발가락을 벌려보기도 하고 귀나 귀걸이를 탐색해보기도 했다. 세 달째가 되자 비슈는 능숙하게 도구를 사용할 수 있게 되었고 활용하는 도구의 수도 크게 늘었다. 비슈는 나뭇가지, 깃털, 물에 쓸려 뭉툭해진 유리 조각, 나뭇조각, 조개껍데기 파편, 커다란 메뚜기 뒷다리 같은 다양한 도구를 가지고 좁은 틈새를 탐색했다. 양말과 부츠 사이에 있는 틈으로 나뭇가지를 밀어넣기도 했다.

"비슈는 틈새는 어디든 열어볼 가치가 있다고 믿는 것 같았다. 사람의 얼굴조차도 비슈의 호기심을 피해가지는 못했다. 비슈는 얼굴로 날아들어서는 콧대를 꽉 붙잡았다. 그러고는 물구나무를 서듯이 거꾸로 매달려서는 콧구멍을 들여다보았다. 얼굴에 수염이라도 있는 사람에게는 이끼가 자라는 나무기둥이라도 되는 것처럼 수염 위에 내려앉기도 했다. 일단 자리를 잡고 앉으면 부리를 입술 사이로 밀어넣고 입술을 벌리려고 했다. 만약 사람이 입을 벌려주면 비슈는 부리 끝으로 이를 톡톡 치면서 치아를 검사했다."

최근에 테비히 연구팀은 야생에 사는 딱따구리핀치 두 마리(한 마리는 어른 새이고 한 마리는 어린 새이다)가 새로운 시도를 하는 모습을 관찰했다. 두 새는 새로운 도구를 찾아내더니 훨씬 더 효율적으로 사용하려고 도구를 변형했다. 어른 딱따구리핀치는 블랙베리 덤불에서 가시가 있는 가지를 하나 비틀어 끊어낸 뒤에 옆에 붙은 잔가지와 잎을 모두 떼어냈다. 그리고는 스칼레시아 나무껍질 밑에 있는 절지동물을 잘 꺼낼 수 있도록 나뭇가지를 비틀어서 가시의 위치를 잡았다. 그 모습을 지켜보던 어린 새도 어른 새와 똑같은 방식으로 도구를 만들었다.

어쩌면 야생에는 우리의 생각보다 뛰어난 과학자들이 많이 있는데도 단순히 우리가 그들이 재능을 활용하는 모습을 발견하지 못했을 뿐이라고 생각하는 사람도 있을 것이다. "추기경이 쓰는 모자"처럼 생긴 작고 하얀 관모가 특징인 고핀유황앵무는 호기심이 많고 유쾌한 성격으로 유명한데, 실험실에서는 자물쇠를 능숙하게 열 수 있다. 그러나 이 앵무새가 서식하는 인도네시아 타님바르 제도에 있는 건조한 열대 숲에서는 도구를 사용하는 모습이 목격된 적은 없다. 그러나 빈 대학교의 알리체 아우어슈페르크 연구팀은 포획된 피가로라는 이름의 앵무새가 부리로 새장에 있는 나무 들보를 길게 쪼개더니 그 나뭇조각으로 부리가 닿지 않는 곳에 있는 견과류를 끌어오는 모습을 관찰했다. 나중에 진행한 실험에서도 피가로는 새로운 도구를 사용해서 멀리 있는 견과류를 "성공적으로 반드시 거듭해서" 끌어당겨 먹었다. 과제를 제시할 때마다 피가로는 새로운 재료와 새로운 기술로 막대형 도구를 만들어 문제를 해결했다.

**그렇다고 해도** 지금까지 알려진 바대로라면 뉴칼레도니아까마귀만큼 야생에서 정교하게 도구를 만들어 사용하는 기술을 갖춘 새는 없다.

몇 해 전에 세인트앤드루스 대학교의 크리스천 러츠 연구팀은 동작 감지 카메라를 7곳의 야외 장소에 설치하고, 뉴칼레도니아까마귀의 행동을 자세하게 관찰했다. 4개월이 넘는 시간 동안 러츠 연구팀은 300곳이 넘는 장소를 방문해 까마귀가 나무에서 유충을 꺼내먹는 모습을 150건 관찰했다. 까마귀는 정말 놀라울 정도로 솜씨가 좋았다. 유충을 꺼내먹는 까마귀의 모습은 제인 구달이 곰베에서 관찰한 흰개미를 꺼내먹는 침팬지와 아주 많이 닮았다. 뉴칼레도니아까마귀는 유충이 강력한 구기로 도구 끝을 꽉 물 때까지 몇 번이고 반복해서 유충에게 도구를 들이밀었다. 일단 유충이 도구를 물면 아주 신중하게 도구를 양옆으로 살살 흔들거나 살며시 비틀어서 유충을 나무 표면까지 끌어올리고는 다시 유충을 떨어뜨리지 않은 채 도구를 나무 밖으로 꺼냈다. 이 정도 기술이야 누구나 쉽게 할 수 있다고 생각할 수도 있지만, 사실은 그렇지 않다. 심지어 재주 많은 손가락을 가진 사람에게도 쉽지 않다. 러츠 연구팀은 직접 막대기로 유충을 잡아본 뒤에 이 재주가 "감각운동을 제어하는 능력이 엄청나게 뛰어나야만" 익힐 수 있는 "아주 습득하기 어려운 능력"임을 알았다.

볼트와 너트를 이용한 도구를 쓰는 능력이 뉴칼레도니아까마귀만큼 뛰어나거나 능가하는 종은 침팬지와 오랑우탄밖에 없다. 그러나 침팬지와 오랑우탄도 갈고리를 만들어 쓰지는 못한다. 그래도 아직 까마귀의 능력을 인정하지 못하겠다면, 뉴칼레도니아까마귀는 갈고리를 한 종류가 아니라 두 종류나 만들 수 있다는 사실을 말해야겠다. 하나는 생가지로 만들고, 다른 하나는 판다누스 나뭇잎의 가시가 있는 끝부분을 이용해 만든다.

정말로 놀라운 능력이다.

생가지로 갈고리를 만들 때는 포크처럼 둘로 갈라진 나뭇가지의 한쪽 가지를 잘라내고 다른 쪽은 두 가지가 갈라지는 곳 바로 위쪽에서 잘라 낸 뒤에 가지에 붙어 있는 잔가지를 모두 발라낸다. 그런 다음에는 작은 먹잇감을 밖으로 빼낼 수 있는 갈고리를 만들 때까지 짧은 가지를 이리 저리 구부리면서 끝을 날카롭게 다듬는다.

판다누스 나무로 갈고리를 만들 때는 나무 꼭대기에 있는 끈처럼 생긴 가시 덮인 잎을 이용한다. 판다누스 나무로는 넓은 형, 좁은 형, 계단 형이라는 세 가지 형태로 갈고리를 만든다. 알렉스 테일러는 계단형 갈 고리가 가장 만들기 어렵다고 했다. 계단형 갈고리는 윗부분은 넓적하 고 튼튼하며 쉽게 잡을 수 있고 구멍으로 찔러넣을 아래쪽은 얇고 유연 하다. 도구를 만들려면 아주 정확한 방식으로 여러 번 복잡한 동작을 해내야 한다. 한 곳을 싹둑 잘라 가장자리를 따라 쭉 찢고, 또다른 곳을 싹둑 잘라 쭉 찢는 일을 몇 번이고 반복해야 한다. 이 계단형 갈고리는 아주 작은 톱처럼 생겼지만 실제로는 외진 곳에 은밀하게 숨어 있는 메 뚜기, 귀뚜라미, 바퀴, 민달팽이, 거미 같은 여러 무척추동물을 꾀어내 는 데에 쓰인다.

뉴칼레도니아까마귀가 만드는 도구에는 놀라운 점이 또 있다. 침팬지 가 만드는 브러시 끝을 닮은 도구처럼 순차적으로 단계를 밟아가며 만 드는 다른 동물들의 도구와 달리 뉴칼레도니아까마귀의 판다누스 나무 갈고리는 만들기 전에 이미 그 모양과 설계가 결정되어 있다. 까마귀는 잎이 여전히 잎인 상태일 때에 도구를 만든다. 이 갈고리는 까마귀가 마침내 잎을 나무에서 잘라냈을 때에만 비로소 도구로서 사용될 수 있 다. 그 때문에 뉴칼레도니아까마귀는 뇌에 이미 어떤 도구를 만드는 형 판(template)을 가지고 있을지도 모른다고 생각하는 과학자도 있다.

104

근사한 점은 또 있다. 일단 잎에서 갈고리를 떼어내면 잎에는 갈고리를 잘라낸 "독특한 흔적"이 그대로 남는다. 오클랜드 대학교의 개빈 헌트와 러셀 그레이는 한 섬 전역에서 뉴칼레도니아까마귀가 판다누스 나무로 만든 도구를 조사하여 수십 개 지역에서 5,000개가 넘는 도구 제작의 흔적을 찾아냈다. 두 사람이 알아낸 결과에 따르면, 뉴칼레도니아까마귀들은 지역에 따라 다른 형태로 갈고리를 만들었고, 그 형태는 수십 년 동안 달라지지 않았다. 갈고리의 모양도 지역에 따라서 넓은 형을 선호하기도 했고 좁은 형을 선호하기도 했다. 뉴칼레도니아에 서식하는 까마귀들이 가장 많이 만드는 도구는 계단형 갈고리였다. 그러나 헌트에 따르면, 뉴칼레도니아 바로 옆에 있는 마레 섬에 사는 까마귀는 오직 넓은 형 갈고리만 만든다고 한다. 다시 말해서 세대를 건너 전승되는 지역 스타일 혹은 전통이 있을 수 있다는 뜻이다.

지역마다 분명하게 다음 세대로 전해지는 도구 형태가 있다니. 그 말이 사실이라면 그것은 분명히 **문화**라는 말로 규정할 수 있는 현상이다.

더구나 헌트는 까마귀들이 시간이 흐를수록 도구 설계를 점진적으로 개선한다는 증거도 있다고 했다. 그 말이 사실이라면 뉴칼레도니아까마귀는 현재 밝혀진 도구 사용 동물들 가운데 영장류가 아닌 동물로는 유일하게 "기술적 변화를 축적하는" 동물이다. 뉴칼레도니아에 서식하는 대부분의 까마귀는 판다누스 나뭇잎으로 세 가지 갈고리 가운데 가장 복잡한 형태인 계단형 갈고리만을 만들었다. "판다누스 나뭇잎으로 도구를 만들어본 경험이 전혀 없는 까마귀가 단순한 도구도 만들어보지 않고 곧바로 이렇게 여러 과정을 거쳐서 만들어야 하는 도구를 제작할 가능성은 거의 없다고 생각합니다." 헌트는 말했다. 그러나 뉴칼레도니아에서 판다누스 나뭇잎으로 만든 단순한 도구가 있다는 증거는 나오지 않았다. "까마귀들은 단순한 초기 형태의 도구는 만들지 않는 것 같습니다. 까마귀들은 곧바로 가장 복잡한 형태를 택해 뚝딱 만들어버리는 것처럼 보입니다. 사람이 현재의 도구를 가능하게 한 이전의 모든 기술단계를 되풀이하지 않고도 곧바로 가장 최신 형태를 만드는 것처럼 말입니다." 정황 증거는 분명하다. 그러나 "절대적인 증거가 없는 상황에서는 부족한 설명을 받아들일 때도 많습니다." 헌트는 정황 증거는 까마귀들이 판다누스 나뭇잎으로 도구를 만드는 기술을 계속해서 개선해왔음을 보여준다고 말했다.

크리스천 러츠는 헌트의 주장을 뒷받침할 증거가 아직은 빈약하기 때문에 더 많은 연구가 필요하다고 했다. 그러나 까마귀들이 자기가 만든 갈고리 막대를 어떻게 써야 하는지 아는 듯이 보인다는 사실은 까마귀들이 기술을 어떤 식으로 축적하는지를 알려주는 단서가 될지도 모른다. 야생에서 잡은 뉴칼레도니아까마귀로 몇 번의 실험을 진행한 러츠와 러츠의 동료 제임스 J. H. 세인트클레어는 까마귀들이 갈고리가 있는 도구의 끝부분을 자세히 들여다보다가 갈고리를 비틀어 방향을 바로잡는다는 사실을 발견했다. 두 사람은 까마귀들의 이런 인지능력은 "도구를 좀더 쓸모 있게 만드는 데에 필요한 시간에 영향을 미쳤을 것"이라고 썼다. 다시 말해서 까마귀들은 만드는 방법을 기억하지 못한다고 해도 도구를 다시 사용할 수 있고 다른 새가 버린 도구도 사용할 수 있다. 바로 그것이 두 과학자가 말하는 것처럼 "까마귀 개체군 안에서 도구와 관계가 있는 정보가 퍼지고 사회적 학습을 하는 데에서 아주 중요한 요소일 수 있다." 두 과학자는 또한 도구의 기능을 파악하는 능력과 그 도구를―좀더 나은 방향으로―변형시키는 능력을 구분하는 까마귀의 재능 덕분에 도구는 복잡한 방향으로 진화할 수 있었을 것이라고 했다.

**117종에 달하는** 까마귓과 새들 중에서도 뉴칼레도니아까마귀가 그토록 뛰어난 발명의 귀재가 된 이유는 무엇일까? 어떤 힘이 까마귀를 부추겨서 그토록 놀라운 재능을 가지게 했을까? 다른 까마귀들도 영리하다. 뉴칼레도니아까마귀처럼 열대 지역에서 사는 까마귀는 더 있다. 뉴칼레도니아는 아주 특별한 곳일까? 아니면 뉴칼레도니아까마귀가 특별한 것일까?

　뉴칼레도니아는 어떤 기준을 적용해도 아주 경이로운 장소이다. 뉴질랜드와 파푸아뉴기니 사이의 바다 한가운데에 자리한 뉴칼레도니아는 길이가 350킬로미터나 되는 아주 긴 섬으로, 하늘에서 내려다보면 높게 솟은 우거진 산맥, 하얀 해변, 파란 라군이 있는 모습 때문에 하와이나 발리, 혹은 가까이 있는 바누아투 같은 태평양 섬을 만든 강력한 힘이 뉴칼레도니아도 만들었구나 하는 생각을 하게 된다. 그러나 따뜻한 바다 위에 점점이 놓여 있는 다른 섬들 대부분과 달리 뉴칼레도니아는 비교적 최근에 탄생한 화산섬이 아니다. 뉴칼레도니아는 고대 초대륙 곤드와나(Gondwanaland)의 지질학적 후손으로, 6,600만 년 전에 오스트레일리아 대륙에서 갈라져 나왔고, 지금은 거의 대부분이 바다 밑에 가라앉아 있는 질랜디아(Zealandia) 대륙의 최북단 지역이다. 뉴칼레도니아는 3,700만 년 전까지만 해도 바다 밑에 가라앉아 있었다.

　뉴칼레도니아 섬은 내가 가본 곳들 가운데서는 손꼽을 수 있을 정도로 조용한 곳이다. 면적은 뉴저지 주와 비슷하지만 인구는 뉴저지 인구의 3퍼센트 정도밖에 되지 않는다. 따라서 국토의 대부분이 거의 사람이 거주하지 않는 지역이다. 뉴칼레도니아 원주민인 카낙족이 전체 인구의 5분의 2 이상을 차지하고 있고, 대부분이 프랑스인인 유럽계 백인이 전체 인구의 3분의 1정도를 차지하며, 나머지는 인근 여러 섬에서 온 사람들이다. 텅 빈 도로에는 부리는 밝은 빨간색이고 가슴은 보라색인 커다란 푸케코가 자주 출몰한다. 유명한 탐험가 제임스 쿡 선장의 이름을 딴 커다랗고 날씬한 쿡소나무들이 하늘 높이 우뚝 솟아 있다. 그 어느 유럽인 못지않게 일찍 뉴칼레도니아에 도착한 쿡 선장과 선원들은 1774년에 섬으로 다가가면서 "숭고하게 솟아 있는……엄청난 물체 다발"을 보고 그 물체가 나무인지 기둥인지 알아맞히는 내기를 했다. 쿡소나무는—마치 공룡이 살던 시대에 번성했던 고대 침엽수 같은 생김새 때문에—흔히 살아 있는 화석이라고 부르는 나무들과 같은 과(科)에 속한다. 산등성이를 따라 섬의 중심부로 내려가는 동안 오른쪽으로는 초록빛이 우거진 원시 열대우림이 보인다. 우거진 숲이 드리운 그늘에는 곤드와나 대륙에서 살다가 홀로 남았을지도 모를 유령 같은 새 카구가 있다.

한때 뉴칼레도니아 전역을 덮고 있던 원시 열대우림은 이제 얼마 남지 않았다. 그러나 종 다양성은 여전히 엄청나서 곤충만 해도 토종 나비 70종과 나방 300종을 포함해 2만 종에 달하고, 식물은 3,200종에 달한다. 식물 종 가운데 4분의 3은 뉴칼레도니아에서만 볼 수 있는 고유종이다. 그 때문에 뉴칼레도니아의 식물들은 종종 독자적인 식물 아계(亞界, subkingdom)로 분류된다.

이곳은 거대한 생물들의 서식처이기도 하다. "나무에 사는 악마"라고 부르는 자이언트게코의 몸길이는 35센티미터에 달하고, 거의 60센티미터에 이를 정도로 큰 도마뱀도 많다. 공기 호흡을 하는 매머드급 육지달팽이는 12센티미터가 넘게 자란다. 현지인은 노토우(Notou)라고 부르는 뉴칼레도니아황제비둘기는 나무에서 생활하는 비둘기 가운데 세상에서 가장 큰 종으로 몸무게가 1킬로그램 정도에 달해서 평범한 전서구(傳書鳩)보다 거의 두 배 정도 무겁다. 지금은 멸종한 날지 못하는 뉴칼레도니아쇠물닭은 거의 칠면조만 했고, 역시 날지 못하는 실보니스는 키가 170센티미터에, 몸무게는 30킬로그램이나 되었다.

섬은 이상한 일이 생기는 곳이다. 거대화는 드물지 않다. 소형화도 화려함도 기이함도 드물지 않다. 나는 보르네오 섬에서 몸집은 울새보다 크지 않지만 꽁지의 가운데 깃털이 기이하게 길게 늘어져 있는 수컷 북방긴꼬리딱새를 본 적이 있다. 단색광으로 빛나는 수컷의 꼬리는 30센티미터 정도였는데, 선명한 녹색 꽁지깃털은 열대우림 속에서 마치 연의 꼬리처럼 하늘거렸다.

섬은 천연 해자로 둘러싸인 실험실이다. 육지보다 경쟁이 심하지 않고 천적의 수도 많지 않기 때문에 섬에서 자연은 급하지도 난폭하지도 않게 진화를 실험한다. 그 진화 실험에는 동물이 도구를 어떻게 사용하는지를 보려는 실험도 있다(따라서 지구에 사는 조류 가운데 뉴칼레도니아까마귀만큼 도구를 자주 쓰는 새는 갈라파고스에 사는 딱따구리핀치라는 사실은 놀랄 일이 아닐 수도 있다).

크리스천 러츠 연구팀은 뉴칼레도니아까마귀가 섬에 도착한 시기는 섬이 물에서 나온 3,700만 년 이후라고 생각한다. 뉴칼레도니아의 모앙두 지역에 있는 메오레 동굴을 발굴했을 당시 뉴칼레도니아까마귀의 두개골과 뼈 화석이 나왔지만, 그 화석은 불과 수천 년 전의 것으로 뉴칼레도니아까마귀의 오랜 진화의 역사를 이해하는 데에는 그다지 큰 도움이 되지 않았다.

까마귓과는 수천만 년 전에 여러 종으로 갈라졌는데, 뉴칼레도니아까마귀의 조상은 그렇게 먼 과거로 거슬러올라가지 않아도 될 것이다. 러츠는 뉴칼레도니아까마귀의 조상은 동남 아시아나 오스트랄라시아(오스트레일리아, 뉴질랜드, 뉴기니를 포함한 남태평양 제도 전체를 가리키는 지명/옮긴이)에서 넓은 바다를 건너 긴 거리를 날아 이곳에 도착했을 것이라고 주장한다. 현재 뉴칼레도니아까마귀는 그렇게 잘 나는 새가 아니다. 보통은 나뭇가지에서 나뭇가지로만 비행하고, 비교적 먼 거리를 날아갈 때면 느릿느릿 힘겹게 날갯짓을 한다. 그러나 러츠는 뉴칼레도니아까마귀가 아주 강인한 비행가이거나 운이 좋은 이주자들의 후손일 가능성이 있다고 본다. 그리고 이 새들이 도구를 만들고 사용하는 엄청난 능력을 가지게 된 것은 수백만 년 전쯤에 이 새의 조상들이 뉴칼레도니아 섬에 도착한 뒤에 일어난 진화의 결과일 가능성이 크다.

**꺼내먹을 수 있을 만큼** 영리한 동물을 위해서 뉴칼레도니아 섬은 영양가가 풍부한 먹이를 곳곳에 숨겨놓았다. 나무 깊숙이 구멍을 파고들어 숨어 있는 장수하늘소 유충 같은 무척추동물 말이다. 장수하늘소 유충은 단백질과 고(高) 에너지원인 지방이 많다. 러츠에 따르면, 뉴칼레도니아까마귀는 유충을 몇 마리만 먹어도 하루에 필요한 열량을 모두 섭취할 수 있다고 한다. 이곳에는 이 천연 영양자원을 두고 경쟁할 상대도 많지 않다. 딱따구리나 원숭이, 유인원, 마다가스카르손가락원숭이, 주머니줄무늬다람쥐처럼, 일명 구멍 속에서 먹이 꺼내먹기의 대가들이 많지 않은 것이다.

더구나 육상과 공중에도 뉴칼레도니아까마귀를 위협하는 천적은 많지 않다. 뉴칼레도니아에도 공중을 날아다니는 포식자들—휘파람솔개나 송골매, 흰배참매—이 있지만, 대부분 까마귀에게 위협이 되는 존재는 아니다. 이곳에는 뱀도 없고(동굴장님뱀이 있기는 하지만 주도가 아니라 인근의 작은 섬 몇 곳에서만 산다), 토착 포유류 천적도 없다. 이곳의 토착 포유류는 열대 나무들의 씨앗을 퍼트리는 역할을 맡고 있는 박쥐 9종뿐이다. 뉴칼레도니아라는 지명은 쿡 선장이 자기가 사랑하는 스코틀랜드의 지명을 따서 지은 것인데, 선장은 이곳에 도착했을 때에 카낙 사람들에게 선물로 주려고 개를 두 마리 데려왔다. 당연히 좋은 생각이 아니었다. 이제는 야생으로 돌아간 개들은 백인이 들여온 고양이나 쥐처럼 그 수가 크게 늘었다. 개 때문에 카구의 개체 수는 줄어들었지만, 개도 까마귀에게는 큰 영향을 미치지 못했다.

별 다른 경쟁자도 천적도 없기 때문에 뉴칼레도니아까마귀는 크게 경계를 하지 않아도 된다. 다시 말해서 막대기나 가시가 달린 잎을 가지고 느긋하게 오랫동안 위를 볼 필요 없이 찌르고 살펴보고 물고 찢고 다시 탐색해볼 여유가 있다는 뜻이다. 위협이 적은 환경 덕분에 어린 시절도 훨씬 더 느긋하게 보낼 수 있어, 어린 까마귀들은 부모 새의 보살핌을 받으면서 굶어죽을 염려 없이 오랫동안 도구를 만들고 개선하면서 기술을 연마했을 것이다.

**둥지를 벗어난** 어린 까마귀가 곧바로 완벽한 도구를 만들 수는 없다. 갈라파고스의 딱따구리핀치처럼 뉴칼레도니아까마귀도 내재적으로 도구를 사용하는 능력을 타고난다는 증거들이 있다. 사육장에서 자랐기 때문에 어른 까마귀를 보지 못한 어린 까마귀도 혼자서 간단한 도구를 만들어 사용했다는 실험 결과도 있다. 그러나 간단한 도구가 아니라 복잡한 도구를 만들어 쓰려면 분명히 어른 까마귀가 어린 까마귀를 지도하고 시범을 보여주어야 한다.

예를 들면 판다누스 나뭇잎으로 제대로 도구를 만들려면 어른 까마귀와 함께 시간을 보내면서 도구 만드는 법을 배워야 한다. 이 학습 과정은 너무나도 힘든 과정의 연속이기 때문에 사랑으로 끈기 있게 가르쳐줄 부모가 그 어려움을 완화해주어야 한다. 오클랜드 대학교의 개빈 헌트와 러셀 그레이와 함께 연구하는 박사과정 학생 제니 홀자이더는 2년 동안 뉴칼레도니아의 열대우림에서 지내면서 야생에서 어린 까마귀가 판다누스 나무로 도구를 만들고 활용하는 법을 배우는 과정을 관찰했다. 홀자이더와 그레이가 카메라로 옐로-옐로라는 이름(노란 줄이 두 개여서 붙은 이름이다)의 까마귀를 관찰하는 것은 음식을 흘리지 않고 수저로 밥을 먹는 법을 배우는 유아를 보는 것과 다르지 않았다. 기술을 터득하기 전까지 계속 실수를 하고 기회를 놓치는 지난한 과정인 것이다.

인지능력이 진화하는 과정을 강의하면서 그레이는 어린 까마귀가 기술을 배우는 과정을 소개했다. 처음에 옐로-옐로는 자기가 무엇을 해야 하는지 전혀 감을 잡지 못했다. 부화하고 2–3개월쯤 지나자, 옐로-옐로는 어미 새 판도라가 하는 행동을 유심히 관찰하기 시작했다. 어미 새가 도구를 만들어 곤충을 잡아먹는 모습을 바라보고, 어미 새에게 도구를 빌린 옐로-옐로는 도구를 비스듬하게 눕혀서 자꾸 구멍에 집어넣으려고 했다. 어디에 쓰는 물건인지는 이해한 듯했지만 어떻게 쓰는지는 몰랐던 것이다. 어미 새가 만든 도구를 직접 써보고 어미 뒤를 졸졸 쫓아다니는 동안 옐로-옐로는 어떤 식물과 막대기를 써야 더 좋은 도구를 만들 수 있으며, 어떤 도구가 좋은지 익혔다.

그러나 일단 스스로 도구를 만들기 시작한 뒤로는 어미 새의 움직임을 흉내내지 않았다. 그보다는 어미 새가 만든 도구를 자기도 거의 비슷하게 만들려고 애썼다. 옐로-옐로의 행동은 지역마다 도구를 만드는 "지역" 스타일이 존재하는 이유를 설명하는 단서일지도 모른다. 그레이는 아기 새가 어미가 도구를 만드는 모습을 지켜보고 그 도구를 사용하다 보면 아기 새의 "뇌의 특정 구역에 도구를 만들고 사용하는 방식을 각인하는 형판이 만들어져서 아기 새가 직접 도구를 만들 때에 활용하는지도 모른다. 명금의 경우, 시행착오를 거쳐 학습을 할 때에 그런 형판이 만들어져서 어른 새처럼 노래를 부를 수 있게 된다는 사실은 알려져 있다. 어쩌면 도구를 만들 때도 그런 식으로 뉴런이 회로를 형성해 형판을 만드는 것인지도 모른다"라고 설명했다.

일단 그 과정이 지나가면 이제 남은 것은 대부분 경험의 문제이다.

다음 몇 달 동안 옐로-옐로는 자기 손으로(사실은 부리로) 직접 판다누스 나뭇잎을 잘라 도구를 만들려고 했다. 처음에는 마구잡이로 잎을 잡아 뜯는 듯했지만, 마침내 옐로-옐로는 잎을 잘라내는 기술을 정확하게 익혔다.

부화되고 5개월쯤 되자 옐로-옐로는 도구처럼 보이는 물체를 만들 수 있었다. 그러나 가시가 없는 부분을 사용하는 경우가 많아서 옐로-옐로가 만든 도구는 쓸모가 없었다. 옐로-옐로는 도구를 뒤집어가면서 제대로 써보려고 했지만 당연히 먹이는 잡히지 않았다. 그러나 몇 달 뒤에는 도구를 순서대로 "제작하여" 모든 측면에서 완전한 도구를 만들었다. 옐로-옐로는 아주 신중하게 판다누스 나뭇잎을 딱 맞는 지점에서 잘라냈고, 차례차례 필요 없는 부분을 잘라냈다. 그러나 엉뚱한 부분에서 시작했기 때문에 갈고리의 방향이 완전히 바뀌어서 가시 갈고리가 반대 방향으로 돌아간 도구를 만들었다.

옐로-옐로가 만든 도구는 절반 이상이 먹이를 잡는 데에 아무 소용이 없었다. 어른 새처럼 효과적으로 먹이를 잡을 수 있는 도구를 만들게 된 것은 부화하고 거의 1년 6개월이 지난 뒤였다. 이 기술을 익히기 위해서는 오랜 배움의 시간이 필요하다. 옐로-옐로의 성공은 순전히 옐로-옐로가 자기들을 졸졸 쫓아다니고 그들이 만든 도구를 사용할 수 있게 허락해주고, 옐로-옐로가 실패할 때마다 딱정벌레 유충을 한두 마리 주어 다시 힘을 북돋아준 부모 새 덕분이다. 갑작스런 죽음의 방해 없이 오랜 시간 느긋하게 기술을 익히며 서툰 도제에서 아마추어 장인을 거쳐 능숙한 도구 제작자가 될 수 있는 환경을 제공하는 뉴칼레도니아 섬도 옐로-옐로를 지원한 든든한 후원자였다.

이런 관점에서 보았을 때, 뉴칼레도니아까마귀는 사람이 세운 삶의 전략을 이해하는 단서를 제공하고 있는지도 모른다. 사람이 가장 두드러진 영장류가 될 수 있었던 이유는 부모에게 의존해야 하는 유년기를 되도록 길게 늘려 가능한 많은 생존 전략을 배우게 했기 때문일 수도 있다. 오클랜드 대학교의 연구팀은 사람과 뉴칼레도니아까마귀 모두 먹이를 획득하는 기술이 아주 뛰어나고 부모가 양육하는 시간이 아주 길다는 두 가지 사실이 어쩌면 중요한 상관관계를 맺고 있는지도 모른다고 했다. 부모의 양육 시기가 먹이 획득 기술에 영향을 미친다는 이런 주장을 "조기 교육 가설(early learning hypothesis)"이라고 한다. 부모가 자손에게 강도 높은 학습 훈련을 해야만 습득할 수 있는 기술을 전수하려면, 유아기가 길어질 수밖에 없을 것이다. 결국 뉴칼레도니아까마귀는 도구 사용이 한 동물의 생활사에 어떤 영향을 미치는지를 연구할 때에 새뿐만 아니라 사람의 진화사도 함께 밝혀줄 좋은 연구 자료라고 하겠다.

**영양가가 풍부한** 먹이가 많이 숨어 있고, 경쟁자가 희박하고, 천적이 거의 없는 환경은 도구를 사용할 만한 좋은 조건을 갖춘 셈이다. 그러나 크리스천 러츠가 지적한 것처럼 이 세 가지 조건이 갖추어졌다고 해서 모든 동물이 도구를 만들어 쓰는 것은 아니다. 태평양의 다른 지역에 서식하는 까마귀들은 대다수가 비슷한 환경에서 살고 있고 판다누스 나무도 옆에 있지만 도구를 만들지는 않는다. 오스트레일리아 북동쪽에 사는 토레시안까마귀는 뉴칼레도니아까마귀의 사촌 종이다. 그곳에는 영양가가 정말 풍부한 오스트레일리아깨다시하늘소 유충이 있고 특별한 경쟁자가 없는데도 토레시안까마귀는 도구를 사용해 유충을 꺼내먹는 방법을 알지 못한다. 솔로몬 제도에서 사는 흰부리까마귀도 뉴칼레도니아까마귀의 가까운 사촌 종으로 알려져 있지만 도구는 사용하지 않는다.

뉴칼레도니아까마귀만 특별한 것은 신체적인 이유 때문일까, 아니면 정신적인 이유 때문일까? 뉴칼레도니아까마귀의 몸과 뇌에는 다른 까마귀들과는 다른 특별한 점이 있는 것일까?

**나는 아침 일찍** 뉴칼레도니아의 중심지 라 포아의 숙소에서 나오다가 그 새를 처음 보았다.

내가 서 있던 곳에서 수십 센티미터 떨어진 곳에 있는 작은 나무의 아래쪽 가지에 앉아 있었다. 그 새가 우리 동네에서 자주 볼 수 있는 미국까마귀와 그다지 다른 점이 없음을 알고 어느 정도는 기쁘기까지 했다. 그 새는 부리와 다리와 깃털이 진한 흑색인 평범한 까마귀였다. 위쪽 깃털은 빛이 비추는 방향에 따라서 번쩍이는 자주색으로 보였다가 진한 파란색으로, 또 녹색으로 보이기도 했다. 크기는……음……까마귀치고는 작은 편이었는데, 미국까마귀보다는 더 탄탄해 보였고 미국에서 흔히 볼 수 있는 어치나 갈까마귀보다는 뚱뚱해 보였다.

그 새는 나를 보면서 고개를 갸우뚱거렸다. 톡 튀어나온 커다란 두 눈은 짙은 갈색이었고 동그랗고 영리해 보였다. 뉴칼레도니아까마귀의 눈은 얼굴에서 상당히 앞쪽에 위치해 있기 때문에 도구를 사용하는 동안 눈동자를 굴릴 수 있고 동시에 앞을 바라볼 수 있어서 다른 새보다 "양안 중첩(binocular overlap : 두 눈의 시각이 겹쳐지는 범위, 쌍안 중첩이라고도 한다/옮긴이)" 정도가 훨씬 더 크다. 시야가 넓고 양안이 중첩되기 때문에 뉴칼레도니아까마귀는 도구를 가지고 먹이의 은닉처를 탐색할 때에 훨씬 정확하게 부리를 움직일 수 있다.

옥스퍼드 대학교의 알렉스 카셀릭 연구팀은 뉴칼레도니아까마귀의 눈에는 특이한 점이 또 있다고 했다. 이 까마귀도 사람처럼 한 쪽 눈이 다른 쪽 눈보다 더 우세하다. 까마귀는 부리로 도구를 물 때, 부리의 한

쪽 방향으로만 무는데, 그래야 더 선호하는 눈으로 도구의 끝부분과 목표물을 쳐다볼 수 있기 때문이다. 카셀릭은 "만약 당신이 한 쪽 눈이 다른 쪽 눈보다 더 좋고, 입으로 브러시를 물고 한 눈으로만 브러시의 길이를 가늠해야 한다면 더 좋은 눈으로 볼 수 있는 방향으로 브러시를 물 것이다. 까마귀도 마찬가지이다"라고 했다.

더구나 구부러져 있거나 고리 모양인 다른 까마귀들의 두툼한 부리와 달리 능률적으로 곧게 뻗은 원뿔형의 납작한 부리 덕분에 뉴칼레도니아 까마귀는 좀더 단단하게 도구를 붙잡고 훨씬 넓어진 양안 중첩 영역을 마음껏 탐색할 수 있다.

부리는 새가 먹을거리의 세계를 탐색할 수 있게 해주는 신체 기관이다. 일반적으로 부리는 새가 먹을 수 있는 먹이를 결정한다. 매나 독수리의 부리는 토끼를 찢을 수 있다. 왜가리의 집게 같은 부리는 미끄러운 물고기를 덥석 잡을 수 있다. 딱따구리의 삽처럼 날카로운 부리는 나무를 뚫고 들어갈 수 있다. 까마귀는 부리가 고리처럼 생긴 종도 있고 핀셋처럼 생긴 종도 있고 작살처럼 생긴 종도 있다.

부리만 활용해도 뉴칼레도니아까마귀는 많은 일을 할 수 있다. 그러나 이 까마귀는 도구라는 기적을 활용하면 훨씬 더 멀리 있는 먹이를 잡을 수 있음을 안다.

뉴칼레도니아까마귀에게 도구를 만드는 능력이 먼저 생겼는지, 도구 사용에 적합한 신체적 특징이 먼저 생겼는지는 분명하게 밝혀진 바가 없다. 부리가 독특하고 시력이 특별했기 때문에 이 까마귀는 도구를 만들어 사용하게 되었을까? 아니면 자연이 주는 드문 혜택—숨어 있는 맛있는 유충—을 잡아먹으려고 도구를 만들어 사용하다 보니 점차적으로 시력도 바뀌고 부리도 변하게 되었을까? 이런 문제는 생물학자들이 사랑하지만 미워하기도 하는 닭이 먼저냐 달걀이 먼저냐의 문제이다.

어쨌거나 과학자들은 뉴칼레도니아까마귀가 특별한 시력과 곧은 원뿔형 부리라는 두 가지 특징 덕분에 다른 까마귀들은 따라 할 수 없는 수준까지 도구를 자유롭게 쓸 수 있게 되었는데, 이것은 사람이 손을 자유롭게 쓸 수 있도록 해주는 특징과 아주 유사하다고 말한다. 사람이 정확하게 물건을 잡거나 집을 수 있는 이유는 양안 중첩을 할 수 있는 시력과 유연한 손목, 다른 네 손가락과 마주보게 배열되어 있는 엄지손가락 같은 특징들 덕분이다.

개빈 헌트는 도구를 만들어 쓰는 뉴칼레도니아까마귀의 생활사가 사람의 생활사와 여러 가지 점에서 닮았다고 지적한다. 부모가 아주 긴 시간 동안 자식을 돌보기 때문에 도구를 만들고 사용하는 법을 배울 수 있다는 점도 닮은 점들 가운데 하나이다. 헌트는 또한 "사람과 뉴칼레도니아까마귀 모두 유전적으로 도구 사용 능력이 내재되어 있고 적응력이 뛰어납니다. 따라서 보편적인 특징은 아니라고 해도 광범위한 특징이기는 합니다. 두 종 모두에게서 도구를 사용하는 모습을 고르게 관찰할 수 있습니다. 따라서 뉴칼레도니아까마귀가 다음 세대에게 도구 사용법을 가르치는 과정은 사람과 달리 사회화 학습 과정이 큰 비율을 차지하지는 않지만 과정이 가져오는 결과는 아주 비슷합니다"라고 말했다.

그 까마귀는 도대체 뭐가 그렇게 놀랍냐고 묻는 듯이 아주 강렬하게 나를 응시했다. 나는 저 시커먼 두개골 안에 들어 있는 뇌는 다른 까마귀들과 어떤 점이 다른 것일까 궁금했다. 과학자들이 연구한 결과대로라면 차이점은 거의 없을 것이다. 뉴칼레도니아까마귀의 뇌는 적어도 아시아 등지에서 흔히 볼 수 있는 까마귀나 유럽까치나 어치보다는 크다고 한다(하지만 앞에서 살펴본 것처럼 전체 뇌 크기를 측정하는 방법은 지능을 판단하는 정확한 측정 기준이 될 수 없다). 전뇌(forebrain)에는 소근육 운동을 제어하고 연합학습을 담당한다고 생각되는 부풀어오른 부위가 있다. 이 부위가 다른 까마귀들과 다르기 때문에 뉴칼레도니아까마귀는 능숙하게 도구를 사용하고 주변 상황을 세심하게 관찰할 수 있게 되었는지도 모른다(주변 상황을 세심하게 관찰하는 능력은 지능 발달에 크게 도움이 된다). 더구나 러셀 그레이의 지적처럼 뉴칼레도니아까마귀의 뇌에는 신경아교 세포(glial cell)의 수가 다른 까마귀보다 조금 더 많다. 신경아교 세포는 사람의 뇌에서 학습과 기억을 가능하게 하는 시냅스 가소성(synaptic plasticity)을 담당한다고 알려져 있다. 요컨대 그레이가 말한 것처럼 뉴칼레도니아까마귀의 뇌에는 "엄청나게 놀라운 새로운 구조가 추가된 것이 아니라 그저 약간의 변화만 있을 뿐"일 수 있다.

그렇다면 뉴칼레도니아까마귀들은 고차원적인 사고를 할 수 있을까? 원인과 결과 같은 물리 원리를 이해할 수 있을까? 추론하고 계획을 세우고 통찰력을 발휘할 수 있을까?

지난 10여 년 동안 오클랜드 대학교의 연구팀은 뉴칼레도니아까마귀에게 어떤 특별한 이해력이 있는지 알아보려고 까마귀의 두뇌를 구석구석 남김없이 탐색해왔다. 연구팀은 까마귀의 전체 지능이 아니라 까마귀의 뇌에는 문제를 풀 때 발휘되는 "특징적인" 인지적 메커니즘이 있는지에 중점을 두고 있다. 아마도 통찰력, 논리력, 상상력, 계획 수행력 같은 사람의 고등한 인지능력도 그런 메커니즘을 토대로 이루어져 있을 것이다. 사람의 고등한 인지능력은 자기 자신이 하는 행동의 결과를 인지하고, 원인과 결과를 파악하며, 물질의 물리적 특성을 평가할 수 있는 능력 등으로 이루어져 있다.

테일러는 "뉴칼레도니아까마귀가 문제를 풀 때는 사람의 사고력과 간단한 학습의 중간쯤에 존재하는 인지능력을 활용하는 것 같습니다"라고 설명했다. 까마귀의 행동을 결정하는 인지능력은 가상의 시나리오를 상상하거나 원인과 결과를 추론하는 복잡한 사람의 인지능력으로 나아가는 길의 중간쯤에 위치한 것일 수도 있다. "우리가 뉴칼레도니아까마귀를 모형 종으로 선정해서 관심을 가지는 이유가 바로 그 때문입니다. 까마귀들이 어떤 방법으로 인지능력을 발휘하는지 알아낼 수 있다면, 사람의 사고력과 지능의 진화에 관해서도 전반적인 통찰을 얻을 수 있을 것입니다." 테일러의 말이다.

8-단계 메타 툴 퍼즐을 풀어야 했던 까마귀 007의 영상을 다시 생각해보자. 영상에서 007은 통찰을 얻어서 문제를 푸는 것처럼 보인다. 007은 자기가 풀어야 하는 문제를 전체적으로 고민하는 것처럼 보인다. '저 상자에 먹이가 있는데 부리가 닿지를 않네'라고 생각하는 것이다. 그때부터 007은 머릿속으로 복잡한 시나리오를 그리고 있는 것처럼 행동했다. 문제를 어떻게 풀어야 하는지 이해한 뒤에 어떻게 문제를 풀지 계획하고 끝까지 해내야 할 목표를 잊지 않은 채 한 단계씩 문제를 풀어나가는 듯했다.

테일러와 함께 까마귀 007의 메타 툴 퍼즐 실험을 진행한 러셀 그레이는 007이 해낸 일이 사실 그렇게까지 굉장한 업적은 아닐지도 모르지만 그래도 여전히 흥미롭다고 했다. 007은 정말로 자기가 풀어야 할 문제를 자세히 살펴보기는 했다고 그레이는 말했다. 007이 사람처럼 상상을 했거나 시나리오를 세웠거나 번뜩이는 통찰로 문제를 풀지는 않았을 것이다. 그보다는 그 자리에 있는 익숙한 물건들을 활용해서 문제를 풀었다. 007은 그 물건들을 어떻게 쓰는지 알았다. 자신의 도구가 그곳에 있는 물건들과 어떤 식으로 상호작용하는지 주의 깊게 관찰했다. 007은 그 물건을 활용했던 과거의 기억을 끌어내어 자기 목표를 이룰 수 있는 정확한 순서대로 행동을 해나갔다. 그레이는 뉴칼레도니아까마귀가 어떤 가상의 시나리오를 이용했다고 하더라도, 이것은 전후 사정이나 경험을 기반으로 한 상당히 제한적인 형태일 것이라고 했다.

알렉스 테일러는 007의 행동이 그보다는 더 복잡할 수도 있고 훨씬 단순할 수도 있다고 했다. "지적인 자극이 전혀 없는, 순간순간 내리는 결정일 수도 있겠죠. 어떤 가설이 옳은지는 검토를 해봐야 합니다."

**오클랜드 대학교에서** 조류의 지능을 검사하는 조류 사육장은 포칼로에 있는 조그만 연구소 뒤편의 덤불이 자라는 들판에 있다. 우기에는 들판을 흐르는 샛강이 생겨 폭풍우가 내리는 날이면 범람한다. 건기인 지금은 흐느적거리는 멜라레우카와 간간이 보이는 판다누스 나무가 그늘을 드리우고 있었다. 그물로 울타리를 친 사육장에서 까마귀 일곱 마리가 내는 낮고 허스키한 와아잉 소리를 빼면 아주 조용한 곳이었다. 들판에는 말들이 돌아다니고 있었는데, 가끔 말들이 다가가면 까마귀들이 날카롭게 울부짖었다.

오클랜드 대학교의 조류 사육장은 007이나 블루(왼쪽 다리에 차고 있는 파란색 밴드 때문에 붙은 이름이다) 같은 교육을 잘 받은 까마귀를 많이 배출했다. 오클랜드 대학교 연구팀은 까마귀를 사육하면서 몇 달 동안 실험을 한 뒤에는 다시 야생에 풀어준다(007은 실험을 끝낸 뒤에 고향인 뉴칼레도니아의 코기 산으로 돌려보냈다). 까마귀 다리에는 저마다 다른 색의 밴드를 채워 그 색을 이름 대신 부르는데, 그 가운데 좀더 창의성을 보이는 까마귀에게는 정식 이름을 붙였다. 이카루스, 마야, 라즐로, 루이지, 집시, 콜린, 카스파, 루시, 루비, 조커, 브래트를 비롯해 150개가 넘는 작명을 해야 했던 알렉스 테일러는 더는 생각나는 이름이 없다며 나에게 이름을 추천해달라고 했다. 그래서 블루의 딸들인 레드와 그린은 나의 딸들처럼 조에와 넬이라는 이름을 가지게 되었다.

오클랜드 대학교의 과학자들은 뜰채처럼 생긴 그물로 까마귀를 잡는데, 되도록 가족 단위로 잡으려고 한다. 사는 개체군의 밀도가 높은 곳(1제곱마일당 20마리 정도)에서는 그다지 어렵지 않은 일이지만, 뉴칼레도니아 섬처럼 새들이 흩어져서(1제곱마일당 두세 마리) 살고 특히 고도가 높고 숲이 우거진 곳에서는 잡기가 쉽지 않다. 테일러와 함께 연구하는 개빈 헌트는 최근에 파니에 산에서 까마귀를 잡느라 애를 먹었다. 헌트가 까마귀를 포획하러 나선 시기는 카낙족이 공식적으로 뉴칼레도니아비둘기를 사냥해도 되는 시기였다. 이 시기에는 비둘기를 겨눈 총에 까마귀가 맞는 경우도 있었기 때문에 까마귀는 그 어느 때보다 신중하게 행동했다. 그 때문에 과학자들은 빈손으로 돌아오는 경우가 많았다. 그러나 총소리가 나지 않을 때에도 까마귀를 잡는 일은 쉽지 않다.

일단 잡혀온 까마귀들은 사육장에 들어가자마자 재빨리 새로운 보금자리에 적응했다. 왜 안 그러겠는가? 테일러와 그의 동료 엘사 루아셀은 신선한 토마토와 소고기, 파파야, 코코넛, 달걀을 까마귀에게 준다("사람들은 과학자라고 하면 계속 생각하고 실험만 할 거라고 잘못 생각합니다. 사실 우리가 하는 일은 많은 시간 토마토를 토막 내고 소고기를 잘게 써는 건데 말입니다." 루아셀이 농담조로 말했다). 사육장에 들어온 까마귀들은 머지않아 환경에 적응하고 탁자 위에 내려앉아 해야 할 일을 하기 시작한다. "비결은 까마귀들을 계속 즐겁게 해주는 겁니다. 흥미를 가지고 계속 해나갈 정도로만 적당히 어려운 과제를 부여하는 거죠." 테일러의 말이다.

테일러는 "우리가 정말로 알고 싶은 것은 이 까마귀들이 어떻게 생각을 하는가입니다"라고 했다. 까마귀들은 복잡한 문제를 어떻게 푸는 것일까? 통찰력이나 논리력을 발휘하는 것일까? 아니면 훨씬 더 세속적인 이유가 있는 것일까?

까마귀 007이 풀어야 했던 8-단계 문제들 가운데 줄을 끌어올려야 했던 과제를 생각해보자. 배우지 않고도 스스로 생각해서 횃대에 매달린 줄을 끌어올리고 줄에 묶인 막대기를 꺼내는 007의 행동은 이 까마귀에게 통찰력이 있다는 증거라고 생각하는 과학자들도 있다. 007이 문제를 해결할 수 있는 방법을 머릿속으로 떠올리고(줄을 끌어올리는 행위가 먹이 획득에 어떤 영향을 미치는지를 상상하고) 즉시 문제를 해결할 수 있는 계획을 시행한 것이라고 생각하는 것이다.

정말로 그런지 알아보려고 테일러 연구팀은 보상으로 획득할 수 있는 고기를 매단 줄을 가지고 여러 가지 실험을 했다. 까마귀들은 줄을 완전히 잡아당겨야만 줄에 매달려 있는 고기를 볼 수 있었다. 고기를 볼 수 없다는 사실은 까마귀들을 좌절하게 했다. 아무리 줄을 잡아당겨도 고기가 보이지 않는 상황에서는 과학자들이 아무리 줄을 계속해서 잡아당기라고 신호를 보내도 고기가 가까이 다가올 정도로 줄을 당긴 까마귀는 11마리 가운데 1마리뿐이었다. 개들과 비교하면 까마귀들의 실적은 실망스러울 정도였다(그런데 사람도 이 과제를 푸는 데에는 그다지 신통치 않다는 사실을 기억하자. 과학자들은 대학생 50명을 대상으로 보이지 않는 줄을 잡아당겨 보상을 얻는 실험을 했는데, 9명이 실패했다). 까마귀들은 끈을 끌어올리는 과정을 볼 수 있도록 거울을 설치해주면 훨씬 더 능숙하게 문제를 해결했다. 까마귀들이 이런 행동을 하는 이유가 갑자기 그 상황을 이해하고—줄을 끌어올리면 고기가 가까이 다가온다는—원인과 결과를 파악하는 통찰력을 발휘했기 때문이라면, 까마귀에게 계속 올려야 한다고 말해주는 시각 정보는 굳이 필요하지 않았을 것이다.

뉴칼레도니아까마귀에게 엄청난 통찰력이 있는지는 밝혀지지 않았지만, 테일러는 이 같은 실험은 까마귀에게는 자기가 하는 행동의 결과를 인지하고 사물이 상호작용하는 방식에 관심을 기울이는 능력이 있음을 보여준다고 했다. 이런 능력은 분명히 물질적 도구를 만들고 이용할 때에 유용한 지적 도구가 되어줄 것이다.

**오클랜드 대학교의** 연구팀은 뉴칼레도니아까마귀가 기본적인 물리원리를 이해하는지 알아보는 실험도 했다. 테일러는 이 실험을 할 때, "까마귀에게 적합한 패러다임"은 이솝 우화에 나오는 "까마귀와 물병" 이야기라고 했다.

이솝 우화 "까마귀와 물병"에서는 목이 몹시 말랐던 까마귀가 물이 반쯤 들어 있는 목이 좁은 물병을 발견한다. 아무리 머리를 들이밀고 물을 마시려고 해도 물을 마실 수가 없자 까마귀는 물병 안에 자갈을 몇 개 떨어뜨려 수위를 높여 물을 마신다.

훗날 밝혀진 것처럼, 이런 까마귀의 영리함은 그저 옛 우화에나 나오는 이야기가 아니다. 뉴칼레도니아까마귀는 실제로도 물이 반쯤 찬 튜브에 돌멩이를 넣어 수위를 높인 다음에 물을 마신다. 오클랜드 대학교의 연구팀에서 함께 연구를 한 세라 젤버트는 뉴칼레도니아까마귀가 무거운 물체와 가벼운 물체, 속이 꽉 찬 물체와 속이 빈 물체를 놓고 고르게 하면 물에 뜨는 물체가 아니라 가라앉는 물체를 골라 튜브에 넣는다는 사실을 발견했다. 까마귀들은 어떤 방법으로 물체를 골라야 하는지 알았고, 90퍼센트 이상 옳은 선택을 했다. 이는 까마귀들이 물속에 물체를 넣으면 물의 높이가 달라진다는 정교한 물리 개념을 이해하며, 다섯 살에서 일곱 살 정도의 아이와 비슷한 이해력을 가지고 있다는 뜻이다. 또한 물체의 기본 특성을 이해하고 그 특성을 가지고 추론할 수 있다는 뜻이다.

이제 테일러와 그레이 연구팀은 뉴칼레도니아까마귀들이 원인과 결과 사이의 관계를 이해할 수 있는지, 그중에서도 보이지 않는 힘이 미치는 영향력을 이해하는지를 밝히려고 다방면으로 노력하고 있다. 보이지 않는 힘이 만들어내는 결과를 추론하는 인과추론(causal reasoning) 능력은 사람이 가진 아주 강력한 지적 능력이다. 인과추론을 할 수 있기 때문에 사람은 세상에 존재하는 사물은 예측 가능한 방식으로 행동하고, 우리가 보지 못하는 힘과 메커니즘이 어떤 사건의 원인으로 작용할 수도 있음을 안다. 그레이는 "사람은 우리가 보지 못하는 일들을 끊임없이 추론한다"라고 했다. 우리는 집안에 있다가 창밖으로 원반이 날아가는 모습을 보면, 누군가 원반을 던졌구나 하고 생각할 수 있다. 어떤 현상의 원인을 추론하는 사람의 능력은 아주 초기에 발달한다. 생후 7개월에서 10개월 정도 된 갓난아기도 가리개 뒤에서 갓난아기가 있는 쪽으로 공깃돌을 던지고 나서 가리개를 치웠을 때, 장난감 블록이 있으면 공깃돌을 던진 주체가 사람의 손처럼 사람과 관련된 부분이 아니라는 사실에 깜짝 놀란다. 그레이가 지적한 것처럼, 원인과 결과를 추론할 수 있는 이런 능력 덕분에 사람은 천둥과 코감기, 자석과 조석(潮汐), 중력과 신을 이해할 수 있다. 또한 우리 주위에 있는 사람들의 행동을 이해하고 물건을 만들어 사용하고 새로운 상황에 적응할 수 있다. 인과추론은 한때 사람만이 할 수 있는 독특한 특성이라고 간주되었다.

뉴칼레도니아까마귀도 사람처럼 보이지 않는 힘(사건을 일으킨 감춰진 주체/옮긴이)을 추론할 수 있을까? 한 까마귀 덕분에 알렉스 테일러는 어떤 실험을 해야 이런 의문을 풀 수 있을지 떠올릴 수 있었다.

새의 행동을 연구하는 과학자들의 삶은 동료 과학자들의 삶보다 불확실하다. 새들은 최악의 경우 연구를 완전히 망치기도 하고, 운이 좋다면 새들 덕분에 연구에 필요한 영감을 얻기도 한다. 새들은 아주 교묘한 장치도 상상도 할 수 없는 재빠른 속도로 풀어헤치고 안에 있는 물건을 모두 꺼낼 수 있다. 그러나 충분히 주의를 기울인다면 새를 관찰하는 동안 엄청난 보상을 받을 수도 있다. 테일러는 로라라는 이름의 까마귀가 하는 놀라운 행동 덕분에 연구를 구상할 수 있었다.

테일러가 이솝 우화 실험을 시작한 초기에 있었던 일이다. 테일러는 물에 뜨는 코르크에 먹이를 매달고 물이 담긴 튜브에 코르크를 집어넣었다. 이 작업을 하는 동안 테일러는 항상 까마귀를 등지고 있었다. 테일러가 생각한 실험 과정은 이렇다. 일단 까마귀가 과제를 해결해서 수위가 상승하면 까마귀는 즉시 코르크를 물고 사육장 뒤에 있는 횃대로 날아가 코르크에 묶여 있는 고기를 떼어낸 뒤에 코르크를 바닥에 버릴 것이다. 그러면 사육장 뒤쪽에서 코르크를 회수해서 다시 쓸 수 있다. "처음 실험을 할 때는 아무 문제없습니다. 하지만 실험을 100번 이상 하게 되면 정말 진저리가 납니다." 조류 사육장은 조류가 생활하기에 적합한 곳이기 때문에 코르크를 수거하는 것은 아주 어려울 수밖에 없다. "아주 넓은 탁자가 여기저기 놓여 있고 횃대가 아주 많아요. 사람이 지나가기 힘든 정글처럼 생겼어요. 코르크를 주워오려면 탁자 밑으로 기어다녀야 합니다."

그런데 로라는 다른 까마귀들과는 다르게 행동했다. 로라 역시 고기를 묶은 코르크를 횃대로 가져갔다. 그런데 일단 고기를 먹은 뒤에는 다시 탁자로 날아 테일러가 서 있는 곳에서 아주 가까운 곳에 코르크를 내려놓았다. "마치 '고마워요. 진짜 맛있게 먹었어요'라고 말하는 것 같았어요." 로라 덕분에 테일러는 탁자 밑을 기어다닐 필요가 없어졌을 뿐만 아니라 탁자에 놓인 코르크를 가지고 재빨리 다음 실험을 준비할 수도 있었다.

로라 덕분에 테일러는 이런 생각을 하게 되었다. 어쩌면 로라는 테일러가 코르크에 고기를 매다는 모습을 보지는 못했지만, 먹이를 주는 주체(어떤 결과를 불러온 원인 행위자)가 테일러라는 사실을 아는 것이 아닌가 하고 말이다. "어쩌면 로라는 코르크를 나한테 돌려주면 먹이를 더 빨리 먹을 수 있다는 사실을 아는 게 아닌가 싶었습니다. 로라는 정말 과제를 잘 해냈어요. 로라에게 나는 제한요인(limiting factor : 결과에 영향을 주는 요인/옮긴이)입니다. 따라서 나를 빨리 움직이게 하면 로라는 더 빨리 맛난 음식을 먹을 수 있습니다."

로라의 행동을 보면서 테일러는 뉴칼레도니아까마귀가 우리의 생각보다 훨씬 더 뛰어난 인과추론 능력을 가진 것은 아닌지 궁금해졌다. 까마귀들은 보지 못하는 장소에서 결과를 만드는 원인 행위자가 사람이라는 사실을 알고 있는 것이 아닐까? 보지는 못해도 어떤 원인이 결과를 낳는다는 사실을 논리적으로 추론할 수 있는 것은 아닐까?

그 의문을 풀기 위해서 테일러 연구팀은 한 가지 기발한 실험을 구상했다. 사람이 은신처에 들어가는 모습을 보여준 뒤에 그곳에 숨어서 막대기를 밖으로 뺐다가 넣기를 반복하면 까마귀가 사람 때문에 막대기가 움직인다는 사실을 추론할 수 있는지 알아보는 실험이었다. 연구팀은 먼저 탁 트인 조류 사육장 한 쪽에 방수포를 쳐서 은신처를 만들었다. 은신처 옆에는 탁자를 가져다놓고 그 위에 간단한 도구만 사용하면 충분히 먹이를 빼먹을 수 있는 상자를 올려놓았다. 고기를 먹으려면 까마귀들은 은신처를 등지고 있어야 한다. 방수포에는 구멍을 뚫어 막대기를 마음대로 넣었다 뺄 수 있게 했다. 까마귀가 먹이를 먹으려고 고개를 숙일 때 막대기를 쭉 내밀면 정확하게 까마귀의 머리를 찌르기 때문에 까마귀에게는 위험천만한 상황이 연출될 수 있다.

실험에 참가한 까마귀 여덟 마리는 두 가지 다른 상황에서 구멍에서 튀어나오는 막대기를 보게 된다. 첫 번째 상황은 숨은-원인-행위자가

126

있는 상황이다. 일단 사람이 까마귀가 보는 앞에서 은신처로 들어간 뒤에 구멍으로 막대기를 여러 번 뺐다가 넣고 나서 다시 밖으로 나오는 모습을 보여준다. 두 번째 상황은 사람이 은신처로 들어가거나 나가는 모습을 보여주지 않고 막대기만 나왔다가 들어가는 모습을 보여준다.

　두 가지 상황을 모두 지켜보게 한 뒤에 과학자들은 까마귀에게 상자에 든 음식을 살펴볼 기회를 주었다. 그러자 까마귀들은 막대기의 움직임과 숨어 있는 사람의 관계를 추론할 수 있는 것처럼 행동했다. 막대기가 움직이는 모습을 지켜보던 까마귀들은 사람이 은신처에서 나와 떠나는 모습을 보면 안심한 것처럼 탁자로 내려와 은신처를 등지고서 먹이를 탐색했다. 그러나 사람이 들어가는 모습을 보지 못한 채 막대기만 움직이는 모습을 보았을 때는 훨씬 더 신중한 태도로 탁자로 내려왔고, 탁자에 내려온 뒤에도 막대기를 움직이게 한 알 수 없는 힘이 무엇인지 몰라서 신경이 쓰인다는 듯이 계속해서 은신처를 바라보다가 결국에는 먹이를 포기하고 날아갈 때도 있었다(이는 가리개 뒤에서 공기를 던진 원인-행위자가 사람의 손이 아니라는 사실을 알면 깜짝 놀라는 갓난아기의 반응과 다르지 않은 행동이다). 과학자들은 까마귀가 이렇게 상황에 따라서 다르게 행동하는 이유는 까마귀의 인과추론 능력이 아주 뛰어나기 때문일 수 있다고 말한다.

　까마귀들은 또다른 실험인 "원인을 조정하는" 실험은 제대로 해내지 못했다. 원인을 조정하려면 단순히 원인을 이해하는 것 이상의 능력이 있어야 한다. 이 세상에서 일어나는 일을 관찰하고, 같은 일이 일어날 수 있도록 원인을 만들 수 있어야 하는 것이다. 예를 들면 당신이 나무를 흔들어 열매를 떨어뜨려본 적이 한번도 없는 사람이라고 해보자. 어느 날 당신이 우연히 바람에 흔들린 나무에서 열매가 떨어지는 모습을 본다면, 나무를 흔들면 열매를 떨어뜨릴 수 있다는 추론을 할 수 있다.

바람처럼 행동하면 열매를 얻을 수 있는 것이다.

원인 조정 능력은 블릭켓 상자(blicket box)라는 장치로 측정할 수 있다. 블릭켓 상자는 물체를 위에 올려놓으면 음악이 나오는 작은 상자이다. 두 살짜리 아이에게 음악이 나오도록 시범을 보여준 뒤에 상자와 물체를 주고 "한 번 해볼래?" 하고 물어보면 아이는 어렵지 않게 다시 음악이 흘러나오게 한다. 그러나 뉴칼레도니아까마귀는 그 과제는 해내지 못했다. "그냥 물체를 들어서 상자 위에 올려놓기만 하면 됩니다. 사람은 아무것도 아니라고 생각할 겁니다. 그거야 뭐 식은 죽 먹기지. 하지만 까마귀는 그 상황을 이해하지 못합니다." 테일러의 말이다.

테일러는 뉴칼레도니아까마귀가 하지 못하는 일은 할 수 있는 일만큼이나 흥미롭다고 했다. 그는 까마귀의 인지능력이 어디까지 진화했는지에 흥미가 있는 사람이라면, 당연히 까마귀가 하지 못하는 일에도 관심이 생긴다고 했다. "인과관계에 관해서 어떤 부분은 이해하고 어떤 부분은 이해하지 못하는지 밝히고 싶습니다. 지금 내가 뉴칼레도니아까마귀 응원단장이 되고 싶은 게 아닙니다. 그저 까마귀들의 지능이 어떤 식으로 작동하는지 알고 싶을 뿐이죠. 어떤 부분은 아주 '바보 같고' 다른 어떤 부분은 영리하다면 그것만으로도 충분히 흥미롭습니다. 이 까마귀들이 멋진 건 야생에서 하는 행동과 도구를 사용하는 방식 때문입니다. 까마귀들을 규정하는 건 바로 그 점입니다."

테일러는 그외에도 궁금한 점은 또 있다고 시인했다. 그러나 그 궁금함은 학문하고는 그다지 관계가 없었고, 처음 의문보다 흥미롭지도 않을지 모른다. 테일러는 뉴칼레도니아까마귀가 재미로 하는 일이 있는지 궁금하다고 했다.

"내가 보기에 까마귀들은 일중독입니다. 아주 집중해서 먹이를 찾아요. 하지만 일단 먹이를 찾은 뒤에는 그저 느긋하게 앉아서 깃털을 다듬거나 잠시 날아다니거나 울기도 합니다. 그러나 케아(뉴질랜드 잉꼬)처럼 끊임없이 새로운 놀이를 하지는 않습니다. 나는 그 점이 참 신기합니다. 흔히 호기심과 놀이는 지능과 관계가 있다는 말을 하니까요." 테일러의 말이다.

새는 놀이를 할까? 그저 재미를 위해서 하는 일이 있을까?

동물의 지능을 연구하는 퀸메리런던 대학교의 부교수 나단 에머리와 케임브리지 대학교의 니컬라 클레이턴은 뇌가 크고 어미의 보살핌을 받은 만성조는 (많은 포유류처럼) 논다고 했다. 그러나 두 사람은 "놀이는 새에게서는 아주 드물게 나타나는 특성으로 대략 1만 종의 새가 있다고 한다면 놀이를 하는 새의 비율은 1퍼센트 정도에 불과하며, 까마귀나 앵무새처럼 부모의 보살핌을 받는 유아기가 아주 긴 새들에게서만 주로 제한적으로 나타나는 것 같다"라고 했다.

에머리와 클레이턴은 놀이가 필요한 이유는 앞으로 살아갈 삶을 준비하는 데에만 있지는 않다고 했다. 놀이를 하면 스트레스가 줄어들고 다른 개체들과 유대감이 형성되며, 단순히 즐거워질 수도 있다. 두 사람은 "새들도 우리처럼 그저 재미있기 때문에 놀 수도 있다. 놀면 내인성 아편(endogenous opioid)이 분비되고 즐거워지기 때문이다"라고 했다. 다시 말해서 놀이는 그 자체만으로도 완료 행동(consummatory act : 욕구를 해결하는 행동/옮긴이)이자 자가 보상(self-rewarding) 행동이다.

동물학자 밀리센트 피켄에 따르면, 영리한 새만 복잡한 놀이 활동을 할 수 있다고 한다. 놀이를 하면서 새들은 자기가 하는 행동이 외부 세계와 어떤 관계를 맺는지를 경험하고 발견할 수 있다. 다시 말해서 지능이 있어야 놀 수 있고, 놀아야 지능이 향상된다.

앵무샛과 새들은 주체할 수 없을 정도로 놀이를 즐긴다. 수십 년 전에 나의 부모님은 집에서 기르려고 잉꼬를 한 마리 사오면서 플라스틱으로 만든 저렴한 사다리, 거울, 종을 함께 구입해서 새장을 동물원처럼 꾸며주고 아주 이상하게 생긴 간식도 몇 개 넣어주었다. 그때는 잉꼬를 사면 누구나 그렇게 했다. 우리 가족은 그 잉꼬를 그레그레라고 불렀는데, 그레그레는 새로운 장비를 보면 망가질 때까지 가지고 놀고 또 놀았다. 이제는 잉꼬를 파는 애완동물 가게에서는 잉꼬를 위한 특별한 장난감을 세트로 판매한다. 회색앵무는 화장지 롤, 광고 우편물, 아이스크림 막대, 종이컵, 플라스틱 펜 뚜껑, 종이, 마분지, 나무, 생가죽 같은 다양한 물건을 찢고 씹고 망가뜨리면서 논다. 어찌나 신나게 노는지 가끔은 횃대에서 중심을 잃고 떨어질 때도 있다.

전문가들의 증언에 따르면, 조류 가운데 가장 잘 노는 새는 케아이다. 몸집이 까마귀만 한 이 잉꼬는 뉴질랜드 서던 알프스에서 사는데, 까불까불한 성격과 영장류에 맞먹는 지능 때문에 "산악 원숭이"라는 별명으로 불린다. 케아의 학명은 네스토르 노타빌리스(*Nestor notabilis*)인데, 한 책은 이 학명의 뜻을 풀이하면서 "네스토르는 그리스 전설에 나오는 오랫동안 장수한 지혜로운 영웅으로, 흔히 현명한 조언자나 지도자를 일컬을 때에 사용하는 이름"이라고 설명했다. 그러나 이후에 나오는 설명은 우리의 기대를 여지없이 무너뜨린다. 이 앵무샛과 새에게 이 학명을 붙인 사람은 린네인데, 아마도 그는 "별다른 의미 없이 그냥 학명을 지은 듯하다"고 한다.

뭐, 그럴 수도 있고 아닐 수도 있을 것이다.

수년간 케아를 연구하고 있는 주디 다이아몬드와 앨런 본드는 케아가 이 세상에서 가장 영리하고 재치 있는 새일 수도 있다고 했다.

"케아에게 놀이는 의례적인 행동이라기보다는 대체적으로 세상을 대하는 태도라고 할 수 있다." 두 사람은 그렇게 썼다. 케아가 물건을 가지고 노는 능력은 까마귀과 사촌들의 능력을 월등하게 뛰어넘는다. 다이아몬드는 케아는 "대담하고 호기심이 많고 독창적으로 파괴적"이라고 하면서, (누구에게 질문을 하느냐에 따라) 장난기 많은 코미디언—"산에 사는 광대"—이라는 대답을 듣거나 갱단처럼 몰려다니면서 물건을 부수고 자동차의 와이퍼와 범퍼, 캠핑 텐트와 배낭, 홈통과 외부에 설치한 가구를 마구 망가뜨리고 다니는 난폭한 건달이라는 대답을 듣게 된다고 했다. 물건을 가지고 노는 습성 덕분에 케아는 새로운 상황에 처하거나 먹이를 찾으러 다니다가 예상하지 못했던 문제에 부딪쳐도 이를 처리할 수 있는 "연장통"—즉 적절하게 행동할 수 있는 능력—을 가지게 되었는지도 모른다.

케아는 난폭한 놀이도 사랑한다. 다른 새에게 함께 놀자고 할 때는 고개를 꼿꼿하게 세우고 다리를 활짝 벌린 채 쭈뼛쭈뼛 다가간다. 두 새는 부리로 서로를 공격하고 공격을 받으면서 고개를 숙여서 빠져나오고 다시 찌르고 빠져나오기를 반복한다. 서로 부리를 물고 늘어지고 다리로 차고 구르고 꽥꽥 소리를 지르면서 다리를 흔들고 상대의 배 위에 올라타기도 하면서 격렬하게 싸운다. 그러나 케아의 놀이에는 승자도 패자도 없다(모두 트로피를 받는다).

케아는 악동이나 못된 장난꾸러기처럼 굴기도 한다. 다이아몬드와 본드는 케아가 가정집에서 텔레비전 안테나를 훔쳐가고 자동차 타이어를 터트리는 말썽꾸러기로 알려져 있다고 했다. 현관에 깔아둔 매트를 계단 밑으로 밀어서 떨어뜨린 케아도 있었다. 몇 해 전에 뉴질랜드 「선데이 모닝 헤럴드(*Sunday Morning Herald*)」에는 한 케아가 방심하고 있던 스코틀랜드 관광객에게서 1,100달러를 훔쳐갔다는 기사가 실렸다. 서던 알프스 정상 부근의 한 쉼터에서 피터 리치가 캠프용 밴의 창문을 내리고 풍경 사진을 찍고 있었는데, 처음 보는 녹색 새 한 마리가 밴 가까이 있는 땅에 내려앉았다. 이 새는 리치가 미처 알아채기도 전에 밴으로 날아들더니 대시보드 위에 있던 작은 천 가방을 낚아채 달아났다. "그 새가 내 돈을 몽땅 가져갔어요. 이제 그 새 둥지에는 50달러짜리 지폐가 잔뜩 깔려 있겠죠." 리치는 분하다는 듯이 말했다.

장난 하면 케아를 따라갈 새가 없을지도 모르지만, 까마귓과 역시 장난을 좋아한다. 갈까마귀는 나뭇가지를 위로 던지고 서로 잡으면서 논다. 한 마리는 둔덕에 서서 배설물 덩어리를 휘두르고, 다른 한 마리는 그 배설물을 잡으려고 쫓아다니며 술래잡기를 하는 흰목갈까마귀를 목격했다는 사람도 있다.

2월의 어느 화창한 아침에 일본 홋카이도에 있는 중앙 산맥에서 동식물학자 마크 브라질은 이제 막 눈이 내린 가파른 경사면에 서 있는 갈까마귀 두 마리를 발견했다. 한 마리는 배를 납작하게 바닥에 붙이고 미끄럼을 타고 있었고 다른 한 마리는 등을 붙이고 다리를 위로 올린 채로 날개를 파닥이면서 미끄럼을 타고 있었다. 브라질은 "그 두 마리는 계속해서 '미끄럼'을 탔다. 경사면을 따라 10미터 이상 내려온 뒤에야 두 마리는 다시 날아서 위로 올라갔다"라고 썼다. 두 갈까마귀는 위로 올라가면 다시 미끄럼을 타고 밑으로 내려왔다. 까마귀도 순전히 재미로 미끄럼을 탄다고 알려져 있다. 일본에서는 놀이터의 미끄럼틀을 타는 까마귀 사진도 있다. 얼마 전에 러시아에서 찍어 화제가 된 영상에서는 한 까마귀가 병뚜껑을 이용해서 눈 덮인 지붕 위에서 미끄럼을 타고 있었다.

여러 나라의 과학자들이 모인 알리체 아우어슈페르크 연구팀은 최근에 다양한 까마귀와 앵무새 종이 물체를 가지고 노는 모습을 자세하게 관찰해서 놀이를 좋아하는 본성을 관찰하면 새들의 인지능력을 알 수 있는지, 놀이와 도구를 사용하는 능력은 어떤 관계가 있는지를 알아보았다. 영장류는 가지고 놀던 물체가 나중에 도구가 되는 경우가 많은데,

새도 마찬가지이다. 영장류 74종을 조사한 결과 꼬리감는원숭이나 유인원처럼 여러 물체들을 조합해서 가지고 노는 영장류만이 나중에 도구도 사용한다는 사실이 밝혀졌다. 사람의 아기는 생후 8개월쯤 되면 물체들끼리 부딪치면서 놀기 시작한다. 10개월쯤 되면 장난감을 구멍에 찔러넣거나 장대에 고리를 끼우는 놀이를 할 수 있다. 그러나 물체를 어떤 목적을 가지고 도구로 사용할 수 있는 능력은 생후 2년은 지나야만 발휘할 수 있다.

과학자들은 앵무새 9종과 까마귀 3종에게 유아들이 가지고 노는 모양(막대기, 고리, 정육면체, 공)과 색(빨간색, 노란색, 파란색)이 다양한 나무 장난감을 동일한 구성으로 제공하고, 물체를 집어넣거나 고리를 걸 수 있는 다양한 튜브와 구멍이 나 있는 일종의 운동장인 "활동판"도 함께 설치해주었다.

12종의 새들 모두가 장난감을 가지고 놀았지만 특히 활발하게 가지고 노는 새들이 있었다. 각기 다른 두 장난감을 조합하고 "운동장"에서 도구를 사용하는 능력이 가장 뛰어난 종은 뉴칼레도니아까마귀, 코카투, 케아였다. 과학자들은 가장 복잡한 물체를 가지고 기술을 혁신하면서 도구를 사용한 종은 고핀유황앵무와 뉴칼레도니아까마귀였다고 했다. 고핀유황앵무는 노란색 장난감을 좋아했다(어쩌면 그 이유는 고핀유황앵무가 사회적 친분을 과시할 때에 드러내 보이는 날개 밑 줄무늬가 노란색이기 때문일 수도 있다). 뉴칼레도니아까마귀는 왜 그런지는 모르지만 다른 물체보다도 공을 좋아했는데, 운동장에 있는 구멍에 막대를 찔러넣는 놀이도 역시 좋아했다. 세 가지 물체를 조합해서 논 새는 고핀유황앵무와 어린 뉴칼레도니아까마귀뿐이었고, 튜브와 장대에 고리를 던져넣은 새는 앵무새뿐이었는데, 특히 고핀유황앵무는 부리로 고리를 물고 한 발로 고리의 위치를 조절하기도 했다. 인도네시아에서 서식하는 고핀유황앵무는 포획된 상태에서 뛰어난 문제 해결 능력과 도구 사용 능력을 발휘한다고 알려져 있다.

아우어슈페르크는 "우리의 연구는 뇌가 큰 새들이 하는 기능적인 행동과 물체를 이용해 노는 능력은 관계가 있음을 보여준다. 그러나 놀이를 하는 행동이 문제 해결 능력에서 어떤 역할을 하는지는 아직 밝혀내지 못했다. 어쩌면 놀이를 하면서 새들은 일반 운동 능력을 향상하거나 물체의 행동 유동성(object affordance)을 파악하는지도 모른다"라고 했다. 유기체가 행동을 하게 유도하거나 행동할 기회를 주는 물체와 새의 관계, 혹은 물체와 환경의 관계를 물체의 행동 유동성이라고 한다. 그녀는 "아니면 그저 놀이는 탐험을 하다가 우연히 나온 부산물일 수도 있다"라고 했다.

한 가지 기억해야 할 흥미로운 사실이 있다. 새는 모두 즐거움을 공유할 때에 행복해하는 것 같다는 점이다. 한번에 여러 활동판 위에서 노는 새도 없었고 한꺼번에 두세 가지 장난감을 가지고 노는 새도 없었다. 이 연구팀은 "장난감 때문에 공격성을 보인다거나 장난감을 독점했다고 분명하게 말할 수 있는 경우는 전혀 없었다"라고 했다.

테일러는 자기 사육장에서는 놀이를 위해서 노는 뉴칼레도니아까마귀는 없는 것 같다고 했다. "우리 까마귀들은 부리로 이것저것 탐색해보기를 좋아합니다. 새장에 도구를 넣으면 막대기를 숨겼다가 찾아내고 막대기로 여러 가지 물건을 탐색해보기도 하면서 오랫동안 도구를 가지고 시간을 보내지만 그걸 놀이라고 부를 수는 없을 것 같습니다. 야생에서도 까마귀들은 살아가려고 그런 일들을 하니까요."

최근에 테일러는 뉴칼레도니아까마귀가 먹이가 아닌 그저 재미를 위해서 자발적으로 놀이 행동을 하는지 알아보았다. 테일러는 미끄럼을 즐기던 일본이나 러시아 까마귀처럼 뉴칼레도니아까마귀도 미끄럼타기를 좋아하는지 보려고 작은 스케이트보드를 새장에 넣었다. 그러나 실험은 제대로 진행할 수도 없었다. "우리 까마귀들은 미끄럼을 전혀 좋아하지 않았어요. 그러니 그냥 포기할 수밖에 없었습니다."

오클랜드 대학교의 연구팀과 여러 과학자들이 까마귀의 지능에 관해서 꼭 풀고 싶어하는 문제가 하나 있다. 도구 사용이 먼저인가, 아니면 놀라운 인지능력이 먼저인가 하는 문제 말이다. 도구를 사용했기 때문에 뉴칼레도니아까마귀는 영리해진 것일까? 아니면 처음부터 아주 영리했고, 까마귀의 인지능력(지능 장비)이 일종의 "플랫폼" 역할을 해서 도구를 사용하는 방법을 알게 된 것일까?

갈라파고스에 사는 딱따구리핀치가 그럴 가능성이 있는 것처럼, 뉴칼레도니아까마귀도 섬에서 살았기 때문에 지능이 높아졌을 수도 있다. 예측하기 쉽지 않은 환경이 진화 압력(evolutionary pressure)으로 작용하여 살면서 만나는 어려움을 극복할 수 있는 정교한 인지능력을 갖추게 되었는지도 모른다. 그리고 이런 인지능력은 다시 도구를 사용할 수 있는 기반이 되었을 수도 있다.

다시 말해서 도구를 사용하는 능력은 그 자체로 정교한 인지능력을 진화하게 한 원동력이었을지도 모른다. 어쩌면 까마귀는 숨어 있는 먹이를 우연히 막대기로 꺼내먹었을 수도 있다. 이런 우연은 까마귀의 두뇌를 자극하고, 결국 살면서 부딪치는 문제를 해결하는 능력을 향상시킨다. 도구를 사용하는 개체는 엄청나게 영양가가 풍부한 딱정벌레 유충을 먹을 수 있기 때문에 생존에 더 유리하다(딱정벌레 유충은 영양가가 아주 풍부하기 때문에 긴 부리만을 사용해 사냥하는 뉴질랜드앵무새는 유충 한 마리를 잡으려고 80분이나 씨름하기도 했다). 일단 도구를 사용하는 기술이 널리 퍼지자 자연 선택은 도구를 사용하는 개체의 효율을 높이려고 뛰어난 양안 중첩 같은 특성이 진화하도록 했을 것이다.

알렉스 테일러는 이 "닭이 먼저냐 달걀이 먼저냐"의 문제는 뉴칼레도니아까마귀를 연구하는 사람들에게는 성배와 같다고 했다. "만약에 정교한 도구를 사용했기 때문에 지능이 발달한 것이라면 훨씬 정교한 도구를 만든 집단이 훨씬 더 영리할 겁니다. 그런 사례를 발견한다면 기술정보 가설을 입증하는 증거를 얻는 셈이겠지요."

물론 개빈 헌트가 지적한 것처럼 도구를 사용해야겠다는 생각을 하려면 이것저것 많은 것을 종합해서 추론하는 지능이 존재해야 한다. "처음부터 뉴칼레도니아까마귀가 다른 까마귀들보다 영리했을 거라는 확신은 들지 않습니다. 하지만 일단 도구를 사용하기 시작한 뒤로는 오늘날 우리가 관찰할 수 있는 지능 수준까지 도달했을 겁니다. 정말로 굉장한 일입니다."

도구 사용도 놀이와 다르지 않을 것이다. 도구를 사용하려면 지능이 있어야 하고 도구를 사용하면 지능이 향상된다.

007이라는 이름의 새는 뉴칼레도니아까마귀들이 정교한 갈고리를 만들어 쓰는 코기 산이 고향이다. 007에게는 탁월한 점이 있었을까? 테일러는 "대담함과 불굴의 의지를 지녔다는 점에서는, 그렇습니다. 007은 아주 영리하고 머리가 좋은 까마귀 가족 세 마리 가운데 막내였습니다"라고 했다. 007과 함께 연구를 했던 한 과학자는 그저 007을 보면서 손가락을 뻗자 007은 이제 연구할 시간임을 아는 것처럼 탁자로 내려와 앉았다고 했다. 테일러는 007은 공부를 아주 좋아했기 때문에 조류 사육장 문 앞에서 자기 차례를 기다리며 서 있는 경우도 있었다고 했다. "그럴 때면 '미안. 기다려야 해. 복도에 있는 바보 새부터 먼저 살펴보고 올게'라고 말해줘야 했습니다."

그러나 테일러는 까마귀의 도구 사용 능력과 인지능력의 관계를 연구할 때는 각 개체 간의 차이보다는 뉴칼레도니아 섬에 산재한 여러 지역에서 사는 개체군 간의 차이가 훨씬 더 흥미롭다고 했다.

오클랜드 대학교 연구팀의 다음 과제는 무엇일까? 연구팀은 전체로서의 뉴칼레도니아까마귀의 지능과 까마귀 개체군 간의 지능 차이를 밝히려고 유전자를 연구하는 국제 과학연구 프로젝트에 참여하고 있다. 뉴칼레도니아까마귀의 게놈과 가까운 친척 종의 게놈을 비교하는 일도 프로젝트에서 진행 중인 한 가지 연구이다. 과학자들은 가까운 친척 종에게는 존재하지 않는 뉴칼레도니아까마귀만의 고유한 유전자를 찾아내서 그런 유전자들이 뉴칼레도니아까마귀와 다른 까마귀들의 인지능력에 차이를 만드는 역할을 하는지 알아볼 생각이다.

현재 오클랜드 대학교의 조류 사육장을 운영하는 과학자들은 또다른 유전자 연구방법을 이용해서 뉴칼레도니아까마귀의 개체군 내부에서 나타나는 인지능력과 유전자의 관계를 알아보고 있다. 예를 들면 갈고리를 만들어 쓰는 007의 유전자는 단순한 막대기 도구를 만들어 사용하는 블루의 유전자와 다를 수 있다. 007은 코기 산 까마귀 집단의 일원이고, 블루는 뉴칼레도니아 섬 중앙에 있는 라 포아의 까마귀 집단의 일원이다. 같은 섬, 다른 지역에서 살면서 다른 도구를 만드는 까마귀들은 인지능력도 다를까? 인지능력의 차이는 유전자 변이와 관계가 있을까?

**뉴칼레도니아 섬에** 머무는 마지막 날에 나는 좁고 구불구불한 산길을 따라 007의 고향인 코기 산 정상까지 차를 타고 달려갔다. 코기 산의 산등성이를 덮고 있는 원시 열대우림은 뉴칼레도니아 자이언트게코 도마뱀, 하늘 높이 솟은 지름이 2.5미터가 넘고 거대한 몸통에 드리운 가지 길이만 해도 18-20미터인 거대한 코기카우리 나무가 있는 골리앗들의 고향이다.

테일러는 지금쯤이면 007도 자기 가족을 이루었을 것이라고 했다. 나는 코기 산의 까마귀들을 먼발치에서라도 보고 싶었지만 이미 날이 지고 있었다. 나는 서서히 하늘을 붉게 물들이며 지평선으로 해가 사라지는 황혼에 익숙하다. 그러나 여기 적도에서는 해가 갑자기 지평선 밑으로 뚝 떨어진다. 특히 어스름한 열대우림 속에 있으면 해는 더욱 빨리 사라진다. 갑자기 숲속이 유령이 나올 것처럼 무시무시해지는 것이다.

숲은 저마다 그 숲만의 특징을 가진다. 자기만의 이야기를 속삭이고 자기만의 냄새가 있다. 뉴칼레도니아의 원시 산꼭대기에 있는 숲은 고대 식물의 메아리를, 고대 새들의 목소리를 간직하고 있다. 숲속, 촉촉하고 그늘진 낮은 층에서는 세상에 맨 먼저 나온 현화식물들의 가장 가까운 친척인 늘 푸른 관목 암보렐라가 자라고 있다. 2억7,500만 년 전인 페름기에 살았던 나무고사릿과에 속하는 이 양치식물은 20미터까지 자라는데, 식물계에서도 가장 큰 잎들에 속하는 이 양치식물의 잎은 최대 3미터까지 자란다. 카낙어로 이 나무고사리의 이름은 "사람 나라의 시작"이다. 카낙족의 창조 신화에서 인류의 조상은 텅 빈 나무고사리 몸통에 뚫린 구멍에서 기어나왔다고 한다.

이곳에서는 시간이 다른 차원을 흘러가는 것처럼 느껴진다. 조급했던 마음은 눈부신 녹색 사이로 빠져나가고 마음은 경이로움에 사로잡혀 차분해진다.

짙게 드리워진 나뭇잎만 쳐다보면서 걷다 보니 나의 시야가 낮은 가지에만 익숙해져서 뿌리를 피하지 못하고 걸려 비틀거리다가 거대한 거미줄을 통과했다. 그제야 이 숲에 서식하는 수많은 거미들을 의식하게 되었다. 내가 망가뜨린 거미줄은 아마도 햇살이 비추면 황금색으로 빛나는 정교한 방사형(放射形) 거미집을 잣는 무당거미의 작품이었을 것이다. 주위가 너무 어두워서 거미는 잘 보이지 않았지만, 나무나 나무 사이에는 어김없이 거미줄이 있었고, 거미줄 중심에는 아주 커다란 거미가 잔뜩 경계를 선 채 꼼짝도 하지 않고 잠복해 있는 것 같았다. 거미줄을 보고 있으니 만화 「파 사이드(The Far Side)」에서 거미줄에 앉아 있던 두 마리 거미 가운데 한 마리가 뚱뚱한 소년이 걸어오는 모습을 보면서 했던 말이 떠올랐다. 그 거미는 "저 녀석만 잡으면 배 터지게 먹을 수 있을 텐데"라고 했다.

나는 좀더 조심스럽게 앞을 살피면서 더욱더 짙은 녹음 속으로 걸어 들어갔다.

바로 그때 앞에 있는 나무에서 조용하게 와아아, 와아아 하는 소리가 들렸다. 어린 뉴칼레도니아까마귀가 부모에게 먹이를 달라고 조르는 소리였다. 내 눈에 보이는 것이라고는 흔들리는 잎밖에 없었다. 그러나 누가 아는가? 지금 위에서는 007이 갈고리 도구를 가지고 잡아온 유충을 새끼들에게 먹이고 있는지도 몰랐다. 007이 자손에게 전한 DNA를 연구하면 이 행성에 사는 모든 새들 가운데 유독 007 무리만이 그런 정교한 도구를 만드는 이유를 알아낼 수 있을까? 갈고리를 만드는 007의 유전자에는 블루의 유전자와 다른 점이 있을까?

뉴칼레도니아까마귀에 관한 자료는 여전히 풀지 못한 질문들로 가득하다. 까마귀의 엄청난 도구 제작 기술과 탁월한 지능 가운데 무엇이 먼저 형성되었을까? 도구 제작 능력, 부리 모양, 시각은 모두 환경이 요구하는 조건에 맞게 적절하게 적응한 결과일까? 원래부터 문제를 해결하는 DNA가 있었던 것일까, 아니면 까다로운 문제를 푸는 동안 유전자가 생성된 것일까?

이런 풀리지 않는 생물학 문제들을 생각하면 왠지 흥분이 된다. 제대로 정리가 되지 않은 채 미해결 상태로 여전히 풀어내야 하는 문제들.

어둠이 짙어질수록 그 수수께끼를 곰곰이 생각하는 일은 기쁨이 된다. 어쨌거나 시간이 그 속에 섬과 새를 적절하게 섞어 긴 진화의 시간 동안 천천히 여러 가지 요소들을 덧붙여 놀라울 정도로 도구를 잘 만드는 뉴칼레도니아까마귀를 빚어냈을 것이다.

하, 그 엄청난 천재성이라니!

제4장

# 지저귐
## 사회생활에 관하여

우리는 "다른 사람의 뇌와 접촉해야 우리 뇌를 닦아 광택을 낼 수 있다."
―미셸 드 몽테뉴

사회성이 아주 뛰어난 새들이 많다. 그런 새들은 함께 모여 새끼를 기르고 목욕을 하고 휴식을 취하고 먹이를 찾는다. 다른 새들의 대화를 엿듣고 논쟁하고 바람을 피우고 속이고 이용하고 다른 새의 새끼를 납치하고 이혼한다. 지극히 공정하게 행동하고 선물을 주고 물건을 주고받으면서 놀고 잔가지나 스페인 이끼, 짧은 철사를 가지고 서로 줄다리기를 한다. 이웃의 물건을 훔쳐오고 낯선 존재가 오면 어린 개체들에게 경고해주고 치근대고 가진 것을 나눈다. 사회망을 구축하고 지위를 차지하려고 경쟁하고 서로를 위로하려고 입을 맞추고 어린 개체를 가르치며 부모의 등을 치고 죽은 동료의 장례식에 참석하며 심지어 비통해하기까지 한다.

얼마 전까지만 해도 이런 사회적 행동은 새가 갖출 수 없는 능력이라고 간주되었다. 새가 다른 새의 생각을 이해하고 생각할 수 있다는 견해는 터무니없는 것으로 치부되었다. 그러나 과학자들이 우리 사람만큼이나 아주 정교한 지적 능력이 있어야만 가능한 복잡한 사회생활을 하는 새들이 있다는 증거를 제시하면서 그런 생각은 바뀌고 있다.

이 세상에는 수천 종의 새들이 휘황찬란한 사회조직을 이루며 살고 있다. 아메리카뿔호반새나 (낙원의 텍사스 새라고 알려진) 가위꼬리솔딱새처럼 평상시에는 지독하게 자기 영역을 고수하면서 살다가 짝짓기 시기에만 다른 새하고 어울리는 새도 있다. 그러나 처음부터 무리 짓는 성향을 타고나는 새도 있다. 구대륙에 서식하는 까마귓과 새인 떼까마귀는 엄청나게 사교적이어서 영국에서 살건 일본에서 살건 많은 수가 함께 모인다. 북극 해변에 사는 커다란 호사북방오리는 1만 마리에 이를 정도로 많은 수가 함께 모여 북적거리는 시간을 사랑한다.

유라시아 대륙 전역에 사는 큰박새는 노란 가슴이 특징인 작고 화려한 새로 "같은 깃털을 가진 새끼리 모인다(birds of a feather, 유유상종)"라는 표현을 만든 장본인이다. 옥스퍼드 대학교의 과학자들은 최근에 옥스퍼드 서쪽에 뻗어 있는 오래된 산림지대 위담 숲에 서식하는 큰박새 1,000마리가 서로 관계를 맺고 있는 패턴을 그린 "관계망(association matrix)"을 구축했다. 일종의 박새 페이스북이라고 할 수 있다. 이 관계망을 보면 어떤 박새들이 서로 연합하며 어떤 새들이 정기적으로 같이 모여 먹이를 찾는지 알 수 있다. 관계망에서 알 수 있듯이, 이 박새들은 복잡한 사회망을 형성하고 있었고 먹이를 구하러 다닐 때는 각자 성격에 맞는 개체들끼리, 언제라도 모였다가 해체할 수 있는 소규모로 무리를 지어 함께 다녔다.

심지어 닭도 복잡한 사회적 관계를 형성한다. 한데 모여 무리를 형성하고 며칠 정도 지나면 닭은 분명한 위계질서가 존재하는 안정적인 사회 조직을 구축한다. 현재 우리는 노르웨이의 동물학자 토를레이프 셸데루프-에베 덕분에 닭의 사회적 관계를 연구할 때, "쪼는 순서(pecking order)"라는 용어를 사용할 수 있게 되었다. 그는 닭의 쪼는 순서는 사다리처럼 배열되어 있어서 가장 서열이 높은 닭은 안전하게 모이를 쪼아 먹을 수 있는 특권을 누리지만 가장 서열이 낮은 닭은 가장 힘이 없고 모이를 쪼아 먹을 때면 언제라도 공격을 받을 수 있다고 했다.

**배우자나 가족**, 친구, 동료와 늘 정답게 모여서 사는 새는 모두 영리할까? 융통성을 발휘하는 영리한 머리는 살면서 만나는 까다로운 문제를 풀어야 했기 때문만이 아니라 시행착오를 거치면서 끈끈한 유대관계를 형성하는 무리 짓기 습성과도 관계가 있을까? 당연히 관계가 있다고 보는 주장을 "사회 지능 가설(social intelligence hypothesis)"이라고 하는데, 이 가설은 최근에 과학자들의 주목을 받고 있다.

1976년에 런던경제 대학교의 심리학자 니컬러스 험프리는 격렬하고 벅차게 사회생활을 하면 지능이 발달한다는 주장을 펼쳤다.

험프리는 실험실에 있던 여덟아홉 마리 정도 되는 원숭이에 대해서 곰곰이 생각하고 있었다. 원숭이들은 아무런 장치도 없는 그물망 우리에서 생활했는데, 험프리는 그런 열악한 환경이 어린 원숭이들의 인지 기능에 나쁜 영향을 줄지도 모른다는 걱정을 했다. 우리 안에는 아무런 물체도, 장난감도, 원숭이들을 자극할 그 어떤 환경 요소도 없었다. 원숭이들에게는 천적을 피해야 할 이유도 먹이를 찾아야 할 필요도 없었다(원숭이들은 시간에 맞춰 먹이를 받았다). 험프리가 보기에 원숭이들에게는 해결해야 할 문제가 하나도 없었다. 황량하고 아무런 자극도 없는 환경에서 매일을 보내야 하는 원숭이들이 엄청난 인지능력이 필요한 과제를 해결하고 날카로운 지능을 보이는 모습을 보면서 험프리는 그 이유가 궁금해졌다. 원숭이들에게 있는 것은 동료들뿐이었다.

"그러던 어느 날 나는 반쯤 젖을 뗀 새끼 원숭이가 어미를 조르는 모습을 보았다. 덜 자란 수컷들이 모의 전투를 하고, 나이든 수컷이 한 암컷의 털을 골라주는 동안 다른 암컷이 그 수컷에게 조심스럽게 다가가는 모습을 보았다. 그러자 갑자기 원숭이들이 전혀 다른 모습으로 보이기 시작했다. 물체가 있고 없고는 중요하지 않았다. 이 원숭이들은 서로를 상대하고 원하는 것을 얻어내야 했으니까 말이다. 이런 변증법적 투쟁에 참가할 기회가 명백하게 존재하는 사회적 환경에서는 지능이 사라질 걱정은 없다."

험프리는 여러 구성원들과 풍부하게 관계를 맺는 실험실의 원숭이 사회는 "원숭이 판 아테네 학당과 상당히 비슷하다"라고 했는데, 그런 사회에서 살아가려면 독특한 인지능력과 사회적 관계를 이해하는 능력이 있어야 한다. 원숭이들은 서로를 평가한다. 원숭이들은 동료들이 어떻게 행동할지를 예측하고, 사회 구성원들과 어떤 관계—권력, 지위, 경쟁력—를 맺고 있는지 파악하고 상대방과 상호작용할 때에 어떤 장점이 있고 어떤 단점이 있을지 가늠해야 한다. 그러나 이런 평가들은 모두 "애매한 데다가 조금만 시간이 지나도 쉽게 바뀌기 때문에" 원숭이는 끊임없이 다시 평가를 해야 한다. 험프리는 사회적 관계 속에서 음모를 꾸미고 음모에 맞서는 동안 지적 능력은 아주 높은 수준까지 발달한다고 주장했다. 사회 구성원과 효과적으로 상호작용을 하려면 사회생활을 하는 동물들은 "천생 심리학자"로 태어나야 했다.

이제 과학자들은 많은 새들도 그와 다르지 않으리라고 믿는다. 사회적 무리를 지어 생활하는 새들은 함께 사는 동료와 접촉하면서 벌어지는 일을 처리해야 하고 화가 난 동료를 달래주어야 하고 싸움을 피해야 한다. 다른 개체의 행동을 세심하게 살펴서 협동을 할지, 경쟁을 할지를 결정해야 하고, 어떤 개체와 대화를 나누고 어떤 개체에게서 배울 것인지를 판단해야 한다. 수많은 동료들을 구별하고 동료가 하는 일을 파악하고 지난번에는 어떤 일을 함께 했는지 기억해야 하고, 지금 동료가 어떤 행동을 할 것인지 예측해야 한다. 영장류의 지능을 발달시키는 요소였을지도 모를 사회생활을 하면서 겪는 어려움은 새들의 삶에도 존재하기 때문에 새의 뇌도 사람의 뇌처럼 관계를 관리하도록 "설계되어" 있는지도 모른다.

사회생활을 인상적일 정도로 영리하게 해내는 새들은 많다. 까치는 거울에 비치는 자기 모습을 알아본다. 한때 사람을 비롯해서 정교한 사회생활을 하는 포유류에게만 존재한다고 간주되었던 자기-인식 능력이 까치에게도 있는 것이다. 까치 6마리의 목에 빨간 점을 찍자, 그 가운데 2마리는 거울에 비친 자기 모습이 아니라 다리로 직접 자기 목을 긁어 빨간 점을 없애려고 했다.

회색앵무는 놀라울 정도로 협력을 잘한다. 야생에서 회색앵무는 수천 마리가 함께 모여 잠을 자고, 30마리 정도가 함께 다니며 먹이를 찾고, 일단 짝을 지으면 죽을 때까지 함께 지낸다. 회색앵무는 사람에게 잡히지 않는 한 혼자 있는 경우가 거의 없다. 실험실에서 회색앵무는 짝을 지어 함께 제시된 과제를 해결하고, 힘을 합쳐 줄을 잡아당겨 먹이가 든 상자를 연다. 서로 주고받고 공유를 하면 이득이 생긴다는 사실도 이해하며, 사람에게 호의를 베풀면 다시 돌아온다는 사실을 알고 있을 때는 보상으로 받은 먹이를 독점하지 않고 사람에게도 나누어준다.

서로의 이득을 위해서 선물을 주는 행동은 사람을 제외한 다른 동물에게서는 흔치 않은 특성이지만, 까마귀를 비롯한 특정 새들에게는 상당히 흔하다. 20년 전에 우리 가족의 지인이 자기가 정기적으로 모이를 주는 까마귀가 유리 구슬이나 조그만 나무 구슬, 병뚜껑, 색이 진한 장과 열매 같은 선물을 현관 앞에 놓고 간다고 했을 때, 나는 믿지 않았다. 그러나 최근에 미국 전역에서 까마귀가 선물을 주고 갔다는 소식이 쏟아지고 있다. 까마귀는 보석이나 철로 만든 물건, 유리 조각, 산타 인형,

장난감 권총에 넣는 스펀지 총알, 도널드 덕 사탕 통은 물론이고, 밸런타인데이가 끝난 뒤에는 "사랑해"라고 적힌 하트 모양의 사탕까지 선물로 주고 갔다. 2015년에는 시애틀에 사는 여덟 살 소녀 가비 만의 이야기가 세상에 알려졌다. 가비는 네 살 때부터 버스 정류장을 오가는 길에 까마귀들에게 모이를 주기 시작했다. 나중에 가비는 매일 하루 일과처럼 쟁반에 땅콩을 담아 뜰에 놓아두었는데, 땅콩이 사라진 자리에는 귀걸이 한 짝이나 볼트나 나사못, 돌쩌귀, 단추, 작은 흰색 플라스틱 튜브, 썩어가는 갑각류의 집게발, "최고야"라는 글이 적힌 작은 금속 조각 같은 자질구레한 장신구가 놓여 있기도 했다. 가비가 가장 좋아하는 선물은 오팔색 하트이다. 가비는 까마귀가 준 선물들 중에서 그다지 "난감하지 않은" 물건들은 받은 날짜를 적어서 비닐 봉지에 넣어 보관한다.

생물학자 존 마즐러프와 공저자 토니 에인절은 『까마귀의 선물(*Gifts of the Crow*)』에서 "선물을 주는 행위는 까마귀가 과거에 은혜를 갚은 행동이 이득이 되었다는 사실을 이해한다는 뜻이며, 또한 앞으로 있을 보상을 기대한다는 뜻이다. 이것은 지극히 계획적인 행동으로, 까마귀는 선물을 가져다줘야겠다는 계획과 선물을 놓고 와야겠다는 계획을 세운 것이다"라고 썼다.

까마귀와 갈까마귀는 동료보다 보상을 적게 받는 일은 하지 않으려고 한다. 불공평함을 감지하는 능력은 이전에는 영장류와 개에게만 존재한다고 생각되었는데, 지금은 사람을 서로 협동하는 방향으로 진화하게 만든 중요한 인지 도구라고 여겨지고 있다.

까마귓과와 앵무샛과 새들은 기다릴 만큼 가치가 있는 보상이라고 생각하면 기쁨을 뒤로 미룰 수 있다. 이는 자제력, 인내력, 자기 자신에게 동기를 부여하는 등의 정서 지능이 발달했다는 증거이다. 나중에 먹을 마시멜로 두 개 때문에 가지고 있는 마시멜로 한 개를 먹지 않는 어린아이의 의지력도 날개 달린 의지력의 화신 앞에서는 댈 것이 아니다. 빈 대학교의 알리체 아우어슈페르크 연구팀이 고핀유황앵무에게 피칸을 주자, 앵무는 그보다 더 맛있는 캐슈너트를 먹으려고 80초나 기다렸다. "앵무는 기다리는 내내 맛을 직접 느끼는 기관인 부리로 그 피칸을 물고 있었다." 아우어슈페르크의 말이다. 강력한 자제력이 없다면 할 수 없는 일이다(건포도를 입에 문 채 초콜릿 한 조각을 달라고 기다리는 어린아 이라면 어떻게 할지 생각해보라). 까마귀는 더 맛있는 간식을 위해서라 면 먼저 받은 간식을 들고 몇 분이나 기다렸다. 그러나 보상을 받는 시 간이 몇 초 이상 지연될 때는 처음에 받은 간식을 보이지 않는 곳으로 치운 다음에 다른 간식을 기다렸다. "그것은 고핀유황앵무가 먹이를 모 으는 새이기 때문이다. 먹이를 모으는 것은 앵무의 생태에서 아주 중요 한 부분을 차지한다." 아우어슈페르크는 그렇게 설명했다. 좀더 나은 보 상을 얻기 위해서 기다릴 수 있으려면, 자제력도 필요하지만 보상을 줄 개체를 어느 정도나 신뢰할 수 있는지를 가늠하는 능력은 물론이고, 기 다렸을 때에 들여야 하는 비용과 나중에 받을 보상의 질을 비교 평가할 능력도 있어야 한다. 경제적인 의사결정을 하려면 반드시 필요한 이런 능력은 사람 외의 동물에게서는 거의 찾을 수 없다.

갈까마귀는 관계를 기가 막히게 잘 기억한다. 어린 갈까마귀들은 소 위 말해서 분열하고 융합하는 사회에서 자란다. 짝을 지어 정해진 영역 에서 정착하기 전까지 어린 갈까마귀들은 친구나 가족과 소중한 동맹관 계를 맺고 있는 사회집단에서 대부분의 시간을 보낸다. 특별한 개체들 을 선택해서 함께 먹이를 나누어 먹고 (부리가 닿을 정도로) 가까이 모 여 앉아서 서로 깃털을 다듬어주거나 함께 논다. 그러나 안정적인 닭들 의 사회와 달리 갈까마귀 사회는 구성원이 바뀌기 때문에 계절마다, 몇 년마다 서로 갈라졌다가 다시 합쳐지기를 반복한다. 따라서 갈까마귀들은 갈라졌다가 합쳤을 때에 구성원들을 기억하고 구별하는 어려운 과제를 수행해야 한다. 갈까마귀들은 오랫동안 만나지 않아도 옛 친구를 기억할까?

빈 대학교의 인지생물학자 토마스 부그냐르는 이 질문에 답을 찾으려고, 최근에 오스트리아 알프스에서 16개의 어린 갈까마귀 사회집단을 연구했다. 지금까지 과학자들은 새가 가깝게 지내던 동료를 기억하는 최대 기간은 짝짓기 시기부터 그 다음 짝짓기 시기가 될 때까지라고 생각했다. 그러나 부그냐르는 친하게 지내던 소중한 친구는 헤어진 다음에도 최대 3년까지는 기억한다는 사실을 알아냈다.

까마귓과 새들은 동료 까마귀만이 아니라 사람도 기억한다는 사실을 잊지 말자. 까마귀는 여러 사람들 중에서 아는 사람의 얼굴을 집어낼 수 있다. 그 사람을 위협으로 느낀 적이 있을 때에는 더욱 잘 기억하는데, 이 기억은 아주 오랫동안 지속된다. 그 사실은 베른트 하인리히가 잘 증언해줄 것이다. 하인리히는 옷도 바꿔 입고, 가발도 쓰고 선글라스도 착용해보고, 깡충깡충 뛰기도 하고 다리도 저는 등 걸음걸이도 바꿔 갈까마귀들에게 자기 정체를 감추려고 애썼지만 아무 소용이 없었다(갈까마귀는 속지 않았다). 존 마즐러프에게 물어봐도 된다. 마즐러프가 워싱턴 대학교의 교정을 걸어갈 때면 미국까마귀들은 수천 명이 넘는 사람들 가운데 자기들을 붙잡고 다리에 밴드를 붙인 위험한 사람—마즐러프—을 단번에 알아보았다. 마즐러프에게 잔뜩 불만을 품은 까마귀들은 몇 년이 지난 뒤에도 마즐러프를 알아보고 그를 발견할 때마다 공격을 하거나 따라다니면서 잔소리를 해댔다. 최근에 까마귀의 뇌 영상 자료를 연구한 마즐러프는 미국까마귀가 사람의 얼굴을 인식할 때에 사람과 동일한 시각 영역과 뉴런 경로가 활성화된다는 사실을 확인했다.

피니언어치는 무리 내부에서 자기 자신의 사회적 위치를 가늠하는 사회적 추론 능력이 아주 뛰어나다. 엄청나게 사교적인 이 까마귓과 새들은 닭처럼 위계질서가 엄격하고 끝까지 함께 하는 대규모 집단을 이루어 살아간다. 피니언어치는 3자 관계를 이해하고, 그 이해를 기반으로 낯선 어치를 발견하면 공격적으로 대할지, 우호적으로 대할지를 결정한다. 이런 식으로 한번 생각해보자. 처음 보는 어치가 기존 집단에 들어왔다(이 낯선 어치를 실베스터라고 부르자). 기존 집단의 일원인 피터는 실베스터를 힘으로 제압했다. 기존 집단의 일원인 헨리는 피터보다 서열이 높다. 그렇다면 헨리와 실베스타는 누가 더 서열이 높을까? 피니언어치는 낯선 새가 무리에 들어왔을 때, 다른 새들이 그 새에게 하는 행동을 보고 각 개체들의 사회적 위치를 추론할 수 있기 때문에 필요 없는 싸움과 다칠 수도 있는 상황을 피한다. 간접 증거로 개체들의 관계를 파악한다는 것은 이행추론(transitive inference)을 할 수 있다는 뜻으로, 이는 사회성 기술이 아주 발달했음을 의미한다.

**나는 자신만만하고** 뻔뻔하고 시끄럽게 떠드는 어치가 좋다. 내가 사는 지역에 서식하는 북미큰어치는 가족 간에 유대감이 끈끈하고 사회체계가 복잡한 것은 물론이고, 지능이 뛰어나고 도토리를 좋아하는 것으로도 유명하다. 북미큰어치들은 항상 감정이 격앙되어 있어서 "블루테리어 같다"고 했던 에밀리 디킨슨의 말처럼 짖어대고 서로를 향해 날카롭게 부르짖고 놀리고 비웃고 잔소리를 해댄다. 북미큰어치는 88퍼센트의 정확성으로 도토리가 많은 곳을 찾아낸다. 그리고 적어도 다섯까지는 숫자를 셀 수 있다. 붉은어깨말똥가리의 끼-아, 끼-아 하는 소리를 아주 근사하게 흉내내서 다른 새들이 천적이 가까이 다가온다고 생각해 도토리를 두고 달아나게 만들 수도 있다. 치누크족을 비롯해 미국 북서쪽 해안에 살았던 여러 원주민 부족들이 북미큰어치를 부족의 책략가 영웅으로 삼은 것도 당연한 일이다.

구세계 어치 가운데 한 종은 특히 사랑스러운 사회적 감각을 드러낸다. 화려하고 영리한 유라시아어치 수컷은 짝짓기 상대의 마음—적어도 식성—을 알아채고 암컷이 가장 좋아하는 먹이를 선물한다.

이 어치의 학명인 가룰루스 글란다리우스(*Garrulus glandarius*, 도토리를 좋아하는 수다쟁이라는 뜻)는 어치의 특성을 모두 설명해준다. 이 어치는 정말 말이 많다. 그러나 숲에서 많은 무리가 모여 공동생활을 하는 떼까마귀나 갈까마귀와 달리 이 어치는 그렇게까지 사교적이지는 않다. 이 어치의 특별함은 배우자와의 결속력에 있다.

까마귓과에 속하는 많은 새들처럼 유라시아어치도 다른 개체와 먹이를 나누기는 하지만, 짝짓기 상대의 환심을 사려고 할 때만 먹이를 나눈다. 수컷은 구애할 때에 암컷이 좋아하는 먹이를 선물한다. 케임브리지 대학교의 레르카 오스토이치 연구팀은 최근에 유라시아어치가 다른 새(이 경우에는 짝짓기 상대)에게도 그 새만의 욕구와 필요가 있음을 이해하고 있는지를 알아보려고 수컷이 암컷에게 먹이를 선물하는 특성을 이용해서 연구를 진행했다. 다른 개체의 욕구와 필요를 이해하려면 상태 파악(state attribution)이라고 하는 고도로 발달된 사회적 능력이 있어야 한다.

오스토이치 연구팀은 암컷 유라시아어치가 벌집나방 유충과 밀웜 가운데 하나로 만찬을 벌이는 동안 수컷 어치가 그 모습을 화면으로 지켜보게 하는 정교한 실험을 진행했다(벌집나방 유충과 밀웜이라니, 전혀 맛있다는 생각이 들지 않을지도 모르지만, 벌집나방 유충은 어치계의 "다크 초콜릿"임을 기억하자). 그리고 나중에 수컷에게, 벌집나방 유충과 밀웜 가운데 암컷에게 선물할 것을 고르게 했다.

새들도 사람처럼 다양한 음식을 먹고, 아무리 좋아하는 것도 많이 먹으면 질린다. 이를 특정 음식 포만감 효과(specific satiety effect)라고 한다(모두 어떤 느낌인지 알 것이다. 치즈를 더는 한 조각도 먹지 못할 정도로 포식해도 과일은 또 먹을 수 있다). 암컷 어치의 취향은 어떤 경험을 했느냐에 따라서 바뀐다. 자꾸 바뀌는 암컷의 취향을 알아야만 수컷은 둘의 유대관계를 공고히 할 수 있는 적절한 먹이를 선물할 수 있다. 아니나 다를까, 암컷의 만찬을 지켜본 수컷은 암컷이 먹지 않은 먹이를 선물로 택했다.

어쩌면 수컷은 자기 입맛대로 암컷의 선물을 골랐을지도 모른다. 벌집나방 유충을 먹는 암컷을 보면서 수컷은 벌집나방 유충을 먹고 싶다는 생각이 사라졌기 때문에 밀웜을 선물로 골랐을 수도 있다. 그러나 암컷이 먹이를 먹는 모습을 지켜보는 행위가 수컷이 자기 자신을 위해서 선택하는 먹이에는 영향을 주지 않는다는 연구 결과가 나왔다. 암컷에게 선물할 기회가 없다면 수컷은 자기가 먹고 싶은 먹이를 마음대로 선택했지만, 암컷과 먹이를 나누어 먹을 수 있을 때에는 암컷의 특정 음식 포만감 효과를 인지하고 있는 것처럼 자신의 기호는 고려하지 않고 암컷의 취향에 맞는 먹이를 선택했다. 시골 신사가 사랑하는 연인에게 연인이 가장 좋아하는 초콜릿 케이크 한 조각을 건네는 것처럼, 유라시아어치 수컷도 연인이 될 암컷이 가장 좋아하는 먹이를 선사했다.

유라시아어치의 이런 특성이 사람의 상태 파악 능력(다른 사람에게도 우리와 비슷한—그러면서도 다른—내적인 삶이 있음을 추론하는 능력)과 완벽하게 동일하다고 볼 수는 없을지도 모른다. 그러나 상당히 비슷해 보인다. 유라시아어치는 짝짓기 상대의 특정한 욕구 상태(이것을 원하지, 저것을 원하지는 않는다)를 이해하고 있음을 보여주었고, 그 바람이 자기 자신의 바람과 다를 수도 있음을 이해했다(나 같으면 벌집나방 유충을 먹었을 텐데, 그녀는 그러지 않았다). 그리고 암컷의 특정한 욕구에 맞추어 먹이를 나누는 행동을 유연하게 조정할 수 있었다(그리고 정말로 조정했다!).

오스토이치는 "이런 실험들은 수컷이 암컷 배우자의 욕구를 판단할 수 있음을 보여주는 흥미로운 자료를 제공합니다. 하지만 수컷이 어떤 단서를 이용해서 암컷의 특정 음식에 대한 포만감을 알아내는지 정확히 밝히려면 더 많은 연구가 필요해요. 수컷이 전적으로 자기가 관찰한 암컷의 행동에만 반응을 하는 것인지, 그 행동을 근거로 암컷의 욕구를 추론하는 것인지를 알아내야 합니다"라고 했다.

유라시아어치 수컷이 암컷의 행동을 보고 암컷의 식욕을 객관적으로 이해할 수 있다면, 이는 곧 어치가 마음을 읽는 능력, 즉 다른 사람에게는 나 자신과는 다른 신념과 욕구와 견해가 있음을 이해하는 마음 이론의 중요한 요소를 가졌다는 증거일 수도 있다.

"다른 개체의 욕구를 추론하는 인지능력은 다른 개체의 신념을 추론하는 인지능력보다는 어렵지 않습니다. 사람의 경우에는 마음 이론의 발전 단계에서 아주 초기에 획득하는 능력입니다. 만약에 수컷 어치가 정말로 암컷이 원하는 먹이를 추론할 수 있다면, 이는 사람이 아닌 다른 동물에게도 마음 이론의 중요한 측면이 존재한다는 증거가 될 것입니다." 오스토이치의 말이다.

동물의 인지능력을 연구하는 과학자 10여 명에게 사람이 아닌 다른 동물에게도 마음 이론이 있는지 묻는다면, 10여 가지 답을 얻게 될 것이다. 그러나 크게 보면 과학자들은 크게 두 진영으로 나누어진다. 첫 번째 진영은 자칭 흥을 깨는 사람들이 모여 있는 곳으로, 이들의 의견대로라면 사람이 아닌 그 어떤 동물도 사람처럼 발달한 인지능력은 갖추지 못했다. 두 번째 진영에서 내놓은 의견은 사람의 정신이 다른 동물의 정신과 다른 점은 정도의 차이일 뿐, 그 종류의 차이는 아니라는 다윈의 주장을 떠오르게 한다. 펜실베이니아 대학교의 두 과학자 로버트 세이파스와 도로시 체니는 두 번째 진영에 속해 있다. 그들은 제 아무리 복잡한 사람의 마음 이론이라고 해도 그 뿌리는 사람의 의지와 견해를 무의식적으로 감지하는 데에 있다고 주장한다. 그런 관점으로 본다면, 덤불어치에게는 최소한 마음 이론을 구성할 기본 재료는 있는 셈이다.

**사회생활을 하는** 동물들에게는 여러 가지 많은 이점이 있다. 함께 모여 있으면 천적이나 먹이를 발견할 눈이 더 많아지고, 다른 개체들에게 배울 기회를 얻을 수 있다. 다른 개체에게 배울 수 있으니 견과류를 쪼개는 방법을 몰라 시간을 낭비할 필요도, 독이 든 열매를 먹을 위험을 감수할 필요도 없다. 먹이를 가장 많이 안전하게 찾는 구성원들을 쫓아다니며 그 노하우를 배울 수 있다. 예를 들면 떼까마귀와 갈까마귀들은 풍성한 먹이를 찾는 동료들에게 의지하기 때문에 특히 먹이를 잘 찾는 까마귀 주위에는 많은 개체들이 몰린다.

루시 애플린에 따르면, 박새는 먹이를 찾고, 먹이를 얻으려고 전략을 모방하고 무리에서 무리로, 심지어 다른 종끼리 정보를 전달할 때에도 사회적 관계를 이용한다고 한다. 옥스퍼드 대학교에서 연구하는 애플린은 위담 숲에 서식하는 큰박새들의 사회성을 연구하고 있다. 박새들의 페이스북이라고 할 수 있는 관계망과 사회망을 조사하려고 애플린 연구팀은 박새들에게 소형 전자 태그를 붙여 일정한 간격으로 놓아둔 모이통에 박새들이 날아왔다 가는 패턴을 파악했고, 그와 동시에 대담함과 탐사행동을 측정하는 실험을 진행해서 각 개체들의 성격을 알아냈다.

여기서 분명히 짚고 넘어가야 하는 점은 새들도 성격이 있다는 것이다. 성격(personality)이라는 용어가 사람을 떠오르게 한다는 이유로 기질이나 대처 방식, 행동 양식이라는 표현을 사용하는 과학자도 있다. 그러나 성격을 어떤 용어로 표현하건 간에 새도 우리 사람처럼 개체마다 환경 변화와 시간의 흐름에 상관없이 비슷하게 행동을 한다. 대담한 새가 있는가 하면 유순한 새도 있고, 호기심이 많은 새가 있으면 신중한 새도 있고, 차분한 새도 있고 까부는 새도 있고, 빨리 배우는 새도 있고 천천히 배우는 새도 있다. 애플린은 "새마다 위험에 반응하는 방식이 다른 이유는 성격이 다르기 때문"이라고 생각했다.

과학자들은 최근에 검은머리박새가 개체마다 성격이 다르다는 사실을 확인했다. 새로 채운 모이통 주위에서 박새가 개체마다 다르게 행동하는 이유는 성격에 차이가 있기 때문이다. 독재자 기질이 다분한 한 마리가 모든 씨를 차지하고 나머지 개체들은 그 옆에서 얌전히 기다리고 있는 것은 모두 성격 때문이다. 대담하고 "빠른" 탐험가, 무모하고 분별없는 새가 있으면, "느리고" 신중하고 빈틈없는 새도 있다. 우리는 호모 사피엔스의 성격은 다양한 것이 당연하다고 생각한다. 그런데 어째서 다른 동물은 성격이 다양하면 안 된다고 생각하는 것일까?

애플린의 연구로 밝혀진 내용은 성격이 비슷한 새끼리 어울린다는 사실만이 아니다. 대담한 새는 소집단 사이를 오가면서 사회적 관계망을 확장하기 때문에 먹이 자원에 관한 정보를 좀더 많이 알게 된다는 사실 역시 밝혀졌다. "이런 성격은 겨울에 특히 중요합니다. 겨울에는 새로운 먹이 자원을 발견할 수 있는가, 없는가가 생과 사를 결정할 테니까요. 하지만 이런 행동은 사회적으로 '위험'을 감수해야 하는 전략이기도 합니다. 여기저기 오가느라 천적에게 노출될 확률도 높아지고 병에 걸릴 확률도 높아질 테니까요." 수줍음 많은 성격이 새 집단에서 사라지지 않는 이유는 바로 이 때문이다. 애플린 연구팀은 또한 박새, 푸른박새, 쇠박새 같은 서로 다른 종들이 먹이 정보를 공유한다는 사실도 알아냈다. 애플린은 "쇠박새가 가장 훌륭한 정보 전달자입니다. 쇠박새는 정보 지형 속에서 일종의 '쐐기돌' 같은 역할을 합니다"라고 했다.

스웨덴과 핀란드에서 진행한 연구에서는 한 종이 다른 종에게 먹이에 관한 정보뿐만 아니라 좋은 지형에 관한 정보까지 얻는다는 사실이 밝혀졌다. 연구자들은 박새와 철새인 딱새가 함께 둥지를 트는 지역에 있는 둥지 상자에 흰색으로 원이나 삼각형 표시를 했다. 박새보다 나중에 둥지를 트는 딱새 암컷은 위험 부담을 줄이기 위해서인지 그 전에 박새가 둥지를 틀었다는 표시를 해놓은 상자만 골라 둥지를 만들었다.

다시 말해서, 사회생활을 하는 새는 다른 새가 제공하는 정보를 이용할 수 있다. 부모나 동료는 물론이고 심지어 다른 종의 새가 제공하는 정보까지 이용한다. 과학자들은 사회에서 얻은 정보를 활용할 수 있었기 때문에 사회생활을 하는 새들은 생존과 생식을 위한 투쟁에서 이득을 얻었을 뿐만 아니라 몸집에 비해서 상당히 큰 뇌가 발달할 수 있었을 것이라고 믿는다.

**새는 정말로** 동료들에게서 잘 배운다.

20세기 초반에 우유병 따는 방법을 배운 유명한 영국 박새들을 생각해보자. 이 박새들은 한 새가 다른 새에게 병 따는 법을 배움으로써 기술을 익혔고, 결국 1950년대가 되면 영국 전역에 있는 우유병이 박새의 공격을 받게 되었다. 새들의 이런 사회 학습이 어떻게 이루어지는지 알아내려고 애플린 연구팀은 독창적인 실험을 고안했다. 위담 숲에 사는 큰박새에게 새로운 행동을 하게 해서 그 행동이 퍼져나가는 양상을 살펴보기로 한 것이다.

애플린 연구팀은 위담 숲에 사는 큰박새를 몇 마리 잡아와 먹이를 획득하는 간단한 기술을 가르쳐주었다. 이 박새들은 먹이 상자의 미닫이 문을 왼쪽이나 오른쪽으로 밀어 열고 문 뒤에 있는 먹이를 먹는 법을 배웠다. 오른쪽으로 문을 미는 법을 배운 새도 있었고 왼쪽으로 문을 미는 법을 배운 새도 있었다. 그런 다음에 이 박새들은 같은 장치를 설치해놓은 위담 숲으로 돌아갔다. 과학자들은 미닫이문에 박새에게 부착한 초소형 전자 태그를 감지할 수 있는 특별한 안테나를 달아두었기 때문에 각 개체가 미닫이문을 찾아왔을 때에 어느 쪽으로 문을 여는지 알수 있었다.

결과는 놀라웠다. 훈련을 받은 박새는 충실하게 훈련을 받은 쪽으로 미닫이문을 열었다. 그리고 며칠 안에 과학자들은 훈련을 받은 개체와 같은 지역에 사는 새들은 동일한 행동을 한다는 사실을 알았다. 이 행동은 사회망을 통해서 아주 빠른 속도로 그 지역에 사는 거의 모든 새에게 퍼져나갔다. 가끔 다른 쪽으로 문을 밀어도 문이 열리고 먹이를 먹을수 있다는 사실을 발견한 새들도 자기 지역의 전통 방식대로 문을 여는 쪽을 고수했다. 원래 살던 지역과는 다른 쪽으로 문을 여는 곳에서 살다가 그 지역으로 들어온 박새들도 원래 자기가 밀었던 쪽이 아니라 그 지역 새들이 미는 쪽으로 미닫이문을 열어서 먹이를 먹었다. 새들도 사람처럼 체제에 순응하는 듯이 보였다. 1년 뒤에도 박새들은 선호하는 기술을 기억했다. "여전히 새들은 한 쪽으로만 문을 열었습니다. 새로운 세대가 이 기술을 배울 때도 그런 편이(bias)는 바뀌지 않았습니다." 애플린의 말이다.

같은 지역에 사는 동료 새의 행동을 따라 하는 이런 종류의 사회 학습은 시행착오를 겪지 않고도 새로운 기술을 성공적으로 습득할 수 있는 가장 빠르고도 손쉬운 방법이었을 것이다. 네일테 보헤트는 또한 이런 사회 학습은 "새로운 먹이 획득 기술에서, 한때 영장류에만 존재한다고 생각되던 지속적인 문화적 변이를 입증한 최초의 실험적 증거이다"라고 했다.

**사회 학습은 분명히** 먹이와 관련한 문제뿐만 아니라 새의 삶 전반에 걸쳐 중요한 역할을 한다. 금화조 암컷은 다른 암컷에게서 수컷을 선택하는 법을 배운다. 한번도 짝짓기를 해본 적이 없는 금화조 암컷이 다른 암컷이 다리에 흰색 가로줄이 있는 수컷과 짝짓기를 하는 모습을 보았다고 해보자. 나중에 이 암컷이 다리에 주황색 가로줄이 있는 수컷과 흰색 가로줄이 있는 수컷 가운데 한 마리와 짝짓기를 해야 한다면, 암컷은 흰색 가로줄이 있는 수컷을 택할 것이다.

천적이나 위험한 상황을 파악하는 능력도 배움의 문제이다. 어쩌면 맹금류나 뱀 같은 천적에게 반응하는 방식은 새에게 내재된 행동방식이라고 생각할 수도 있다. 실제로도 어떤 반응은 본능적으로 내재되어 있다. 그러나 전혀 경험해보지 못했던 위험 앞에서는 함께 있는 동료의 행동을 따라 하는 것이 도움이 된다. 한 실험에서 대륙검은지빠귀는 평소에는 악의 없이 대했던 오스트레일리아꿀빨이새를 다른 지빠귀가 공격하는 모습을 본 뒤에는 자기 역시 공격하는 모습을 보였다.

새들은 탁란(托卵)에 관해서도 비슷한 방식으로 배운다. 예를 들면, 새끼 요정굴뚝새는 처음에 청동뻐꾸기를 보아도 관심을 나타내지 않는다. 그러나 다른 굴뚝새가 뻐꾸기를 공격하는 모습을 본 뒤부터는 태도를 바꾸어 뻐꾸기가 나타날 때마다 울고 경고음을 내면서 다른 친구들에게도 뻐꾸기를 공격하라고 부추긴다.

워싱턴 대학교의 존 마즐러프 연구팀이 지난 5년 동안 진행한 뛰어난 여러 연구 덕분에 미국까마귀가 사람의 얼굴을 구별할 뿐만 아니라 위험하다고 판단한 사람에 관한 정보를 다른 까마귀에게 알려주기까지 한다는 사실이 밝혀졌다. 워싱턴 대학교의 연구팀은 여러 명이 한 조가되어 각기 다른 마스크를 쓰고 대학 교정을 비롯해 시애틀 몇몇 곳을 돌아다니는 실험을 했다. 각 조마다 "위험"을 알리는 마스크를 쓴 사람이(교정을 돌아다니는 위험인물은 동물 주거인처럼 보이는 마스크를 썼다), 까마귀를 몇 마리 잡았고, "위험하지 않은" 마스크를 썼거나 마스크를 쓰지 않은 사람은 그저 어슬렁거리며 돌아다니기만 했다.

그리고 9년 뒤에, 마스크를 쓴 과학자들이 다시 범죄 현장으로 돌아갔다. 그러자 그 지역에 사는 까마귀들은— 심지어 실험을 했을 때는 태어나지도 않았던 까마귀들조차도— 위험한 마스크를 쓴 사람들을 보자 위협을 하거나 갑자기 급하강해서 공격하거나 시끄럽게 울어대거나 떼를 지어 공격했다. 과학자들이 까마귀를 잡는 모습을 직접 목격했던 까마귀들과 그 무렵에 공격에 참가한 까마귀들이 위험한 마스크를 기억하고 있다가 9년이 지난 뒤에 어린 까마귀를 비롯해 그 마스크를 처음 보는 까마귀들에게도 어떻게 행동해야 하는지 시범을 보여준 것이 분명했다. 위험한 마스크를 보면 공격을 하는 경향은 까마귀들이 잡힌 지역에서 1킬로미터가량 떨어진 곳까지도 퍼져나갔다. 마치 까마귀들이 구축한 "정보망"이 가동한 듯했다.

**관찰을 하거나** 흉내를 내며 배우는 학습과 교육을 받아 배우는 학습은 완전히 다른 일이다. 200년도 더 전에 임마누엘 칸트는 "인간만이 오직 교육이 필요한 존재"라고 했다. 교육은 인간에게만 있는 독특한 사회 학습 형태라는 이런 시각은 고집스럽게 자리를 지키고 있다. 현재 회의론자들은 호모 사피엔스 사회가 아닌 동물계의 다른 곳에도 교육이 존재할 수 있다는 생각에는 의문을 제기한다. 왜냐하면 진정한 교육이 가능하려면 선견지명이나 의도성 같은 다른 동물은 가지지 못한 모든 종류의 인지능력뿐만 아니라 가르쳐야 하는 존재가 미숙하다는 사실을 이해할 수 있어야 하고, 또한 마음 이론의 모든 측면을 갖추고 있어야 한다고 생각하기 때문이다.

그러나 최근에 사람이 아닌 동물도 실제로 교육을 할 수 있다는 증거가 쌓이고 있다. 예를 들면 미어캣은 사람을 죽일 수 있을 정도로 맹독성인 뱀이나 전갈 같은 위험한 먹이를 다루는 법을 새끼에게 가르치는 것처럼 보인다. 어른 미어캣은 아주 어리고 경험이 없는 새끼에게는 머리나 배 부분을 떼어낸 전갈처럼 죽었거나 움직이지 못하는 먹이를 주고 다루게 한다. 그러나 새끼가 자라는 동안 어른 미어캣은 점진적으로 더 위험한 먹이를 새끼에게 주어 다루는 법을 배우게 한다. 꿈틀거리는 전갈이나 주르륵 미끄러지는 뱀을 미숙한 새끼에게 넘겨준다는 것은 스승이나 제자 모두 먹이를 먹지 못하고 놓칠 수도 있다는 뜻이다. 하지만 그런 경험을 해야만 새끼는 결국 능숙하게 사냥을 하고 다루기 힘든 먹이를 잡는 기술을 익힐 수 있다. 심지어 개미도 어린 개체를 가르치는 것이 분명하다. 과학자들은 경험이 많은 개미가 경험이 없는 개미를 데리고 먹이를 찾으러 나갈 때에는 나란히 걸어가는 병렬 주행(tandem-running)을 하다가 가끔 가던 길을 멈추고 미숙한 개미가 지형을 탐사하게 내버려두고 기다리다가 미숙한 개미가 더듬이를 건드릴 때에야 다시 길을 나서는 모습을 관찰했다.

그러나 동물도 교육을 한다는 확실한 증거는 아주 드물다. 얼룩무늬꼬리치레가 새끼를 가르치는 모습에서 분명한 교수법을 볼 수 있다는 사실은 그래서 더욱 흥미롭다.

**남부얼룩무늬꼬리치레는** 날개와 꼬리는 짙은 초콜릿색이고 몸통은 흰색인 멋진 새로 남아프리카 사바나 지역과 관목 숲에 서식한다. 이 꼬리치레들은 5마리에서 15마리 정도가 아주 끈끈한 가족애로 뭉쳐 살며, 아주 사교적이고 시끄럽다(이 새들의 사회를 포유류 사회에 빗댄다면 조류 판 미어캣 사회라고 할 것이다). 아프리카에서는 "흰 고양이 웃음

새"라고 알려져 있는 남부얼룩무늬꼬리치레는 이름처럼 끊임없이 재잘거리면서 단체로 척척, 초초 하면서 시끄럽게 울어댄다. 이 새들은 가족끼리 결코 아주 멀리 떨어지는 법이 없이 함께 먹이를 찾고 깃털을 다듬고 날아다니고 옹기종기 모여 있다. 한 마리가 날아가면 다른 새들도 어김없이 날아오른다.

꼬리치레 연구 프로젝트의 수석 연구원인 어맨다 리들리는 남아프리카 칼라하리 사막 남부에서 이 새들을 연구하고 있다. 꼬리치레는 새끼를 기를 때도 협력한다. 꼬리치레 가족은 새끼를 기르는 한 쌍의 부부를 중심으로 새끼를 기르지 않는 몇 마리의 어른 개체들로 구성되는데, 어른 꼬리치레들은 자기 새끼가 아니라고 해도 부모 새와 함께 어린 개체를 먹이고 돌본다. 부부 꼬리치레는 사회적으로나 성적으로 일부일처제인데, 새들의 세계에서는 아주 드문 일이다. 한 가족 안에서 태어나는 새끼 꼬리치레는 95퍼센트가 한 부부의 자손이다. 하지만 가족 구성원은 모두 부부의 새끼를 애지중지하면서 돌봐주고 먹이를 주고 알을 품어준다. 부부 새가 새끼를 낳지 못하면, 꼬리치레들은 다른 집단의 새끼 새를 납치해서 애지중지 기른다.

남부얼룩무늬꼬리치레는 깨어 있는 시간의 약 95퍼센트를 딱정벌레, 흰개미, 곤충의 유충, 동굴도마뱀 등을 찾아 낙엽 밑을 뒤지면서 보낸다. 하늘에 등을 노출한 채 먹이를 찾는 일은 꼬리치레에게는 아주 위험천만한 일이다. 마블살쾡이, 날씬몽구스, 케이프코브라, 아프리카살모사, 수리부엉이, 엷은울음참매 같은 동물이 곤충을 찾아 땅에서 배회하는 새를 먹이로 삼는다. 고개를 아래로 숙이고 먹이를 먹는 일은 꼬리치레에게는 아주 위험하기 때문에 꼬리치레들은 번갈아가면서 가족이 식사를 하는 동안 땅이나 하늘에서 다가오는 포식자를 감시하는 파수꾼 역할을 한다. 파수꾼 역할을 맡은 꼬리치레는 가족이 먹이를 먹는 장소 위쪽에 있는 탁 트인 가지에 앉아서 필요할 때마다 거칠게 삐삐 하는 경고음을 내고, "파수꾼의 노래"를 불러 끊임없이 주변 상황을 알려준다.

꼬리치레의 정교한 파수꾼 제도 덕분에 다른 새들도 이득을 본다. 단독 생활을 하는 새는 꼬리치레 파수꾼의 노래를 엿듣는다고 알려져 있다. 꼬리치레들이 공개하는 정보를 도청하는 이 작은 새들은 꼬리치레들이 식사를 할 때면 그 주위에 머물면서 경고음에 귀를 기울인다. 꼬리치레의 경고음을 들을 수 있기 때문에 외로운 이 작은 새는 조금 더 마음 편하게 더 많은 장소에서 먹이를 찾고 더 많은 먹이를 먹을 수 있으며, 심지어 천적을 걱정하지 않고도 탁 트인 장소에 나갈 수 있다. 두갈래꼬리바람까마귀는 꼬리치레의 파수꾼 행동을 훨씬 더 교묘한 방법으로 이용한다. 엄청난 흉내쟁이인 이 영리한 새는 꼬리치레나 다른 종의 울음을 흉내내서 새들이 먹이를 먹다가 떨어뜨리고 도망치게 만든다. 거짓 경고음에 속아 새들이 먹이를 떨어뜨리고 도망가면, 두갈래꼬리바람까마귀는 깜빡 속은 새가 멀리 가지 않고 바로 먹이 곁에 있는 경우에도 아랑곳하지 않고 다가가서 먹이를 빼앗아 먹는다. 리들리 연구팀은 최근에 두갈래꼬리바람까마귀가 꼬리치레가 쉽게 알아채지 못하도록 아주 다양한 경고음을 흉내낸다는 사실을 발견했다.

파수를 선다는 것은 아주 위험한 임무이다. 파수꾼은 먹이를 먹는 새보다 훨씬 더 천적들, 특히 매와 올빼미에게 잡아먹힐 확률이 높다. 하지만 꼬리치레는 모두 아슬아슬한 삶을 살아가고 있다. 그렇기 때문에 교육이 중요하다.

리들리와 그녀의 동료인 니콜라 라이하니는 어린 꼬리치레가 나는 법을 배울 때면 며칠 전부터 어른 꼬리치레가 둥지로 먹이를 가져와서는 부드럽게 날개를 치면서 나지막하게 "푸르르" 하는 소리를 낸다는 사실을 알았다. 이 기간은 훈련 기간으로 푸르르 하는 울음은 먹이라는 뜻이었다. 어른 꼬리치레는 새끼가 날 때가 되었을 때에만 이런 소리를 내기 시작했다. 리들리는 "어린 새가 어른의 소리를 따라 하기 시작하면, 어른 새는 먹이를 가져와서 새끼들이 소리를 내게 유도한다. 그러나 실제로 먹이를 달라는 소리를 제대로 내지 못하면 소리를 낼 때까지 먹이를 주지 않는다. 어린 새는 먹이를 받아먹으려고 어른 새에게 다가오지만, 어른 새는 둥지에서 한 발 뒤로 물러나서 먹이를 주지 않는다. 부모 새는 어린 새를 '날게 하려고' 먹이를 '미끼'로 활용하는 이런 전략을 구사하는 듯하다"라고 했다. 새끼가 자라면 둥지가 약탈될 위험도 커지기 때문에 빨리 나는 법을 배워야 한다.

어린 새가 날 수 있게 되면 어른 새는 특별한 울음소리로 어린 새들이 위험을 피하고 좋은 먹이가 있는 장소로 날아가게 한다. 그런데 소리로 어린 새에게 지시를 내리는 일은 생각보다 복잡하다. 어른 새는 먹이를 먹을 수 있는 특별한 장소가 어디인지 같은 단순한 사실은 가르치지 않는다. 꼬리치레가 먹이를 먹는 장소는 금세 바뀌기 때문에 특정 장소를 가르치는 일은 거의 쓸모가 없다. 어른 새가 어린 새에게 가르치는 기술은 괜찮은 먹이 장소의 특징을 판단하는 기술이다. 먹이는 많고 포식자는 많지 않은 장소는 어떤 특징이 있는지 알려주는 것이다. 리들리는 꼬리치레는 위험에 대처하는 방법, 즉 포식자가 주변에 있을 때는 위험한 장소에서 빠져나오는 방법도 가르친다고 했다. "그러니까 꼬리치레가 울음소리로 어린 개체를 가르치는 데에는 두 가지 목적이 있다. 날 수 있게 된 뒤에 좋은 먹이 장소를 찾는 법과 천적을 보면 효과적으로 숨는 방법을 가르치는 것이다."

나는 법을 배우는 어린 새도 수동적인 제자는 아니다. 리들리 연구팀은 어린 새가 더 많은 먹이를 받아먹으려고 최소한 두 가지 현명한 전략을 구사한다는 사실을 알아냈다. 첫 번째 전략은 어른 새들의 능력을 까다롭게 따져보고 가장 효과적으로 먹이를 찾는 어른을 선택해서 붙어 다닌다는 것이다. 두 번째 전략은 배가 고플 때는 어른들에게 탁 트인 위험한 장소에서는 자기들을 먼저 배불리 먹이라고 "협박하는" 것이다. 먼저 먹이를 먹어 배가 차면 어린 새들은 나무 밑에 있는 비교적 안전한 장소로 들어간다.

남부얼룩무늬꼬리치레가 어린 새를 교육하는 과정이 정교한 인지능력과 관계가 있는지는 아직 밝혀진 바가 없다. 어쩌면 미어캣의 교육이 부분적으로는 그렇게 보이는 것처럼, 꼬리치레의 교육도 좀더 반사 반응에 가까운 단순한 과정일지도 모른다. 미어캣은 자라면서 변해가는 새끼의 먹이를 달라고 조르는 소리에 본능적으로 반응함으로써 새끼를 교육하고 있는지도 모른다. 아주 어린 새끼의 울음소리를 들으면 죽은 먹이를 가져다주고, 좀더 자란 새끼의 울음소리를 들으면 살아 있는 먹이를 가져다주는 것이다. 그러나 리들리는 "꼬리치레가 가르치는 방식과 미어캣이 가르치는 방식은 전혀 다릅니다. 미어캣은 새로운 기술을 배울 수 있는 상황을 만들어줌으로써 새끼에게 직접 기술을 익힐 수 있는 기회를 제공하는 교육을 한다면, 꼬리치레는 새끼의 행동을 직접 교정해주는 지도 방법을 택합니다. 꼬리치레가 새끼를 가르치는 방식이 반사 반응의 결과일 수도 있음을 완전히 배제할 수는 없습니다. 그 부분은 좀더 연구를 해봐야 합니다. 하지만 꼬리치레가 새끼를 지도하는 모습을 보면 분명히 어느 정도는 인지능력이 작용하고 있다고 생각합니다"라고 설명했다.

리들리는 아라비아꼬리치레, 큰흑집새, 플로리다어치, 흰눈썹술새처럼 이제 막 거동의 자유를 얻은 새끼 새가 어른 새와 함께 돌아다니며 어른 새의 행동을 보고 먹이 찾는 법을 배우는 새라면, 꼬리치레처럼 교육을 할지도 모른다고 생각한다. "많은 동료들이 자신들이 연구하던 새들에게서 그런 행동을 목격했어요. 그러니까 이런 교육방식은 현재 우리가 알고 있는 것보다 훨씬 널리 퍼져 있는지도 모릅니다."

**과학자들은 많은 종의** 새들이 이러한 창의적인 사회생활을 하는 모습을 발견했다. 그러나 기대했던 결과, 즉 새가 이루고 사는 사회집단의 크기와 새의 뇌 사이에 상관관계가 있다는 증거는 발견하지 못했다.

사회 지능 가설은 큰 집단을 이루고 사는 동물은 다양한 사회적 압력을 받기 때문에 예상보다 더 큰 뇌를 가지게 된다고 예측한다. 실제로도 옥스퍼드 대학교의 인류학자이자 진화심리학자인 로빈 던바는 여러 영장류의 뇌 크기를 비교해서 더 큰 무리를 지어 사는 영장류의 뇌가 다른 영장류보다 더 크다는 사실을 알아냈다. 원숭이와 유인원에서 각 종의 뇌 크기는 각 종이 이루고 사는 집단의 크기에 비례해 커졌다. 영장류의 경우 집단의 크기는 사회적 복잡성의 정도를 알 수 있는 척도로, 집단의 규모가 클수록 각 구성원의 인지능력은 더욱 발달했다.

최근에 실시한 잘 설계된 컴퓨터 시뮬레이션에서 과학자들은 이런 주장을 뒷받침하는 가상 증거(virtual evidence)를 발견했다. 더블린 트리니티 칼리지의 과학자들은 "작은 뇌(minibrain)"처럼 작동하는 인공 신경망 컴퓨터 모형을 구축했다. 이 작은 뇌는 신경 세포를 복제할 수 있고, 작은 신경망 안에 약간의 변화를 주면 무작위로 변이가 일어나서 진화할 수도 있다. 새로운 변화가 신경망에 도움이 된다면, 신경망의 지능은 향상되고 그와 더불어 뇌 기능도 증가했다. 과학자들이 협동이 필요한 어려운 문제를 풀게 하면 작은 뇌는 협력하는 법을 "배웠다." 작은 뇌는 "좀더 영리해질수록" 더 많이 협력했는데, 이런 상황은 더 큰 뇌로 발전할 수 있는 진화 압력(evolutionary pressure)으로 작용했다. 이 실험 결과는 협동과 같은 복잡한 사회적 상호작용이 우리 영장류 조상들의 사회에서 인지능력이 발달하고 더 큰 뇌로 진화하는 데에 반드시 필요했던 선택 압력(selection pressure)으로 작용했을 가능성이 있음을 의미한다.

그러나 던바 연구팀은 새와 다른 동물에게서는 집단이 클수록 뇌가 더 크다는 상관관계를 찾아내지 못했다. 뇌가 큰 새는 큰 무리를 지어 사는 새가 아니었다. 오히려 작지만 끈끈한 유대감을 이루는 삶을 선호하고, 일생 동안 한 배우자와 사는 새의 뇌가 더 컸다.

새의 경우 뇌의 기능을 강화하는 요소는 관계의 양이 아니라 관계의 질인 것처럼 보인다. 새의 뇌를 자극하는 요소는 큰 집단을 구성하는 수백만 개체의 성격을 기억하거나 가볍게 만났다가 헤어지는 수많은 관계를 관리하는 능력이 아니다. 정말로 필요한 요소는— 적어도 심리학적이나 인지학적인 측면에서 보았을 때— 친밀하게 유지할 수 있는 관계이다. 특히 배우자와 친밀한 관계를 유지하고 오랫동안 함께 하면서 어린 개체를 돌볼 수 있는가가 새의 지능을 결정하는 가장 중요한 요소이다.


**친밀한 배우자로** 사는 일이 얼마나 어려운지는 우리도 잘 안다. 매일 배우자가 무엇을 필요로 하는지 알아야 하고 상의하고 조언을 구하고 각자의 욕구를 조정하고 서로 합의해야 한다.

새도 마찬가지이다.

새는 전체 종의 거의 80퍼센트가 사회적으로 일부일처제를 이루고 산다. 즉 한 번의 번식기 혹은 그보다 오랫동안 한 파트너하고만 생활을 하는 것이다(이와는 대조적으로 사회적 일부일처제를 택한 포유류는 전체 포유류 종의 3퍼센트에 불과하다). 육아가 아주 힘들어서 부부가 공동 육아를 해야 한다는 것도 새가 일부일처를 이루고 사는 아주 큰 이유이다. 더구나 부화한 뒤에는 한참 동안 부모의 보살핌을 받아야 하는 만성조는 정말 깃털이 빠질 정도로 바빠야 한다. 암컷과 수컷이 함께 새끼를 기르지 않는다면 만성조 새끼들은 거의 대부분이 날아서 둥지를 떠나는 못할 것이다. 따라서 양육의 짐을 함께 나누는 것이 당연하다. 그러나 함께 새끼를 기르려면―함께 알을 품고 새끼를 먹이고 보호하려면― 서로 세심하게 협조하고 의견을 조율해야 한다. 이는 배우자의 엉뚱한 행동, 욕구와 필요, 그리고 매일 바뀌는 행동 변화와 조화를 이루어나가야 한다는 뜻이다.

인지생물학자 나단 에머리는 한 배우자와 그렇게 밀접한 관계를 맺으려면 특별한 인지능력이 필요하다고 본다. 관계 지능(relationship intelligence)이라는 능력이 있어야 배우자가 보내는 미묘한 사회적 신호를 정확하게 이해하고 적절하게 반응할 수 있으며, 그 정보를 이용해서 배우자의 행동을 예측할 수 있다. 뛰어난 판단력과 결단력이 있어야만 활용할 수 있는 능력이다.

동작이나 목소리를 조정하는 정교한 행동으로 부부의 결속력을 강화하는 새들도 있다. 예를 들면 떼까마귀 부부는 정확하게 동작을 맞춰 고개를 움직이고 꽁지를 펄럭인다. 안데스 산맥의 첩첩산중에 사는 수줍음 많고 수수한 작은굴뚝새는 암수가 서로 번갈아가면서 아주 빠르게 조화로운 소리를 내기 때문에 마치 한 마리가 노래하는 것처럼 들린다. 굴뚝새 부부의 노랫소리는 마치 소리로 추는 정교한 탱고처럼 놀라울 정도로 조화롭다. 부부 가운데 한 마리가 혼자서 노래하는 경우도 있지만, 그럴 때면 음절과 음절 사이에 길게 여운을 남기고, 그때 남은 한 마리가 불쑥 짧은 음을 내면서 노래 사이에 끼어든다. 이는 부부가 자기가 노래의 어떤 부분을 맡아야 하는지 잘 알고 있을 뿐만 아니라 파트너의 노랫소리를 듣고서 언제, 어떻게 노래할 것인지를 판단한다는 뜻이기도 하다. 굴뚝새의 노래는 주고받는 대화와 상당히 닮아 있다. 그렇게 조화롭게 노래를 부르려면 파트너의 노랫소리에 세심하게 "귀를 기울여야" 한다. 당연히 유대감은 끈끈해지고 서로를 생각하는 마음도 더욱더 깊어질 수밖에 없을 것이다.

사랑앵무 수컷은 배우자에게 자신의 애정을 보여주려고 암컷이 날아가거나 먹이를 먹는 것 같은 일상생활을 하면서 배우자를 부를 때 내는 특별한 소리, 즉 "접촉음(contact call)"을 완벽하게 흉내낸다. 오스트레일리아에 서식하는 이 친근한 앵무새는 한 마리하고만 짝짓기를 하지만 아주 사교적이어서 많은 무리가 함께 어울리기를 좋아한다. 사랑앵무는 며칠만 함께 지내면 서로 같은 접촉음을 낼 수 있고, 수컷은 암컷의 소리를 완벽하게 흉내낼 수 있다. 암컷의 소리가 수컷의 소리가 되는 것이다. 암컷은 수컷이 얼마나 정확하게 자기 소리를 흉내내는지를 평가해서 배우자로 적합한지를 판단한다. 사랑앵무를 연구한 어바인, 캘리포니아 대학교의 낸시 벌리 연구팀은 바로 이런 습성이 앵무새가 처음 듣는 소리를 재빨리 배우고 흉내낼 수 있게 진화한 이유가 아닐까 생각한다. 캘리포니아 대학교의 연구팀은 "앵무새 애호가들이 '가장 흉내를 잘 내는 애완 앵무새'는 아주 어렸을 때 잡혀서 다른 앵무를 전혀 보지 못한 수컷이라고 하는 이유도 아마 이 때문일 것이다. 어렸을 때부터 혼자 자란 수컷 앵무는 사람에게 각인되어 사람에게 구애를 하는 것인지도 모른다."

**사회성이 발달할 때**, 새의 뇌에서는 실제로 어떤 일이 벌어질까? 어째서 배우자와 강력하게 유대감을 형성하는 새가 있고 그렇지 않은 새가 있는 것일까? 어째서 홀로 지내는 새가 있고 다른 개체와 연대를 하는 새가 있는 것일까?

고(故) 제임스 굿슨은 이런 질문에 대한 답을 찾으려고 새의 뇌를 깊이 들여다보았다. 2014년, 이른 나이에 암으로 세상을 떠난 인디애나 대학교의 생물학자 굿슨은 새가 사회집단을 이루는 성향과 관계가 있는 신경 회로를 연구했다. 그는 새가 다른 개체와 함께 할 때에 누구와 같이 있을 것인지, 어느 정도 규모로 집단을 이룰 것인지를 결정하는 뇌의 메커니즘에 관심을 기울였다.

굿슨에 따르면, 새의 사회적 행동을 통제하는 뇌 회로는 사람의 뇌 회로와 상당히 닮았다고 한다. 이 회로는 아주 오래 전에 형성되었는데, 실제로 모든 척추동물이 공통적으로 지니고 있을 정도로 오래되었으며, 그 기원은 새와 포유류와 상어의 공동조상이 살았던 4억5,000만 년 전으로 추정된다. 이 회로를 구성하는 뉴런은 진화사에서 고대 분자에 속하는 노나펩타이드(nonapeptide)에 반응한다. 노나펩타이드 분자들은 원래 좌우대칭이었던 우리의 조상이 비축해둔 난자를 조절하는 역할을 했지만, 그 뒤로는 다른 사회적인 기능도 함께 맡는 방향으로 진화해왔다. 굿슨은 새의 경우, 노나펩타이드를 발현하는 유전자에 생기는 미묘한 변화가 새들이 사회적으로 다른 행동을 하는 이유임을 알아냈다. 사람마다 사회성이 다른 것도 거의 마찬가지 이유 때문일 것이다.

사람의 뇌에서 분비되는 노나펩타이드는 옥시토신(oxytocin)과 바소프레신(vasopressin)이다. 뇌의 시상하부에서 생성되는 옥시토신은 흔히 사랑의 화학물질이라고 부른다. 껴안기 호르몬 혹은 신뢰 촉진 호르몬이라고도 하고 심지어 도덕 분자(moral molecule)라고도 부른다. 포유류의 경우 옥시토신은 출산 시 자궁 수축, 모유 분비, 어머니와 아기의 유대감 형성에 중요한 역할을 한다. 1990대 초반에 신경내분비학자 수 카터는 옥시토신의 효능에 배우자의 유대감을 추가했다. 카터를 비롯한 여러 과학자들은 평생 같은 개체와 짝짓기를 하는 대초원들쥐가 난교를 하는 다른 들쥐 종에 비해서 옥시토신의 수치가 아주 높다는 사실을 발견했다.

최신의 연구는 침팬지의 경우, 털 고르기를 할 때보다는 음식을 나누어 먹을 때에 옥시토신이 더 많이 분비된다는 사실을 보여주었다. 이는 "사랑을 받으려면 상대방의 위장을 즐겁게 해주라"는 경구가 진실임을 밝히는 증거일 수도 있다(유라시아어치 수컷이 암컷의 식욕에 그토록 관심이 많은 것도 다 이 때문인지도 모른다).

사람은 옥시토신이 분비되면, 걱정이 줄어들고 믿음이 싹트고 상대의 마음을 공감하게 되고 더욱 세심해진다. 예를 들어 최근에 나온 연구 결과에 따르면, 옥시토신을 코로 들이마시면 스포츠 팀의 협동력이 증가하고 역할 게임에 참가한 사람들이 훨씬 더 관대해지고 서로를 신뢰하게 된다고 한다. 또한 다른 여자들과 비교되는 파트너의 매력에 뇌가 훨씬 더 큰 보상반응을 일으키기 때문에 남성은 사랑의 유대감도 훨씬 더 강화된다.

새의 뇌에서 분비되는 노나펩타이드는 메소토신(mesotocin)과 바소토신(vasotocin)이다. 지난 수년간 굿슨과 그의 동료 마시 킹스베리 연구팀은 다른 규모로 무리를 지어 사는 다양한 새들의 뇌에서 이 신경 호르몬들이 어떻게 작용하는지를 연구했다.

작고 사교적인 명금인 금화조는 배우자와 깊은 유대감을 맺으며 수백 마리가 함께 모여 생활한다. 굿슨 연구팀이 이 금화조의 뇌에서 메소토신이 분비되지 못하게 하자, 금화조는 배우자와 함께 하는 시간도 적어지고 친한 친구들도 피하고 많은 새들이 모인 장소에도 가지 않으려고 했다. 그와 반대로 메소토신이 더 많이 분비되게 하면, 금화조는 좀더 친화적이 되어 배우자와 친구들과 더 가깝게 지냈고 더 많은 개체들과 무리를 지었다.

굿슨은 집단의 규모(큰 집단 대 작은 집단)를 다르게 선호하는 새의 뇌에서 노나펩타이드의 수용체가 어떻게 분포되어 있는지를 알아보기로 했다. 이 수용체들의 밀도와 분포 형태가 어쩌면 어떤 새는 사교적이고, 어떤 새는 사교적이지 않은 이유를 밝히는 주요한 열쇠가 될지도 몰랐다. 굿슨은 되새, 풍조, 십자매 132종이 구성원인 단풍샛과를 집중적으로 연구했다. 이 새들은 모두 생활방식도, 짝짓기 습성도 거의 비슷하다. 모두 일부일처로 평생 동안 한 마리와 짝짓기를 하며 부부가 힘을 합쳐서 새끼를 기른다. 그러나 저마다 선호하는 무리의 크기는 다르다. 굿슨은 남아프리카까지 찾아가서 단풍샛과 3종을 찾았다. 2종은 은둔하는 쪽을 선호해서 오직 배우자하고만 생활하는 금작과 상반작이었고, 1종은 "좀더" 사교적인 앙골라파란풍조였다. 굿슨은 새들의 성향에 균형을 맞추려고 큰 집단을 이루고 사는 아주 사교적인 새도 2종 추가했다. 금화조와 아시아 열대 지역에서 수천 마리가 무리를 지어 사는 멋진 밤색 새, 망복조가 그 주인공이다(어떤 형태로든 공격성을 전혀 보이지 않기 때문에 망복조를 "히피"나 "평화주의자"라고 부르는 연구자들도 있다).

이런 새들의 뇌에서 옥시토신과 같은 물질을 수용하는 수용체 지도를 그리자, 굿슨은 아주 놀라운 차이점을 발견했다. 사교성이 높아 많은 개체들이 모여 사는 금화조와 망복조는 고독한 생활을 하는 사촌 종보다 사회적 행동을 관장하는 가장 중요한 뇌 영역이라고 알려진 배외측중격(dorsal lateral septum)에 메소토신 수용체가 훨씬 더 많았다.

옥시토신 같은 물질이 새가 배우자와 맺는 관계에서도 중요한 역할을 하는지 알고 싶었던 굿슨과 그의 동료 제임스 클랫은 금화조의 뇌를 다시 한번 들여다보았다.

여러 무리가 함께 생활하는 금화조는 두 마리가 한 횃대에 나란히 앉거나 서로를 쫓아다니거나 깃털을 골라주거나 둥지에 함께 앉아 있는 모습으로 두 마리가 부부임을 알 수 있다. 과학자들이 금화조의 뇌에서 노나펩타이드가 분비되지 못하게 막자, 부부인 두 새는 평소라면 자연스럽게 했을 짝짓기 행동을 하지 않았다. 뇌에서 노나펩타이드가 분비되었을 때에만 부부다운 행동을 했다.

옥시토신이 사람에게도 비슷한 역할을 한다는 연구 결과들이 나와 있다. 이스라엘 바르일란 대학교의 심리학자 루스 펠드먼은 옥시토신의 수치가 부부가 함께 있는 시간에 영향을 미친다는 사실을 알아냈다. 옥시토신이 많이 분비되는 부부일수록 더 오랫동안 함께 지냈다.

그러나 마시 킹스베리가 지적한 것처럼, 사람의 옥시토신과 새의 옥시토신 유사물질이 그저 "껴안기 분자"라는 견해는 점진적으로 바뀌고 있다. 킹스베리는 최근 되샛과 새를 대상으로 진행한 여러 실험에서 소위 사랑의 호르몬은 상황에 따라 "실제로 공격을 부추기고 심지어 배우자와의 유대감을 해칠 수도 있다"는 사실이 밝혀졌다고 했다. 이런 연구 결과를 사람에게도 적용할 수 있는지는 아직 정확하게 밝혀진 바가 없지만, 킹스베리 연구팀은 노나펩타이드 물질이 척추동물강 전체에서 비슷한 구조와 기능을 보인다는 사실로 미루어볼 때에 크게 다르지는 않을 것이라고 했다. 실제로 사람을 대상으로 진행한 연구에서도 평소 기대와는 다른 결과가 나왔다. 옥시토신의 수치는 불안이나 불신 같은 부정적인 감정과 상관관계가 있었다.

킹스베리와 여러 과학자들은 전적으로 뇌와 몸에 "좋거나" 사회 친화적인 효과만 내는 신경전달 물질은 존재하지 않는다고 주장한다. 노나펩타이드 물질이 개체의 사회성에 미치는 효과는 새나 사람 모두 각 개체에 따라서, 그리고 개체가 처한 상황에 따라서 달라지는 듯하다.

그런데 **껴안기 호르몬**이 넘쳐흐르는 부부 새도 딱히 신의의 귀감이 되지는 않는다. 뉴멕시코 대학교의 생물학자 리아논 웨스트는 이것이 특별히 영리한 종이 존재하는 또다른 이유일 수 있다고 본다. 웨스트는 부부 관계를 유지하려고 노력하는 것만으로는 새의 지능이 충분히 발달하지는 않는다고 주장한다. 그보다는 "배우자와 끈끈한 유대감을 쌓으려고 노력하는 동시에 짝이 아닌 다른 개체와 교미를 하는 복잡성이 동시에 작용했을 때에 지능은 높아진다." 웨스트는 새의 이런 성향을 "이성 간 군비경쟁(intersexual arms race)"이라고 불렀다.

수십 년 전에 과학자들은 새가 성적으로 확고하게 일부일처라고 생각했다. 영화감독 노라 에프론은 영화 「제2의 연인(Heartburn)」에서 여주인공(메릴 스트립)이 남편(잭 니컬슨)이 자꾸 여자 꽁무니만 쫓아다닌다고 슬퍼하자, 여주인공의 아버지는 "일부일처제를 원하는 거니? 그럼 백조랑 결혼했어야지"라고 말한다. 그러나 지난 수년간 현장 연구에서 관찰하고 분자 "지문"이라는 도구를 활용할 수 있게 된 덕분에 이제 우리는 백조가 단 한 마리하고만 짝짓기를 하지는 않으며, 새들은 대부분 그렇다는 사실을 알고 있다. DNA 분석 결과에 따르면, 새는 전체 종의 90퍼센트 정도가 함께 육아를 하는 짝이 아닌 다른 개체와 교미를 한다. 어떤 둥지든지 새끼를 보살피는 수컷의 새끼가 아닌 경우가 최대 70퍼센트에 달했다. 부부 생활을 하는 새는 사회적으로는 일부일처일지 몰라도 성적으로는(따라서 유전적으로도) 일부일처인 경우가 드물었다. 웨스트의 주장이 옳다면, 이런 성향이 새의 지능을 강화하는 진화의 원동력일 수도 있다.

유럽과 아시아 전역에 있는 탁 트인 풀밭이나 초지, 황야에서 살아가는 유라시아종다리를 살펴보자. 이 구대륙 종다리는 아주 긴 시간 노래를 하는 새로 유명한데, 700마리가 날면서 각기 다른 소리로 복잡한 노래를 한다. 종다리는 보통 사회적으로는 일부일처의 관계를 유지한다.

수컷 종다리는 둥지를 짓거나 알을 품을 때는 암컷을 돕지 않지만 일단 새끼가 부화하면 먹이의 절반을 책임지고 물어오며, 새끼가 날기 시작한 뒤로는 오히려 더 많은 먹이를 가져다주기도 한다. 그런데 과학자들은 종다리의 자손은 20퍼센트가 먹이를 물어다주는 수컷의 새끼가 아님을 알아냈다.

난교로 수컷이 얻는 이득이 무엇일지는 쉽게 알 수 있다. 혼외정사를 하면 할수록 수컷은 더 많은 자손을 남길 수 있다. 그렇다면 암컷은 어떨까? 수컷은 암컷이 낳은 새끼가 자기 새끼가 아닐 가능성이 커진다면, 새끼를 부양하는 의무를 함께 지려고 하지 않을 것이다. 그런데도 암컷은 왜 그런 위험을 감수하는 것일까?

그 이유를 설명하는 가설은 절대로 부족하지 않다. 가장 우세한 가설은 암컷이 배우자보다 더 우수한 유전자를 지닌 새끼를 낳거나 새끼의 유전자 다양성을 높이려고 다른 수컷과 짝짓기를 한다는 것이다(이 경우 먹이를 물어다주는 수컷이 알아채지만 않는다면 새끼가 생존할 확률은 높아질 것이다).

행동생태학자 주디 스탬스는 다른 관점으로 암컷이 혼외정사를 하는 이유를 설명한다. 스탬스의 "재결합 가설(re-pairing hypothesis)"은 새가 이혼을 한 뒤에 재결합한다는 시나리오를 제시한다. 암컷이 밀회를 하면서 자기 영역을 살피고 다른 수컷의 양육 능력을 평가한다는 것이다. 부유한 수컷은 배우자가 사망했거나 이혼을 했다면, 자기가 잘 아는 활기찬 암컷에게로 관심을 돌릴 것이다. 암컷이 그런 수컷과 미리 짝짓기를 해두면 나중에 수컷의 배우자가 될 수 있는 가능성도 커지고 그 수컷이 실제로 어떤 부모가 되고 어떤 배우자가 될지, 어떤 영역을 관리하고 있는지 등도 미리 알아볼 수 있다.

노르웨이 대학교의 두 생물학자는 자유연애를 하는 암컷은 주변 새들의 화합 또한 이끌어낸다는 새로운 가설을 발표했다. "암컷이 둥지를 함께 돌보는 짝이 아닌 다른 개체와 교미를 하면, 수컷은 다른 곳에도 자기 새끼가 있을 수 있기 때문에 자기가 돌보는 둥지 외에도 주변 지역을 모두 신경 쓰게 된다. 그렇게 되면 암컷에게도 이득이 된다." 이런 상황에서 암컷은 동료와는 분쟁이 줄고 포식자의 위협에 함께 맞설 수 있는 등의 몇 가지 긍정적인 효과를 더 누릴 수 있다(두 사람의 주장은 서부 붉은깃찌르레기 암컷이 배우자가 아닌 젊은 수컷과 짝짓기를 하면, 둥지를 약탈당할 위험이 조금 낮아진다는 초기 연구들을 떠오르게 한다. 그 이유는 아마도 둥지에 있는 새끼들과 유전자를 공유하는 수컷이 둥지를 보호해주기 때문일 것이다. 이런 둥지에서 자라는 새끼는 굶어죽을 가능성도 줄어든다). 본질적으로 모든 알을 한 바구니에 담지 않음으로써 암컷은 더 많은 공공자원을 활용할 수 있게 되고 훨씬 더 안전하고 생산적인 서식 환경을 조성할 수 있다. 노르웨이의 과학자들은 "암컷은 자기 새끼임을 분명하게 알기 때문에 자기 둥지에 있는 새끼를 보호하고, 수컷은 어떤 새끼가 자기 유전자를 가지고 있는지 불분명하고 어디에나 자기 새끼가 있을 가능성이 있기 때문에 전체적으로 공동체의 이익과 공공자원에 투자를 하게 된다"라고 했다. 다시 말해서 한 암컷에게 좋은 일은 그 지역 모든 암컷과 수컷에게도 이득이 된다.

진화생물학자 낸시 벌리가 지적한 것처럼, 새가 혼외정사를 하는 이유를 단 한 가지로 설명할 수 있는 방법은 없을 것 같다. 벌리는 "암컷이 자기 짝이 아닌 다른 개체와 짝짓기를 하는 이유는 종마다 아주 다릅니다. 그리고 한 종에서도 암컷이 내리는 결정은 그 암컷이 처해 있는 환경에 따라 달라질 수밖에 없습니다"라고 했다.

**어쨌거나 새는** 암컷과 수컷 모두 바람을 피운다는 것은 분명하다. 그러나 암컷과 수컷 모두 새끼를 함께 기르는 사회적 파트너와는 *끈끈한* 유대감을 맺으려고 무척 노력한다. 리아논 웨스트가 보기에 사회적으로 일부일처제를 채택한 새들의 뇌가 큰 이유는 바로 이런 이중생활 때문이다. 정기적으로 혼외정사를 하면서도 사회적으로는 한 개체와 끈끈한 유대감을 형성하려면 복잡한 사회생활을 할 수밖에 없다. 웨스트는 그렇기 때문에 암컷과 수컷의 인지능력은 경쟁을 벌이듯이 발전할 수밖에 없었을 것이라고 생각한다.

한 수컷이 배우자의 눈을 피해 다른 암컷과 짝짓기를 하는 동시에 배우자가 다른 수컷과 짝짓기를 하지 못하도록 열심히 감시해야 한다는 신경학적 요구에 직면했다고 생각해보자. 다른 수컷이 자신의 영역으로 날아와 배우자와 짝짓기를 하지 못하게 하려면 배우자가 알을 낳기 전까지는 둥지 가까이 머물면서 침략자를 쫓아내야 한다. 그러나 수컷 종다리는 자기 영역을 사수하는 아주 중요한 일도 처리해야 한다. 따라서 배우자를 감시하는 동안에도 수컷 종다리는 화려하게 비행하고 노래를 부르면서 "이곳은 내 영역임"을 널리 알려야 한다. 최소한 180미터 높이로는 올라가서 몇 분 동안 퍼덕거리고 활공하고 빙글빙글 돌고 갑자기 낙하하면서 자기 영역임을 분명히 보여주어야 한다. 배우자와 영역을 지키면서 새로운 애인을 만날 기회를 잡고 시간을 내려면 상당히 복잡한 전략을 구사해야 한다.

암컷에게 필요한 인지능력은 배우자로 선택한 수컷에게 돌아올 수 있는 공간 기억은 물론이고, 배우자의 눈을 피해 새로운 연인을 만날 때에 필요한 기지와 배우자가 될 가능성이 있는 수컷의 유전자와 영역의 질적 가치를 평가할 수 있는 능력이다. 실제로 배우자가 아닌 다른 개체와 짝짓기를 하는 새는 수컷보다 암컷의 뇌가 비교적 더 크고, 짝외교미가 적게 일어나는 종은 암컷보다 수컷의 뇌가 더 크다.

다른 연인을 쫓아다니는 동시에 배우자와 장기간 지속되는 끈끈한 유대관계를 형성하려고 노력하면, 어떤 결과가 생길까? 암컷과 수컷 모두 뇌가 커진다.

**새의 지능을** 강화하는 사회적 군비경쟁은 또 있다. 이번에는 성(性)이 아니라 먹이를 훔치는 일과 관계가 있다.

다시 어치에게로 돌아가자. 이번에 등장하는 어치는 캘리포니아덤불어치이다. 이 건방진 덤불어치는 탁 트인 미국 서부 지역의 관목지에서 멋들어진 풍채를 자랑하면서 살아간다. 꼬리를 위아래로 흔들어대고 재빨리 고개를 이리저리 돌리면서 날렵하게 총총 뛰고 대담하게 달려들어 자기 영역을 살핀다. 캘리포니아덤불어치가 놓치는 것은 거의 없다. 멋진 볏은 없지만 사촌 종인 북미큰어치처럼 하늘색인 캘리포니아덤불어치는 북미큰어치만큼이나 뻔뻔해서 관목 숲의 도둑, 깡패, 사기꾼이라고 불린다. 한 조류학자는 캘리포니아덤불어치가 가장 좋아하는 전략은 고양이 꼬리를 세게 쪼아 그 먹이를 빼앗는 것으로, "고양이가 보복하려고 몸을 돌리면 앞으로 풀쩍 뛰어 먹이를 가로챈 다음에 기쁨에 겨워 웃어대면서 잽싸게 달아난다."

캘리포니아덤불어치는 1년 내내 한 배우자하고만 짝을 짓는데, 종종 무리를 지어 살아간다. 그러나 번식기가 되면, 각 수컷은 자기가 그 장소를 모두 소유한 양 날카롭게 울부짖으면서 재빨리 날아다니며 경쟁자 수컷을 내쫓고 자기 영역을 굳건하게 지킨다. 한 동식물학자는 "캘리포니아덤불어치가 내는 소리는 평범한 경고음도 아주 엄청난 소리가 난다. 그 즈윕, 즈윕 하는 소리를 들으면 숲 전체가 곤두서는 것 같다. 어치도 그럴 의도로 하는 것이겠지만, 정말 그 소리를 들으면 기분이 오싹해진다"라고 적었다.

덤불어치는 먹이를 숨기는 동물이다. 가을 내내 덤불어치는 관목 밑을 수천 번이나 쏜살 같이 날아다니면서 도토리 같은 견과류와 곤충과 지렁이 등을 잡는다. 덤불어치의 영토에는 나중에 먹으려고 먹이를 숨긴 저장소가 수천 곳에 달한다.

덤불어치는 아주 성실하고 명예로운 삶을 살아간다. 딱 한 가지 점만 빼면 말이다. 사실 덤불어치는 나중에 먹을 먹이를 직접 채집도 하지만 다른 새가 숨겨놓은 먹이를 가로채기도 하는 이중생활을 한다. 덤불어치는 당연히 먹이 수집가이다. 그러나 이웃이 힘들게 모아놓은 먹이를 파가는 도둑이기도 하다.

덤불어치는 하루에, 숨겨놓은 먹이를 최대 30퍼센트까지 잃어버릴 수 있다. 아주 힘들고 긴 겨울을 나려면 많은 음식을 저장해야 하는 새에게는 결코 적은 양이 아니다. 저장한 먹이를 훔치는 좀도둑질은 정말 큰일이다. 사회생활을 하기 때문에 감수할 수밖에 없는 단점 가운데 하나인 것이다.

그런데 여기에 한 가지 흥미로운 반전이 있다. 덤불어치 사회에서는 먹이를 저장하는 새와 먹이를 훔치는 새가 맺은 상호관계 때문에 아주 놀라울 정도로 영리한 행동이 진화했다. 먹이를 저장하는 새(먹이 저장소를 지키려는 새)와 잠재적인 좀도둑(먹이를 저장한 새와 경쟁관계인 도둑들을 따돌리고 먼저 먹이 저장소를 습격하려는 새) 모두 전술 기만(tactical deception) 행동을 하게 된 것이다.

탁월한 여러 연구들을 진행한 니컬라 클레이턴 연구팀은 캘리포니아 덤불어치는 어떻게 해서든지 좀도둑에게 먹이를 저장한 장소를 들키지 않으려고 무슨 일이든 한다는 사실을 알아냈다. 다른 새가 지켜보고 있을 때에 덤불어치는 탁 트인 밝은 장소가 아닌 장벽 뒤나 그늘에 먹이를 숨겼다(자기를 지켜보는 새의 시야가 막혀 있을 때는 굳이 더 은밀한 장소에 숨기려고 애쓰지 않았다). 관찰자가 먹이를 숨기는 소리는 들을 수 있지만 볼 수는 없는 경우라면, 먹이를 소리가 덜 나는 장소에—자갈이 아니라 흙 속에—묻었다. 더구나 다른 새가 먹이를 숨기는 모습을 보고 있으면 덤불어치는 나중에 그 장소로 돌아와 숨겨놓은 먹이를 다른 장소로 옮기거나 옮기는 척했다. 그런 행동을 보고 있으면 마치 도둑이 될 수도 있는 관찰자와 먹이 저장자가 먹이가 숨겨져 있는 진짜 장소를 찾으려고 엎어놓은 3개의 컵 가운데 하나를 고르는 내기를 하고 있다는 생각이 들 정도이다. 먹이를 저장하는 새는 심지어 먹이를 다른 곳으로 옮겨놓은 뒤에도 새로운 장소에 먹이를 숨겨놓는 것처럼 행동해서 좀도둑이 실제로 먹이가 어디에 있는지 알지 못해 당황하게 만들기도 한다. 정말 이 정도면 엄청난 사기술 아닌가?

관찰자가 있다고 해서 덤불어치 수컷이 늘 이렇게 정교한 전략을 구사하는 것은 아니다. 만약에 지켜보는 새가 배우자라면 덤불어치는 아무 숨김없이 먹이를 저장한다. 오직 특별한 장소에서 먹이 저장고를 두고 경쟁하는 새만을 위협으로 간주한다. 어떻게 하든지 덤불어치는 누가, 어디서, 언제 자기를 지켜보고 있는지 늘 살펴보고 파악한다. 특별한 장소에 먹이를 저장할 때에 훔쳐보는 존재가 있었는지, 누가 훔쳐보았는지를 기억했다가 꼭 필요할 때만 그 장소로 돌아가 먹이를 다시 숨긴다.

그런데 정말로 놀라운 점이 하나 있다. 먹이를 숨긴 장소에서 다른 곳으로 옮기는 전략은 도둑질을 해본 경험이 있는 덤불어치만이 생각하고 사용하는 전략이라는 것이다. 도둑질을 해보지 않은 덤불어치는 먹이 숨기는 장소를 옮기지 않았다. 과학자들의 말처럼 "도둑을 알려면 도둑질을 해봐야 하는 것"이다.

좀도둑은 먹이를 숨기는 새가 먹이를 보호하는 전략을 구사할 생각을 하지 못하도록 최대한 눈에 띄지 않게 조심하면서 먹이를 숨기는 동안 조용히 몸을 숨기고 지켜만 본다.

결국 먹이 저장자와 좀도둑은 자기 존재를 들키지 않으면서 고급 정보를 빼내려는 좀도둑의 전략과 먹이를 빼앗기지 않으려고 진짜 정보를 감추거나 거짓 정보를 제공하는 마키아벨리식 전략을 구사하는 먹이 저장자 사이에서 점점 더 발전하는 "정보 전쟁"을 치르고 있는 셈이다.

클레이턴을 비롯해 덤불어치를 연구하는 여러 과학자들은 덤불어치가 먹이를 둘러싸고 속고 속이는 행동을 한다는 사실은 덤불어치의 뇌에서 복잡한 사고 과정이 일어난다는 뜻이라고 했다. 이는 덤불어치가 언제, 어디서, 누가 주변에 있었는지를 기억(일화 기억과 비슷한 기억)하고, 도둑질을 해본 기억을 떠올려 도둑이 어떤 행동을 할지를 예측하며, 심지어 다른 새가 어떤 생각을 하는지(무엇을 알고 무엇을 모르는지)를 판단하고, 그에 따라 달리 반응한다는 뜻이다. 다른 새의 생각을 파악하는 능력, 즉 다른 생명체의 머릿속에서 일어나는 일을 이해하는 능력은 마음 이론이 발달해 있다는 증표 가운데 하나이다.

먹이를 숨기고 훔치는 행동이 이런 대뇌의 기술 진화를 가져왔는지는 분명하게 밝혀진 바가 없다. 어쩌면 이미 존재하는 마음 이론(배우자를 상대하는 동안 발달했는지도 모른다)을, 먹이를 저장하는 데에는 그저 활용만 했을 수도 있다. 먹이 저장 전략이 먼저인지, 마음 이론이 먼저인지는 까마귀와 도구의 문제가 그렇듯이 쉽게 알 수 없는 닭이 먼저냐, 달걀이 먼저냐의 문제이다.

**새도 사람**이 소중하게 여기는 공감이나 슬픔 같은 사회적, 정서적 감정을 경험할까? 이는 오랫동안 해결되지 않고 있는 문제이다. 클레이턴과 나단 에머리는 "새들, 특히 까마귀나 앵무새처럼 똑똑하다고 알려져 있는 새들은 쉽게 의인화되는 경향이 있어서 별다른 증거가 없는데도 사람처럼 감정을 느낀다고 간주된다"라고 경고한다.

그러나 재기러기의 경우를 생각해보자. 유럽에서 서식하는 평범한 지능을 가진 이 새는, 어린 새는 각인된 대상을 쫓아다닌다는 사실을 밝힌 노벨 상 수상자 콘라트 로렌츠의 연구 덕분에 유명해졌다. 로렌츠가 직접 기른 새끼 재기러기들은 로렌츠를 따라다녔고, 나중에는 로렌츠가 신은 웰링턴 부츠와 짝짓기를 하려고 했다. 재기러기는 작은 규모로 가족을 이루어 살 수도 있고, 수천 마리가 함께 모여 살기도 하는데, 까마귀나 앵무새처럼 영리한 새보다 사교성이 좋다. 배우자나 가족 구성원과 가까이 지내고, 의례적인 움직임과 소리를 내는 "승리의 의식"을 함께 하면서 끈끈한 유대감을 자랑한다. 오스트리아에 자리한 콘라트 로렌츠 연구소에서는 최근에 천둥이 치거나 자동차가 지나가거나 재기러기 무리가 날아오르거나 착륙하거나 서로 다투는 등의 다양한 사건이 일어날 때에 재기러기들의 심박수가 어떻게 변하는지 알아보았다(고통을 느끼는 정도를 분명하게 측정할 수 있는 방법이다). 심장이 아주 빨리 뛰는 경우는 천둥이 치거나 자동차가 큰 소리를 내면서 지나가는 등의 깜짝 놀라거나 두려움을 느끼게 되는 상황이 아니었다. 재기러기의 심박수는 배우자나 가족과 다툴 때에 훨씬 더 빨라졌다. 과학자들은 이 사실이 감정을, 심지어 공감일 수도 있는 감정을 느끼기 때문이라고 지적한다.

그리고 키스를 하는 떼까마귀가 있다. 까마귓과 새들 가운데 최고의 사교성을 자랑하는 떼까마귀는 사소하게 싸울 일이 아주 많다. 한 연구에서 과학자들은 떼까마귀가 배우자가 다른 떼까마귀와 싸움을 하면 싸움이 끝난 뒤에 1, 2분 정도 속이 상한 배우자 옆에 붙어서 부리를 맞대고 위로해주는 모습을 자주 목격했다. 과학자들은 떼까마귀의 이런 행동에 "분쟁 뒤 제3자 친화 행위(postconflict third-party affiliation)"(작명 실력이 별로이다)라는 용어를 붙이고 세상에 알렸다. 제3자 친화 행위란 싸움이 끝난 뒤에 싸움과 관계가 없던 구경꾼(제3자)이 싸움 때문에 화가 난 희생자(주로 배우자)를 위로하여 기운을 차리게 한다는 뜻이다.

우울해하는 다른 개체를 위로한다고 알려져 있는 동물은 유인원과 개를 포함해서 몇 종 되지 않는다. 최근에 아시아코끼리도 이 목록에 추가되었다. 아시아코끼리는 우울한 동료가 있으면 코로 그 동료의 얼굴을 어루만지거나 코끼리 판 포옹이라고 할 수 있는 행동—자기 코를 우울한 동료의 입에 넣는 행동—을 해서 동료를 위로한다.

얼마 전에 토머스 부그냐르와 그의 동료 올레이스 프레이저는 갈까마귀도 그런 식으로 싸움의 희생자가 되어 우울해하는 배우자나 친구를 위로하는지 알아보기로 했다. 갈까마귀도 격렬한 싸움에서 진 패배자에게 동정심을 느낄까? 우울해하는 동료를 위로해줄까?

위로는 특히나 흥미로운 연구 주제이다. 과학자들의 말처럼 "위로를 한다는 것은 사람의 특성 가운데 '동정하고 걱정하는 마음'이라고 알려져 있는 높은 수준의 인지능력인 공감을 할 수 있다는 의미이기 때문이다." 패배자를 위로하려면 먼저 상대의 고통을 인지하고, 그 고통을 누그러뜨려줄 수 있는 반응을 해야 한다. 제대로 인지하고 반응하려면 상대에게 어떤 감정이 필요한지 알아야 한다. 이런 특징은 한때 사람과 사람의 가까운 친척 종인 침팬지와 보노보에게만 있다고 알려져 있었다.

부그냐르와 프레이저는 어린 갈까마귀 13마리를 연구했다. 어린 갈까마귀는 짝을 지어 자기만의 영역을 구축하기 전까지는 여럿이 함께 생활하면서 끈끈한 동맹과 협력관계를 맺는다. 그러나 어느 사회나 그렇듯이 갈까마귀 사회에서도 분쟁은 일어나기 마련이고 젊은이는 "거칠기" 마련이다. 그러나 갈까마귀의 싸움은, 특히 가족 내부에서 일어나는 싸움은 거의 대부분 몇 마리가 산발적으로 엮이는 사소한 다툼으로 끝난다. 하지만 둥지나 배우자, 먹이, 영역 등을 놓고 낯선 갈까마귀나 다른 무리와 맞붙으면 장기적이고 무시무시한 싸움이 벌어질 수도 있다.

과학자들은 2년이 넘도록 어린 갈까마귀들의 싸움을 152차례 관찰하면서 공격자, 피해자, 구경꾼—같은 무리의 구성원으로 두 동료의 싸움을 아주 가까운 곳에서 지켜본 목격자—을 자세하게 기록했다. 그리고 싸움의 정도를 온화함(대부분 소리로 위협을 하고 마는 경우)과 강렬함(동료를 쫓아가거나 덤벼들거나 부리로 세게 때리는 경우)으로 나누어 분류했다. 그리고 싸움이 끝난 뒤에 10분 동안 피해자에게 다른 갈까마귀들이 공격적인 행동이나 친근한 행동을 하는지 기록했다. 놀랍게도 과학자들은 격렬한 싸움이 벌어진 뒤에는 2분 안에 옆에서 싸움을 지켜보던 구경꾼들이 피해자를 위로하는 모습을 보았다. 위로를 하는 갈까마귀는 대부분 피해자의 배우자이거나 동맹을 맺고 있는 새로, "위로하듯이" 아주 낮고 부드러운 소리를 내면서 피해자 옆에 앉아서 깃털을 다듬어주거나 부리를 맞대거나 부리로 피해자의 몸을 부드럽게 건드렸다. 그저 자기 배우자나 동료가 밖으로 표출하는 스트레스 증상을 없애려고 그런 반응을 보이는 것뿐이라고 무미건조하게 설명할 수도 있다. 그러나 연구를 진행한 과학자들은 갈까마귀가 동료를 위로하는 행동은 동료의 감정을 이해하기 때문에 나타나는 행동처럼 보인다고 했다. 과학자들은 자신들의 발견은 "갈까마귀가 사회적 관계를 어떻게 관리하고 무리지어 살아가는 데에 드는 비용을 어떤 식으로 균형을 맞추는지를 이해하는 데에 아주 중요한 단서를 제공한다. 또한 이 발견은 갈까마귀가 다른 개체가 필요로 하는 감정에 맞게 반응한다는 증거일 수도 있다"라고 적었다.

**슬픔도** 마찬가지이다. 얼마 전에 과학자들이 캘리포니아덤불어치가 "장례식"을 치르는 모습을 목격했다는 소식을 전했을 때, 나는 곧바로 몇 년 전에 우리 집 근처에 있는 목초지에서 내가 보았던 장면을 떠올렸다. 그때 나는 자신들의 동료를 한 마리 잡은 붉은꼬리말똥가리 주위에 몰려 있는 북미큰어치들을 보았다. 말똥가리에게 잡힌 어치는 말똥가리의 발톱 밑에서 마구 파닥이고 있었다. 어치들은 큰 소리로 떠들어대면서 살인자 주위를 뛰어다니며 야단법석을 떨었지만, 말똥가리는 크게 신경 쓰지 않았다. 나는 말똥가리가 이제는 축 늘어진 희생자를 움켜쥐고 날아갈 때까지 그 모습을 지켜보았다.

그러나 포식자에게 잡힌 동료를 안타까워하는 것과 "장례식"은 다른 일이다. 캘리포니아덤불어치의 장례식은 데이비스, 캘리포니아 대학교의 테레사 이글레시아스 연구팀이 목격했다. 이글레시아스 연구팀은 캘리포니아덤불어치가 이미 죽은 동료 어치를 보면, 어떻게 반응하는지 알고 싶었다. 과학자들은 덤불어치들이 흔히 찾아와 먹이를 먹는 장소에 죽은 어치를 한 마리 두고 어떤 일이 벌어지는지 관찰했다. 죽은 어치를 맨 처음 발견한 덤불어치는 모골이 송연해질 정도로 날카로운 경고음을 내서 다른 어치들을 불러모았다. 그러자 어치들은 그 즉시 하던 일을 멈추고 죽은 어치에게 다가와 역시 기분 나쁜 큰 소리로 울부짖기 시작했다. 덤불어치들이 내는 곡소리는 시간이 갈수록 점점 더 커져만 갔다.

캘리포니아덤불어치는 죽은 자기 종족 때문에 슬퍼하는 것일까? 분노해서 울부짖는 것일까? 왜 죽었는지, 그곳에서 죽은 동료를 옮길 방법은 있는지 등을 의논하는 것일까? 덤불어치들은 30분 정도 죽은 어치 옆에서 머물다가 하나둘씩 날아갔고, 그 뒤로 하루나 이틀 정도는 그 장소에 돌아와 먹이를 찾지 않았다.

이글레시아스 연구팀이 이 사실을 발표하자, 그 즉시 다양한 반응이 나왔다. 일단 많은 사람들이 경이로워했고(새도 죽음을 슬퍼하다니!), 곧 엄청난 논쟁이 벌어졌으며, 과학자들이 부적절하게 "장례"라는 단어를 썼다는 이유로 비난을 하는 사람들이 나타났다. 지나치게 의인화를 했다는 비난도 있었다. 사람의 장례식과 비교했을 때, 덤불어치의 행동은 장례식하고는 거리가 멀다는 의견도 나왔다.

당연한 지적이다. 그러나 이글레시아스 연구팀은 새가 사람과 같은 방식으로 장례식을 치른다고는 하지 않았다. 그저 같은 종족의 죽음을 목격했을 때, 새가 어떤 식으로 반응했는지를 관찰한 대로 발표했을 뿐이다. 분명히 덤불어치는 죽은 새에 대해서 시끄럽게 알려주고, 다른 새들에게 위험을 경고하는 듯한 행동을 한다. 과학자들이 "불협화음을 내는 무리(cacophonous aggregation)"라고 부르는 행동 말이다.

이런 의미에서 캘리포니아덤불어치의 모임은, 그 연구에 관한 소식을 들었을 때에 동식물학자 로라 에릭슨이 떠올린 아일랜드 장례식 경야(經夜)와 더 닮아 있는지도 모른다. 바로 시카고 소방관이었고 화재를 진압하다가 갑자기 심장마비로 사망한 에릭슨의 아버지의 장례식 경야였다. 그녀의 아버지의 동료들은 아버지가 가는 모습을 마지막으로 보려고 들어와서는 모두 한마디씩 했다. "돌아가셨다는 사실만 빼면 아버지가 정말 근사해 보인다거나 남은 사람들은 체육관에서 좀더 많은 시간을 보내야 한다거나 다이어트를 해야 한다는 말씀을 나누었다. 하지만 정말로 하고 싶었던 말은 아버지처럼 죽고 싶지는 않다는 것이었다."

후속 연구에서 이글레시아스 연구팀은 캘리포니아덤불어치가 비둘기나 아메리카붉은가슴울새(미국 지빠귀)나 흉내지빠귀처럼 자기 종과 크기가 비슷한 다른 새의 죽음을 보고도 날카롭게 울부짖는다는 사실을 알아냈다(이글레시아스 연구팀은 비둘기와 덤불어치가 처음 보는 파랑꼬리벌잡이새와 검은목덜미과일비둘기를 실험 장소에 두었다). 캘리포니아덤불어치는 되샛과 새처럼 자기보다 작은 새의 죽음을 보았을 때는 작은 소리로 울거나 전혀 울지 않았다. 따라서 이글레시아스는 덤불어치가 주검 앞에 모이는 이유는 슬퍼서라기보다는 얼마나 위험한지를 판단하기 위해서일 수도 있다고 했다. 그러나 이글레시아스는 이런 말을 덧붙였다. "캘리포니아덤불어치가 모여서 시끄럽게 우는 이유가 전적으로 동료의 죽음을 슬퍼하기 때문은 아니라고 해도, 가끔은 감정적으로 고통을 느낄 가능성이 있음을 완전히 배제할 수는 없습니다."

**무엇이 캘리포니아덤불어치가** 한 새의 주검 앞에 모여 시끄럽게 떠들게 하는지 나는 잘 모르겠다. 공감은 "다른 사람의 불행을 느끼고 자기 자신도 함께 우울해지는 감정 이입"이라고 정의할 수 있다. 캘리포니아 대학교에서 진행한 실험에서 덤불어치들은 그저 다른 새에게 경고를 했던 것일까? 아니면 동료의 주검 앞에서 어떤 감정을 느끼는 것일까? 감정을 느낀다면 어떤 감정일까? 분노? 공포? 슬픔? 새는 영장류처럼 얼굴 근육으로 감정을 표현할 수는 없을 것이다. 하지만 고개나 몸을 이용해서, 소리, 몸짓, 행동으로 감정을 표현할 수 있다. 언젠가 콘라트 로렌츠는 짝을 잃은 재기러기가 상실감에 괴로워하고 슬퍼하는 어린아이가 하는 행동을 한다고 했다. "눈은 움푹 들어가고……온몸에서 힘이 빠져 말 그대로 고개를 완전히 떨구고 있다."

새가 슬픔을 느끼는지에 관해서는 아직 어떤 결정도 나지 않았다. 그러나 과학자들은 슬픔을 느낄 수도 있다는 쪽에 점점 더 무게를 싣고 있다.

콜로라도 대학교의 명예교수인 마크 베코프는 위드비 오듀본 학회 회장이었던 빈센트 헤이글이 들려준 이야기를 해주었다. 친구 집을 방문한 헤이글은 주방에서 창문을 내다보다가 몇 미터 떨어진 곳에 까마귀 한 마리가 죽어 있는 모습을 보았다. "그 까마귀 주위를 까마귀 열두 마리가 원을 그리면서 총총 맴돌고 있었다. 1, 2분쯤 지나자 까마귀 한 마리가 어디론가 날아갔다가 작은 가지인지 마른 풀인지를 들고 와서 죽은 까마귀 위에 놓고는 날아갔다. 그러자 한 마리씩 차례대로 까마귀들은 잠시 사라졌다가 작은 풀이나 가지를 가져와 죽은 까마귀 위에 놓고 날아갔다. 모든 까마귀가 같은 행동을 했고 죽은 까마귀 위에는 가지가 쌓였다. 까마귀들이 잔가지를 죽은 까마귀 위에 올리고 모두 떠날 때까지는 4분 내지 5분 정도가 걸렸다."

이런 이야기는 더 있다. 골프장에서 한 까마귀가 골프공에 맞아 죽자, 골프장 주변에 있는 나무에 까마귀 수백 마리가 와서 앉았다는 이야기도 있고, 갈까마귀 두 마리가 전력 변압기 위에서 감전되어 죽자 몇 분 안에 엄청나게 많은 갈까마귀들이 나타나서 하늘을 맴돌았다는 이야기도 있다. 『까마귀의 선물』에서 존 마즐러프와 토니 에인절은 까마귀와 갈까마귀는 동료가 죽으면 "주기적으로" 모인다고 했다. 두 사람은 이런 반응은 감정적이라기보다는 사회적인 반응일 수도 있다고 했다. 왜냐하면 새들은 동료의 죽음이 집단 내의 위계질서에, 짝짓기와 영역 문제에 어떤 식으로 영향을 미칠지 알기 때문이다. 또한 이글레시아스가 언급한 것처럼 어떻게 해야 동료가 맞이한 최후를 피할 수 있을지 생각하기 때문이다. 마즐러프는 까마귀가 죽은 까마귀를 들고 있는 사람을 보면 까마귀 뇌의 해마가 활성화된다는 사실을 알아냈다. 이는 위험을 보면서 배운다는 뜻이다. "우리는 까마귀와 갈까마귀가 죽은 동료 주위로 모여드는 것은 다른 까마귀가 죽은 이유와 결과를 아는 것이 자신들의 생존에 아주 중요하기 때문이라고 확신한다. 우리는 또한 까마귀와 갈까마귀가 배우자나 친척의 죽음을 슬퍼한다고 생각한다." 마즐러프와 에

인절은 이렇게 적고 있다.

　나도 그렇게 생각한다. 사랑이나 속임수, 배우자가 오늘 저녁에 먹고 싶어하는 음식을 짐작하는 능력이 사람의 발명품이 아닌 것처럼, 슬픔도 사람이 만든 고유한 발명품은 아니기 때문이다.

제5장

# 400개의 언어
## 음성 기교

만약 당신이 1804년이나 1805년의 어느 전형적인 오후에 백악관 층계 아래에 서 있었다면, 낮잠을 자려고 침실로 걸어가는 토머스 제퍼슨 대통령을 따라 총총거리며 층계를 올라가는 활기찬 회백색의 새를 볼 수 있었을 것이다.

바로 딕이다.

대통령은 자기가 기르는 흉내지빠귀에게 말이나 양치기 개에게 붙여준 것처럼 쿠쿨린이나 핑걸, 베르제르 같은 멋진 켈트 이름이나 갈리아 이름을 붙여주지는 않았지만, 딕은 대통령이 아주 좋아하는 애완동물이 분명했다. 흉내지빠귀를 기르기로 결정했다고 알려온 사위에게 제퍼슨 대통령은 "흉내지빠귀와 함께하기로 했다니 정말로 축하하네. 아이들이 왜 이 새를 새들 가운데 가장 멋진 새라고 감탄하는지, 그 이유를 배우게나"라는 편지를 보냈다.

딕은 제퍼슨 대통령이 1803년에 구입한 흉내지빠귀 두 마리 가운데 하나일 것이다. 흉내지빠귀는 그 어느 애완 새보다 비싼 축에 속했다(그 당시에는 10달러 내지 15달러였고 지금은 125달러 정도 된다). 왜냐하면 흉내지빠귀는 사는 곳에 서식하는 모든 새의 노래뿐만 아니라 미국,

스코틀랜드, 프랑스의 유명한 노래도 거뜬히 부를 수 있었기 때문이다.

누구나 흉내지빠귀를 친구로 택하는 것은 아닐 것이다. 영국 낭만주의 시인 워즈워스는 그 새를 "즐거운 흉내지빠귀"라고 불렀다. 흉내지빠귀는 뻔뻔하다. 건방지고 활기차다. 하지만 즐겁다고? 흉내지빠귀는 대부분 아주 듣기 고약한 츠악 하는 소리를 낸다. 한 동식물학자가 묘사한 것처럼 흉내지빠귀는 콧물을 들이마시는 소리와 가래를 내뱉는 소리의 중간쯤에 해당하는 전혀 사랑스럽지 않은 욕설을 내뱉는 새이다. 그러나 제퍼슨 대통령은 비상한 지능, 음악적 재능, 놀라운 흉내 실력 때문에 흉내지빠귀를 사랑했다. 대통령의 친구 마거릿 베이어드 스미스는 이런 글을 남겼다. "대통령은 혼자 있을 때마다 새장 문을 열고 새가 마음대로 방을 날아다니게 했다. 새는 한동안 이 물체 저 물체 사이를 날아다니다가 대통령의 식탁에 내려앉아 달콤한 노래로 대통령을 즐겁게 해주거나 대통령의 어깨에 앉아서 대통령이 물고 있는 음식을 받아먹었다." 대통령이 낮잠을 잘 때는 소파에 앉아서 새와 사람의 목소리로 노래를 불러주었다.

제퍼슨 대통령은 딕이 영리하다는 사실을 알았다. 딕은 이웃에 사는 다른 새의 노래와 유행가를 부를 수 있었고, 심지어 파리로 가는 배 위에서는 나무 판이 삐걱거리는 소리까지 흉내낼 수 있었으니까. 하지만 제퍼슨 대통령은 과학자들이 앞으로 딕의 재능을 어떤 관점으로 들여다보게 될지는 짐작조차 하지 못했을 것이다. 딕이 얼마나 진귀하고 모험적인 재능을 가지고 있는지, 그런 재능을 발휘하려면 어느 정도의 지적 능력이 있어야 하는지, 딕의 재능이 상당히 많은 사람들의 언어와 문화의 원천이 되는 모방이라는, 가장 복잡하고도 신비로운 학습 형태를 탐사하게 해줄 창문이 되리라는 사실을 그는 몰랐을 것이다.

그리 **오래되지 않은** 가을의 어느 날, 조지타운 대학교의 로어핑크 강당에서는 180명의 전문가들이 모여 딕의 재능과 사람의 언어 학습에서 나타나는 유사성에 관한 최신 생각과 연구를 놓고 활발하게 논쟁을 벌였다. 딕의 재주는 소리를 흉내내는 능력과 음향 정보를 모아 자기 음성으로 활용할 수 있는 능력이 있어야 가능한데, 이 능력은 당연히 언어를 구사하려면 반드시 갖추어야 하는 것이다. 음성 학습(vocal learning)이라고 하는 이 능력은 동물의 세계에서는 아주 드문 재주로 지금까지는 앵무새, 벌새, 명금류, 방울새, 돌고래나 고래 같은 몇몇 해양동물, 박쥐, 그리고 영장류 한 종(사람)만이 보유하고 있다고 알려져 있다.

강당에 모인 전문가들은 새가 노래를 배우는 능력을 복잡한 인지능력이라고 해도 되는지를 놓고 논쟁을 벌였다. 만약 새가 정보를 획득하고 가공하고 저장하고 사용하는 과정을 인지능력의 한 형태라고 정의한다면, 새가 노래를 배우는 것은 분명한 인지과제인 셈이다. 어린 새는 자기 종인 교사가 부르는 노랫소리를 듣고 어떻게 노래를 불러야 하는지에 관한 정보를 얻는다. 이 정보를 기억했다가 노래를 부를 때에 이용한다. 과학자들은 새가 노래를 배우는 과정과 사람이 언어를 배우는 과정은 흉내를 내고 실행하는 과정에서부터 두 과정에 관여하는 뇌 구조와 활성화되는 유전자에 이르기까지 상당히 비슷하다는 점에 주목한다. 왜 사람처럼 새도 언어 장애(speech defect)를 겪는지(예를 들면 새는 소리를 더듬는다), 노래를 배우는 새의 뇌 구조는 문자 그대로 어떤 식으로 결정화(crystallization)가 되는지를 알면, 사람의 언어 학습의 신경학적 본질도 밝힐 수 있을 것이다.

위트레흐트 대학교의 신경생물학자 요한 볼하위스는 과학계 외부에 있는 사람들은 사람의 언어와 말을 새의 울음소리와 비교한다는 사실이 아주 이상하게 느껴질 것이라고 했다. "굳이 동물과 비슷한 점을 찾으려면 가장 가까운 친척인 유인원을 들여다보는 것은 어떠냐고 할지도 모릅니다. 그러나 신기하게도 사람의 언어 습득에는 명금류가 노래를 배우는 과정과 상당히 비슷한 측면이 많습니다. 하지만 유인원과는 비슷한 점이 전혀 없습니다."

**쉬는 시간**에 강당에서 나오자, 나는 마치 관목처럼 보이는 작은 삼나무에서 흘러나오는 새소리를 들을 수 있었다. 대학 교정에 휘몰아치는 차가운 북서풍은 떡갈나무와 단풍나무를 흔들어 잎을 떨어뜨렸고, 가끔은 참새들도 공격했다. 그외에는 눈에 띄는 새들이 별로 없었다. 그러나 삼나무 잎 깊숙한 곳에서는 캐롤라이나굴뚝새의 티-케틀, 티-케틀, 티-케틀, 티-케틀 하는 소리와 하얀가슴동고비의 꼬르르 하는 소리가 들렸다. 황동색 총알 같이 생긴 홍관조의 퓨 퓨 퓨 트위이이 하는 소리도 들렸고, 야단을 치는 듯한 울새의 소리도 들렸다. 그때 큰 가지 사이에서 추위를 이기려고 깃털을 잔뜩 부풀리고 있는 회색 새가 한 마리 보였다. 딕의 종족이며 "많은 언어를 흉내낸다"는 뜻의 학명(*Mimus polyglottos*)을 가진 북방흉내지빠귀가 노래로 자신의 영혼을 표현하고 있었다. 흉내지빠귀는 한 소절이 끝나면, 다음 소절을 고르려는 듯이 1, 2초 정도 노래를 멈추고 가만히 있었다.

봄이 절정에 달할 때면 흉내지빠귀가 자기 영역임을 분명히 알리고 짝을 찾으려고 높은 가지에 앉아 한껏 큰소리로 노래를 부르는 모습을 볼 수 있다. 4월의 어느 오후에 나는 델라웨어 해변을 둘러싸고 있는 평평한 모래땅에 홀로 서 있는 소나무 아래에 있었다. 관목에 앉아 있던 새와 달리 소나무에 앉은 새는 분명하게 잘 보였다. 그 흉내지빠귀는 가장 높은 곳의 잔가지에 앉아 긴 꼬리를 기운차게 흔들어대면서 부리를 하늘로 길게 빼고 온몸에 힘을 주고 열정적으로 노래하고 또 노래하며 음악을 뿜어내고 있었다.

흉내지빠귀는 개똥지빠귀 가운데 아메리카 대륙에서만 서식하는 흉내지빠귓과(Mimidae)의 일원이다. 비글 호를 타고 항해하면서 다윈은 남아메리카 대륙 곳곳에서 흉내지빠귀를 보고 "아주 활기차고 호기심이 많고 활동적인 새이다……. 이 나라의 그 어느 새보다도 노래하는 능력이 월등하다"라고 썼다.

흉내지빠귀는 지금까지 남의 곡조를 훔쳐서 가장 중요한 구절은 빼버리고 노래하는 좀도둑에 불과하다는 비방을 받아왔다. 그러나 내가 듣기에 이 델라웨어 해변의 흉내지빠귀는 영화배우 베트 미들러가 앤드루스 시스터스의 노래를 하는 것처럼 캐롤라이나굴뚝새의 노래를 부르고 있었다. 실제로 흉내지빠귀는 박새, 쇠박새, 숲지빠귀의 감미롭고 청아한 노래를 마구 훔쳐오는 뻔뻔한 좀도둑일 수도 있지만 단순한 포크 음악을 멋진 교향곡으로 만드는 러시아의 작곡가 쇼스타코비치처럼 그 노래들을 멋들어진 음악으로 탈바꿈시킨다. 잠시 동안 나는 지금 익숙한 새의 노래와 소리를 듣고 있다는 사실도 잊고 흉내지빠귀의 복잡한 즉흥 연주에 사로잡혀 넋을 잃었다. 즐겁고도 열정적인 수컷 흉내지빠귀의 파르르 떨리는 높은 노랫소리는 따뜻한 봄날의 대기를 가득 채웠다.

그러다가 수컷 흉내지빠귀는 시작했을 때처럼 갑작스럽게 연주를 끝냈다. 마음속에 쌓여 있던 모든 것들을 훌훌 털어버렸다는 듯이 흉내지빠귀는 파드닥 날갯짓을 하며 나무 밑에 쌓인 낙엽 위로 조용히 내려앉았다.

새가 영역을 지키고 짝을 찾으려고 가슴이 터지도록 죽어라고 노래를 부르던 그때는 봄이어야 했다. 그러나 그 새는 차가운 바람이 부는 11월 중순에 열정적으로 노래를 부르고 있었다. 심판을 피해 도망치는 사람처럼 삼나무 사이에 숨어 있는 그 새는 마치 자기 자신에게 노래를 불러주는 듯했다. 그 흉내지빠귀의 노래는 네 번에서 다섯 번 정도 후렴구가 반복되었고, 끝없이 이어지는 것 같았다.

나보다 뇌가 1,000배는 더 작은 저 새가 어떻게 그렇게 많은 곡조를 뇌에 저장할 수 있을까? 아니, 애초에 저 뇌에 그 노래들을 어떻게 담을 수 있었을까? 어째서 저 새는 관목 깊숙한 곳에 앉아서 자기 자신에게 노래를 불러주는 것일까?

"샤워를 하면서 노래를 부르는 행위와 다르지 않습니다." 로어핑크 강당의 열기 속에서 그런 문제를 고민하던 새소리 전문가 가운데 한 명인 위스콘신 대학교의 로렌 리터스는 그렇게 말했다.

흉내지빠귀는 엄청난 시간과 자원을 들여 자기만의 예술 작품을 배워나간다. 새소리가 유전적으로 이미 내재되어 있다고 생각하는 사람들이 많다. 그러나 새소리는 사람이 언어를 배우는 과정과 동일한 방식으로 배워야 한다. 어른의 소리를 자세히 듣고 자기가 직접 소리를 내보고 연습하고, 어린아이가 악기를 배울 때처럼 자신의 기량을 닦아야 한다.

이것이 바로 새소리 전문가 180명이 이 주제에 깊은 관심을 가지게 된 이유 가운데 하나이다. 사람이 구사하는 가장 복잡한 기술들—언어, 말, 음악—을 우리는 새가 소리를 배우는 방식과 비슷한 방식으로 배운다. 모방이라는 과정을 거치는 것이다.

신경생물학자 에릭 자비스는 "앵무새처럼 사람의 말도 흉내낼 수 있는 새를 비롯해, 여러 새들이 소리를 배우는 방식을 연구하면, 이 능력을 사용하는 데에 필요한 필수적인 뇌 경로, 유전자, 행동을 알게 될 것"이라고 했다.

**새는 모두 소리를 낸다.** 부엉부엉, 호둘둘, 까악, 구구, 뜨르르르, 가르릉, 짹짹, 쯔입쯔입, 찌르르. 천사처럼 노래를 부르기도 한다. 천적을 보고 경고를 할 때나 가족이나 친구, 원수를 만났을 때는 소리(call)를 낸다. 잠복해 있다가 덮칠 생각이든 결사적으로 방어를 할 생각이든 새는 자기 영역을 지키기 위해서나 짝을 찾기 위해서 노래(song)를 한다.

새의 소리는 대부분 사람이 비명을 지르거나 웃는 것처럼 짧고 단순하고 간결하고 내재적이며, 자기 의사를 표현하려는 암수 모두 소리를 낸다. 노래는 일반적으로 길고 더 복잡하며 배워야 한다. 열대 지역에서는 일반적으로 암컷과 수컷이 모두 노래를 부르지만, 온대 지역에서는 보통 수컷만 짝짓기 시기에 노래를 한다. 그러나 소리와 노래를 구분하는 명확한 기준은 없으며 수많은 예외가 있다. 까마귀는 소리로 조롱하기, 질책하기, 모이기, 애원하기, 선언하기, 둘만 대화하기 같은 10여 가지 의사표시를 하는데, 저절로 낼 수 없어서 배워야만 하는 소리도 있다. 복잡함으로 말하자면, 검은머리박새가 내는 소리는 박새가 내는 2음(two-tone) 노래보다 훨씬 더 복잡하다.

그러나 노래에는 무엇인가 특별한 점이 있다. 듀크 대학교에서 음성학습을 연구하는 자비스는 "동물은 거의 모두 본능적으로 소리를 내어 의사소통을 한다. 태어날 때부터 어떤 식으로 비명을 지르고 울고 소리를 내질러야 하는지 아는 것이다." 양이 음메 하는 것처럼 이런 소리들은 내재되어 있거나 유전적으로 이미 각인이 되어 있다. "그러나 음성학습은 소리를 듣는 능력과, 후두나 명관(鳴管)의 근육을 사용해서 다시 그 소리를 직접 낼 수 있는 능력이 있어야 한다. 그 소리가 말을 배우는 것이든 새의 노래를 배우는 것이든 말이다."

지구에 사는 새들 가운데 거의 절반에 해당하는 4,000여 종이 노래를 부른다. 그 노래는 파랑새의 듣기 싫게 꺅꺅거리는 노래일 수도 있고, 40음이나 낼 수 있는 찌르레기의 아리아일 수도 있고, 개개비의 길고 복잡한 노래일 수도, 갈색지빠귀의 플루트 소리 같은 노래일 수도, 작은 굴뚝새처럼 부부가 마치 한 몸인 양 조화롭게 부르는 노래일 수도 있다.

새는 언제, 어디서 노래를 불러야 하는지 안다. 탁 트인 장소에서는 소리가 식물 위로 지나가면서 멀리 갈 수 있기 때문에 새는 간섭을 최대한 줄이려고 높은 가지에 올라 노래를 부른다. 숲속 바닥에서 노래하는 새들은 잎이 무성한 가지에서 노래하는 새들보다 좀더 음조가 있고 주파수가 낮은 노래를 부른다. 곤충이나 차량의 소음을 피할 수 있는 주파수로 노래를 부르는 새들도 있다. 공항 근처에 사는 새들은 비행기 소리에 노랫소리가 파묻히지 않도록 다른 곳에 서식하는 새들보다 훨씬 이른 새벽에 노래를 부르기도 한다.

파블로 네루다는 시 "새 관찰 송가(Ode to Bird Watching)"에서 "어떻게 / 손가락보다 작은 / 목에서 / 그렇게 많은 노래의 / 바다가 떨어질 수 있는가?"라고 했다.

그 이유는 바로 한 가지 발명품 덕분이다.

명관(鳴管)을 뜻하는 영어 단어 "syrinx"는 들판의 신이자 목축과 풍요의 신인 판(Pan)이 갈대로 만든 님프의 이름이다. 과학자들이 명관의 기능을 밝히는 데에는 오랜 시간이 걸렸다. 명관은 공기의 통로인 기관(氣管)이 기관지(氣管支)로 갈라지는 가슴 깊은 곳에 자리하고 있기 때문이다. 불과 몇 년 전에야 과학자들은 자기공명영상(MRI)과 마이크로 CT를 이용해서 명관의 비밀을 풀어줄 놀라운 고해상도 3차원 영상을 촬영할 수 있었다.

최첨단 기술로 촬영한 영상 덕분에 명관의 구조가 얼마나 놀라운지 밝혀졌다. 명관은 섬세한 연골과 엄청나게 빠른 속도로 지나가는 공기 때문에 진동하면서 독자적으로 소리를 낼 수 있는―명관 양쪽에 한 개씩 있는—두 개의 막(membrane)으로 이루어져 있다. 흉내지빠귀나 카나리아처럼 재능이 풍부한 새의 명관은 양쪽 막이 저마다 다르게 진동하기 때문에 왼쪽 막으로는 낮은 음을 오른쪽 막으로는 높은 음을 내는 등 조화롭지만 전혀 다른 두 음을 동시에 낼 수 있고, 소리의 크기나 속도도 놀랄 만큼 빠르게 바꿀 수 있기 때문에 자연에서 가장 음향적으로 복잡하고 다양한 발성을 할 수 있다(이는 정말 비상한 능력이다. 사람이 말을 할 때는 모든 음조[pitch : 소리의 높낮이와 강약/옮긴이], 발성할 때 나는 배음[harmonics : 가장 낮은 소리 주파수를 바탕음이라고 했을 때, 바탕음에 대해서 정수배의 관계에 있는 모든 음/옮긴이]이 같은 방향으로 움직인다).

새가 이런 재주를 부릴 수 있는 이유는 모두 작지만 아주 강력한 근육 덕분이다. 흰점찌르레기나 금화조 같은 명금은 밀리초도 안 되는 아주 짧은 시간에 작은 명관근을 수축했다가 이완할 수 있다. 사람이 눈을 깜빡이는 시간보다 100배는 더 빠르게 움직이는 셈이다. 근육을 이런 식으로 빨리 움직일 수 있는 동물은 그다지 많지 않다. 그런 동물들 가운데 하나가 바로 꼬리를 움직여 소리를 내는 방울뱀이다. 아주 빠른 노래를 부른다고 알려져 있는 작고 갈색의 굴뚝새는 1초에 36개에 달하는 음을 내는데, 그 정도 빠르기라면 사람의 귀나 뇌는 굴뚝새가 내는 음의 변화를 감지할 수도 처리할 수도 없다. 심지어 명관을 조작해서 사람의 말소리를 흉내내는 새들도 있다.

명관의 근육이 더 정교한 새는 더 정교한 노래를 부른다. 내가 삼나무에서 보았던 흉내지빠귀는 명관 근육이 7쌍이 있기 때문에 그다지 큰 노력을 들이지 않고도 힘차게 노래를 부를 수 있다. 정말로 마음만 먹는다면 1분에 17곡, 18곡, 19곡을 부를 수 있다. 한 곡이 끝나면 재빨리 공기를 들이마셔 숨을 쉬어가면서 말이다.

흉내지빠귀의 몽환적인 노래를 하는 기관은 명관이지만 노래를 시작하고 조정하는 곳은 뇌이다. 노래를 조정하는 뇌 영역에 형성된 정교한 신경망이 내보내는 신경 신호가 각 근육을 조절한다. 뇌의 좌반구와 우반구에서 나온 신경 자극이 명관에 있는 두 근육의 움직임을 조절하여 완벽하고 적절하게 공기가 흐르게 하기 때문에 흉내지빠귀는 수백 개가 넘는 다양한 소리를 흉내낼 수 있다.

흉내지빠귀는 이 모든 일을 아주 쉽게 해내는 것처럼 보인다.

그러나 한번 생각해보자. 독일어든, 포르투갈어든 간에 외국어를 한 구절 따라 하려면 상대방이 하는 말을 유심히 들어야 한다. 단어 하나하나를 아주 정확하게 들어야 한다. 팀 젠트너는 조지타운 대학교 강당에 모인 새 전문가들에게 그 일은 결코 쉽지 않다고 했다. 특히 "흐름 분할 (stream segregation : 음의 높이가 다른 음들을 빨리 연주할 때 높은 음과 낮은 음이 동시에 연주하는 개별 음으로 지각되는 현상/옮긴이)"이라고 부르는 현상이 나타나는 불협화음 속에서 정확한 음을 잡아내거나 파티 장소나 시끄러운 거리에서 소리를 따라 해야 할 때는 특히 어려울 수밖에 없다고 했다. 새들은 파티 장소처럼 어수선한 곳에서 소리를 골라내야 한다. 날이 밝기 직전처럼 많은 새들이 한꺼번에 노래하는 시간에는 필요한 음을 골라내는 일이 더욱 어렵다. "많은 새들이 사교적입니다. 따라서 상당히 많은 수가 모인 곳에서 서로 의사소통을 해야 합니다." 젠트너는 샌디에이고, 캘리포니아 대학교의 심리학자이다. "수많은 신호가 있지만 그 모든 신호가 매 순간, 모든 개체에게 필요한 것은 아닙니다. 따라서 어떤 음의 흐름이 자기에게 유용한 정보를 담고 있는지 알아내는 일은 아주 중요합니다."

일단 소음 속에서 필요한 구절을 분리해냈으면, 뇌가 그 소리를 운동 신경에 전달해 명령을 내리기 전까지는 그 소리를 기억하고 있어야 한다. 뇌는 분리한 소리를 후두(larynx)에서 비슷하게 낼 수 있기를 바라면서 후두로 명령을 전달한다. 처음에는 그 소리를 제대로 내기 힘들다. 시행착오를 겪으면서 자기가 하는 실수를 귀로 듣고 바로잡으면서 연습을 해나가야 한다. 그 구절을 내 것으로 만들고 싶다면, 무엇보다도 기억을 만드는 뇌 경로가 강화되도록 계속해서 사용해야 한다. 평생 동안 잊고 싶지 않다면 좀더 안전한 장소인 장기 기억 저장소로 옮겨서 보관해야 한다.

흉내지빠귀는 이 일을 정말로, 정말로 잘 해낸다. 소나그램 혹은 스펙트로그램이라고도 하는 사운드 스펙트로그램에 그 증거가 있다. 사운드 스펙트로그램은 새의 노래에 들어 있는 미묘한 차이를 감지하려고 과학자들이 사용하는 것으로, 소리를 시각적으로 보여준다(세로축은 주파수나 음의 높이를 표시하고 가로축은 시간을 표시한다). 소나그램으로 원래 새의 노래와 흉내지빠귀가 따라 한 노래를 비교하자 흉내지빠귀는 다른 새들(동고비, 개똥지빠귀, 쏙독새)의 노래를 거의 완벽할 정도로 정확하게 따라 한다는 사실이 밝혀졌다. 더구나 홍관조의 노래를 흉내낼 때는 사실상 홍관조가 근육을 쓰는 패턴까지도 따라 했다. 다른 새의 노래에 자기는 낼 수 없는 음이 있을 때면 그 음을 다른 음으로 바꾸거나 그 음을 빼버리고 다른 음의 길이를 늘여 전체 노래 시간을 맞추기도 했다. 카나리아처럼 아주 빠르게 노래하는 새를 흉내낼 때는 음을 한데 모아 내뱉은 다음에 잠시 숨을 멈추어 전체 노래의 길이를 맞췄다. 이런 식으로 다른 새를 따라 하는 흉내지빠귀의 노래는 개똥지빠귀나 쏙독새는 속일 수 없을지 모르지만 분명히 나는 속일 수 있다.

물론 흉내지빠귀가 새들의 왕국에서 유일한 흉내쟁이는 아니다. 같은 흉내지빠귓과의 새인 갈색트래셔는, 어떻게 생각하면 흉내지빠귀처럼 정확한 노래는 아니지만 그 수만큼은 흉내지빠귀보다 10배는 더 많은 노래를 부른다고 할 수 있다. 나이팅게일처럼 유럽에서 흔히 볼 수 있는 찌르레기는 흉내를 잘 내서 60가지의 노래를 몇 번만 들어도 따라 할 수 있다. 습지개개비는 100여 종이 넘는 새 소리를 양념으로 첨가한 야성적이고 절박한 국제적인 합창을 하는 새로 알려져 있다. 습지개개비는 몇 가지 노래는 둥지를 트는 유럽에서 익히지만, 대부분은 겨울을 나는 우간다 같은 아프리카 지역에서 배워온다. 습지개개비가 따라 하는 새들 (보란개개비사촌, 비나키비둘기, 아프리카 때까치 같은)의 노래를 분석하면 이 새가 아프리카의 어느 곳을 여행하고 왔는지 알 수 있다.

소리를 그 누구보다 잘 훔치는 새는 오스트레일리아에 서식하는 금조이다. 한 동식물학자가 언급한 것처럼 오스트레일리아 숲을 걷다 보면, 갑자기 "가금류처럼 생긴 갈색 새가 사람을 보고 개처럼 짖는 모습을 볼 수 있다." 얼룩무늬꼬리치레를 속이는 아프리카의 영리한 두갈래꼬리바람까마귀는 꼬리치레뿐만 아니라 다른 동물들도 비슷한 전략을 써서 속인다. 피해자가 속아 넘어갈 경고음을 흉내내서 정직한 새나 포유류가 간신히 구한 소량의 먹이를 떨어뜨리고 도망치게 한 뒤에 그것을 주워 먹는 것이다.

영국 국가("God save the King")를 부르게 훈련받은 멋쟁이새도 있고, "영결 나팔" 소리를 내는 회색개똥지빠귀도 있고(아마도 근처에 있는 묘지에서 장례식 나팔 소리를 배웠을 것이다), 독일 남부에서는 개 주인이 양치기 개에게 지시할 때에 쓰는 명령어를 네 개 배웠다는 뿔종다리도 있다. 뿔종다리가 어찌나 정확하게 명령을 따라 했는지, 이 새가 "뛰어!" "빨리!" "멈춰!" "여기로 와!" 같은 명령을 내리면 개들은 즉시 복종했다고 한다. 그 명령어는 다른 뿔종다리에게도 퍼져서 그 지역에 사는 소규모 뿔종다리 무리의 구호가 되었다(아마도 그 때문에 개들은 몹시 숨이 찼을 것이다).

사람의 말을 따라 하는 독특한 재능을 타고난 새도 있다. 회색앵무도 그 가운데 한 종이다. 구관조도 회색앵무만큼이나 재능이 뛰어나다. 이 새들은 새들의 키케로와 처칠이라는 명성을 얻었다. 그밖에도 사람의 말을 할 수 있는 까마귓과 새와 앵무샛과 새는 더 있다. 잉꼬도 그런 새들 가운데 한 종이다. 『뉴요커(*New Yorker*)』에는 "몇 주일 동안이나 말을 하지 않던 웨스트체스터잉꼬가 마침내 입을 열어서 처음으로 한 말은 '말해. 젠장. 말하라고'였다"는 기사도 실렸다.

사람의 소리를 흉내내려면 새는 많은 과제를 해내야 한다. 사람은 인체에서 가장 탄력적이고 유연하고 가장 끈기 있는 혀와 입술을 움직여 모음과 자음을 만든다. 새는 소리를 만들 때 사용해야 할 입술과 혀가 없기 때문에 사람의 소리를 흉내내는 일이 아주 어려울 수밖에 없다. 그것이 사람의 소리를 따라 할 수 있는 새가 그토록 적은 이유일 것이다. 다른 새와 달리 앵무새는 소리를 낼 때 혀를 사용하기 때문에 모음을 분명하게 발음할 수 있다. 앵무새가 사람의 언어를 흉내낼 수 있는 것도 아마 혀를 사용할 수 있기 때문일 것이다.

회색앵무는 새들의 세계에서 언어의 법규를 정확하게 아는 전문가이다. 아이린 페퍼버그는 세상에서 가장 말을 잘 하는 새로 알려진 알렉스와 연구를 하면서 회색앵무의 언어 능력이 얼마나 뛰어난지를 세상에 알렸다. 페퍼버그가 여러 가지 물체들을 섞어놓고 알렉스에게 질문을 하면, 알렉스는 거의 완벽하게 물체를 알아맞혔다. 예를 들면 페퍼버그가 네모난 녹색 나무를 보여주면 알렉스는 나무의 색과 모양을 말했고, 만져본 뒤에는 어떤 재료로 만들어졌는지도 알아맞혔다. 알렉스는 또한 "주목해봐요", "진정해요", "안녕. 저녁 먹으러 가야겠어요. 내일 봐요" 처럼 실험실에서 사람들이 주고받는 말도 익혔다가 적절하게 활용했다.

친근한 농담을 구사하는 새는 알렉스만이 아니다. 내가 아는 회색앵무 스록모턴은 셰익스피어의 연극을 하는 사람처럼 자기 이름을 정확하게 발음한다. 스코틀랜드의 메리 여왕을 위해서 중개인으로 일했던 (그리고 엘리자베스 1세 여왕을 폐위할 음모를 꾸미다가 1584년에 교수형에 처해진) 남자의 이름으로 불린 이 회색앵무는 캐린과 밥의 목소리를 비롯해 집안에서 나는 다양한 소리를 흉내내서 이득을 취했다. 스록모턴은 "밥의 목소리"로 캐린을 불렀는데, 캐린은 정말로 밥의 목소리라고 생각했다. 도대체 밥의 목소리와 어디가 다른지 짚어낼 수가 없었다. 스록모턴은 캐린과 밥의 각기 다른 전화벨 소리도 흉내냈다. 차고에 있는 밥을 전화벨 소리로 꼬여서 집으로 들어오게 하는 일이 스록모턴이 가장 좋아하는 장난이었다. 밥이 집으로 달려오면 스록모턴은 밥의 목소리로 전화를 "받는" 시늉을 했다.

"여보세요? 으응. 으응. 으응."

그러고는 상대편이 전화를 끊은 소리를 냈다.

스록모턴은 캐린이 물을 마시면서 내는 꿀꺽, 꿀꺽 소리도 흉내냈고, 밥이 뜨거운 커피를 식힐 때 내는 후 후 소리, 9년 전에 죽은 두 사람의 애완견이 짖는 소리도 흉내냈다. 지금 기르는 강아지 미니어처 슈나우저가 짖는 소리도 따라 했기 때문에 새와 개가 함께 짖기 시작하면 캐린은 "마치 우리 집이 견사가 된 것 같은 느낌이 들어요. 너무나도 완벽하게 짖기 때문에 누구나 개라고 생각하지, 앵무새가 짖는다고는 생각하지 않아요"라고 했다. 한번은 밥이 감기에 걸리자, 스록모턴은 밥과 함께 코를 풀고 기침을 하고 콧물을 훌쩍거리는 소리를 냈다. 또 한번은 밥이 출장을 다녀오면서 식중독에 걸렸는지 계속 배가 부글거렸는데, 그 뒤로 스록모턴은 6개월 동안이나 배가 꾸르륵 거리는 소리를 냈다.

스록모턴이 아주 오랫동안 좋아했던 밥의 말은 "제에에엔장"이었다.

앵무새는 다른 앵무새에게 욕을 가르친다고 알려져 있다. 얼마 전에 오스트레일리아 탐구발견 박물관에서 일하는 한 동식물학자는 야생 앵무새가 오지에서 욕하는 소리를 들었다는 사람들의 제보 전화를 받았다. 박물관에서 근무하는 조류학자는 아마도 야생 앵무새가 한때 집에서 기르다가 야생으로 돌아가 무리에 합류한 앵무새에게서 그 욕을 배웠을 것이라고 추측했다. 만약 그 말이 사실이라면 이는 앵무새 사회에서 문화가 전승되고 있다는 굉장한 증거를 찾은 셈이다.

**흉내지빠귀가 흉내내는** 노래의 풍성함과 정확성은 여전히 경이롭다. 1분에 20개에 달하는 소리와 노래를 흉내냈다는 기록도 있다. 흉내지빠귀는 동고비, 호반새, 홍관조, 황조롱이의 소리는 물론이고, 흉내지빠귀 새끼가 먹이를 달라고 조를 때에 내는 고음의 시프 시프 시프 하는 소리까지 흉내냈다. 보스턴 아널드 식물원에 사는 흉내지빠귀는 새 노래 39개, 새 소리는 50개를 흉내냈고 개구리와 귀뚜라미 소리까지 따라 했다. 흉내지빠귀가 내는 소리를 들으면 그 새가 어디에서 사는지 알 수 있다. 특히 흉내지빠귀는 한 개체군 안에서 함께 살아가는 새들의 10퍼센트하고만 같은 소리를 공유한다. 흉내지빠귀의 모방 기술을 언급할 때면, 조류학자 에드워드 하우 포부시는 과학적 냉정함이라는 가식을 모두 떨쳐버리고 흉내지빠귀는 "깃털 입은 모든 합창단"을 능가하는 "노래의 제왕"이라고 선언했다. 노스캐롤라이나에 살았던 아메리카 원주민이 흉내지빠귀를 센콘틀라톨리(Cencontlatolly), 즉 "언어가 400개인 자"라고 부른 것도 조금도 이상한 일이 아니다. 그저 조금 과장했을 뿐이다. 흉내지빠귀는 보통 200개 정도의 다른 노래를 흉내낸다고 알려져 있다. 내 친구인 조류학자 댄 비커는 봄이 지나는 동안 흉내지빠귀가 흉내내는 소리는 점점 더 알아듣기 쉬워진다고 했다. "초봄이면 흉내지빠귀의 연주는 애처롭게도 갈피를 잡지 못해서 무슨 소린지 알아듣기가 쉽지 않아. 하지만 시간이 흐르면 점점 더 나아지지. 검은멧새, 댕기박새, 후진하는 트럭, 전화기 소리처럼 주변에서 나는 소리를 듣고 계속 연습하니까."

**어째서 한 생명체가** 그토록 많은 시간과 정신적 에너지를 들여 다른 종의 소리와 다른 소리들을 흉내내는 것인지는 아직 수수께끼로 남아 있다. 두갈래꼬리바람까마귀가 다른 동물의 소리를 흉내내는 이유는 아주 분명하다. 그러나 흉내지빠귀는 왜 다른 소리를 흉내낼까? "보 제스트(Beau Geste)"라는 독특한 명칭이 붙은 가설은 명금류 수컷이 가지에서 가지로 날아다니면서 노래를 부르는 이유는 자기 영역에 수컷이 많이 있다는 사실을 알려서 경쟁자가 될 수 있는 수컷이 오지 못하게 막으려는 의도 때문이라고 설명한다. 이 가설은 영화배우 개리 쿠퍼가 출연한 할리우드 영화 「보 제스트」에서 이름을 따왔다. 이 영화에서 주인공 보 제스트는 부상을 당했거나 죽은 병사를 요새 난간에 세워두고 자기가 돌아다니면서 총을 쏴 모든 흉벽에 병사가 있는 것처럼 잔뜩 허세를 부려 요새를 공격하는 아랍인들을 막아낸다.

새가 소리를 흉내내는 행동은 베이츠 의태(Batesian mimicry)에 가깝다고 보는 사람들도 있다. 어떤 방어 도구도 갖추지 못한 딱정벌레나 파리 같은 곤충이 벌과 같은 색이나 무늬를 만들어 천적에게 경고하는 경우도 있다. "먹어봐. 찔러줄 테니까" 하는 식이다. 오스트레일리아까치는 둥지를 약탈하는 짖는올빼미나 부부올빼미의 흉내를 내는데, 아마도 올빼미가 사냥감의 정체를 혼동하라고 그런 행동을 하는지도 모른다. 하지만 그것이 오스트레일리아까치가 다른 소리를 흉내내는 이유를 설명해주지는 않는다. 흉내지빠귀가 다른 소리를 흉내내는 이유도 그런 식으로는 설명할 수 없다. 어쩌면 흉내지빠귀는 암컷을 기쁘게 해주려고 연주 목록을 늘리는지도 모른다. 동기가 무엇인지는 모르지만 어쨌거나 엄청난 업적임은 분명하다.

**오래 전인 기원전 350년**에 아리스토텔레스는 명금은 노래를 배운다고 했다. "어렸을 때 집을 떠나 다른 곳에서 다른 새들이 노래하는 소리를 듣고 자라면 부모 새와는 다른 노래를 부르는 작은 새들이 있다." 다윈도 같은 기록을 남겼다. 다윈은 사람이 본능적으로 말할 수 있는 것처럼 새들도 본능적으로 노래할 수 있지만, 우리가 언어를 배워야 하는 것처럼 새도 노래를 배워야 한다는 사실을 알았다. 또한 다윈은 새도 사람처럼 노래를 세대에서 세대로 전해 지방마다 독특한 노래가 형성되는 것이 아닌가 생각했다. 하지만 많은 행동이, 심지어 배워야 하는 행동도 내재적으로 결정되어 태어난다고 생각했던 B. F. 스키너의 매력에 사로잡혀 있던 1920년대의 과학자들은 흉내지빠귀가 태어날 때부터 자기가 부를 노래를 모두 알고 태어난다고 단정했다. 조류학자 J. 폴 비셔는 『윌슨 조류학회지』에 이런 글을 실었다. "흉내지빠귀는 의식적으로 소리를 흉내내는 것이 아니라 놀라울 정도로 완벽하게 흘러나오는 엄청나게 많은 소리를 보유하고 있는 것뿐이다."

본성인가, 양육인가의 문제를 풀기 위해서 조류학자 어밀리아 래스키는 1930년대 후반에 흉내지빠귀를 직접 기르기로 했다. 8월의 어느 아침에 래스키는 집에서 8킬로미터 정도 떨어져 있는 공원으로 가서 둥지에 있던 새끼 흉내지빠귀를 집으로 데려왔다. 허니 차일드(Honey Child)라고 이름을 붙여준 그 새는 부화한 지 9일째 되는 새였다(한 저자가 언급한 것처럼 과학자들 가운데 "며칠 동안 계속해서 둥지를 눈 하나 깜박이지 않고 응시할" 수 있는 사람이 허니 차일드를 관찰하는 일을 맡았다). 제퍼슨 대통령의 딕처럼 허니 차일드도 15년 뒤에 죽을 때까지 강력한 영향력을 행사했다. 부화하고 4주일쯤 되었을 때, 허니 차일드는 주저하듯이 음을 읊조리기 시작했다. 래스키는 "10분 동안 부리를 다물고 부드럽게 노래를 불렀다. 살며시 떨리면서 부정확하게 부르는 노래는……다른 종을 흉내내는 소리가 전혀 아니었다"라고 적었다. 가끔은 아주 과감하게 자기 자신의 노래를 아주 부드러운 목소리로 "속삭이기도" 했고, 성마르게 짹짹거리거나 지저귀기도 하면서 "아주 아름답게 부드럽고 호소력 있고 지극히 포근한 운율을 만들어냈다."

4개월 반이 지나자, 허니 차일드의 노래 속에는 이 새가 집안에서 보거나 들을 수 있는 다우니딱따구리, 캐롤라이나굴뚝새, 북미큰어치, 찌르레기, 홍관조, 메추라기 같은 여러 새들의 노랫소리가 드문드문 끼어들기 시작했다. 처음 노래를 배우는 이 시기에 허니 차일드는 집에서 나는 소리, 특히 진공청소기 소리를 따라 하기 시작했다. 봄이 다가오자 허니 차일드는 더욱 큰 소리로 다양한 노래를 오랫동안 부르기 시작했다. 래스키의 말처럼 오전 5시 30분부터 하루 종일 허니 차일드는 "여러 마리 새들이 떠드는 새장에 들어와 있는 것처럼" 노래를 불러댔다.

9개월이 되자, 허니 차일드는 처음으로 소리를 듣자마자 흉내를 냈다. 댕기박새의 노래에 페토, 페토, 페토 하고 직접 화답을 한 것이다. 결국 허니 차일드는 수십 종의 새 노래(가장 좋아하는 노래는 쇠부리딱따구리가 위카 하고 내는 소리였다)와 아래층에서 들리는 식기세척기 소리, 우편배달부의 호루라기 소리, 래스키의 남편이 개를 부르는 소리도 따라 했다. 어떤 노래는 한동안 부르다가 다시는 부르지 않는데, 그 다음 해 봄이 되면 다시 부르기도 했다. 6월의 어느 날에는 16분 동안 적어도 24종에 이르는 새들의 143개나 되는 소리와 노래를 활기차게 불러대기도 했다. 1분당 평균 9가지의 소리를 낸 것이다.

**자세히 듣고 흉내내고** 연습을 해야 하는 이런 어려운 음성 학습을 "고등한 학습"이나 "복잡한 학습"이라고 부른다. 왜냐하면 사람이 소리 내는 법을 배우는 방식과 같기 때문이다. 최근에 과학계는 오스트레일리아에 서식하는 작은 새인 금화조의 음성 학습을 자세히 연구하고 있다.

돌고래와 고래도 소리를 잘 배우는 동물이지만 좋은 실험동물이 될수 없는 명백한 이유가 있다. 학습을 연구할 때에 이상적인 실험동물은 많지 않다고 생물학자 칩 퀸은 말한다. 이상적인 실험동물은 "첼로를 배우거나 적어도 그리스어 고전 작품을 암기할 때에 관여하는 유전자는 3개 이상이면 안 되고, 이런 과제를 배울 때에 관여하는 신경계는 크고 색이 달라 쉽게 구별할 수 있는 뉴런이 10개 정도로만 이루어져 있어야 한다."

금화조가 이런 조건에 완벽하게 들어맞는 실험동물은 아니지만 음성 학습을 연구하는 데에는 아주 적합하다. 목에 검은색과 흰색 줄이 있어서 영어로는 제브라 핀치(zebra finch)인 금화조는 쉽게 사육할 수 있고 성장이 빠르며 포획된 상태에서도 노래를 잘 부른다. 어린 수컷 금화조는 부화하고 90일이 되면, 아비 새나 다른 수컷에게 사랑의 노래를 하나 배우고 평생 그 노래를 반복해서 부른다. 듀크 대학교의 신경과학자 리처드 무니는 "사람이 소리를 배울 때 사용하는 뉴런을 조작하거나 추적하는 일은 터무니없기도 하고 윤리에도 어긋난다. 금화조 선생님과 학생은 사람을 대신할 수 있는 훌륭한 연구 대상이다. 금화조를 연구해 복잡한 학습 형태인 음성 학습이 일어날 때에 관여하는 뇌의 메커니즘을 상세하게 연구할 수 있다"라고 했다. 금화조를 연구해서 새가 소리를 배울 때, 뇌에서는 어떤 일이 일어나며 어떤 유전자가 활성화되거나 비활성화되는지 등을 알아낼 수 있는 것이다.

**어린 금화조가** 목청껏 노래를 부르는 어른 새처럼 완벽한 노래를 부르려면 긴 여정을 통과해야 하는데, 그 시작은 사람이 말하는 법을 배울 때와 같다. 일단 들어야 한다.

노파심에 말해두자면 새도 귀가 있다. 우리처럼 외부로 보이는 뚜렷한 귓바퀴는 없지만 머리 양쪽에 있는 깃털 밑에는 작은 구멍이 나 있다. 어린 새의 귓속으로 음파가 들어오면 모세포(hair cell)가 진동한다. 새의 귓속에 있는 모세포는 사람의 귓속 모세포보다 10배나 조밀하고 더 다양하기 때문에 사람은 듣지 못하는 아주 높은 음도 들을 수 있고, 흙이나 잎 밑에서 바스락거리는 곤충의 소리도 들을 수 있다(돔 구장 같은 곳에서 록 밴드가 폭발하듯이 뿜어내는 고음이나 질병 때문에 모세포가 손상되었을 때, 새의 모세포는 재생되지만 사람의 모세포는 재생되지 않는다). 모세포는 뇌 줄기(brain stem)에 있는 감각신경으로 신호를 보내고, 감각신경이 받은 신호는 전뇌에 있는 청각 중추로 들어간다. 청각 중추는 노래를 기억하는 뉴런이 생성되는 곳이다.

부화하고 첫 2주일이 지나기 전에 어린 새는 둥지에 앉아서 대부분은 아비 새인 스승의 노랫소리에 열심히 귀를 기울인다. 사람의 아기가 그렇듯이 아기 새는 입을 꼭 다물고 스승의 소리를 빨아들인다. 귀를 기울이는 동안 아비 새의 노랫소리는 아기 새의 뇌에 기억된다. 이 시기에는 노래를 따라 하려고 하지 않는다. 그저 뇌 형판을 만드는 일에만, 소리를 "기억하는" 일에만 집중한다.

듣는 동안 뇌에서는 신경세포가 신경망을 형성하기 시작한다. 이 신경망은 점차 자라서 노래를 담당하는 고도로 전문화된 7개의 영역으로 분화된다. 이 영역들은 각기 개별적으로 분리되어 있지만 상호작용하는 정교한 집합체이며, 어린 새의 노래 계(system)이다. 아직 어린 새는 노래를 부르지 못하지만 그 뒤로 몇 주일이나 몇 달이 지나면 노래 계는 부피와 세포 크기가 커지고 세포 수도 늘어나는 것이다.

그 영역들 가운데 하나인 HVC(high vocal center)는 어린 새가 듣는 소리를 미세하게 구분하게 해주는 세포들이 모여 있어서 노래에서 음이 지속되는 시간이 밀리초만큼만 달라져도 그 차이를 감지할 수 있고, 음이 아주 좁은 범위로 좁혀진 경우에만 발화된다. 이는 사람이 언어의 패턴을 인식할 때에 쓰는 것과 동일한 전략으로, 범주 지각(categorical perception)이라고 한다. 이 범주 지각 덕분에 사람은 언어를 배울 때 "바"와 "파"의 차이를 구별할 수 있다.

어린 새가 처음으로 노래를 불러보려는 시도를 할 무렵이면, 스승의 노래는 이미 기억에 저장이 되어 있고, 노래 계 곳곳에는 특별히 선별된 뉴런들이 모여 덩어리를 형성하고 있다.

**야생에서 자라는** 어린 금화조는 흉내지빠귀가 그렇듯이 여러 새들의 노래를 수박 겉핥기식으로 계속해서 들을 수밖에 없다. 어린 금화조는 어떤 노래든지 배울 수 있지만 자기 종의 고유한 노래만 배운다. 세상에서 다양한 소리가 뇌로 밀려들지만 어린 금화조는 자기 종의 노래를 영원히 뇌에 새기는 것으로 학습의 첫 발을 내딛는다. 어린 개체의 교육에 유전과 경험이 조화롭게 관여하는 완벽한 사례라고 하겠다.

어린 금화조가 자기 종의 노래를 처음 들을 때는 먹이를 달라고 보챌 때처럼 심장 박동 수가 상승한다. 그 때문에 어린 새는 미친 듯이 그 소리에 달려든다. 어린 새가 듣는 노래가 자라고 있는 뇌에 새겨지는 동안 미리 새겨져 있던 작은 물길—자기 종의 노래에 반응하게 되어 있는 신경 회로—은 강력한 강줄기가 되고, 신경망을 형성하고 있는 신경세포들은 강하게 연결된다. 어린 새의 유전자에 새겨져 있지 않은 다른 소리가 만드는 신경 지류들은 강한 물줄기가 만들어지는 동안 조용히 사라진다.

어떤 노래든지 들으면 배울 수 있는 어린 새에게 오직 자기 종의 노래만을 먼저 배우게 하는 유전적 형판(template)이 존재한다는 사실은 사람에게도 적용할 수 있다. 어린아이는 미리 훈련을 받지 않아도 전 세계 6,000개의 언어 가운데 어느 것이든 배울 수 있다는 사실은, 우리는 언어를 학습할 수 있는 능력을 유전적으로 갖추고 있다는 뜻이다. 그러나 사람은 자신이 노출된 언어(혹은 언어들)만을 배울 수 있기 때문에 언어 학습에서는 경험의 중요성이 강조된다.

새에게 스승이 없을 때는 알아듣기 힘들거나 아주 빈약한 노래를 부른다. 듣고 따라 부를 스승이 없이 자란 새는 제대로 소리를 내지 못하거나 아주 간단하게만 부르는 등 자기 종의 노래를 이상하게 부른다. 사람도 마찬가지이다. 사람이 말하는 소리를 듣고 자라지 못한 아이는 청각이 정상이라고 해도 발성을 제대로 하지 못한다.

금화조가 노래를 배울 수 있는 창문은 아주 잠시 동안만 열려 있다. 노래를 하기 시작하면 금화조는 아주 민감한 초기 시기에만 스승의 노래를 흉내낼 수 있다. 어른 새가 될 무렵이면 소리를 배우는 창문은 닫힌다. 그 이유를 밝혀낸다면, 사람이 언어를 배울 수 있는 이유와 언어 학습에 한계가 있는 이유를 알아낼 수 있을 것이다.

시카고 대학교의 신경과학자 사라 런던은 금화조를 연구하면서 단서를 하나 찾았다. "스승의 노래는 어린 새의 뇌를 바꿔서 나중에 소리를 배울 수 있는 능력에 영향을 미친다." 런던은 어린 새가 부화하고 65일까지는 스승의 가르침을 쉽게 배운다는 사실을 알아냈다. 그 뒤로는 배우는 능력이 사라지고, 새는 뇌에 고정된 노래를 평생 동안 기억한다. 그러나 스승의 가르침을 받지 못하고 홀로 자란 어린 새는 65일이 지난 뒤에도 잘 배울 수 있었다. 다른 새가 노래하는 소리를 듣는 경험은 "후성(epigenetic)" 효과로 작용해서 소리를 배우는 새의 소리 학습 유전자를 분명히 변화시킨다. 런던은 금화조의 경우에는 DNA를 감싸는 히스톤(histone) 단백질의 작용에 영향을 미쳐 유전자를 활성화하거나 비활성화한다고 설명했다.

흉내지빠귀, 카나리아, 앵무새 같은 새들은 소리를 배우는 문이 좀더 오랫동안 열려 있기 때문에 더 많이 자란 뒤에도 새로운 노래를 계속해서 익힐 수 있다. 그러나 어린 새가 어른 새보다는 더 쉽게 배운다.

사람도 학습 능력이 "열렸다가 닫히는 학습자"이다. 흉내지빠귀와 카나리아처럼 사람도 나이가 들수록 언어를 배우는 일이 쉽지 않아진다. 아기는 정말 놀라운 속도로 언어를 배운다. 태어나고 2년에서 3년이 흐르는 동안 아기는 별다른 노력을 들이지 않아도 두 가지, 심지어 세 가지 언어를 유창하게 말할 수 있고, 그 뒤로는 외국어도 모국어처럼 구사할 수 있다. 사춘기가 지나면 외국어를 배우는 데에 애를 먹고, 제대로 발음하기도 힘들어진다. 사람의 신경 회로 가운데 몇 가지는 어린아이였을 때에 고정되는데, 그럴 만한 이유가 있다. 신경 회로의 배선이 끊임없이 바뀐다면 우리의 뇌는 안정될 수도 없고 효율도 떨어질 것이다. 모든 것을 배울 수 있지만 아무것도 기억하지 못하는 상태가 되는 것이다. 그러나 필요할 때마다 학습 능력을 활짝 열 수 있다면 근사하지 않을까? 예순 살에 파키스탄 공용어인 우르두어를 배울 수 있다면 정말 좋지 않을까? 내 생각에는, 서너 살이 된 흉내지빠귀가 개똥지빠귀나 박새의 노래를 부르는 능력은 베이비 붐 세대가 광둥어를 배우는 능력과 크게 다르지 않을 것 같다.

**노래를 배우는** 두 번째 단계에서 어린 새는 자신의 목소리를 탐색하기 시작한다. 처음에 어린 금화조는 아무렇게나 되는 대로 희미한 소리로 웅얼거린다. 흉내지빠귀 허니 차일드처럼 어린 금화조도 떨리는 목소리로 서툰 노래를 띄엄띄엄 부르거나 바이올린을 점검하는 어린 바이올린 연주자처럼 정확하지 않은 음을 끼익끼익 소리를 낸다. 그러는 동안 금화조의 더 고등한 뇌 영역과 운동 영역 간의 연결은 한층 강화되어 어린 새는 명관을 더욱 정확하게 조절할 수 있게 된다. 일주일쯤 되면 어린 새는 명관의 양쪽 근육을 세심하게 조절해 특별한 순서는 없지만 구별할 수 있는 음절을 소리 내기 시작한다. 들리는 모든 소리를 기억했다가 허겁지겁 입으로 내뱉는 것이다. 이런 초기 시도를 부분 노래(subsong)라고 하는데, 이 부분 노래는 아기의 옹알이처럼 시끄럽고 변동이 심하고 탐구적이다. 어린 새의 부분 노래와 갓난아기의 옹알이는 노래를 부르고 말을 하는 데에 필요한 근육을 조절하는 법을 배울 수 있게 해주는 운동 "놀이"이다. 과학자들은 새가 부분 노래를 부를 때 활성화되는 뇌 회로 부위는 나중에 숙련된 노래를 부를 때 사용하는 뇌 회로 부위와는 다르다는 사실을 알아냈다. 어린 새의 뇌에 형성되는 회로는 대뇌 신경 세포 속 측면 대세포층 신경핵(lateral magnocellular nucleus of the nidopallium, LMAN)이라는 혀가 꼬일 것 같은 명칭으로 부른다.

부분 노래가 진짜 노래가 되려면 노래 연습을 시작하고 몇 주일이나 몇 달이 지나야 하는데, 그동안 어린 새는 자기 노래를 수만 번, 심지어 수십만 번이나 반복해서 부른다. 한 번 부를 때마다 어느 부분이 잘못되었는지 들어보고 고쳐가면서 기억하고 있는 노래를 자기 음성으로 정확하게 내려고 노력한다. 노래를 잘 부르면 자체 보상이 주어진다. 도파민(dopamine)이나 오피오이드(opioid) 같은 기분을 좋게 하는 화학물질이 다량 분비되는 것이다. 도파민은 아마도 노래를 부르고 싶은 마음을 불러일으킬 것이고, 오피오이드는 기분을 좋게 하는 보상으로 작용할 것이다. 노래를 정확하게 부르면 부를수록 보상도 커진다.

사람의 학습에서 그렇듯이 새의 노래 학습에서도 잠은 아주 중요한 역할을 하는 듯하다. 활발하게 훈련을 한 뒤에 훈련을 멈추고 잠이 들어도 사람의 뇌에서는 새로운 운동 기술을 익히는 과정이 계속 진행된다는 연구 결과들이 점점 더 쌓이고 있다. 이는 새의 경우도 마찬가지일 것이다. 금화조는 낮에는 노래를 연습하고 밤이 되면 잠을 잔다. 어린 새가 스승의 노래를 듣고 난 뒤에는 자는 동안 노래를 생성하는 뇌 부위의 뉴런이 폭발적으로 발화한다. 노래에 따라 뉴런이 발화하는 형태가 정해져 있는데, 이는 뉴런이 노래에 관한 정보를 담고 있음을 의미한다. 잠을 자고 난 뒤에는 어린 새는 전날보다 더 엉망으로 노래를 부르지만 다음 날 연습을 하면서 기량은 더 향상된다. 신기하게도 노래가 엉망이 되면 될수록 스승의 노래를 따라 하는 정확도는 더욱 높아진다.

**누가 노래를** 듣고 있는가도 어린 새의 실력에 영향을 미친다. 혼자서 노래를 부를 때는 예행연습 모드가 된다. 별다른 목적 없이 그저 느슨하게 노래를 부르는 것이다. 그러나 주위에 암컷이 있을 때면 수컷은 있는 힘껏 최선을 다해 의도가 분명한 노래를 부르고 또 부른다. 아직 노래를 제대로 부르지 못하는 수컷이라고 해도 명관의 근육을 최대로 조절해서 가능한 완벽한 노래를 부르려고 애쓴다.

리처드 무니는 "수십 년간 목적이 있는 노래와 목적이 없는 노래를 들어왔지만, 아무리 애를 써도 어떤 차이가 있는지 잘 모르겠다. 하지만 암컷은 다를 것이다. 암컷은 수컷이 자기 종에 정형화된 형태로 노래를 부르는지 유심히 들을 것이다"라고 했다. 무니의 말처럼 새들의 노래에는 분명히 "사람의 귀로는 감지할 수 없는 요소들이 아주 많을 것"이다.

에릭 자비스 연구팀이 진행한 뇌-영상 연구 결과, 혼자서 아무 목적 없이 노래를 부르는 외로운 수컷의 뇌 활동 패턴은 짝이 될 수 있는 암컷 앞에서 목적을 가지고 부를 때에 나타나는 패턴과 다르다는 사실이 밝혀졌다. 수컷이 혼자서 노래를 부를 때에는 뇌에서 노래 학습, 자가 점검, 소리를 생성하는 근육 조절 경로가 활성화되었다(수컷이 다른 수컷 앞에서 노래할 때에도 마찬가지였다). 그러나 같은 노래를 암컷 앞에서 부를 때에는 소리를 생성하는 근육 조절 경로만 활성화되었다. 이런 연구 결과는 한 가지 흥미로운 생각을 불러일으킨다. 수컷 새의 정신 및 인지 상태는 평가를 받고 있느냐, 아니냐에 따라서 달라진다는 것이다.

어미 새들도 아들이 노래를 배울 때면 날개를 한 번 치거나 깃털을 부풀리는 등의 시각 단서를 제공해서 아들이 남편의 노래를 제대로 따라 부를 수 있도록 유도한다.

이 모든 연구 결과는 사람의 학습이 그렇듯이 새의 학습 행동도 사회가 보내는 신호에 영향을 받는다는 강력한 증거이다. 사람의 아기는 이성에 그다지 많이 반응하지 않지만 옹알이 실력은 어머니가 앞에 있을 때에 분명히 좋아진다.

100만 번, 혹은 200만 번 음절을 연습해본 뒤에야 어린 새는 정확히 스승처럼 노래를 부를 수 있게 된다. 이 노래는 복잡한 뇌 회로계에 특정한 패턴을 만드는데, 고정되어 변하지 않는 패턴은 아니다. 짝짓기 철마다 새로운 노래를 배우는 카나리아 같은 새는 HVC의 크기가 봄에는 커지고 늦여름이 되면 줄어드는 등 계절마다 변한다. 처음에 과학자들은 전적으로 세포 사이에 연결이 늘어나거나 줄어들기 때문에 HVC의 크기가 변한다고 생각했다. 그러나 페르난도 노테봄 같은 과학자들은 새의 뇌는 노래 회로에 새로운 뉴런을 덧붙인다는 사실을 알아냈다. 노테봄은 "HVC에서 새로운 뉴런이 생성되는 이유는 끊임없이 뉴런을 교체하는 과정이 일어나기 때문"이라고 했다. 신경세포를 밝은 녹색으로 빛나게 하는 단백질 표지를 부착하여 노래 회로에서 일어나는 뉴런 교체 과정을 실시간으로 지켜본 과학자들은 새가 새로운 노래를 배우는 동안 새로운 뉴런이 HVC로 들어가 다른 뉴런과 결합하여 시냅스를 형성한다는 사실을 알아냈다. 뉴런이 찾으려고 하는 것은 무엇이며 뉴런이 닿을 곳을 결정하는 것은 무엇인지는 조지타운 대학교의 강당에 모인 과학자들이 실험실에서 풀어야 할 수수께끼이다. 그러나 이런 엄청난 "신경조직 발생(neurogenesis)" 과정은 사람을 비롯한 모든 척추동물에서 나타나는 현상일 수도 있음이 알려져 있다.

**새의 노래는** "언어와 거의 유사하다"라고 했던 다윈의 말은 옳았다. 새가 노래를 배우고 사람이 말을 배우는 행위는 학습 과정도 비슷할 뿐만 아니라 뇌가 쉽게 신경망을 형성하기 때문에 좀더 수월하게 학습을 할 수 있는 "시기"가 있다는 점도 비슷하다. 새와 사람 모두 부모나 스승이 이끌어주면 훨씬 쉽게 배울 수 있다. 새는 사람처럼 복잡한 구문을 구사할 수는 없지만, 새의 노래를 이루는 요소에는 사람의 구문과 유사한 부분이 분명히 있다.

미야가와 시게루 연구팀은 사람의 언어는 음악적인 요소들이 많은 새들의 노래와 좀더 실용적이고 내용 위주인 다른 영장류의 의사소통 수단이 융합된 형태일 수 있다는 가설을 제시했다. 매사추세츠 공과대학교의 언어학자인 미야가와는 "우연히 두 요소가 결합하면서 사람의 언어가 탄생했을 것"이라고 했다. 그는 사람의 언어가 두 개의 층(layer)으로 이루어져 있다고 본다. 하나는 꿀벌의 8자 춤이나 영장류의 외침처럼 문장을 구성하는 핵심 내용이 담긴 "어휘(lexical)" 층이고, 다른 하나는 듣기 좋은 새의 노래에 더 가깝고 더 잘 변하는 "표현(expression)" 층이다. 미야가와는 새의 노래가 직접적으로 사람의 언어로 발달했다고 주장하지는 않는다. 두 의사소통 체계는 공동조상에게서 발달하지 않았다. 그러나 그는 8만 년 전부터 5만 년 전 사이의 어느 때인가 두 의사소통 체계는 오늘날 존재하는 언어의 형태로 합쳐졌을 것이라고 생각한다. "물론 사람의 언어는 독특하다. 하지만 동물의 세계에는 사람의 언어에 선행하는 두 가지 요소가 있다. 우리가 제시한 가설은 이 두 요소가 독특하게 합쳐져서 사람의 언어가 되었다는 것이다." 미야가와의 주장이 사실이라고 해도 두 요소가 어떻게 합쳐졌는가 하는 중요한 문제는 여전히 풀리지 않는 수수께끼로 남는다. 그러나 언어의 의미가 새의 노래와 합쳐졌을 수도 있고, 새의 리듬을 반영할 수도 있다는 생각이 나는 정말로 마음에 든다.

새의 노래와 사람의 언어가 아주 유사하다는 다윈의 주장을 뒷받침해 줄 강력한 생물학적 증거는 더 있다. 소리를 만드는 뇌 회로가 사람과 새가 아주 비슷하다는 점이다. 사람의 뇌에는 새의 뇌와 유사한 영역이 있다. 사람의 말을 인식하는 능력을 통제하는 베르니케 영역(Wernicke's area)은 새가 노래를 인식하는 뇌 영역과 비슷하며, 말을 하는 기능을 제어하는 브로카 영역(Broca's area)은 새가 노래를 만드는 뇌 영역과 비슷하다. 그러나 새와 사람의 뇌에서 정말로 비슷한 점―다시 말해서 소리를 배우지 않는 동물에게서는 찾을 수 없는 부분―은 노래(또는 말)를 생성하는 영역, 노래(또는 말)를 인지하는 영역, 노래(또는 말)를 생성하는 근육을 제어하는 영역을 연결하는 회로(경로)가 있다는 점이다. 이런 경로들로 수백만 개가 넘는 신경세포가 서로 연결되어 신호를 주고받기 때문에 뇌는 무엇보다도 일단 소리를 들을 수 있고 소리를 만들 수가 있다.

자비스는 "행동이 비슷하고 뇌 경로가 비슷하다면 그런 행동과 뇌 경로를 만드는 유전자도 비슷할 수 있다"라고 했다. 실제로 조지타운 대학교 강당에서 자비스는 새 48종의 게놈 염기서열을 분석해서 새와 사람의 뇌 모두에서 소리를 흉내내고 말하고 노래하는 데에 관여하는 뇌 영역에서 활성화되거나 비활성화되는 유전자를 50개 이상 확인했다고 발표했다. 이런 활동성의 차이는 비둘기나 메추라기처럼 노래를 배우지 않는 새나 말하지 않는 영장류에서는 나타나지 않았다. 따라서 새와 사람에게서 비슷하게 나타나는 유전자 발현 형태는 소리를 학습하는 능력을 결정하는 중요한 요소일 수도 있다.

**이런 소식은** 오랜 시간 동안 독자적으로 진화를 해온 사람과 새의 뇌가 비슷한 방식으로 음성 학습을 하는 이유를 설명해주지는 않는다. 어째서 사람과 새는 비슷한 유전자와 뇌 회로를 가지게 되었을까?

그에 관해서라면 자비스는 한 가지 생각이 있다. 자비스 연구팀은 최근에 진행한 뇌 영상 연구에서 새가 깡충 뛰면 새의 노래 학습에 관여하는 7개의 뇌 영역을 직접 둘러싸고 있는 움직임을 조절하는 7개의 뇌 영역에서 유전자가 활성화된다는 사실을 밝혔다. 노래를 배우고 부르는 데에 관여하는 뇌 영역이 움직임을 조절하는 뇌 영역에 둘러싸여 있는 것이다. 그 때문에 자비스는 "음성 학습의 운동 기원설"—음성 학습에 사용하는 뇌 경로는 어쩌면 운동을 조절하던 뇌 경로 가운데 하나가 진화한 것일 수도 있다—이라는 흥미로운 생각을 하게 되었다. 자비스가 찾은, 사람과 새에게 동시에 존재한다고 알려진 유전자 50여 개 가운데 많은 수가 같은 방식으로 활성화되었다. 운동피질을 구성하는 뉴런과 소리를 생성하는 근육 조절에 관여하는 뉴런이 새로운 연결을 형성했던 것이다.

전문 무용수로 훈련을 받기도 했던 자비스에게 음성 학습의 운동 기원설은 아주 신나는 생각이었다. "새와 사람의 공동조상에게는 사지(limb)와 몸의 운동을 조절하던 만능 고대 신경 회로가 있었는지도 모른다."

진화 과정에서 이 회로는 두 배로 늘어났고, 새와 사람은 늘어난 여분의 회로를 음성 학습에 활용했는지도 모른다(기존 건축자재, 즉 이미 있는 재료를 사용해서 새로운 재료를 만드는 일은 진화의 역사에서 흔한 일이다. 낡은 구조를 바꿔 새로운 기능을 만드는 것이다). 자비스는 뇌 회로가 두 배로 늘어난 시기는 새와 사람이 서로 다르지만 그 결과는 같았을 것이라고 했다. 둘 다 소리를 흉내낼 수 있게 된 것이다.

요한 볼하위스는 이런 진화의 결과를 놓고 "분류학적으로 상당히 먼 동물이 비슷한 문제를 같은 방식으로 풀어낸 수렴진화의 한 사례"라고 설명한다.

이런 식으로 새의 음성 학습은 벌새에게서 한 번, 명금류나 앵무새의 공동조상에게서 한 번, 혹은 앵무새와 명금류에게서 독자적으로 한 번씩 일어났을 테니 적어도 두 번이나 세 번쯤 다른 시기에 각기 진화가 일어났을 것이다. 사람의 경우는 몸을 움직이는 데에 사용하던 뇌 경로가 쓰임새가 확장되어 말을 하는 데에도 쓰이게 되었을 것이다.

"사람들은 이런 가설을 받아들이기가 힘들 겁니다. 기본적으로 이 가설은 사람이 하는 말과 사람의 음성 학습 회로에는 그다지 특별할 것이 없다고 말하는 것처럼 들리니까요. 하지만 기존 자료를 설명하는 데는 이만한 가설이 없다고 생각합니다." 자비스가 말했다.

한 가지 기억해야 할 재미있는 사실이 있다. 자비스의 연구실에서 밝혀낸 바로는 앵무새의 음성 학습 회로는 명금류나 벌새의 음성 학습 회로와 살짝 다르게 구성되어 있다는 점이다. 앵무새의 뇌 회로는 "노래 계 안에 또다른 노래 계"가 있는 구조인데, 그것이 어쩌면 앵무새가 사는 지역에 따라서 다른 노래를 하는 이유를 설명해줄지도 모른다.

**자비스가 제시한** 음성 학습의 운동 기원설은 음성 학습이 진화한 **방식**

을 설명할지도 모른다. 그러나 음성 학습이 진화한 이유는 설명하지 못한다. 자연은 어째서 모든 동물들 가운데 새를 택해 음성 학습을 할 수 있는 체계를 마련해주었을까? 어째서 복잡하고도 비용이 많이 드는 뇌 회로를 갖춰 소리를 학습할 수 있게 했을까? 어째서 음성 학습은 그렇게나 드문 것일까? 자비스에게는 그에 관해서도 가설이 있다.

**봄이면 음악적** 자신감으로 무장한 흉내지빠귀 수컷은 계속 높은 곳으로 올라가 아주 키가 큰 나무 꼭대기에 있는 가지에 자리를 잡고 앉아, 헨리 소로의 표현처럼 "서툰 파가니니 연주를 하는 듯한 장황한" 노래를 열정적으로 불러댄다. 흉내지빠귀는 심지어 밤에도 노래를 부른다. 앞으로 몸을 숙이고 날개를 몸에서 살짝 떼고 목을 쭉 뺀 상태로 노래를 부른다. 흉내지빠귀 수컷은 자기 노래에 흠뻑 취한 것처럼 보인다. 아마도 그럴 것이다. 화려하고 열성적으로 끊임없이 부르는 수컷 흉내지빠귀의 노래는 일종의 전희(前戱)이다. 사랑의 노래이다. 그것도 아주 위험한.

탁 트인 나무 꼭대기에 앉아 있으면 자연에 섞여들지 못하고 공중을 나는 천적의 매서운 눈에 뜨일 확률이 높아진다. 그러나 흉내지빠귀는 두드러지려고 노래를 부르는 것이다. 한 새가 같은 노래를 부르고 또 부르면 사냥에 나선 매의 눈을 피할 가능성도 있다. 하지만 계속해서 다른 노래만 부르면 배경 앞으로 툭 튀어나와 마치 "나 여기 있어. 여기 있다고. 와서 잡아가. 와서 잡아가"라고 외치는 셈이다.

자비스는 이것이 바로 소리를 배우는 종이 적은 이유일 수도 있다고 했다. "한 동물이 배우는 아주 다양한 소리 때문에 쉽게 목표가 될 수 있습니다."

자비스는 음성 학습은 동물계 전체에 연속적으로 분포하는 특성일 수도 있다고 생각한다. 그는 "명금류나 사람처럼 흉내를 아주 잘 내는 생물 종은 음성 학습의 최상위에 있다면 생쥐나 몇몇 새들처럼 극단적으로 능력이 빈약한 최하위 계층도 있다"고 설명했다. 복잡한 소리를 배울 수 있는 동물은 사람, 코끼리, 고래, 돌고래처럼 먹이 사슬의 최상위에 있을 수도 있고, 명금류나 앵무새, 벌새처럼 천적을 피하는 능력이 뛰어날 수도 있다. "천적은 실제로도 다른 동물을 사냥감으로 택한다. 이 가설을 입증하려면 일단 천적이 없는 상태로 한 동물을 여러 세대 사육하면서 음성 학습이 자연적으로 진화하는지를 확인해야 한다. 아주 어려운 실험이 되겠지만 이론적으로 불가능하지는 않다."

도쿄 대학교의 오카노야 가즈오 연구팀은 자비스의 가설을 뒷받침하는 증거를 몇 가지 찾아냈다. 오카노야는 아시아에서 노래 때문이 아니라 깃털이 예뻐서 집에서 기르는 십자매를 연구했다. 십자매는 흰머리문조를 길들여 가축화한 새인데, 오카노야는 지난 250년 동안 사람과 함께 지내면서 십자매가 야생 친척 종보다 훨씬 더 많은 노래를 부르게 되었음을 알았다. 오카노야는 포식자에게 잡힐 염려가 사라졌다는 안도감도 십자매가 좀더 다양하고 복잡한 노래를 부를 수 있게 된 이유 가운데 하나라고 했다. 가축화된 십자매 암컷도 야생 흰머리문조 암컷도 훨씬 더 다양한 노래를 부르는 십자매 수컷을 선호했다.

자비스는 "따라서 나는 음성 학습은 천적을 피하려는 선택의 결과였기 때문에 자연계에서는 아주 드물게 존재하는 현상이지만, 성 선택의 결과이기도 하다고 생각한다. 아마도 사람의 경우에도 마찬가지였을 것이다"라고 했다.

그 생각은 듀크 대학교 식물원 부근의 공원에 앉아 책을 읽고 있던 어느 날 문득 자비스에게 찾아왔다. 그때 그는 소나무 꼭대기에서 노래를 부르던 참새 소리를 듣고 있었다.

"고개를 들어보니 참새 한 마리가 아주 대담하고 큰 소리로 노래를 부르고 있더군요. 그 참새는 같은 노래를 부르고 또 불렀어요. 어느 정도 들으니 단조로워서 더는 신경을 쓰지 않고 그냥 다시 책을 읽었습니다. 그런데 갑자기 다른 노래가 들리더라고요. 다른 새가 있나 싶어서 위를 쳐다보았는데, 같은 새였어요. 5분쯤 지나니까 참새는 노래를 또 바꿨고, 이번에도 나는 다른 새인가 싶었습니다. 그러니 시선을 뗄 수가 없었어요. 내가 노래하는 참새에게 공정하지 않았던 거죠."

(그 이야기를 들으니 조류학 시간에 선생님이 우리 반에 나눠주었던 만화가 생각났다. 그 만화에서는 두 새가 높은 나뭇가지에 앉아 있었고, 나무 아래에는 새를 관찰하는 두 사람이 쌍안경으로 나무를 올려다보고 있었다. 두 새 가운데 한 새가 다른 새에게 말했다. "여전히 우리를 못 찾는군……. 자 또다른 노래를 부르자.")

노래는 위험하기도 하고 비용도 많이 드는 행위이다. 노래를 부르면 천적에게 노출될 가능성도 커지고 먹이를 찾을 시간도 줄어든다. 그런데도 왜 새는 굳이 노래를 부르려는 것일까?

왜냐하면 노래는 암컷을 설득할 수 있는 가장 효율적인 도구이기 때문이라고 자비스는 말한다. "고래도 마찬가지겠지만 노래를 배운 새는 자기 목소리를 짝짓기 상대가 매력을 느끼도록 바꿀 수 있습니다. 아주 화창한 날에 매 같은 포식자가 아무 때나 잡아갈 수 있는 나무 꼭대기에 앉아서 수컷은 암컷에게 말을 하는 겁니다(너무 의인화해서 말하는 것인지도 모르지만). '여길 좀 봐. 나 아주 대담하고 크게 노래하지. 이렇게 다양한 소리를 낼 수 있다고' 하고 말이죠. 그런 새들은 기본적으로 조금 오만해요. '내가 얼마나 노래를 잘 하는지 봐. 내가 얼마나 흉내를 잘 내는지 보라고. 그러니까 나를 선택해'라는 겁니다." 가슴을 부풀리고 부르는 흉내지빠귀의 파가니니 연주는 아주 단호한 유혹의 몸짓이다. "이봐, 거기. 나 좀 봐" 하는 것이다.

성에 관한 한 자연에서는 방종을 흔히 볼 수 있다.

수컷 새의 짝짓기 경쟁은 상당히 사나워질 때가 많다. 경쟁에서 이겨야 암컷에게 선택을 받는다. 판돈이 아주 큰 내기인 셈이다. 암컷에게는 자기 둥지와 먹이 영역을 방어해줄 튼튼한 수컷을 고를 권리가 있다. 노래는 암컷이 수컷을 판단할 수 있는 한 가지 기준이다. 수컷이 "제대로" 노래를 부르지 못하면 암컷은 다른 수컷에게 눈길을 돌린다.

암컷은 어떤 노래를 기대할까? 프로스트의 표현을 빌리자면 "여자는 무엇을 원하는가?"이다.

오랫동안 과학자들은 수컷 새가 구사할 수 있는 노래의 수가 암컷이 수컷을 판단하는 기준이라고 생각했다. 그러나 수컷이 얼마나 많은 노래를 부를 수 있는가를 평가하는 일은 어렵기도 할 뿐만 아니라 시간도 많이 든다. 그보다는 한두 곡을 시켜본 뒤에 얼마나 잘 부르는지 알아보는 편이 훨씬 더 쉽다. 많은 명금류 암컷이 노래를 빠르게 부르거나 길게 부르는 수컷, 좀더 복잡한 노래를 부르는 수컷을 선호한다는 연구 결과가 나와 있다. 다시 말해서 중요한 것은 얼마나 많은 노래를 부르는가가 아니라 얼마나 잘 부르는가이다.

어떤 노래를 매력적이라고 느끼느냐는 종마다 다르다. 습지참새와 집에서 기르는 카나리아 암컷은 수컷의 연주 실력의 한계를 가늠해볼 수 있는 짧고 높은 소리를 빨리 내는 수컷을 선호하고, 금화조 암컷은 큰 소리를 내는 수컷을 선호한다. 길고 복잡한 노래를 좋아하는 암컷도 있고, 야생 카나리아처럼 "매혹적인" 소리에 취하는 암컷도 있다. 카나리아에게 매혹적이고 좋은 소리란 수컷이 명관을 조절해서 한꺼번에 두 가지 다른 소리를 내는 것을 말한다. 그런 식으로 노래를 부르면 마치 두 마리가 한꺼번에 노래를 부르는 것처럼 들린다. 암컷 카나리아는 한 가지 음이 아니라 두 가지 음을 동시에 낼 수 있는 수컷을 선호한다.

같은 지역에 사는 수컷을 선호하는 암컷도 있다. 그런 암컷은 자기 서식처에서 들어본 노래, 그 지역의 노래를 충실하게 부르는 수컷을 찾는다.

보스턴 남부 사투리가 다르고 아칸소 주 남부 사투리가 다른 것처럼 명금류도 저마다 지역에 따른 "억양" 차이가 나타난다. 새들의 방언은 가족의 재산을 물려받는 것처럼 세대에서 세대로 가르치고 전수된다. 북부홍관조는 3,000킬로미터 떨어진 곳에 사는 홍관조의 노랫소리보다는 자기 지역에 사는 홍관조의 노랫소리에 훨씬 더 격렬하게 반응했다. 독일에 서식하는 큰박새는 아프가니스탄에 서식하는 큰박새와 전혀 다른 노래를 부르기 때문에 독일 박새는 중앙 아시아에 사는 친척의 노래를 알아듣지 못했다. 심지어 미국 내 같은 주에 서식하는 새들도 지역에 따라서 전혀 다른 곡조로 노래를 했다. 조류학자 도널드 크루즈마에 따르면, 매사추세츠 주 남동쪽 끝에 있는 마서즈비니어드 섬에 서식하는 검은머리박새는 매사추세츠 본토에 서식하는 동료와는 전혀 다른 노래를 부른다고 한다. 지리적으로 1.5킬로미터 정도만 떨어져 있어도 새들의 노래는 달라질 수 있다. 예를 들면 캘리포니아에 서식하는 흰정수리북미멧새는 고작 몇 미터만 떨어져도 노래가 달라지기도 한다. 그래서 두 방언이 만나는 곳에는 가끔 "2개 국어"를 하는 새도 있다.

사람의 언어를 구성하는 발음이나 철자, 단어처럼 새의 방언도 시간이 지나면 달라질 수 있다. 예를 들면 현생 초원멧새가 부르는 노래는 30년 전에 조상 초원멧새가 부르던 노래와 확연하게 다르다. 얼마 전에 로버트 페인 연구팀은 20년 동안 유리멧새의 노래에서 발견된 문화적 진화 현상을 기록했다. 유리멧새는 모두 스승에게서 배운 지역 전통 노래를 불렀지만, 조금씩 새로운 요소를 도입했다. 페인은 이 흔적을 추적하여 유리멧새의 노래에 나타나는 문화적 계보를 작성했다. 노래에 도입된 혁신은 혁신을 일으킨 세대를 넘어 한 개체군에서 사라지지 않고 유지되었다. 결국 이 혁신은 그 지역에 존재하는 전통이 되었고, 그 지역의 새들이 알아보고 구별하는 지역 방언이 되었다.

암컷이 신경을 쓰는 점이 바로 이것이다. 보스턴 남부 사투리가 아칸소 주 남부에서는 통하지 않는 것처럼 자기 지역의 방언으로 노래하지 않는 수컷은 암컷 명금류를 실망시키는지도 모른다. 왜냐하면 자기 지역의 노래를 부르지 않는 수컷은 암컷이 서식하는 지역이 아니라 다른 지역을 방어하느라 바쁠 수도 있으니까 말이다.

**자비스는 어쨌거나** 모든 것은 변조(modulation)의 문제라고 했다. 결국 암컷은 길든, 복잡하든, 짧든, 매혹적이든 간에 결국 박자를 자유자재로 조율하고 정확하게 노래를 부르는 수컷에게 끌린다. 자비스는 "이것은 초정상 자극(superstimulus)과 같습니다. 닭이 자기가 낳은 알보다 사람이 만든 큰 알에 이끌리는 것과 같은 현상입니다"라고 했다(품성학자 니콜라스 틴베르헌은 암탉이 큰 알을 좋아한다는 사실을 알아냈다. 암탉은 알이 가짜라고 해도 작은 알보다는 큰 알을 선호했다. 암탉은 자연스럽지 않다고 해도 큰 것이 좋다고 생각하는 것이다). 암컷에게는 도저히 물리칠 수 없는 특성이 있다. 명금류 암컷에게 노래의 정확성과 엄밀함은 그 자체로 너무나도 매력적이다.

새의 노래는 경이로울 정도로 정확하다. 리처드 무니는 조지타운 대학교 강당에서 사운드 스펙트로그램 두 장을 나란히 비교하여 보여주면서 그 사실을 입증했다. 왼쪽에 있는 사운드 스펙트로그램은 단순한 한 문장을 100번 이상 말해달라고 부탁을 받은 사람이 낸 음성 패턴이었고,

오른쪽은 무니의 실험실에 있던 금화조 한 마리가 금화조 특유의 전형적인 음조와 가락으로 부른 노래를 기록한 음성 패턴이었다(무니는 "사람한테 이런 일을 부탁하려면 돈을 주어야 하지만 금화조는 무료로 해줍니다"라고 농담을 했다). 실험에 참가한 사람은 그냥 일반인이 아니었다. 조류학 학술회의에 청중으로 참가한 사람으로, 모든 과목에서 A를받은 박사 과정 학생이자 "아주 아주 정확하게 발음하는" 사람이었다. "나는 이 학생에게 '나는 연을 날렸다(I flew a kite)'라는 문장을 가능한아주 정확하게 말해달라고 부탁했습니다." (무니가 "나는[I]"이라는 단어를 고른 이유는 금화조가 내는 소리 가운데 한 음과 음높이가 비슷하기때문이다.) "금화조에게는 어떤 지시도 내리지 않았습니다."

사운드 스펙트로그램을 나란히 비교해본 결과는 분명했다. 성실한 학생이 아무리 열심히 노력을 해도 사람은 완벽하게 동일한 소리를 낼 수없었다. 그러나 금화조는 거의 비슷한 소리를 냈다. 무니는 정확성에서"금화조는 완벽한 기계" 같았다고 했다.

발성 일관성(vocal consistency)이라는 이 능력은 노래를 할 때마다 노래의 음향적 특징들—음, 리듬, 잠시 멈춤—을 정확하게 똑같이 반복할 수 있는 능력이다. 새들에게는 이런 정밀함이 많은 차이를 만든다.

이런 정확성을 구사하려면 어떤 과정이 필요할까? 먼저 신경계가 음성 근육계에 정확하게 같은 지시를 내리고 또 내려야 한다. 명관의 왼쪽과 오른쪽에 있는 근육과 호흡계를 조절하는 근육이 밀리초 단위까지아주 정확하고 조화롭게 움직여야 하며, 근육이 피곤해지지 않도록 체력이 있어야 한다. 이 모든 과정을 고려한다면 음성 기량을 측정하는것은 수컷을 평가하는 나쁜 방법은 아니다.

실제로 암컷은 정확성을 수컷의 노래 실력을 제대로 가늠하는 척도로사용하는 듯하다. 연구실에서 금화조 암컷은 좀더 일관성 있게 구애의 노래를 부르는 수컷을 훨씬 더 선호했다. 더 균일하게 휘파람을 부는 개개비가 더 많은 암컷을 차지했다. 흔들리지 않는 노래를 부르는 줄무늬굴뚝새와 밤색허리솔새도 배우자가 아닌 다른 암컷과 교미를 더 많이 했고 더 많은 자손을 낳았다. 흉내지빠귀의 경우도 마찬가지로, 좀더 일관되게 노래를 부르는 아비 새의 아들이 엉성하게 노래를 부르는 아비 새의 아들보다 좀더 우세한 자리를 차지했다.

**과학자들은 지금도** 여전히 수컷이 부르는 노래의 정확성과 충실도가 실제로 명금류 암컷에게 어떤 신호를 보내는지 알아내려고 애쓰고 있다. 뛰어난 노래 실력은 수컷이 아주 건강하다는 사실을 알려주는 단서일 수도 있다. 엄청난 음폭과 오랜 지속 시간, 변하지 않는 음조로 강하고 확고하게 노래를 부른다는 것은 운동 조절 능력이 뛰어나고 신체가 최상의 상태를 유지하고 있다는 증거일 수 있다. 패기가 없는 수컷이 그렇게 뛰어난 공연을 할 수는 없다. 스승의 노래를 얼마나 정확하게 따라 하는가, 얼마나 제대로 의미를 담은 노래를 부르는가, 얼마나 복잡한 노래를 부르는가 같은, 소위 말해서 노래의 구조적 특성이라고 하는 다른 특징들은 둥지에 있을 때, 제대로 양육이 되었다거나 스트레스를 받지 않았다거나(혹은 스트레스를 잘 다스렸다거나) 하는 사실을 알려주기 때문에 결국에는 뇌 구조가 잘 형성되어 있다거나 제대로 기능하고 있음을 알려주는 단서가 될 수 있다. 예를 들면 카나리아는 매혹적인 노래를 부르려면 명관의 왼쪽과 오른쪽에 있는 근육을 기가 막히게 조절해야 한다. 매혹적인 노래를 부르는 수컷을 선택하면 암컷 카나리아는 자연히 양쪽 근육을 제대로 조절하지 못하는 수컷을 배제할 수 있다.

  새가 노래한다는 것은 복잡하기도 하고 힘들기도 한 행동이기 때문에 노래는 구애자의 전체 건강 상태뿐만 아니라 지능을 가늠해볼 수 있는 아주 쉽고 정확한 척도일 수도 있다.

듀크 대학교의 스티브 노위키는 어린 새의 뇌에서 뉴런이 활발하게 연결되어 노래 계를 만드는 시기를 다시 살펴보아야 한다고 했다. 이 시기에 어린 새는 몸도 격렬하게 성장한다. 일반적으로 명금류는 부화하고 10일 정도면 어른 새 무게의 90퍼센트까지 몸무게가 늘어난다. 정말 엄청난 성장 속도이다. 이 시기에 뉴런, 근육, 깃털, 피부가 자라려면 충분히 영양을 섭취해야 한다. 그렇기 때문에 이 시기는 취약한 시기이기도 하다. 이 소중한 몇 주일 동안에 부모 새가 먹이를 충분히 가져다 주지 않거나 어린 새가 병에 걸리거나 다른 형제와 경쟁을 하는 등의 스트레스를 받으면 뇌에서 노래 회로는 제대로 형성되지 않는다. 잡혀온 새들은 잘 먹지 못하면 노래를 기억하는 뇌 구조가 적절하게 발달하지 못하기 때문에 스승의 노래를 제대로 따라 하지 못한다. 잘 먹은 금화조는 스승의 노래를 95퍼센트 정도 정확하게 따라 했지만 제대로 먹지 못한 금화조의 정확도는 70퍼센트에 불과했다는 연구 결과도 나와 있다. 그것이 무슨 문제인가 싶을 테지만 암컷 금화조에게는 큰 문제가 될 것이다. 암컷은 수컷이 부르는 노래에서 잘못된 부분을 "찾아내고" 냉정한 평가를 내릴 것이다. 다시 말해서 수컷의 노래는 바로 그 수컷 자신이 되는 것이다. 한번 잘못 배운 수컷의 노래는 평생 동안 수컷의 삶을 엉망으로 만들 것이다.

재기 넘치는 노래를 정확하게 부르는 능력은 수컷의 지능과 학습 능력이 뛰어나다는 사실을 파악하는 단서일 수도 있다. 이 "인지능력 가설"은 암컷이 수컷의 지능을 근거로 배우자를 선택하는데, 이때 노래가 지능을 판단하는 기준으로 작용한다고 주장한다. 다시 말해서 암컷은 노래를 잘 부르는 수컷은 학습 능력이 뛰어나다고 생각한다는 뜻이다. 암컷은 노래를 월등하게 잘 부르는 수컷은 멋진 노래를 잘 듣고 배우고 부를 수 있을 뿐만 아니라, 언제 어디에서 무엇을 먹을지, 어떻게 천적을 피할지, 어떻게 짝짓기에 성공할지 같은 의사를 결정하고 문제를 풀어야 하는 학습이 필요한 모든 인지능력이 뛰어나기 때문에 암컷이 자기 자손에게 주기를 바라는 "좋은" 유전자를 보유하고 있고(또는 있거나) 충분히 넉넉한 먹이를 제공할 수 있는 특성을 갖추고 있다고 생각한다는 뜻이다. 그러나 수컷이 노래를 부르는 능력과 다른 인지 과제를 수행하는 능력이 서로 관계가 있는지는 분명하게 밝혀진 바가 없다. 지금까지 나온 증거로는 명확하게 결론을 내릴 수 없다.

세인트앤드루스 대학교의 네일례 보헤트는 실험실에 격리된 수컷 금화조 여러 마리에게 한 가지 과제를 내주었다. 나무로 만든 상자에서 플라스틱 뚜껑을 열고 먹이를 꺼내먹는 과제였다. 더 다양한 소리로 복잡한 노래를 부르는 새는 적은 소리로 단순한 노래를 부르는 새보다 더 빨리 문제를 해결했다. 이런 실험 결과는 노래를 잘 배운다는 것은 먹이를 찾는 능력도 뛰어나다는 증거라고 생각해서 암컷이 수컷의 노래를 듣고 먹이를 찾는 능력을 판단할 수도 있다는 뜻이다.

그러나 이야기는 그렇게 단순하지 않다. 보헤트 연구팀은 나중에 멧종다리 수컷(금화조보다 더 많은 노래를 부른다)에게 아주 다양한 인지 과제—전도 학습이나 공간과 색의 관계 짓기 같은—를 풀게 했는데, 노래를 잘 부르는 수컷의 과제 수행 능력은 들쭉날쭉한 결과를 보였다. 노래를 잘 하는 수컷은 잘 하는 과제도 있었지만 못 하는 과제도 있었다. 최근에 무리를 짓고 사는—좀더 자연적이고 사회적인 환경에서 사는—금화조를 연구한 결과, 복잡한 노래를 부르는 능력과 다른 인지능력은 관계가 없음이 밝혀졌다. 노래를 가장 잘 부르는 수컷도 평범하게 부르는 수컷에 비해 특별히 문제 해결 능력이 뛰어나지는 않았다. 보헤트는 스트레스나 동기, 정신을 산만하게 만드는 주변 상황, 사회적 지위 같은 교란 인자들 때문에 정확한 상관관계를 밝힐 수가 없는 것 같다고 했다.

이런 상황을 생각해보면 야생에서 노래를 부르는 능력과 인지능력의 상관관계는 더욱더 밝히기 힘들 수도 있다. 얼마 전에 카를로스 보테로는 이 문제에 아주 독특한 방식으로 접근했다. 당시에는 노스캐롤라이나 국립진화 종합 센터에서 근무하고 있던 이 대담한 연구자는 야생에서 흉내지빠귀가 부르는 소리를 담으려고 아주 고감도의 녹음 장비를 들고서 남아메리카 대륙의 몇몇 나라들로 날아가 사막과 정글과 관목 숲을 부지런히 걸어다녔다. 흉내지빠귀 29종이 부르는 노래 100여 곡을 녹음한 뒤에 보테로는 예측하기 힘든 환경에서 살아가는 흉내지빠귀의 노래가 더 정교하다는 사실을 알아냈다. 아무 때나 비가 내리거나 기온이 크게 변하는 등 날씨가 변덕스럽게 바뀌는 힘든 환경에서는 먹이 자원을 확보하는 일이 쉽지 않은데, 그런 곳에서 사는 흉내지빠귀는 노래 목록도 길었고 노래와 소리를 따라 하는 능력도 더 뛰어났으며, 음조도 정확하고 더 일관성 있게 노래를 불렀다. 보테로는 수컷의 노래 부르는 능력이 암컷에게 척박한 환경에서도 잘 살아갈 수 있다는 신호로 작용할 수도 있다고 했다. 이 같은 사실은 새의 노래는 몇 가지 점에서는 수컷의 일반적인 인지능력을 알려주는 정보로 작용하며, 지능을 판단하는 성 선택의 요소로 작용할 수도 있다는 주장을 뒷받침해준다.

**흉내지빠귀 수컷을** 발견한 첫 휴식 시간이 끝나고, 몇 시간이 지난 늦은 오후였다. 나는 또다시 밖으로 나가 삼나무를 살펴보았다. 그 흉내지빠귀는 여전히 같은 자리에 앉아 노래를 부르고 있었다. 여전히 다양한 소리를 내고 있었지만, 그 소리는 사뭇 약해져 있었다.

명금류 암컷이 수컷의 노래를 수컷의 지능을 파악하는 단서로 사용하는지는 아직 정확하게 밝혀지지 않았다. 하지만 한 가지는 분명해 보인다. 명금류가 복잡하고 정확하고 엄청나게 아름다운 노래를 부르게 되고, 그 노래를 부를 수 있도록 정교한 뇌 회로를 만드는 방향으로 진화를 하게 된 이유는 암컷 때문이라는 것이다. 조류학자 도널드 크루즈마는, 암컷이 수컷의 노래를 듣고 평가를 하기 때문에, 수컷의 노래를 듣고 그 수컷이 자기 자식의 아버지가 될 가치가 있는지를 결정하기 때문에 수컷이 그런 식으로 노래를 부르도록 "설계된" 것이라고 설명했다. "암컷은 짝짓기를 할 수컷을 선택함으로써 '자질이 뛰어난 가수'의 유전자가 영구히 존재할 수 있게 하고 '능력이 좋다'라는 것이 어떤 의미인지를 각 종의 암컷 마음속 깊은 곳에 새겨놓는다." 따라서 암컷은 수컷의 뇌에서 엄청나게 복잡한 노래 신경 회로망이 생성되게 하고, 수컷은 그 보상으로 정확하게 노래를 부를 수 있게 된다고 할 수 있다. 이런 주장을 짝짓기 마음 가설(mating-mind hypothesis)이라고 한다. 수컷이 펼치는 공연의 복잡성을 인지하는 능력과 이런 공연을 평가하는 암컷을 인지하는 능력이 함께 진화하여 암컷과 수컷 모두의 뇌 구조에 영향을 미친다고 주장하는 가설이다.

삼나무 가지에 앉아 조용히 노래를 부르는 수컷 주위에는 암컷이 보이지 않았다. 아마도 가을에 부르는 수컷의 노래는 다른 보상을 얻게 되는지도 모른다. 봄에 노래하건 가을에 노래하건, 새는 노래를 부르면 도파민이나 오피오이드 물질이 분비된다. 그러나 이런 물질의 분비량은 계절마다 달라서 각기 다른 결과를 낸다. 로렌 리터스는 오피오이드 물질이 분비되면 기쁨도 느끼지만 통증도 사라진다고 했다. 리터스는 어느 계절에 통증을 줄이는 오피오이드 물질이 더 많이 분비되는지 보려고 가을과 겨울에 찌르레기 수컷을 잡아 뜨거운 물에 발을 담가보았다. 리터스는 가을에 노래를 부르는 새가 뜨거운 물을 더 잘 견디리라고 생각했는데,

그 생각은 옳았다. 가을에 노래를 부르면 봄에 부를 때보다 오피오이드 물질이 두 배 이상 더 분비되었다. 다윈이 기록한 것처럼 "사랑의 계절이 오면 새는 주로 이성을 유혹하려고 노래를 부른다." 그러나 짝짓기 철이 끝난 뒤에도 "수컷 새는 노래를 부르는데……, 그 이유는 스스로 즐겁기 때문이다." 어쩌면 마약이 필요하기 때문일 수도 있다.

삼나무에 앉아서 노래를 부르는 수컷 흉내지빠귀는 테너처럼 열정적으로 소리를 내지르지는 않았다. 정교하게 흉내를 내고는 있었지만 아주 우아하고 조용한 것이 혼자서 즐기면서 부르고 있음이 분명했다. 어쩌면 그 수컷은 추위를 이기려고 노래를 불렀는지도 모른다. 그럴 가능성은 충분하다. 아니면 파르르 떨리는 노래를 정확하고 아름답게 부르면 고통도 줄어들고 문자 그대로 정말로 즐겁기 때문에 노래를 부른 것일 수도 있다.

제6장

# 예술가

미적 자질

푸른 퀸동 나무의 기둥 뒤에 웅크리고 앉아서 가지 사이로 쳐다보았다. 햇살이 여기저기 얼룩무늬를 만들고 있는 열대우림 바닥에는 크기는 비둘기만 하지만 밝은 자주색 눈에 번쩍이는 블루-블랙 깃털을 뽐내고 있는 새가 한 마리 있다. 그 새 뒤로는 잔가지로 만든 30센티미터쯤 되는 우아한 건축물이 있다. 잔가지들을 마주 보게 두 줄로 꽂아 아치를 이룬 그 건축물은 마치 어린아이가 만든 장난감 티피 천막(아메리카 원주민의 원뿔형 천막/옮긴이)처럼 보인다. 새가 서 있는 주변 땅에는 담황색 가지로 짠 카펫 위에 갑자기 튀어나온 것처럼 화려한 색색의 물체들이 어스름한 숲에서 화려한 빛을 번쩍이며 여기저기 놓여 있다. 이 물체들은 면면도 다양해서 꽃, 과일, 장과 열매, 깃털, 병뚜껑, 빨대, 앵무새 날개, 작은 장난감, 청록색 유리로 만든 안구처럼 생긴 물건까지 있다. 그 새는 꽃을 하나 물어오더니 건축물 가까이 내려놓는다. 깃털을 정리하고 구슬을 살며시 밀고 빨대를 쿡 찌르는 폼이 자기가 가져온 전리품을 색과 크기와 모양 별로 정리하는 것이 분명하다. 새는 자주 총총거리며 뒤로 훌쩍 물러나서 자기 작품을 평가하는 듯이 쳐다보다가 다시 다가가 물건들을 정리한다.

오스트레일리아 동부 해안에 서식하는 이 새를 몇 주일 더 일찍 보았다면, 한참 건설업에 몰두하고 있는 모습을 볼 수 있었을 것이다. 먼저 새는 0.8제곱미터쯤 되는 땅에서 맹렬하게 부스러기를 전부 치우고 잔가지와 유리를 가져와 부지런히 바닥에 깔아 평평한 "플랫폼"을 만든다. 자신이 모아온 전리품들 가운데 엄선한 잔가지들을 두 줄로 나란하게 세워 플랫폼에 아침 햇살이 들이치는 긴 통로를 만든다. 통로의 북쪽 끝에는 가는 가지를 평평하고 균일하게 깔아 광장을 만든다. 이곳은 건축물을 뒷받침해주는 장식품이기도 하지만, 구애의 춤을 추는 공간이기도 하다. 나중에 새는 이곳에서 화려하게 빙글빙글 도는 춤을 추면서 노래를 부를 것이다.

건축물을 세웠으면 다음에 할 일은 보물 수집이다. 그저 되는 대로 아무 물건이나 가져오지는 않는다. 이 새는 앵무새의 자줏빛 도는 파란색 꽁지 깃털, 라벤더 로벨리아 꽃잎, 퀀동 나무의 반짝이는 파란색 열매, 자주색 페튜니아, 인근 주택에서 훔쳐온 파란색 델피니움, 코발트색 유리 조각이나 도자기 조각, 감색 머리 리본, 청록색 방수포 조각, 파란색 버스표, 빨대, 장난감, 볼펜, 안구, 이웃 동료에게 훔쳐온 연한 파란색 고무 젖꼭지처럼 고집스럽게 파란색만 고수한다. 새는 이런 보물들을 나뭇가지로 만든 캔버스 위에 펼쳐놓는다. 만약에 꽃이 시들거나 열매가 쪼그라들면 다시 싱싱한 보물로 바꾼다. 그 뒤로 며칠을 더 지켜보면 건축물 내부에 색을 칠하는 새를 볼 수 있다. 새는 마른 소나무 잎을 입으로 씹고 부리로 으깨어 건축물 내부에 발라 밤색 띠를 만든다.

초기에 유럽의 동식물학자들이 오스트레일리아의 숲속 깊은 곳에서 이 건축물을 발견하고 놀란 것도 당연하다. 학자들은 새가 만든 건축물을 원주민 아이나 그 아이의 어머니가 만든 괴상한 인형의 집이라고 생각했다.

**사람은 동물 건축가에게** 경외심을 느낀다. 아마 우리 자신도 건축가이기 때문일 것이다. 가장 흔히 볼 수 있는 동물의 건축물인 새의 둥지—특히 식물을 교묘하게 꼬고 매듭을 지어서 정교한 둥지를 만드는 베짜기새나 수만 번을 재빨리 움직이면서 한땀 한땀 둥지를 짜는 미국꾀꼬리, 수천 번이나 진흙을 입에 가득 물고 돌아와 헛간의 서까래 위나 선창이나 다리 밑에 컵처럼 생긴 둥지를 만드는 제비의 둥지—에 경이로움을 느끼는 이유는 바로 그 때문이다.

쥘 미슐레는 "둥지의 원형(圓形) 형태를 결정하는 도구는 바로 새 자신의 몸이다. 새의 집은 바로 그 새 자신이다. 새의 형상……, 뭐라고 해야 할까, 새의 고통인 것이다"라고 썼다.

보르네오 섬의 탄중 푸팅 지역에 있는 강가에서 판다누스 나무 꼭대기에 있는 부채꼬리딱새의 컵처럼 생긴 둥지를 보았을 때, 나는 미슐레의 말이 생각났다. 부채꼬리딱새는 그 지역에서는 탁 트인 숲에서 흔히 볼 수 있는 새이지만 작고 조밀한 둥지는 정말로 경이롭고 독창적인 건축물이요, 정교한 공학 기술의 산물이다. 완벽하게 동그란 그 둥지는 어미새와 아기 새가 간신히 들어가 앉을 수 있을 만큼만 넓다. 나는 새가 혹시 가슴으로 벽을 누르고 몸을 이용해서 둥지를 만든 물질이 유연해질 때까지 압력을 가하고 모양을 잡는 것은 아닌지 궁금했다. 판다누스 나무 꼭대기에 있는 부채꼬리딱새의 둥지는 거미줄과 성긴 풀의 포엽(苞葉)에 쌓여 있었는데, 가는 풀과 작은 잎, 거대 양치식물의 관모(冠毛), 섬유 같은 뿌리로 벽을 엮어 만든 포근한 둥근 컵 모양이었다.

둥지 짓기 재능에 대한 시상을 한다면, 그 상은 당연히 유럽과 아시아 대륙에 사는 박새의 사촌 종인 오목눈이가 받아야 한다. 오목눈이는 작은 이끼 잎을 엮어 만든 갈고리 모양의 신축성 있는 자루를 보슬보슬한 거미줄로 만든 거미 알의 고치와 함께 엮어 일종의 "벨크로(찍찍이)" 같은 둥지를 만든다. 몸집이 작은 오목눈이는 수천 개나 되는 작은 깃털을 둥지 안에 넣어서 단열 처리를 하고 둥지 밖은 수천 개나 되는 작은 지의류 조각을 붙여 위장을 한다. 거의 6,000개나 되는 조각들을 이용해서 둥지를 만드는 것이다.

"새의 둥지는 새의 마음을 가장 잘 보여주는 거울이다. 둥지는 이 생명체들이 의심할 여지없이 아주 높은 이성과 사고력을 가지고 있다는 사실을 보여주는 아주 명백한 예이다."

영국의 조류학자 찰스 딕슨은 1902년에 이런 글을 썼다. 그런데도 사람들은 오랫동안 새가 둥지를 짓는 행위는 전적으로 본능적인 행동이라고 생각했다. 새는 둥지를 만드는 "형판"이 새겨져 있는 유전자를 가지고 이 세상에 오는 것이지, 무엇을 만들어야겠다는 목표를 가지고 둥지를 구상하지는 않는다고 말이다. 조금이라도 뇌가 관여하는 부분이 있다면, 그것은 알을 담을 멋진 둥지를 만들려면 어떻게 행동하고, 어떻게 미리 프로그램된 대로 움직일 것인지를 규정하는 간단한 규칙에 한정될 것이라고 생각했다. 노벨 상 수상자 니콜라스 틴베르헌은 오목눈이가 둥근 둥지를 만들 때는 최대 14가지 운동 동작을 순서대로 하는데, "그 간단하고 고정된" 동작으로 "그렇게 멋진 결과물을 만들 수 있다는 것"은 정말로 경이로운 일이라고 말했다.

최근에 과학자들이 둥지를 지으려면 본능이 아닌 온갖 능력—학습, 기억, 경험, 의사 결정, 근육 조절 능력, 협동 같은—이 필요하다는 확고한 증거들을 계속해서 찾아내면서 이런 관점은 바뀌고 있다. 오목눈이의 근사한 건축물은 처음부터 끝까지 부부가 협력해야만 만들 수 있다는 사실이 밝혀졌다. 오목눈이는 둥지를 만들려면 장소, 재료, 건설 방법 등을 결정해야 한다.

스코틀랜드 세인트앤드루스 대학교의 심리학자이자 생물학자인 수 힐리와 학습과 둥지 만들기 연구팀이 둥지를 만드는 동안 금화조의 뇌에서는 운동 경로만이 아니라 사회적 행동이나 보상과 관계가 있는 경로도 활성화된다는 사실을 발견한 것은 당연한 결과이다.

2014년에 발표한 실험에서 힐리 연구팀은 금화조가 경험을 통해서 둥지 만드는 재료를 좀더 효과적으로 고르는 방법을 배울 수 있는지를 살펴보았다. 야생에서 금화조는 빽빽한 관목 숲 깊숙한 곳에 마른 풀줄기나 가는 나뭇가지로 속이 뚫린 공 모양의 둥지를 단단하게 만든다. 실험실에서 과학자들은 면사(綿絲)처럼 힘이 없는 재료부터 훨씬 단단한 재료까지 다양한 재료를 제공했다. 어느 정도 둥지를 지어본 뒤에는 금화조가 2개의 끈 가운데 하나를 선택할 수 있게 했다. 힘없이 구부러지는 끈으로 둥지를 지어본 경험이 있는 금화조는 훨씬 더 단단한 재료를 선택했다. 둥지를 더 많이 지어본 금화조일수록 더욱 단단한 끈을 선택했다. 학습이 둥지를 만들 재료를 선택하는 데에 영향을 미치는 것이 분명했다.

금화조가 둥지를 위장할 때 쓰는 재료를 의식적으로 선택하는지를 보려고 힐리 연구팀은 금화조 수컷이 들어 있는 새장에 색이 다른 "벽지"를 발랐다. 그런 다음에 금화조 수컷에게 벽지와 같은 색의 종잇조각과 다른 색의 종잇조각 가운데 둥지를 만들 재료를 고르게 했다. 금화조 수컷은 대부분 색이 같은 종잇조각을 골랐다. 이는 금화조가 둥지를 지을 재료를 고를 때, 서식지에서 찾을 수 있는 재료를 무작위로 물어오는 것이 아니라 재료의 특성을 꼼꼼하게 따진다는 의미이다.

검은머리베짜는새도 경험으로 둥지를 만들 재료를 좀더 잘 선택하는 법을 배운다. 어린 새는 더 잘 구부러지는 물질을 선호하고 짧은 가닥보다는 긴 가닥을 선호한다. 그러나 경험이 쌓이면 좀더 까다롭게 재료를 선택하고 노끈이나 라피아 섬유, 이쑤시개 같은 인공물은 거들떠보지도 않는다. 나이가 들면 재료를 자르거나 엮는 일에도 능숙해져서 실수가 줄어들고 더 말끔하고 단단하게 둥지를 지을 수 있다.

그러나 오스트레일리아에서 지켜본 번쩍이는 새가 나뭇가지와 여러 물건들로 지은 건축물은 둥지가 아니다. 부부가 함께 둥지를 짓는 오목눈이와 달리 이 새는 전적으로 암컷 혼자 둥지를 짓는다. 정말이다. 엄청난 건축 실력과 재능을 가진 새틴정원사새 수컷이 바우어(bower)라고 알려진 이 괴상하고 정교한 건축물을 짓는 이유는 오직 한 가지, 암컷을 유혹하기 위해서이다.

정원사샛과에 속하는 새들은 모두 뛰어난 건축 재능을 자랑하기 때문에 조류학자 E. 토머스 질리어드는 한때 새를 정원사새와 그밖의 다른 모든 새라는 두 무리로 나누어야 한다고 했다. 정원사새는 큰 뇌, 긴 수명, 천천히 자라는 생장 속도(완전히 성장하려면 7년이 걸린다) 등, 지능이 뛰어나려면 갖추어야 한다는 특징을 모두 가지고 있다. 정원사새는 뉴기니와 오스트레일리아에 있는 열대우림과 삼림 지역에서 20여 종이 살아가는데, 그 가운데 17종이 바우어를 짓는다. 지구에서는 우리 사람을 제외하면, 아마도 정원사새만이 짝짓기 할 상대를 유혹하려고 터무니없이 과하게 자기가 소유한 물질을 과시하는 동물일 것이다.

그리고 정원사새 암컷이 있다. 단조로운 올리브그린 색의 정원사새 암컷은 크기는 수컷만 하다. 암컷은 가까운 지역을 어슬렁거리면서 서너 개쯤 되는 바우어를 살펴보면서 품질을 평가한다.

지금 암컷은 물건을 구입하러 시장에 와 있다. 이 암컷은 우리가 관찰하고 있던 새틴정원사새 수컷의 건축물 남쪽 입구에 내려앉았지만 풀밭에서 주저하고 있다. 앞에 있는 건축물은 마음에 드는 것 같다. 제대로 대칭 구조를 이룬 건축물에 시선을 빼앗긴 듯하다. 아니면 연한 파란색 고무 젖꼭지가 마음에 드는 것인지도 모르겠다. 잠시 뒤에 암컷은 솜씨 좋게 지은 작고 아담한 바우어 안으로 풀쩍 뛰어 들어가더니 막대를 물어보고, 바우어 안쪽에 수컷이 정성껏 발라놓은 밤색 띠를 조금 떼어 맛을 본다.

암컷이 바우어 앞에 내려앉자마자 수컷은 바우어를 단장하던 일을 멈추고 서두른다. 발레를 하는 것처럼 열정적으로 뛰어오르면서 춤을 춘다. 소중한 전리품을 부리로 물어 빼더니 무대 바닥에 흩어놓는다. 그러더니 갑자기 태엽을 감아 돌리는 장난감처럼 윙윙거리는 "기계음"을 내면서 몸을 휘젓기 시작한다. 불규칙적으로 움직이는 로봇이나 마네킹보다는 조용하고 으스대는 몸짓이다. 수컷은 마치 덧문이 펄럭이는 것처럼 날개를 퍼덕이고 꼬리를 재빨리 움직이다가, 갑자기 침입자를 쫓아내기라도 하는 것처럼 플랫폼으로 달려간다. 그러더니 여러 가지 다양한 동물을 흉내내기 시작한다. 처음에는 또르르 굴러가는 것처럼 웃는 물총새의 소리를 흉내내더니 덜거덕거리는 기관총 소리 같은 레윈꿀빨이새의 소리, 큰유황앵무, 오스트레일리아까마귀, 노랑꼬리검은유황앵무의 부드러운 소리를 흉내낸다. 새틴정원사새 수컷은 크게 웃고 응웅거리고 끼익끼익, 쿠우쿠우 소리를 낸다. 수컷은 멋진 깃털을 자랑하면서 왠지 이상하게 빨간색으로 변해 있는 툭 튀어나온 눈을 번쩍거린다. 잠시 가만히 멈춰 서서 한 곳을 뚫어지게 쳐다보다가 몇 분 동안 갑자기 총총거리며 돌아다니더니 다시 공연을 하기 시작한다. 목을 앞으로 쭉 빼고 다시 날개를 파닥거린다. 부리로 작은 장식품—노란 잎—을 물고 재빨리 바우어 입구로 다가가 암컷을 쳐다보면서 더 크게 보이려고 번쩍이는 깃털을 잔뜩 부풀리더니 여러 번 무릎을 깊숙이 굽혔다가 편다.

암컷은 이 모든 공연을 주의 깊게 지켜보면서 수컷의 역량을 평가한다. 평가 과정은 몇 초가 걸릴 수도 있고 길어지면 한 시간이 걸릴 수도 있다.

그런데 갑자기 우리의 수컷이 거칠게 옆으로 홱 움직인다. 깜짝 놀란 암컷은 이내 바우어 밖으로 튀어나가더니 멀리 날아간다.

수컷은 암컷을 잃었다.

왜 그런 것일까? 도대체 어디서부터 잘못된 것일까?

**가혹하게도** 정원사새의 세계에서는 아주 적은 수컷만이 암컷을 만나 짝짓기를 할 수 있다. 애인을 고르는 선택권은 암컷에게 있으며, 암컷은 아주 신중하게 짝을 고른다. 그렇기 때문에 운이 좋은 수컷은 20마리, 30마리 이상의 암컷들과 짝짓기를 하지만 운이 나쁜 수컷은 한번도 짝 짓기를 할 수 없는 경우가 생긴다. 이런 불평등이 생기는 이유는 아주 복잡한데, 이는 수컷 정원사새가 어떻게 예술성과 지능을 획득하게 되었는지를 알려주는 흥미로운 단서가 될 수 있다. 수컷이 추는 춤과 나뭇가지로 대칭적인 건축물을 만들고 파란색 빨대로 장식을 하는 수컷의 성향을 가지고 암컷이 이상적인 배우자가 갖추어야 할 자질을 판단하는 이유는 무엇일까? 수컷의 "예술성"이 지능이나 미적 감각을 판단할 수 있는 징표인 것일까?

새틴정원사새의 이야기는 이런 질문에 관한 답을 찾기에 아주 좋은 곳이다. 40년 이상 정원사새를 연구해온 메릴랜드 대학교의 생물학자 제럴드 보르자는 새틴정원사새 수컷은 아주 극단적으로 과시 행동을 하며, 암컷은 아주 극단적으로 까다롭다고 했다.

도대체 그 이유는 무엇일까?

정원사새 수컷은 배우자에게 직접 도움이 될 만한 이득은 하나도 제공하지 않는다. 어린 새를 함께 기르거나 암컷의 영역을 지켜주는 일은 하지 않는다. 암컷이 수컷에게 받는 것은 유전자뿐이다. 따라서 먹이를 구하는 등의 능력을 평가하면서 시간을 낭비할 이유가 없다. 그저 만들어놓은 바우어의 상태를 점검하고 춤을 추고 흉내를 내는 등, 구애를 하는 모습만 검토할 뿐이다.

쇼핑을 하려고 돌아다니는 데에는 시간과 에너지가 든다. 따라서 이런 행위에는 분명한 이유가 있어야 한다. 보르자는 실제로 수컷이 암컷에게 펼쳐 보이는 모든 행동과 작품으로 수컷 자신의 영리함을 드러낸다고 했다.

가장 멋진 바우어를 지으려면 어떤 능력이 있어야 하는지 살펴보자.

우선 수컷은 탁월한 장소를 선택해야 한다. 영리한 수컷은 자기가 만든 전시물이 가장 돋보일 수 있는 장소를 택해 바우어를 짓는다. 보르자는 새틴정원사새는 바우어가 정확히 북쪽과 남쪽을 가리키도록 축을 세운다고 했다. "자기가 만든 건축물이 적절한 빛을 받을 수 있게 하려고 그러는 것 같습니다." 수컷은 좀더 많은 햇빛을 받으려고 플랫폼 주변에 있는 잎을 잘라내기도 한다.

두 번째로 아주 멋진 실력이 있어야 한다. 암컷은 대칭성이 뛰어나고 균일한 길이의 가지를 조밀하게 엮은 최고로 잘 만든 건축물을 선호한다. 따라서 짝짓기를 하고 싶은 수컷이라면 적절한 길이에 곧고 가는 가지를 수백 개나 모을 수 있어야 한다. 그리고 그 가지를 이용해서 무성하면서도 곡선을 이루고 있는 벽을 만들어야 한다. 두 벽을 완벽하게 대칭으로 만들려면 수컷은 마음속에 들어 있는 형판을 이용해야 한다. 그리고 보르자의 말처럼 "그 형판에는 수컷이 재료를 고르고 바우어의 통로를 따라 대칭으로 가지를 세우는 방법이 새겨져 있어야" 한다. 수컷은 한 쪽 벽의 안이나 바깥에 잔가지를 대었다가, 여전히 잔가지를 문채로 그 벽에서 물러나, 자신이 했던 동작을 정확하게 반대로 해서 맞은

편 벽의 대칭이 되는 자리에 그 잔가지를 꽂는다. 융통성이 뛰어난 수컷은 이 기술을 변형해서 사용하기도 한다. 과학자들이 바우어 가운데 몇 개를 선택해서 한 쪽 벽을 완전히 부수는 실험을 하자 새틴정원사새 수컷들은 아주 놀라울 정도로 민첩한 반응을 보였다. 수컷들은 남아 있는 벽을 공평하게 나누어 새로운 바우어를 만들지 않고 파괴된 한 쪽 벽을 다시 세우는 데에만 온 힘을 집중했다.

그런데 장식에 관해서는 아주 심각한 문제가 있다. 많은 암컷들이 장식품을 좋아하기 때문에 수컷은 화려한 물건을 사재기 해두어야 한다. 암컷이 바우어에서 장식품을 가져가면 수컷의 수집품은 급격히 줄어들 수밖에 없다. 따라서 끊임없이 물건을 채워놓아야 하는데, 가끔은 아주 부적절하게도 주인이 잠시 자리를 비운 틈을 타서 다른 바우어에서 소중한 물건을 훔쳐오기도 한다. 결국 수컷이 바우어를 온전하고 깔끔하게 유지하려면 많은 에너지를 들일 수밖에 없다.

정원사새가 종마다 다른 장식품과 색을 신중하게 골라 바우어를 꾸미는 이유는 살아가는 환경이 다르기 때문이다. 보르자는 새틴정원사새의 호전적인 사촌 종인 점박이정원사새는 탁 트인 삼림지대에 바우어를 만드는데, 새틴정원사새와 달리 은빛으로 번쩍이는 물건이나 녹색 물건을 좋아한다고 했다. "바우어에서 가장 중요한 곳에는 동전이나 보석, 녹슬지 않은 못은 물론이고 탄약통까지 가져다둡니다. 한 새는 반짝이는 새 못은 바우어 통로에 넣어두고 녹슨 못은 뒤에 두더군요. 이는 새가 좋은 것과 나쁜 것을 구별한다는 뜻입니다." 점박이정원사새 수컷은 온갖 종류의 번쩍이는 물건을 쉽게 구할 수 있는 쓰레기통 옆에 바우어를 만드는 경우가 많다. 보르자는 스테인드글라스로 작품을 만드는 예술가의 집 근처에서 바우어를 하나 찾아냈다. 그 바우어에는 바우어 주인이 심사숙고해서 골라온 스테인드글라스 조각이 가득 박혀 있었다. "그 조각들을 모자이크 작품처럼 붙여놓은 모습은 정말 놀라웠습니다"라고 보르자는 말했다.

보겔콥정원사새는 뉴기니의 열대우림 산맥에서 자라는 어린 나무의 기둥에 아메리카 원주민이 치던 원형 천막처럼 생긴 메이폴 바우어를 만드는데, 지붕은 기생 난(epiphytic orchid)의 줄기를 엮어 얹는다. 바우어 주변에 이끼를 깔아 만든 정원에는 밝은 색 꽃잎과 과일, 딱정벌레의 번쩍이는 빨간색, 파란색, 검은색, 주황색 날개 같은 재료들이 아름다운 정물화를 그리고 있다. 가장 중요한 자리에는 인근 선교사의 집에서 훔쳐온 흰색에 주황색 줄무늬가 있는 양말 같은 독특한 물건이 놓여 있을 때도 있다.

오스트레일리아 북부의 유칼립투스 숲에 사는 큰정원사새는 바우어 정원은 되도록 간소한 쪽을 선호해서 커다란 흰 돌, 뼈, 하얗게 표백된 달팽이 껍데기 등을 가져다놓는다(브라질의 과학자 아이다 로드리게스는 퀸즐랜드 야외 연구소에 엄청난 폭풍이 불었던 2014년 12월에는 큰정원사새가 커다란 우박을 물어와 정원을 꾸몄다고 했다). 바우어 주변의 캔버스가 옅은 색을 띠고 있기 때문에 바우어 입구에 놓은 번쩍이는 물체와 통로 옆쪽에 신중하게 줄지어 세워놓았거나 둥글게 장식한 녹색 물체, 정원 끝에 흩어놓은 빨간색 물체가 선명하게 드러난다.

큰정원사새는 적갈색 나뭇가지로 길게 만든 통로의 양 끝에 타원형으로 뜰을 만든다. 바우어에는 놀랍게도 5,000여 개의 나뭇가지가 쓰인다. 수컷이 구애를 하는 동안 암컷은 바우어 통로 가운데 서 있다. 통로에서 나뭇가지 때문에 생기는 붉은빛 속에 서 있으면 색을 인지하는 감각이 실제로 바뀌어서 붉은색과 녹색과 큰정원사새 수컷의 목덜미 깃털의 색인 연보라색이 강렬하게 느껴진다. 수컷은 암컷이 통로에 있는 동안 다채로운 물체들을 숨겨놓은 뜰 한 곳에 보이지 않게 비켜서 있다. 가끔씩 고개를 삐죽 내밀어 암컷이 서 있는 쪽으로 물건을 하나씩 집어던진다. 암컷의 시선을 끌려는 행동이다. 암컷이 통로에 머무는 시간이 길수록 수컷은 그 암컷과 짝짓기 할 가능성이 커진다.

오스트레일리아 디킨 대학교의 존 엔들러는 큰정원사새는 착시 현상이라는 또다른 예술적인 기술을 활용하고 있는지도 모른다고 했다. 엔들러는 큰정원사새 수컷은 암컷에게 자기가 만든 바우어가 아주 크다는 인상을 심어주려고 바우어 입구에서 멀어지는 쪽으로 작은 돌부터 시작해 점점 더 큰 돌이나 뼈를 배열한다고 했다. 그는 돌들을 그런 식으로 배열해서 인위 원근법(forced perspective) 효과를 주는 것이 큰정원사새 수컷의 전략이라고 생각한다.

고대 그리스의 건축가들이 신전을 건설할 때나 디즈니랜드를 상징하는 유명한 신데렐라 궁전을 설계할 때에 실제보다 건축물을 더 커 보이게 하려고 기둥의 윗부분으로 갈수록 점점 줄어드는 식으로 설계한 것이 바로 인위 원근법을 활용한 예이다. 파란색과 분홍색 벽돌과 첨탑과 창문이 있는 성을 위층으로 올라갈수록 작게 만들면 사람의 뇌는 건물 꼭대기가 실제보다 훨씬 더 높은 곳에 있다는 착각을 일으킨다. 영화 제작자는 「반지의 제왕」에서도 마찬가지 기법으로 호빗이 실제보다 더 작아 보이게 했다.

큰정원사새는 사람과는 정반대의 기법을 활용한다. 바우어 입구 쪽에 작은 물체를 놓고 멀어질수록 큰 뼈나 돌을 놓는 것이다. 과학자들은 그런 식으로 물건을 배치하면 안락한 통로에 서 있는 암컷에게는 뜰이 실제보다 더 작아 보일 것이라고 했다. 뜰이 작아 보이면 뜰에서 한껏 으스대며 서 있는 수컷은 실제보다 더 커 보일 것이고, 색색의 물건들은 더 커 보이고 더 빛나 보일 것이다. 사람의 뇌처럼 암컷의 뇌도 자기가 보고 있는 모습을 잘못 판단할 것이다. 하지만 정확히 그런지를 알아보려면 새의 인지능력을 좀더 연구해볼 필요가 있다.

암컷의 시각을 속이는 이런 기술을 구사하려면 수컷에게는 어떤 지적 능력이 필요할까? 도대체 수컷에게는 어떤 능력이 있는 것일까? 엔들러는 어쩌면 수컷은 시행착오를 겪다가 우연히 인위 원근법이라고 할 수 있는 결과를 얻었을 수도 있다고 했다. 아무렇게나 물건을 배열했다가 다시 살펴보면서 위치를 바꾸는 동안 그런 식으로 배열할 수 있게 되었다는 뜻이다. 아니면 큰정원사새 수컷은 좀더 복잡한 행동양식인 ―작은 것은 가까이에 큰 것은 멀리라는― 간단한 경험의 법칙(rule of thumb)을 활용할 능력이 있는지도 모른다. 어쩌면 큰정원사새는 원근법을 정확하게 이해하고 있으며, 물체를 활용해서 경사도를 조절하는 방법을 알고 있는지도 모른다. 엔들러의 말처럼 우리가 확신할 수 있는 한 가지는 큰정원사새가 "어쩌다 보니 그런 식으로 물체를 배열한 것은 아니라는" 것이다. 큰정원사새는 정말로 열심히 물체를 배열한다고 엔들러는 말했다. 엔들러 연구팀이 큰정원사새의 바우어 안에 있는 흰색 물체와 회색 물체의 순서를 바꿀 때마다 수컷은 3일 안에 물체를 원래 자리로 돌려놓았다.

**본질적으로 색채 전문가인** 새틴정원사새는 색채 대비 효과가 최대한 발휘되도록 물체의 색을 고른다. 바우어를 세울 바닥은 어두운 숲속에서 환하게 빛날 수 있도록 밝은 색 가지와 잎을 가져와 카펫처럼 만든다. 배경을 환하게 만든 뒤에는 자연에서 가장 희귀한 파란색으로 무대를 꾸민다. 새들이 파란색을 택하는 이유가 번쩍이는 자신의 깃털 색과 어울리기 때문이라고 생각하는 과학자도 있다. 그러나 보르자는 새틴정원사새는 자기 깃털로 바우어를 장식할 생각이 전혀 없음이 분명하다고 했다. 이 새들은 그저 숲의 어둑어둑한 초록색 속에서 담황색 숲 바닥과 선명하게 대조를 이룰 파란색을 선호하는 것뿐이다.

사람도 파란색을 사랑하는 것 같다. 한 조사에서 파란색은 사람들이 그 어떤 색보다도 사랑하는 색이라는 결과가 나왔는데, 그 이유는 사람이 사랑하는 자연 환경의 색이 푸른 하늘이나 푸른 바다처럼 주로 파란색이기 때문인지도 모른다. 화가이자 컬러리스트인 라울 뒤피는 파란색은 "모든 색조 가운데 고유한 특성을 유지하는 유일한 색이다……. 파란색은 언제나 파란색으로 남는다"라는 말을 했다고 한다. 척추동물은 파란색 색소를 만들거나 이용할 능력을 가지도록 진화하지 못했다는 점에서 볼 때, 자연에서 파란색은 어느 정도는 부자연스러운 색이다. 동부 파랑새의 등에 나타나는 강청색(electric blue)을 과학자들은 구조색(structural color)이라고 부른다. 빛이 새의 깃털을 구성하는 케라틴의 3차원 배열과 상호작용하면서 생성되는 색이기 때문이다.

새틴정원사새의 세계에서 파란색 물체는 아주 희귀한 물건이다. 그렇기 때문에 이 새들은 훔쳐서라도 파란색 물건을 가지고 싶어한다. 새틴정원사새 수컷이 가지고 있는 파란 장식품의 수는 그 수컷의 바우어 장식 능력을 근처에 있는 다른 수컷들과 비교할 수 있게 해주는 기준이다. 따라서 일단 획득한 보물은 그 보물을 가지고 싶어하는 다른 수컷에게 빼앗기지 않도록 반드시 지키고 있어야 한다.

그런데 새틴정원사새 수컷이 다른 수컷의 바우어를 찾아가는 이유는 도둑질 때문만이 아니다. 수컷은 다른 수컷의 바우어를 망가뜨리기도 한다. 당연히 이런 행동에는 빠른 두뇌 회전이 요구된다. 일반적으로 새틴정원사새 수컷은 서로 100미터 정도 떨어진 곳에 바우어를 짓기 때문에 다른 새의 바우어를 보지 못한다. 보르자에 따르면, 제대로 보이지도 않는 곳에 있는 다른 수컷의 바우어를 찾아다닌다는 것은 다른 바우어가 있는 위치를 머릿속 지도에 그리고 그 지도를 기억한다는 뜻이다.

보르자 연구팀은 파괴 현장을 잡으려고 감시 카메라를 설치했다. 촬영된 영상에서 다른 수컷의 바우어를 찾아나선 파괴자는 은밀하고 신속하게 행동했다. 일단 아주 조용히 날아 바우어 위에 있는 나무에 자리를 잡고 앉은 파괴자는 피해자가 완전히 멀리 갈 때까지 기다렸다. 그런 다음 파괴자는 바우어 옆에 내려앉더니 갑자기 엄청나게 빠른 속도로, 마치 한 줄기 짙은 벨벳 회오리바람처럼 바우어에 꽂혀 있는 가지를 잡아 빼고 옆으로 던져버렸다. 그 뒤로 3분 내지 4분 만에 며칠이나 걸려 지은 건축학적 업적은 그저 바닥에 쌓인 나뭇가지 더미로 변했다. 할 일을 마친 파괴자는 폐허에서 한 발짝 물러나 자기가 한 일을 감상하더니 바닥에 떨어져 있던 파란색 칫솔을 물고는 유유히 떠나버렸다.

암컷의 입장에서 보았을 때, 조금도 손상되지 않은 파란색 물건이 가득 찬 바우어는 수컷이 도둑질을 잘 한다는 사실뿐만 아니라 도둑질과 약탈을 잘 막는다는 사실도 함께 알려주는 단서이다.

새틴정원사새는 파란색은 선호하지만 빨간색은 거부한다. 파란색 물체 사이에 심홍색 물체를 섞어놓으면 수컷은 재빨리 그 물건을 입에 물고 멀리 날아가서 보이지 않는 곳에 버리고 온다. 심지어 자기가 만든 바우어에 빨간 조각을 끼워놓으면, 미친 듯이 화를 낸다고까지 주장하는 새 관찰자들도 있다.

어째서 새틴정원사새는 빨간색을 그렇게 싫어할까? 보르자는 노란색에 대비되는—새틴정원사 수컷이 가져다놓지 않았다면 거의 볼 일이 없는 색인—파란색은 바우어를 찾아오는 암컷에게 "여기 네가 속한 종의 바우어가 있어"라는 분명하고도 눈에 띄는 신호를 전달한다고 생각한다. 그렇기 때문에 파란색 신호 사이에 빨간색이 섞여 들어가 있으면 분명하게 신호를 전달할 수 없게 되는 것이다.

빨간색 물체는 어떻게 해서든지 빨리 제거하려는 새틴정원사새를 보면서 그때는 보르자의 가르침을 받는 박사 과정 학생이었고 지금은 미시건 주립대학교에서 근무하는 제이슨 키지는 한 가지 기발한 생각을 했다. 이 같은 빨간색 혐오를 야생에서 서식하는 수컷의 문제 해결 능력을 실험할 수 있는 자극원으로 사용할 수 있겠다는 생각을 한 것이다.

키지는 좀더 영리한 수컷을 찾고 싶었고, 영리한 수컷이 짝짓기에 성공할 확률이 높은지도 알고 싶었다.

키지는 새틴정원사새의 바우어에 빨간색 물체를 3개 놓고 그 위를 투명한 플라스틱 용기로 덮어놓았다. 그러고는 수컷이 그 용기를 치우고 빨간 물체를 다른 곳에 버릴 때까지 걸리는 시간을 측정했다. 20초도 안 되는 시간에 그 문제를 해결한 수컷도 있었고 끝내는 해결하지 못한 수컷도 있었다. 문제를 해결한 새들 대부분은 플라스틱 용기가 넘어가면서 빨간 물체가 밖으로 드러날 때까지 용기를 쪼는 방법으로 문제를 풀었다. 그런데 한 새는 플라스틱 용기 위에 올라타더니 용기가 옆으로 기울어져 넘어갈 때까지 몸을 흔들어댔다. 용기가 바닥으로 넘어가자 일단 용기부터 치우고 온 그 새는 거슬리는 빨간색 물체도 치워버렸다.

키지가 두 번째로 진행한 실험은 조금 더 교묘하다. 키지는 긴 빨대에 빨간색 타일을 붙이고 빨대를 땅 깊숙이 꽂아 타일이 움직이지 못하게 했다. 새틴정원사새가 자연 환경에서는 거의 부딪칠 일이 없는 전혀 새로운 문제였다. 그러나 아주 영리한 수컷들은 이 문제를 해결할 새로운 전략을 재빨리 찾아냈다. 잎이나 다른 장식품을 가져와 빨간색 물체를 덮어버린 것이다.

그 다음으로 키지는 문제 해결 능력이 짝짓기 성공률과 상관관계가 있는지 살펴보았다. 두 문제를 재빨리 풀어낸 수컷은 실제로도 짝짓기 성공률이 높아서, 문제 해결 능력이 부족한 새보다 훨씬 더 많은 암컷과 짝짓기를 했다. 키지의 말처럼 "똑똑한 수컷은 섹시하다!"

**정원사새 수컷의** 바우어를 예술이라고 볼 수 있을까? 정원사새 수컷을 예술가라고 할 수 있을까?

이 대답은 **예술을** 어떻게 정의하느냐에 따라서 달라질 것이다. 지능처럼 예술이라는 용어도 쉽게 정의할 수가 없다. 『옥스퍼드 영어사전』은 예술을 "기술, 특히 자연과 대비되는 사람의 기술, 교묘한 솜씨, 창의성이나 상상력을 디자인에 적용하는 기술"이라고 정의한다. 『미리엄 웹스터 사전』은 "경험, 학습, 관찰을 통해서 습득하는 기술, 기술이나 창의적인 상상을 의식적으로 사용하는 일"이라고 정의한다.

생물학자들은 이와는 사뭇 다른 정의를 내린다. 존 엔들러는 시각 예술은 "다른 개체의 행동에 영향을 주려고 한 개체가 외적 시각 패턴을 창조하는 일이며……, 예술적 기술은 예술을 창조할 수 있는 능력"으로 정의할 수 있다고 했다. 예일 대학교의 조류학자 리처드 프룸은 예술은 "평가하는 방법과 함께 진화해온 의사소통의 형태"라고 정의했다. 이런 생물학자들의 정의에 따르면, 정원사새는 분명히 예술을 하고 있으며, 정원사새는 예술가라고 할 수 있다.

예술성을 인정해야 하는 새는 더 있을 것이다. 둥지를 왕성하게 장식하는 새도 있다. 솔개는 하얀색 플라스틱을 좋아하고, 올빼미는 배설물이나 사냥감이 남긴 잔해를 좋아한다. 반짝반짝 빛나는 물건에서 눈을 떼지 못하는 새도 있다. 『매사추세츠의 새들(*Birds of Massachusetts*)』에서 에드워드 포부시는 한 아이가 가지고 노는 (리본에 매달린) 은색 신발 버클을 유심히 쳐다보던 미국꾀꼬리 수컷에 관한 이야기를 했다. 그 미국꾀꼬리는 갑자기 아이에게 달려들어 버클을 빼앗더니 자기 둥지로 가져가서 둥지를 꾸미는 데에 썼다. 나는 델라웨어 해변에서 번쩍이는 리본이나 병, 긴 풍선을 둥지로 가져가는 물수리를 본 적이 있다. 뉴저지 주 몬머스 해변에 있는 물수리 둥지에서는 대롱대롱 매달려 있는 손목시계도 보았다.

그러나 다른 새들이 심미적인 이유 때문에 번쩍이는 보물에 마음이 끌리는 것인지, 다른 이유가 있는지는 알 수 없다. 자기가 공연할 무대를 화려하게 꾸미려고 특정한 색깔의 물체를 모으고, 암컷을 유혹하려고 지나칠 정도로 세심하게 물체를 배열하는 새는 오직 정원사새뿐이다. 동식물학자이며 영화 제작자인 하인츠 질만은 노란가슴정원사새가 장식을 하는 모습을 지켜보았다. "이 새는 매번 작업을 끝낼 때마다 전체 색이 어떤 효과를 내는지 천천히 살펴보았다……. 부리로 꽃을 하나 집어 모자이크 작품 속에 끼어넣은 뒤에는 작품이 가장 잘 보이는 곳으로 물러나 작품을 살펴보았다. 이 새는 자기가 그린 캔버스를 비판적인 눈길로 살펴보는 화가와 똑같이 행동했다. 그 새는 꽃으로 그림을 그렸다. 그렇게밖에는 달리 표현할 방법이 없다." 제럴드 보르자와 제이슨 키지는 새틴정원사새 수컷도 비슷한 행동을 한다고 했다. 이 새는 바우어 안에서는 어떻게 보이는지를 살펴보려는 듯이 암컷이 내려앉을 통로로 들어가 밖을 내다보다가 널려 있는 물건을 재배치했다. "새틴정원사새에게 마음 이론이 있다는 말은 아닙니다. 그러나 어쨌거나 아주 흥미로운 행동인 것만은 분명합니다." 키지는 말했다.

쳐다보거나 평가하는 존재에게 감동을 주고 그런 존재들의 행동을 바꾸는 것 외에는 뚜렷한 목적이 없는데도 색이 있는 물체를 모으고 분류하고 신중하게 색의 조화를 생각해서 여기저기 배열하는 행위를 달리 무엇이라고 부를 수 있을까? 내 마음속에서는 그런 행위를 예술과 관계 짓지 않고 다른 방식으로 인지하는 것은 불가능할 듯하다.

**그렇다면 우리의 수컷은** 어째서 암컷의 마음을 얻지 못했을까? 새틴정원사새 수컷이 만든 바우어는 충분히 예술적이었고 좌우대칭도 훌륭했다. 찬란한 무대에는 경쟁자들에게서 훔쳐온 멋진 파란색 구애 물품들이 여기저기 흩어져 있었고, 여러 새의 목소리도 멋지게 흉내냈으며 춤도 잘 추었다.

그런데도 암컷은 만족하지 않았다. 원하는 것이 더 있기 때문이다.

데이비스, 캘리포니아 대학교의 동물행동학자 가일 패트리셀리는 새틴정원사새가 구애에 성공하려면 맹목적인 영리함, 예술성, 허세만으로는 부족하다고 했다. 암컷에게는 감성과 같은 중요한 다른 요소가 필요한 것이 분명했다.

새틴정원사새 암컷은 분명히 아주 강렬하고 활기찬 노래나 춤에 끌리지만, 과도하게 지나친 열정은 거북해한다. 무절제하게 날개를 흔들고 부산스럽게 소리를 질러대는 모습은 수컷끼리 적개심을 드러낼 때에 하는 행동과 비슷하기 때문에 암컷은 질색을 하는 것이다. 따라서 수컷은 그런 암컷을 어떻게 대해야 할지 몰라 당황할 것이라고 패트리셀리는 말한다. 수컷은 암컷을 유혹할 정도로 정열적으로 행동해야 하지만 도를 넘으면 암컷을 놓칠 수 있다. 구애에 성공하려면 허세를 부리기보다는 감성을 자극해야 한다. 킥복싱을 하기보다는 탱고를 추어야 하는 것이다.

보르자의 연구소에서 박사 과정 학생으로 있었을 때, 패트리셀리는 새틴정원사새 수컷이 이런 난감함을 어떻게 해결하는지를 알아보려고 독창적인 실험을 진행했다. 그녀는 새틴정원사새 암컷의 거죽을 입힌 로봇(펨봇[fembot])을 만들었다. 이 로봇에는 조그만 전동기를 몇 개 달아서 진짜 새처럼 짝짓기 자세를 취하듯이 웅크리고 앉을 수도 있었고 고개를 돌리거나 날개를 퍼덕일 수도 있었다. 이 로봇은 패트리셀리가 원하는 대로 행동했기 때문에 이를 이용해서 수컷의 반응을 알아볼 수 있었다. 로봇은 매 순간 같은 방식으로 행동했고, 패트리셀리는 수컷 23

마리의 반응을 비디오카메라로 촬영했다.

카메라에 찍힌 수컷이 자기가 만든 건축물과 공연을 보러 온 암컷에게 보인 감성은 수컷마다 달랐다. 어떤 수컷은 아주 세심해서 암컷이 경계를 하는 것 같으면 살짝 공연 수위를 낮추고 날개를 퍼덕이는 강도를 살짝 약하게 하면서 뒤로 물러났다. 암컷의 반응에 전혀 신경을 쓰지 않는 수컷들도 있었다.

짝짓기 성공률이 가장 높은 수컷은 암컷의 마음을 세심하게 신경 쓰는 수컷이었다. 자기의 열정과 힘을 자랑하는 데에만 신경을 쓰는 수컷은 암컷의 마음을 얻지 못했다. 다시 말해서 패트리셀리의 말처럼 성선택은 멋진 공연을 하는 자질뿐만 아니라 그 자질을 적절하게 쓸 수 있는 능력까지 함께 보는 것 같다. 우리의 수컷이 실패한 이유는 바로 이 때문일 것이다. 적절하게 암컷을 대하는 능력이 부족했던 것이다.

**바우어를 짓고** 꾸미는 능력, 공연을 할 수 있도록 노래와 춤을 연마하고 그 강도를 암컷에게 맞추어 적절하게 조절하는 능력. 이런 엄청난 능력은 새틴정원사새가 타고난 것이 아니라 어렸을 때에 획득한 것이라고 제럴드 보르자는 말한다. 바로 이 점이 암컷에게 또다른 단서를 제공하는지도 모른다. 다른 새의 노래를 정확하게 따라 부르는 등의 수컷의 공연 능력은 어린 시절에 배움의 능력이 있었는지를 알려주는 단서가 되는 것이다. 이 같은 학습 능력은 노래를 배우는 능력과 마찬가지로 수컷의 인지능력을 알려주는 단서일 수 있다.

암컷의 선택을 받는 행운아가 되었을 때, 수컷이 받는 유전적 보상은 크다. 그것도 아주 크다. 그렇기 때문에 수컷은 최선을 다해 멋진 공연을 할 수 있는 방법을 배우고 구애 기술을 연마하려고 엄청나게 애쓴다. 실제로 새틴정원사새 수컷은 깨어 있는 동안 그밖의 다른 일에 신경을 쓸 시간이 거의 없다.

"어린 수컷이 만든 바우어는 형편없습니다." 보르자의 말이다. 어린 수컷은 길이도 크기도 다른 나뭇가지를 마구 가져오는 데다가 어른 새가 하는 것처럼 정확한 각도로 둥근 벽을 만들 줄도 모르기 때문에 어린 새가 만드는 바우어는 대부분 조잡한 나뭇가지 더미로 끝나는 경우가 많다. 제이슨 키지는 "어린 수컷은 터무니없이 두꺼운 막대를 재료로 쓰기도 합니다"라고 했다. 두꺼운 나뭇가지를 쓸 경우 깔끔하고 멋진 바우어를 만들기는 훨씬 어렵다. "또 한 가지 재미있는 점은 어린 새는 여러 마리가 함께 '연습용' 바우어를 만들기도 하는데, 전혀 협력하는 법을 모른다는 것입니다. 그저 나뭇가지를 물어만 오는 수컷도 있고, 다른 수컷이 만든 바우어를 무너뜨리고 처음부터 다시 짓는 수컷도 있고, 바우어 안으로 뛰어들어 계속 가지만 더하는 수컷도 있고, 자기들 마음대로 입니다."

어린 수컷이 바우어를 만드는 기술은 시간이 가면 점점 더 나아지는데, 대부분 어른 새가 하는 모습을 흉내내기 때문이다. 어린 수컷은 다른 수컷이 만든 바우어를 찾아가 가끔은 이미 세워져 있는 바우어를 만드는 일을 "돕거나" 그저 나뭇가지를 한두 개 정도 벽에 꽂아주는 식으로 다른 수컷에게 "도움을 주기도" 한다. 또한 다른 수컷의 바우어 내부에 색을 칠해주기도 한다(바우어 내부를 으깬 식물로 칠하는 작업은 구애 과정에서 아주 중요하다. 실험자가 내부에 있는 칠을 벗겨낸 바우어에는 두 번째 구애나 교미를 하려고 다시 찾아오는 암컷이 거의 없었다).

구애를 위한 공연 기술도 어린 새는 나이 든 새를 보면서 배운다. 그런데 이 학습 과정에서는 재미있는 역할 놀이 극이 벌어진다. 어른 새를 찾아간 어린 새는 어른 새의 공연을 자세히 지켜보는 동안 암컷 흉내를 낸다. 진짜 암컷보다는 차분하지 못하고 조바심을 내는 편이기는 해도 어른 새는 어린 수컷의 행동을 참아준다. 왜냐하면 스승에게도 실제로 살아 있는 대상을 앞에 두고 공연을 하는 일이 이득이 되기 때문이다. "분명히 서로 얻는 게 있는 행동일 겁니다. 그렇지 않다면 수컷들이 그런 행동을 할 리가 없으니까요"라고 보르자는 말했다.

한번 생각해보자. 새틴정원사새 암컷의 마음을 사로잡으려면 수컷은 예술적이고 영리하고 섬세하고 건장하고 솜씨가 좋고 훌륭한 학습자여야 한다. 까다로운 암컷이 이런 모든 자질을 제대로 평가하려면 암컷의 지능도 상당히 뛰어나야 한다. 제이슨 키지가 관찰한 것처럼, 배우자를 선택하는 일은 아주 힘든 인지 과정이다. 짝짓기 기간 내내 후보자들을 선별하고, 구애하는 모습을 보려고 여러 수컷들의 바우어를 방문하고 좀더 확신을 가지려고 여러 번 구애하는 모습을 평가하며 마침내 특정한 수컷을 택해 짝짓기를 해야 하는 일이다. 암컷은 온 신경을 집중해서 관목 밑에 잘 숨겨두었거나 때로는 몇 킬로미터나 떨어진 곳에 있는 바우어를 찾아내야 하고(이는 머리에 지도를 그려야 한다는 뜻이다), 짝짓기 기간이 돌아올 때마다 그 위치를 기억해야 한다. 더구나 바우어를 만드는 능력과 장식 상태를 평가하고, 적어도 장식품의 수를 가늠할 수는 있어야 한다. 암컷은 바우어 내부에 발라놓은 밤색 칠도 분명히 맛을 보아야 하는데, 아마도 수컷이 식물을 으깬 칠에는 그 수컷이 배우자가 될 만한 자질이 있는지를 알려주는 화학적 단서가 있을 것이다. 또한 수컷의 공연 능력도 평가하고 정확하게 흉내를 내는지, 열정은 있는지, 발재주는 정확하고 공연 강도와 힘은 적절한지도 점검해야 한다. 그것도 공격을 받을지도 모른다는 두려움에 대처하면서 해내야 한다.

암컷은 이 모든 평가를 아주 빨리 끝내야 한다. 그렇지 않으면 하루 종일이 걸릴 수도 있다. 수컷을 평가하는 일이 끝났다면, 다른 후보와 그 수컷의 자질을 비교하고, 거기 더해서 지난번 선택이 어떤 결과를 낳았는지도 고민해야 한다.

가일 패트리셀리는 "이 과정은 적합한 직원을 뽑는 과정과 아주 비슷합니다. 먼저 이력서를 검토해야 해요. 그리고 간단히 면접을 보고, 최종 후보자들을 모아 좀더 길고 심오한 이야기를 나눠야 하죠. 좋은 직원을 뽑으려고 경제학에서 세운(남자임이 분명한 경제학자들이 만들어놓고 '비서 문제[secretary problem]'라고 이름까지 붙인) 모형은 암컷 새틴정원사의 행동을 예측하는 데도 적용할 수 있는 거죠"라고 했다. 새로운 수컷을 만날 때마다 암컷은 전에 만났던 수컷을 기억 속에서 꺼내 새로운 수컷과 비교해야 한다. 만약 새로운 수컷이 더 낫다는 판단을 하면 그 수컷을 받아들일 것이다.

**그렇다면 암컷은** 왜 이렇게 까다로운 것일까? 어째서 굳이 귀찮게 학습 능력과 문제 해결 능력이 뛰어나고 잘 꾸미고 흉내를 잘 내고 춤을 잘 추는 수컷을 찾으려는 것일까?

그 이유를 설명하는 한 가설은, 명금류 암컷이 수컷의 노래를 인지능력을 비롯한 수컷의 유전자 전체의 성능을 평가하는 기준으로 삼듯이, 새틴정원사새 암컷도 바우어를 평가 기준으로 삼는다고 주장한다. 수컷이 펼치는 공연에는 암컷이 수컷이 배우자로 적합한지를 판단하는 데에 필요한 모든 유전자 정보를 알려줄 특징이 들어 있다는 것이다. 수컷의 공연을 보고 암컷은 수컷이 좋은 알에서 부화했는지, 기생충은 없는지, 체력은 센지, 운동 능력은 적당한지, 인지능력은 뛰어난지 등을 파악할 수 있다는 것이다. 키지와 보르자는 수컷이 보여주는 모든 능력들—바우어, 바우어 장식, 노래, 춤—은 총체적으로 암컷에게 수컷이 자기 새끼의 아버지가 될 자격이 있는지, 특히 인지능력이 뛰어난지를 알려주는 단서로 작용할 수 있다고 했다. 보르자가 "수컷이 선보이는 요소들에는 모두 저마다 인지능력을 알 수 있는 단서가 있습니다"라고 하자, 키지는 "예를 들면 파란색 장식품의 수는 수컷의 경쟁력을 알 수 있게 해줍니다. 아주 튼튼하고 수년간 모아야 하는 달팽이 껍데기의 수는 수컷의 나이와 생존 능력을 알 수 있게 해주고요. 다른 새를 흉내내는 실력은 학습 능력과 기억력을, 바우어의 상태는 수컷의 운동 조절 능력과 기술을 드러내는 단서입니다"라고 덧붙였다. 한 가지 단서만으로는 수컷을 제대로 평가할 수 없다. "그래서 암컷은 수컷의 전체적인 자질을 정확하게 평가하려고 이 모든 특성을 다 살펴봅니다. 그러니까 마치 지능을 검사하는 성 선택에서 후보 수컷의 총점을 평가하는 동시에 개별 종목의 점수도 따로 평가하는 거라고 할 수 있지요." 키지의 설명이다 (마침 사람도 여자는 남자가 하는 몸을 쓰는 과제나 언어를 구사하는 방식을 관찰해서 남자의 지능을 평가한다는 연구 결과도 나와 있다. 연구에서 여자는 지적인 남자를 더욱 매력적으로 느꼈다).

"이런 평가 과정은 암컷에게는 중요합니다. 그래야 인지능력이 뛰어난 수컷을 고를 수 있으니까요." 보르자는 이렇게 말하면서 한 가지 경고를 했다. "암컷이 수컷을 고를 때 어느 정도까지의 지능을 적당하다고 생각하는지, 인지능력이 뛰어난 수컷이 더 나은 공연을 펼치는지에 관해서는 아직 논쟁의 여지가 있습니다."

**어쨌든 영리한** 새틴정원사새 암컷은 공연 능력이 뛰어난 수컷을 찾는 것처럼 보인다. 아마도 암컷이 신중하게 선택을 하는 이유는 자손에게 건강한 몸과 강한 면역체계, 체력과 지능 같은 좋은 특성을 물려주고 싶기 때문일 것이다. 이것을 좋은 유전자 모형(good gene model)이라고 한다. 그렇게 주장하는 사람도 있는 것이다.

그러나 더 급진적으로 생각하는 사람도 있다. 정원사새나 공작처럼 까다로운 암컷은 화려하고 멋진 바우어나 공연에 끌리는지도 모른다. 왜냐하면 화려하고 멋지니까. 이것이 바로 찰스 다윈이 한 **정말로** 위험한 생각이라고 리처드 프룸은 말한다. 화려한 색의 깃털이나 아름다운 바우어는 동시에 두 가지 일을 할 수 있다. 자기에게 체력과 건강 같은 바람직한 자질이 있음을 알릴 수 있다. 뿐만 아니라 "자기가 배우자로 적합하다는 사실을 알리는 특별한 신호를 보내지 않는다고 해도 그 자체로 바람직한 자질일 수 있다."

　로널드 피셔가 선구적인 성 선택 모형에서 제안한 것처럼 이성(異性)이 선호한다는 단순한 이유만으로도 지나치게 아름다운 특성은—심지어 실용성이 없는 경우에도—진화할 수 있는지도 모른다. 프룸이 지적한 것처럼, 동물의 암컷은 아름다움 그 자체만 평가할 수도 있다는 다윈의 생각은 이런 주장에 힘을 실어준다. 다윈은 수컷이 점진적으로 아름다운 특성들—멋진 깃털이나 노래, 혹은 바우어—을 진화시켜온 이유는 "수세대 동안 암컷이 그런 특성을 선호했기 때문일 수도 있다"고 했다. 예를 들면 공작 수컷의 화려한 깃털은 멋진 색과 패턴을 감상할 줄 아는 암컷의 미적 감각과 공진화(coevolution)를 해왔다. 정원사새의 경우 암컷의 견해가 바우어의 아름다움을 결정했을 것이다. 다시 말해서 암컷의 마음이 수컷의 공연을 결정했다는 뜻이다. 명금류 수컷의 정교한 노래와 그런 노래를 부를 수 있게 만든 놀라운 뇌 회로가 명금류 암컷의 성 선택의 결과이듯이, 정원사새 수컷이 예술작품을 만들고, 예술작품을 성취할 수 있는 뇌를 가지게 한 건축가는 암컷인 셈이다.

**만약 정원사새** 암컷이 실제로 오랜 세대 동안 수컷을 선택해서 그토록 멋진 바우어를 만들게 한 예술가라면, 이제는 암컷이 어떻게 아름다움을 인지하는 능력을 얻게 되었는지를 고민해야 할 것이다. 정원사새에게는 미적 감각이 있을까? 정원사새도 사람과 같은 방식으로 아름다움을 인지할까?

　와타나베 시게루는 일본 게이오 대학교에 있는 실험실에서 다른 생명체도 미적 경험을 하는가라는 까다로운 질문을 풀어보려고 했다. 몇 년 전에 와타나베는 새가 입체파의 작품이나 인상파의 작품처럼 양식이 다른 여러 그림들을 구별하는 능력이 있는지를 알아보는 실험을 했다. 연구 초기에 와타나베는 비둘기 8마리가 피카소와 모네의 작품을 구별할 수 있도록 훈련했다. 비둘기들은 모두 일본 비둘기 경주협회 소속이었고, 비둘기가 본 작품은 모두 미술책에 실린 사진이었다. 과학자들은 비둘기가 피카소와 모네의 작품을 10점씩 고를 수 있도록 훈련시켰고, 그림을 제대로 맞추면 보상을 주었다. 그런 다음 연구자들은 훈련을 하는 동안에는 보여주지 않았던 두 화가의 다른 그림과 같은 양식으로 그린 다른 화가의 그림을 비둘기에게 보여주었다. 비둘기들은 모네나 피카소의 새로운 작품을 골라냈을 뿐만 아니라 르누아르 같은 인상파 화가의 작품과 브라크 같은 입체파 화가의 작품을 구분할 수 있었다(이 초기 연구 덕분에 일본 과학자들은 "처음에는 웃게 되지만 뒤에는 생각하게 만드는 업적을 성취한 공로"로 이그 노벨 상[Ig Nobel Prize : 미국 하버드 대학교 유머 과학잡지사에서 기발한 연구나 업적에 주는 상으로 노벨 상을 풍자하여 만들었다/옮긴이]을 수상했다).

　새에게 사람처럼 미(美)라는 개념을 근거로 사물을 구별하는 능력이 있는지를 알아보려고 와타나베는 사람 비평가가 정의한 단서를 활용해서 "좋은" 작품과 "나쁜" 작품을 구별하도록 비둘기들을 훈련시켰다. 실제로 새들은 작품에 쓰인 색과 패턴, 질감 같은 단서를 이용해서 나쁜 작품과 좋은 작품을 나누었다.

　이 정도도 근사한 결과이지만, 혹시 새가 특별한 양식의 그림을 선호하는 것이 아닐까 하는 의문이 든다. 이 문제를 풀려고 와타나베 연구팀은 미술관에서 볼 수 있는 통로처럼 설계한 직사각형 새장을 만들었다. 그리고 통로를 따라 각기 다른 양식의 그림을 보여주는 스크린을 설치하고 전통 일본 풍속화나 인상파, 입체파의 작품을 화면에 띄웠다. 그런 다음 새가 그림 앞에 앉아 있는 지속 시간을 측정했다. 이번에 미술 비평가가 된 새는 7마리의 문조였다. 문조 7마리 가운데 5마리는 인상파 작품보다는 입체파 작품을 더 선호했고, 7마리 가운데 6마리는 일본 풍속화나 인상파 작품에는 뚜렷하게 차이가 나는 선호도를 보이지 않았다(어쩌면 일본 연구자들에게 실망했기 때문인지도 모른다). 어쨌거나 이 실험은 사람이 아닌 다른 동물들도 특별히 선호하는 그림이 있을지도 모른다는 의문을 풀려는 첫 번째 시도였다.

좀더 최근에는 회화 양식—사용한 색상, 붓놀림 같은 단서들—을 구별하는 능력이 사람에게만 있는 독특한 특성이 아님을 밝히는 연구가 진행되었다. 실제로 과학자들은 꿀벌을 피카소와 모네를 구별할 수 있게 훈련시킬 수 있었다.

이런 연구는 쉽게 조롱거리가 될 수 있다. 새와 벌이 사람의 예술 가운데 무엇을 더 좋아하는지 알아보겠다는 생각은 지나친 의인화로 보인다. 그러나 와타나베가 진행한 연구는 새가 브라크나 모네 가운데 누구를 더 좋아하는지가 아니라 새에게는 색과 패턴과 세부 사항을 제대로 관찰하고 구별할 수 있는 능력이 있다는 것에 주목했다.

새는 시각이 뛰어난 동물이다. 높은 곳에서 빠른 속도로 움직이면서 얻은 시각 정보만으로도 새는 재빨리 결정을 내릴 수 있다. 비둘기는 사람은 골라내기 어려운 미묘한 차이가 있는 여러 장의 풍경 사진을 정확하게 구별하고 골라낼 수 있다. 비둘기는 그저 보는 것만으로도 다른 비둘기를 알아볼 수 있다. 닭도 마찬가지이다. 비둘기와 정원사새의 작지만 강력한 중추 신경계가 우리 사람의 중추 신경계와 아주 다르다는 이유만으로 새가 시각 지각력이 부족하고 미세한 차이를 구별하지 못한다고 생각해서는 안 된다.

춤의 미묘한 동작을 평가하는 일을 생각해보자. 일부 암컷들은 이런 움직임을 놀라울 정도로 잘 포착한다. 예를 들면 황금무희새는 마치 공중 곡예를 하는 것처럼 엄청난 구애 동작을 하는 새로 유명하다. 무희새도 정원사새처럼 짝짓기를 하려면 수컷이 암컷 앞에서 공연을 하고 평가를 받아야 한다. 무희새 수컷은 갑자기 훌쩍훌쩍 뛰어오르는 춤을 춘다. 먼저 작은 나무에서 다른 나무를 향해 펄쩍 뛰어오른다. 중간 지점에 도착하면 날개를 위로 접고 요란하게 날개 치는 소리를 낸다. 다른 나무에 착지할 때가 되면 밝은 노란색 수염—목에 난 깃털—이 보이도록 재빨리 몸을 회전하면서 목을 쑥 내민다. 이런 극도로 어려운 구애 춤을 추려면 근육을 조절하는 신경계가 정교하게 발달해야 하고 체력도 월등히 뛰어나야 한다. 완벽하게 착지하는 체조 선수를 생각해보면 무슨 뜻인지 알 것이다.

정원사새처럼 황금무희새도 수컷 몇 마리가 암컷 대부분을 차지한다. 짝짓기에 성공한 황금무희새에게는 어떤 뚜렷한 특징이 있는지 알아내려고 최근에 한 연구팀이 야생 황금무희새의 공연 모습을 초고속 카메라로 촬영했다. 그리고 황금무희새 암컷은 아주 빠른 속도로 움직이는 수컷을 선호한다는 사실을 알아냈다. 그러나 암컷을 차지한 수컷과 암컷을 차지하지 못한 수컷이 움직이는 속도는 고작 밀리초 정도밖에는 차이가 나지 않았다. 연구를 진행한 과학자들은 "수컷의 안무(춤)에서 미세한 차이를 구별하는 암컷의 능력은 지금까지 오직 사람에게서만 발견되던 특징"이라고 했다.

나는 훌륭한 발레리나와 변변찮은 발레리나는 구별할 수 있을 것이라고 생각한다. 그러나 3.7초 만에 하는 그랑주테(발레리나가 도약하면서 두 다리를 쫙 벌리는 동작/옮긴이)와 3.8초 만에 하는 그랑주테를 구별할 수 있다고? 아무튼 황금무희새 암컷은 수컷의 부리 주변에 난 깃털의 움직임의 미묘한 차이를 구별할 수 있다.

황금무희새 수컷과 암컷의 뇌를 들여다본 과학자들은 수컷의 뇌에는 운동 조절 회로가, 암컷의 뇌에는 시각 정보 처리 회로가 특히 발달해 있음을 알았다. 무희새 몇 종을 좀더 연구해본 결과, 과학자들은 수컷 무희새가 하는 공연의 복잡도와 뇌의 무게 사이에는 밀접한 상관관계가 있다는 사실도 알아냈다. 새의 경우 곡예를 하는 듯한 운동 능력을 진화시킨 성 선택은 뇌의 크기도 함께 진화시킨 것 같다. 과학자들은 "무희새의 뇌는 수컷은 뛰어난 공연을 하는 쪽으로 암컷은 수컷의 구애 춤을 제대로 평가하는 쪽으로 진화하도록 형성되어왔다"라고 썼다. 이 짝짓기 뇌 가설에는 좀더 확실한 증거가 필요하다.

**공연이나 예술성에** 관해서라면, 새도 우리 사람처럼 미묘한 시각적 차이를 구별할 수 있다. 그러나 과학자들이 재빨리 주의를 주는 것처럼, 이 부분을 판단할 때는 새가 처한 환경, 세계를 인지하는 감각을 세심하게 고려해야 한다. 동물이 세상을 느끼는 감각 기관은 사람과 다르다. 예를 들면 색은 물리 세계에 실재하는 속성이 아니라 시각 기관이 처리하고 분석하는 일종의 조작품이다. 새는 아주 넓은 주파수 범위의 색을 구별할 정도로 고도로 발달된 능력을 갖춘, 척추동물 가운데 가장 진보한 시각 기관을 가졌을 가능성이 있다. 사람의 망막에서 색을 감지하는 원추세포(cone cell)는 세 종류인데, 새는 네 종류가 있다. 스펙트럼의 끝부분에 위치한, 사람은 보지 못하는 자외선을 감지하는 새도 있다. 더구나 각 새의 원추세포에는 비슷한 색들의 차이를 감지하는 능력을 더욱 강화해주는 색깔 오일이 한 방울씩 섞여 있다.

　"새가 색을 처리하는 과정이 사람과 다른지 같은지는 아직 모릅니다. 새틴정원사새가 장식품의 색을 이용하는 방법을 실험해보았지만 새와 사람이 아주 다른 방법으로 색을 구분한다는 증거는 찾지 못했습니다. 하지만 큰정원사새, 점박이정원사새, 서부정원사새, 이 세 종은 빛 스펙트럼의 자외선 영역을 볼 수 있는 것 같습니다." 제럴드 보르자는 말했다. 다시 말해서 정원사새가 늘어놓은 물체들은 우리 사람이 보는 모습으로 보일 수도 있고, 우리는 상상도 하지 못하는 모습으로 빛나고 있을 수도 있다는 뜻이다.

　그렇다고는 하더라도 새가 시각 기관을 활용하여 판단을 할 때에 사용하는 단서는 대칭성, 패턴, 보색(補色) 같은 보편적인 미의 원리—최소한 보편적인 매력—에 기반을 두고 있을 수도 있다. 1950년대에 진행된 실험에서 까마귀와 갈까마귀는 대칭을 이루는 사각형 패턴을 분명히 선호했다.

**노벨 상 수상자** 칼 폰 프리슈는 언젠가 이런 글을 썼다. "지구에 존재하는 생명이 오랜 진화 과정을 거친 결과라고 생각하는 사람들은 언제나 사고 과정과 동물의 미적 감정이 어떻게 시작되었는지 찾으려고 할 것인데, 나는 그 진화 과정의 흔적을 정원사새에게서 찾을 수 있다고 믿는다." 사람과 동물의 신경계가 생물학적으로 비슷한 부분을 공유하고 있음을 생각해보면, 사람의 미적 감각과 새의 미적 감각에 공통점이 하나도 없다는 추론이야말로 틀린 가정이 아닐까?

　내가 정원사새에게는 아름다움을 느끼는 특별한 감정인 미적 감각이 있다고 생각하느냐고 묻자, 제럴드 보르자는 전혀 모르겠다고 답했다. "시간이 흐르면 정원사새 수컷에게는 바우어를 어떤 식으로 꾸밀 것인지에 관한 특별한 기준이 생기는 것처럼 보입니다. 보통 나이가 든 수컷은 자기가 만들 장식품을 마음속에 그리고 있는 듯해요. 하지만 어린 새가 바우어를 만들 때는 특별히 어떤 계획을 마음에 품고 있는 것 같지는 않습니다." 그 말에 딱 들어맞는 사례가 있다. 스테인드글라스를 모으던 점박이정원사새가 죽자, 새로운 점박이정원사새가 그 바우어를 차지했다. "하지만 새로 온 새는 스테인드글라스 조각을 그저 쌓아놓기만 했어요. 도저히 뭐에 쓰는 물건인지 모르는 것 같더군요." 보르자의 말이다.

그것이 나이든 새에게는 미적 감각이 있다는 증거가 될 수 있느냐는 나의 질문에 보르자는 이렇게 답했다. "전문용어로 말해 파악할 수 없다고 해야겠군요. 그러니 그 질문은 피하는 게 좋겠어요. 난 내 눈에 아름다운 게 뭔지는 압니다. 내 생각에 바우어는 아름답습니다. 하지만 정원사새가 보기에 아름답기 때문에 그런 식으로 바우어를 만드는 건지는 잘 모르겠습니다."

맞는 말이다. 정원사새 수컷이 자기가 만든 전시물을 어떻게 생각하는지는 우리로서는 거의 알 수 없다. 하지만 우리는 정원사새 수컷이 숙녀를 쫓아다니면서 시간을 낭비하거나 자기 자신을 우습게 만들지 않는다는 것은 안다. 정원사새 수컷은 그 대신 자신의 세계로 파란 물체들을 가져와 펼쳐놓는다. 정원사새 수컷은 설계를 하고, 건설을 하고, 노래를 부르고, 춤을 춘다. 극도로 예리한 정원사새 암컷은 그런 수컷의 성취를 냉정하게 평가한다. 명확하고 세심하고 창조적으로 만들었는가? 수컷의 작품이 마음에 들면 암컷은 짝짓기를 허락한다. 그것이 새의 삶이다.

제7장

# 마음속 지도
공간(그리고 시간) 재능

당신이 캐나다의 어딘가에서 아래쪽에 있는 48개 주(미국 본토를 가리킨다/옮긴이)를 향해 차를 타고 남쪽으로 달리고 있다고 상상해보자. 때는 늦은 가을이고 지금 당신은 수백 킬로미터 남쪽의 따뜻한 곳에 있는 산장으로 가고 있다. 그런데 갑자기 누군가 당신을 차에서 끌어내더니 밖이 보이지 않는 차 안에 집어넣고 공항으로 달려갔다. 그 다음부터 당신은 제트기를 타고 어딘가로 가고 있다는 사실은 알지만, 눈을 가리고 있기 때문에 어디로 가는지는 알 수 없다. 몇 시간 뒤에 공항에서 내린 당신은 다시 밖이 보이지 않는 차에 올라타고 어딘지 알 수 없는 장소로 끌려간다. 마침내 자유의 몸이 되었을 때, 당신은 친숙한 점이라고는 하나도 없는 낯선 장소에 있다는 사실을 알게 되었다. 지금 당신에게는 GPS도, 지도도, 이정표로 삼을 지형지물이나 나침판도 없다. 그러나 당신은 어떻게 해서든 수천 킬로미터 떨어진 어딘가에 있을 산장으로 돌아가야 한다.

도대체 어떻게 처음 목적지를 찾아갈 수 있을까?

얼마 전에 흰정수리북미멧새 무리도 비슷한 일을 당했다. 정수리에 뚜렷한 흰색과 검은색 줄이 있는 아주 겁이 많고 작은 이 명금은 보통 번식을 할 때는 알래스카나 캐나다로 오고 겨울을 날 때는 캘리포니아 남부나 멕시코로 간다. 이 멧새들이 시애틀을 날고 있을 때에 과학자들이 나서서 30마리(어른 새 15마리, 어린 새 15마리)를 잡았다. 과학자들은 이 새들을 나무 상자에 넣고 작은 비행기로 미국을 가로질러 일반적으로 멧새가 이동하는 경로에서 3,700킬로미터 정도 떨어진 뉴저지 주 프린스턴으로 데려갔다. 그곳에서 과학자들은 멧새들이 그들이 겨울을 나는 장소로 돌아갈 수 있는지 보려고 새들을 풀어주었다. 어른 새들은 풀려난 지 몇 시간 만에 다시 방향을 잡더니 캘리포니아 남부와 멕시코 방향으로 단독 비행길에 올랐다. 여행이라고는 단 한 번밖에 해보지 않은 어린 새들도 결국에는 자기가 가야 할 방향을 찾아내고 겨울 야영지를 향해 날아갔다.

**흰정수리북미멧새는** 뇌가 땅콩만 할지는 모르지만, 길 찾기에서는 현생 인류 대부분보다 더 뛰어난 재능을 보유하고 있다. 사람도 마음에 지도를 그릴 수 있다. 사실 익숙한 지형을 연결해서 썩 괜찮은 지도를 그린다. 격자무늬 도로 위에 우체국은 어디에 있고 빵집은 어디에 있는지를 기억할 수 있다. 그러나 멧새가 해낸 일은 그런 일과는 차원이 다르다. 익숙한 지형에서 완전히 벗어난 뒤에도 정확히 자기가 가야 할 곳을 찾는 능력은 새의 마음속 지도에만 존재하는 놀라운 특징이다.

멧새가 보인 뛰어난 능력은 좋은 기억력으로는 설명할 수 없다. 또한 본능이나 시력, 자기장 감지력, 태양의 방위각 감지 때문에 같은 설명들도 단독으로는 만족할 만한 설명이 되지 못한다. 프라이부르크 대학교 인지과학 센터의 심리학자 율리아 프랑켄슈타인이 쓴 것처럼 "자기가 움직이는 경로를 기억하고 경험을 근거로 마음에 지도를 그리는 길 찾기(navigating)는 아주 힘든 과정이다." 길 찾기를 하려면, 지각, 주의,

거리 계산, 공간 관계 파악, 의사결정 등 여러 가지 인지능력이 있어야 한다. 이것은 아주 큰 포유류의 뇌로도 쉽게 할 수 있는 일이 아니다.

그런데 새는 어떻게 이 어려운 일을 해내는 것일까?

한때는 새가 타고난 능력으로 길을 찾는다고 생각했다. 본능의 문제라고 생각한 것이다. 하지만 이제는 새가 길을 찾으려면, 감각 기관을 총동원하고 학습을 해야 하며, 무엇보다도 마음속에 지도를 그리는 어마어마한 능력이 있어야 한다는 사실이 알려져 있다. 그것도 우리가 생각했던 것보다 훨씬 더 큰 지도를 그리는 능력, 여전히 신비하고도 알 수 없는 지도 제작 능력이 필요하다.

**새의 길 찾기 능력에** 관해서 우리가 알고 있는 지식은 상당 부분 수백 년 동안 흰정수리북미멧새가 감당해야 했던 실험과 비슷한 처지에 놓일 때가 많은 가련한 새, 경주용 비둘기 덕분이다. "가난한 사람의 경마"라고 불리기도 하는 비둘기 경주에 참가하는 그 새 말이다. 비둘기는 바구니에 담겨 이동한 뒤에 새장에서 점점 더 먼 곳에서 풀어주는 방식으로 훈련한다. 훈련을 받은 비둘기는 마침내 최대 1,600킬로미터가 떨어진 곳에서도 집으로 날아올 수 있다. 평균 시속 80킬로미터의 속도로 전혀 모르는 장소에서 최단거리로 날아 집으로 오는 것이다. 경주용 비둘기는 대부분 집을 찾아온다. 결국 돌아오지 못하는 비둘기도 있지만.

이제 화이트테일이라는 비둘기의 이야기를 해보자.

2002년 4월의 어느 날 아침, 비둘기 경주를 하는 톰 로든은 영국 맨체스터 부근 하이드 해터슬리에 있는 자기 소유의 비둘기장에서 꼬리가 하얀 새 한 마리가 푸드덕 거리며 내려앉는 모습을 보았다. 그 새는 어딘지 모르게 눈에 익었다. 오랫동안 비둘기 경주의 팬이었고 직접 참가도 하는 로든은 당연히 비둘기 다리에 채워진 등록표를 보았고, 그때서야 이 새가 5년 전에 영국해협을 건너는 시합에 참가했던 자신의 비둘기라는 사실을 알았다.

사실 화이트테일이 사라진 것은 로든에게는 상당히 이상한 일이었다. 화이트테일은 보통 비둘기가 아니었기 때문이다. 사실 화이트테일은 13번이나 비둘기 시합에서 우승을 했고, 15번이나 영국해협을 건넌 베테랑이었다. 그러나 화이트테일이 참가했던 5년 전 시합도 평범한 시합은 아니었다. 그 시합은 비둘기 경주 대참사라는 별명을 얻을 정도로 참혹하게 실패한 시합이었다.

그 시합은 왕립 비둘기 경주협회 창립 100주년을 기념하려고 열린 행사였다. 1997년 6월 말의 어느 토요일 아침에 프랑스 남부 낭트 부근의 들판에서 영국 남부 전역에 있는 자기 집으로 날아가라고 6만 마리가 넘는 전서구(傳書鳩)를 풀어놓았다. 오전 6시 30분이 되자 6만 마리가 넘는 비둘기들이 날아오르면서 홰를 치는 소리가 사방에 울려퍼졌고, 비둘기들은 북쪽으로 650킬로미터에서 800킬로미터에 이르는 머나먼 여정에 올랐다. 오전 11시쯤에는 상당히 많은 비둘기 선수들이 300킬로미터가 넘는 길을 날아 프랑스 끝자락에 도달했고, 마침내 영국해협을 건너기 시작했다.

그런데 무슨 일이 벌어졌다.

이른 오후가 되자, 영국에 있던 비둘기 애호가들은 가장 먼저 집으로 돌아올 비둘기들을 기다리며 각자의 비둘기장으로 갔다. 하지만 아무리 시간이 흘러도 하늘을 날아오는 비둘기는 보이지 않았다. 당혹하고 낙담한 비둘기 애호가들은 머리를 긁으며 실망을 감출 수가 없었다. 한참 시간이 지나자 몇 마리의 비둘기가 자기 집으로 돌아왔다. 로든의 집에도 몇 마리가 돌아왔는데, 모두 주전급 선수는 아니었다. 화이트테일은 돌아오지 않았다. 그 챔피언 비둘기는 경험이 풍부한 수만 마리의 다른 비둘기들과 함께 그날 이후로 다시는 집에 돌아오지 않았다. 비둘기들이 사라진 이유는 여전히 수수께끼로 남아 있다(몇 가지 단서가 있기는 하지만, 그 이야기는 나중에 할 생각이다).

그 뒤로 5년이 흘러 서늘한 4월의 아침이 되었다. 개를 산책시키려고 나온 로든은 화이트테일을 보았다. "정말로 깜짝 놀랐습니다." 그는 「맨체스터 이브닝 뉴스」에 출연해서 그렇게 말했다. "항상 화이트테일이 언젠가는 집으로 돌아올 거라고 말하곤 했습니다……. 하지만 마음속으로는 다시는 볼 수 없을 거라고 포기하고 있었으니까요."

**비둘기 경주 대참사가** 유명한 이유는 그런 일은 거의 발생하지 않기 때문이다. 경주용 비둘기는 좀처럼 길을 잃지 않으며, 아주 먼 거리에서도 어김없이 대부분 자기 집으로 돌아온다. 그 좋은 예가 레드 위저 펜서콜라이다. 눈과 가슴은 루비색이고 몸통은 오팔색인 이 아름다운 비둘기는 플로리다 펜서콜라에서 1,500킬로미터를 날아 고향인 필라델피아로 돌아왔다. 당시 「뉴욕 타임스」는 이 기록이 미국은 물론이고 전 세계적으로 전서구가 가장 멀리 난 기록이라고 보도했다. 이런 업적을 달성한 레드 위저는 비둘기장 이름과 등록번호가 새겨진 황금 다리 밴드를 받았고, 먼 거리를 날아야 한다는 의무에서 벗어날 수 있었다.

이것은 1885년의 일이었다. 그 뒤로 전서구는 이 업적을—그리고 이보다 더 위대한 업적을—수천 번이 넘게, 전 세계 비둘기 경주에서 달성하고 또 달성했다. 영국해협 참사가 있었던 그다음 해에는 펜실베이니아와 뉴욕에서 전서구를 3,600마리 날려 보냈는데, 집에 돌아온 비둘기는 수백 마리에 불과했다. 비둘기들이 사라지는 이유를 아는 사람은 없었다.

그런데 전서구 전문가 찰스 월콧의 말처럼 경주용 비둘기가 가끔 "실패하는" 일이 그렇게 놀라운 일일까? 그보다는 한번도 가보지도 못했던 곳에서 자기 집을 아무렇지도 않게 찾아온다는 것이 훨씬 더 놀라운 일 아닐까? 새는 어제 보았던 유충이 가득 한 들판까지 가는 길이나 따뜻하고 안락한 둥지로 돌아오는 길은 분명히 기억하고 있는 것처럼 보인다. 그러나 수백 킬로미터 떨어진 곳에서 집으로 찾아오는 능력은 분명히 그것과는 비교도 할 수 없는 것이다.

전서구가 완수하는 놀라운 여행도 아주 먼 거리를 이동하는 철새들의 굉장한 여행—최근에 기술이 발달한 덕분에 차츰 알아가고 있다—에 비하면 사실 아무것도 아니다. 초소형 위치추적기를 넣은 작은 배낭을 메고 먼 길을 날아가는 새들 덕분에 과학자들은 이 새들의 비행 경로를 자세하게 알 수 있었다. 작은 아한대 숲에서 서식하는 검은머리솔새는 가을이면 뉴잉글랜드와 캐나다 동부를 떠나 조금도 쉬지 않고 날아 불과 이틀이나 사흘 만에 대서양을 지나 남아메리카 대륙에 있는 푸에르토리코나 쿠바, 그레이터 앤틸리스 제도에 있는 겨울 서식지에 도착한다. 2,700킬로미터가 넘는 거리를 단숨에 날아가는 것이다. 긴 일광을 사랑하고 엄청난 비행 마일리지를 쌓는 데에 열심인 북극제비갈매기는 계절이 바뀔 때마다 지구를 반 바퀴 돌아간다. 둥지를 짓는 그린란드와 아이슬란드를 떠나 겨울을 나는 남극해 해변까지 거의 7만 킬로미터를 왕복하는 셈이다. 평균 수명이 30년인 북극제비갈매기는 생애 동안 달을 세 번 왕복할 거리를 비행한다.

새는 어떻게 길을 찾는 것일까? 봄이면 티에라 델 푸에고에서 북쪽으로 날아 케이프 메이에서 휴식을 취하는 붉은가슴도요는 어떻게 작년에 다녀왔던 먼 북극에 있는 서식지를 정확하게 찾아갈 수 있을까? 유럽벌잡이새는 여름을 보내는 스페인의 농장 지대를 떠나 사하라 사막을 지나 익숙한 아프리카 서부 숲까지 어떻게 길을 찾아가는 것일까? 억센넓

적다리도요나 회색슴새는 어떤 지형지물도 없는 광활한 바다를 건너 어떻게 집을 찾아가는 것일까?

작은 삼림지에만 들어가도 쉽게 길을 잃고는 하는 나에게 길을 찾아가는 새의 능력은 정말로 경이롭게 느껴진다. 나침반을 가지고 다녀도 제대로 길을 찾을 사람이 별로 없을 그 어려운 길을 새는 어떻게 척척 찾아가는 것일까?

**전서구는 이런 물음에** 답을 찾고자 할 때에 탐색해보면 좋은 새이다. 전서구는 공원 벤치 밑에서 다급하게 빵부스러기를 주워 먹거나 도시 쓰레기장을 뒤지는 시궁창 새라거나 날개 달린 쥐라는 부당한 비난을 달고 사는 새이다. 전서구를 도도만큼이나 우둔한 새라고 생각하는 사람도 있다(사실 두 새는 아주 가까운 친척 종이다).

비둘기 전뇌에 있는 신경세포의 수는 까마귀 전뇌를 이루는 신경세포의 절반밖에 되지 않는다. 자기 바로 밑에 있지 않는 한 알이나 갓 부화한 새끼가 자신의 자식임을 자각하지 못할 때도 있다. 잘못해서 새끼를 짓밟거나 둥지 밑으로 떨어뜨려 죽이기도 한다(한 비둘기 전문가는 "새끼는 아주 작고 그에 비해 비둘기의 발은 상당히 커서 더 많은 새끼가 밟혀 죽지 않는 것이 경이로울 정도"라고 했다). 비둘기는 효율적으로 둥지를 짓지 못하는 새로도 유명하다. 한번에 둥지 지을 도구를 두세 개씩 나르는 참새와 달리 비둘기는 한번에 나뭇가지 하나, 커피 젓는 막대 하나 식으로 한 개 이상 운반하지 못한다. 날아오다가 둥지 재료를 떨어뜨리면 참새는 재빨리 하강해 재료를 잡아채지만 비둘기는 그냥 떨어지게 두고 회수하지 못한다.

이런 몇 가지 모습에 비추어보면, 비둘기는 확실히 우둔한 새처럼 보인다. 그러나 사실 비둘기는 우리가 생각하는 것보다 훨씬 더 똑똑하다.

비둘기는 수에 밝기 때문에 그저 수를 셀 뿐만 아니라(이 능력은 벌을 비롯해서 아주 많은 동물들 역시 갖추고 있다), 더하기와 빼기 같은 산술도 할 수 있으며, 영장류처럼 수에 관한 추상적인 규칙 또한 배울 수 있다. 예를 들면, 최대 아홉 개까지 개수를 달리해서 찍은 물체 사진을 물체 수가 적은 사진부터 많은 사진 순서로 배열할 수 있으며, 상대적 확률(relative probability)도 판단할 수 있다.

사실상 비둘기는 어떤 통계 문제는 사람들 대부분보다— 심지어 몇몇 수학자들보다도— 더 잘 푼다. 그런 예로 예전에 텔레비전에서 방영했던 퀴즈 쇼 「거래를 합시다(Let's Make a Deal)」의 사회자 이름을 따서 지은 몬티 홀 딜레마(Monty Hall Dilemma) 문제가 있다. 「거래를 합시다」에 출연한 사람은 (아름다운 캐럴 메릴이 열어줄) 3개의 문 가운데 하나의 문을 택해야 한다. 한 문에는 자동차처럼 멋진 상품이 있고 나머지 두 문에는 양처럼 엉뚱한 상품이 있다. 출연자가 문을 고르면, 고르지 않은 2개의 문 가운데 상품이 없는 문을 하나 열어서 보여준다. 그리고 출연자에게 처음 선택을 유지할 것인지, 다른 문으로 바꿀 것인지를 다시 한번 선택할 기회를 준다.

똑같은 퀴즈를 실험실에서 냈을 때, 비둘기는 놀라울 정도로 높은 성공률을 보였다. 사람보다 더 높은 비율로 진짜 상품이 놓여 있는 "문"을 고른 것이다. 사람 참가자는 선택한 문을 바꾸면 게임에서 이길 확률이 두 배가 높아지는데도 대부분 처음 고른 문을 고수했다. 하지만 비둘기는 경험으로 배우고 확률을 받아들여 대부분 다른 문을 선택했다.

몬티 홀 딜레마 문제는 논리에 어긋나는 것처럼 보인다. 결국 열리지 않고 남은 문은 2개이므로, 문 뒤에 상품을 획득할 확률은 50퍼센트라고 생각할 수 있다. 그러나 실제로 처음에 선택한 문이 아닌 다른 문을 선택했을 때에 상품을 획득할 확률은 66퍼센트이다. 왜 그런지 살펴보

자. 처음에 상품을 숨기고 있을 문을 고를 확률은 3분의 1이었다. 그 말은 틀린 문을 골랐을 확률이 3분의 2라는 뜻이다. 몬티가 양이 있는 문을 열었을 때도 이 확률은 그대로 남는다(몬티는 언제나 자동차가 어느 문 뒤에 있는지 알며, 그 문은 절대로 열지 않는다). 그 말은 다른 문이 올바른 문일 가능성이 3분의 2가 된다는 뜻이다. 안다. 나도 이 문제를 생각할 때면 정말 머리가 빙빙 도는 것 같다. 많은 수학자들도 그렇다고 한다(『퍼레이드[Parade]』지에서 연재하는 "메릴린에게 물어보세요" 칼럼에 몬티 홀 딜레마 문제를 정답과 함께 실었을 때, 칼럼니스트 마릴린 사반트는 그 해답에 반대한다는 편지를 9,000통이나 받았다. 편지를 보낸 사람들 가운데는 대학에서 근무하는 수학자가 많았다). 그러나 비둘기에게는 전혀 이해하기 어려운 문제가 아님이 분명했다. 처음에 비둘기는 무작위로 문을 선택했지만, 결국 문을 바꿔야 한다는 사실을 배웠다. 비둘기처럼 문제에 접근하는 것을, 수학자들은 경험적 확률(empirical probability)을 활용했다고 말한다. 여러 번 시도를 해보고 결과를 관찰한 다음에 보상을 받을 수 있는 쪽으로 행동을 교정하는 것이다. 대부분의 경우에 비둘기는 이 전략을 최대로 활용해서 최대한 많은 보상을 획득했지만, 사람은 아무리 광범위한 훈련을 받았다고 해도 실패할 때가 많았다.

비둘기는 여러 개로 짝지은 물체들의 동일성 여부를 구별하는 능력도 뛰어났다. 미국의 심리학자 윌리엄 제임스가 한때 "사람의 사고력을 이루는 기본 중추이자 근간"이라고 했던 바로 그 능력을 갖추고 있는 것이다. 물론 동일성 여부를 구별하는 능력의 최강자는 2007년에 죽기 전까지 아이린 페퍼버그와 함께 지내면서 발군의 실력을 보여준 회색앵무 알렉스이다. 알렉스는 두 물체가 같은지 다른지를 거의 정확하게 말했을 뿐만 아니라 색과 모양, 질감의 차이까지 구별했고, 비슷한 점이나 다른 점이 전혀 없으면 "전혀 없음(none)"이라고 말할 수도 있었다. 알렉스는 100가지가 넘는 물체를 특성을 근거로 분류할 수도 있었다.

그러나 비둘기는 알파벳 글자 같은 임의적인 시각 자극을 구별하는 능력이 뛰어나며, 앞에서 언급했듯이 반 고흐, 모네, 피카소, 샤갈의 작품을 구별할 수도 있다. 사진에 사람(옷을 입었건 입지 않았건 간에)이 있는 경우와 없는 경우도 구별할 수 있다. 사람의 얼굴을 구별하는 능력도 아주 뛰어나고 더구나 사람의 감정도 아주 잘 파악한다. 1,000개가 넘는 이미지를 익히고 기억할 수 있으며, 적어도 1년이라는 장기간 동안 그 정보를 잊지 않을 수 있다.

간단히 말하면, 이 세상에서 기술의 혜택을 받지 않고 길을 찾는 능력은 새가 사람보다 훨씬 더 뛰어나다. 그렇기 때문에 비둘기는 새가 그토록 길을 잘 찾는 이유를 밝히고자 하는 과학자들의 표적이 되어 "날개 달린 실험 쥐"라는 지위를 감수할 수밖에 없었다.

**최근에 나는** 시내의 공공장소에서 흔히 볼 수 있는 관광객이나 모자달린 옷을 입은 사제들처럼 모여 있는 비둘기들에 대해서 생각해보았다. 나는 이 새들이 보면 볼수록 점점 더 좋아졌다. 비둘기는 소심하고 처음 보는 것에 신경질적으로 반응할 수도 있다. 그러나 비둘기는 투지가 높고 적응력이 뛰어나다. 가까이에서 바라보면 비둘기 무리는 무지개처럼 빛이 난다.

고대부터 사람이 비둘기들을 사육해왔기 때문에 집비둘기 품종은 수십 종이 넘는다. 텀블러, 프리스트, 넌, 팬테일, 드래군 같은 비둘기는 멋진 외모를 만들어 쇼에 내보내려고 계량한 품종인데, 가끔은 아주 극적인 결과가 나타나기도 한다(예를 들면 파우터 비둘기는 정말로 가슴에 테니스공을 넣은 것처럼 생겼다).

전서구는 집에서 기르거나 경주에 내보내려고 계량한 비둘기이다. 미국 전역의 도시에서 흔히 볼 수 있는 야생 비둘기는 1600년대 초반에 유럽에서 배를 타고 건너온 이민자들이 고향에서 데려온 집비둘기들(미국 해변에 가장 먼저 도착한 이국적인 새들)의 후손이다.

내가 본 이 도시의 협잡꾼들은 많은 시간을 걸어다니고 땅딸막한 몸을 오리처럼 앞뒤로 흔들면서 다녔고, 가끔은 행진을 하는 군인처럼 온몸을 꼿꼿하게 세우고 뽐내듯이 걷기도 했다. 비둘기가 통통한 몸을 전화선으로 감싸고 있거나 건축물 구석진 곳이나 틈새, 나무나 건물의 기둥머리, 홍예받침대, 대들보, 받침나무, 석재 소용돌이 무늬에 몸을 비집고 들어가 있지 않고 나뭇가지에 앉아 있는 모습을 보면 왠지 보는 것만으로도 이상한 기분이 든다. 좁은 돌출부를 선호하는 비둘기의 취향을 볼 때마다 항상 기이한 것을 편애하고, 불편해 보인다는 생각을 하게 되는 것은 어쩔 수 없다.

왜 비둘기는 시원하게 높이 솟은 나뭇가지가 아니라 비좁은 돌출부를 선호할까? 그 이유는 모든 집비둘기가 그렇듯이, 도시의 야생 비둘기도 지중해 바위섬이나 바다에 접한 벼랑에 둥지를 트는 야생 바위비둘기의 후손이기 때문이다. 야생 바위비둘기는 근처에 있는 들판으로 나가 씨앗을 모아 새끼가 기다리는 집으로 돌아온다. 어디에서든 집으로 돌아오는 비둘기의 능력은 이런 생활습관 때문에 생겨났을 수도 있다.

1941년에 처음 출간된—비둘기 애호가이며 과학자이자 제1차 세계대전 당시 미국 육군 암호부대에 개설된 비둘기 부대를 지휘한 육군 중위 웬들 미첼 레비가 지은—비둘기의 성서 『비둘기(*The Pigeon*)』에 따르면, 사람은 적어도 지난 8,000년 동안 비둘기의 귀소본능을 착취해왔다.

레비는 "문명이 번영한 곳이라면 어디든지 비둘기도 번성한다. 문명

수준이 높은 곳일수록 비둘기를 더욱 존중한다"라고 썼다.

수세기 동안 전서구는 함대를 위한 전령사로, 밀사로, 스파이로 활약했다. 고대 로마인은 비둘기를 날려 보내 콜로세움의 경기 결과를 알렸고, 페니키아인과 이집트 선원들은 비둘기를 날려 배가 도착한다는 사실을 알렸으며, 어부는 비둘기를 날려 어획량을 전달했고, 미국 금주법 시대에는 밀주업자들이 비둘기를 이용해 배와 육지의 소식을 주고받았다. 로스차일드 은행은 비둘기 덕분에 나폴레옹이 워털루에서 패했다는 사실을 일찍 알아 재빨리 투자 방향을 바꿀 수 있었다고 한다. 19세기 중반에 파울 율리우스 로이터는 독일 아헨과 벨기에의 브뤼셀을 오가며 주식 값을 알리는 비둘기 뉴스 서비스를 제공했다. 20세기 초반에는 아바나와 플로리다 키웨스트를 오가는 배가 무사히 도착했거나 난파되었다는 사실을 비둘기를 날려 알렸다.

양차 세계대전 때는 비둘기를 기밀 정보를 재빨리 운반하는 전령으로 활용했다. 암호를 적은 종이를 가지고 날아다닌 비둘기 덕분에 군대는 적의 전선을 넘어 부대의 움직임을 알리거나 점령지에 있는 저항군과 소식을 주고받을 수 있었다. 레비는 비둘기 부대에 속한 비둘기 요원들을 모커, 스파이크, 스테디, 코로널스 레이디, 셰어 아미 같은 이름으로 불렀는데, 이 비둘기는 "다리나 갈비뼈가 부러져 고통스러울 때도" 자기 임무를 완수했다고 했다. 프레지던트 윌슨이라는 비둘기는 제1차 세계대전 때 다리를 잃었고, 스코틀랜드의 윙키는 북해에 추락한 전투기에 타고 있었다. 크게 망가진 비행기 밖으로 빠져나온 윙키는 눈 깜박할 사이에 200킬로미터 정도를 날아 던디 부근에 있던 자기 집으로 돌아갔다. 윙키를 본 공군은 무슨 일이 생겼는지 파악하고 추락한 비행기를 찾을 구조대를 파견했다.

제2차 세계대전이 한참일 무렵, 미국 비둘기 부대에는 비둘기 요원이

5만4,000마리나 있었다. 비둘기를 관리했던 한 병사는 "우리는 모두 지략과 체력이 뛰어난 비둘기를 길렀습니다. 우리에게 필요한 비둘기는 어쨌거나 돌아오는 비둘기였으니까요. 좌절하지 않고, 충분히 자립할 수 있는 지능을 갖춘 비둘기여야 했으니까요. 물론 아주 아둔한 녀석이 들어올 때도 있습니다. 그런 비둘기는 초반에 알아낼 수 있어요. 그런 비둘기들은 집으로 돌아오지 않고 구석에 앉아서 골만 내고 있으니까요." 하지만 비둘기는 대부분 "영리했습니다. 정말 영리했지요."

이 날개 달린 전령들 가운데 가장 유명한 요원은 G.I. 조였다. G.I. 조는 영국군이 독일군 점령 마을을 폭격하려는 영국군의 작전을 저지하려고 급파한 비둘기였다. 이미 수천 명이 넘는 영국 여단이 그 마을을 탈환한 뒤였기 때문이다. 조는 20분 만에 32킬로미터가 넘는 하늘을 날아 이제 막 출격하려는 전투기를 막았다. 그리고 율리우스 카이사르도 있었다. 파란색 점무늬가 있는 이 비둘기는 로마나 이탈리아 남부에서 풀려나면 북아프리카 전투에 중요한 역할을 할 정보를 가지고 자기 집이 있는 남쪽 튀니지로 날아갔다. 부화한 지 4개월밖에 되지 않았지만, 아주 용감했던 구릿빛 비둘기 정글 조는 거센 바람을 맞고 아시아에서 가장 높은 산맥을 지나 360킬로미터가 넘는 먼 길을 날아간 뒤에 연합군이 버마 지역 대부분을 탈환할 수 있는 중요한 정보를 전달했다.

지금도 쿠바 정부는 먼 산악지대에 사는 사람들에게 선거 결과를 알릴 때에 비둘기를 날리고, 중국 정부는 최근에 "전파 방해를 받거나 자체 신호가 붕괴되는 상황"이 생길 경우를 대비해서 국경에 주둔한 군대가 서로 통신할 수 있도록 1만 마리의 비둘기로 이루어진 전령 부대를 창설했다.

1850년에 **찰스 디킨슨**은 "많은 사람들이 전서구는 특별한 지능이나 주변을 관찰하는 능력이 없어도 길을 찾을 수 있다고 단호하게 말하곤 한다. 그저 우리는 이해할 수 없는 본능에 이끌리는 것이라고 말이다. 하지만 내가 관찰한 바로는……그런 확신은 잘못이라고 생각한다"라고 썼다.

디킨슨과 동시대에 살았던 다윈은 비둘기가 어떻게 해서든지 구불구불한 경로를 익힌 다음에 집으로 돌아올 때에 그 정보를 활용하는 것이 아닌가 생각했다. 현재 우리는 그렇지 않다는 것을 안다. 심지어 밖이 보이지 않는 자동차 안에서 회전통에 넣어 우회로로 운반한 비둘기를 전혀 모르는 장소에 풀어놓아도 집으로 돌아간다. 그것도 왔던 길을 되돌아가는 것이 아니라 거의 직선 경로를 택해 곧장 날아간다.

익숙한 지형을 보면서 아는 장소로 날아가는 것과 진짜 길 찾기는 전혀 다른 것이다. 길 찾기는 한번도 와보지 못한 장소에서 전에 날아보았던 지역 정보가 아니라 오직 새로 접한 지역의 단서만을 가지고 가야 할 방향을 정확하게 찾아내는 능력이다. 사람은 현재 기술을 활용해서 이 문제를 해결한다. GPS와 지도 소프트웨어는 우리가 지구상 어디에 있는지 정확하게 알려주고 가고 싶은 곳이 있으면 어떻게 가야 하는지 경로를 알려준다. 새에게는 자체 내부 위치 시스템이 탑재되어 있는 것 같다. 그것도 지구 전역에서 사용할 수 있는 GPS 시스템 말이다.

과학자들은 새가 정말로 길을 찾아내는 능력이 있는지 보려고, 불쌍한 흰정수리북미멧새에게 그랬던 것처럼, 새를 배나 비행기 혹은 차에 싣고 그 새들이 모르는 곳으로, 거리도 방향도 판단할 단서가 없는 장소로 데리고 갔다. 그러고는 이 새들이 어떻게 방향을 잡는지 보려고 새를 풀어주었다. 변위 연구(displacement study)라고 부르는 이런 연구방식은 진짜 길 찾기 능력을 연구하는 강력한 도구가 되었다.

과학자들은 비둘기 같은 새가 길을 찾을 때는 두 단계로 이루어진 "지도와 나침판" 전략을 사용하는 것이 아닌가 생각한다. 먼저 새들은 풀려난 지역이 어딘지를 결정하고 어디로 가야 집으로 갈 수 있는지 결정한다(이것이 지도 단계이다. 우리가 쓰는 용어로 표현하면 "나는 집보다 남쪽으로 내려와 있어. 그러니까 북쪽으로 올라가야 해"라고 제안하는 공간좌표계가 작동하는 것이다). 그 다음에는 지형이나 천체, 환경에서 찾을 수 있는 방향 단서를 나침판 삼아 곧고 좁은 길을 따라 계속해서 나아가는 것이다. 이 지도와 나침판을 포함한 전체 길 찾기 시스템은 태양, 별, 자기장, 지형의 특징, 바람, 날씨 같은 다양한 유형의 정보들을 수반하는 복합적인 요소들로 이루어진 것처럼 보인다.

새의 길 찾기 시스템에서 나침판 부분은 새(많은 경우 비둘기)의 감각기관을 한 가지씩 제거한 뒤에 길 찾기 능력이 변하는지를 관찰한 수천 건이 넘는 연구 덕분에 상당히 많은 내용이 밝혀져 있다.

사람처럼 비둘기도 눈으로 기억하는 동물이다. 비둘기가 집으로 돌아오면서 울퉁불퉁하게 자라고 있는 떡갈나무 숲을, 강의 U자형 만곡부를, 죽 늘어선 관목을, 이상한 삼각형 형태로 우뚝 솟은 고층 빌딩을 길을 찾는 단서로 사용하지 않는다면 그것이 더 이상한 일이다. 실제로 새는 적어도 집까지의 거리가 조금밖에 남지 않은 마지막 구간에서는 시각 단서를 활용한다.

새에게는 태양도 단서이다. 벌처럼 비둘기도 새라면 모두 내재하고 있는 작고 정확한 시계를 활용해서 태양을 나침판처럼 사용한다. 새 내부에 들어 있는 시계는 특정한 시간에 해가 어디에 떠 있어야 하는지를 정확하게 알려준다. 그러나 해를 길을 찾는 나침판으로 활용하려면 어린 비둘기는 반드시 해가 움직이는 경로를 익혀야 한다. 어린 비둘기는 각기 다른 시간에 해가 하늘의 어느 위치에 있는지를 관찰하고 해가 얼마나 빨리 움직이는지를 파악하고(해는 천구 위를 한 시간에 15도 정도

움직인다) 해가 하늘에 그리며 나아가는 원호(圓弧)를 기억한다. 만약 오전에만 해를 볼 수 있는 새라면 오후가 되면 해를 나침판으로 활용할 수 없다. 비둘기는 해가 질 무렵이면 지평선 근처에서 볼 수 있는 편광(polarized light)을 활용해 매일 해를 나침판처럼 사용할 것이다. 일단 태양 광선을 활용할 수 있게 되면 비둘기는 이 단서를 가장 많이 사용한다. 집에서 3, 4킬로미터만 떨어져도 비둘기는 익숙한 지형보다는 해를 나침판으로 활용하는 방법에 의존해서 집으로 돌아온다.

그런데 아주 놀라운 사실이 있다. 뿌연 렌즈를 씌워 눈앞을 가린 비둘기도 제대로 방향을 잡아 곧장 집으로 날아간다는 것이다. 코넬 대학교의 조류학과 명예교수 찰스 월콧은 뿌연 렌즈를 낀 비둘기가 집에 가까이 가면 갑자기 위로 솟구쳐 올랐다가 "헬리콥터"가 착륙하는 것처럼 내려앉는다고 했다. 무엇인가가 비둘기를 이끈 것이다.

**40년도 더 전의** 일이다. 코넬 대학교의 윌리엄 키턴은 구름이 많이 낀 날에는 작은 막대자석을 부착한 비둘기가 그렇지 않은 비둘기보다 방향도 제대로 잡지 못하고 나는 속도도 느리다는 사실을 알아냈다(등에 무거운 자석을 부착했기 때문에 행동이 굼떠진 것이라고 생각하면 안 된다. 대조군 비둘기도 똑같은 무게의 청동으로 만든 가짜 자석을 매고 있었다).

지구는 거대한 자석과 같다. 자기력선(자기력장선)은 두 극지방에서 방출되며 적도에 가까이 갈수록 약해지면서 사라진다. 새는 자기력선의 경사도(수직 각도)가 조금만 달라져도 변화를 감지해 자기가 있는 위도를 알 수 있는 것 같다.

새가 길을 찾을 때에 자기장을 활용할지도 모른다는 첫 번째 단서는 1960년대 말에 새장에서 기르는 꼬까울새 실험에서 나왔다. 이 꼬까울새들은 바깥 환경에 전혀 노출이 되지 않도록 방에서 생활했다. 야생에서 꼬까울새는 북부 유럽을 떠나 남부 유럽이나 아프리카까지 이동하면서 생활한다. 이주를 하고자 하는 충동(이런 충동을 이망증[Zugunruhe]이라고 한다)이 아주 강해지는 시기가 되면 과학자들에게 잡힌 꼬까울새는 마치 힘차게 날아가는 새처럼 심장 박동이 빨라지고 남쪽이 어딘지 알려주는 단서가 없는데도 끊임없이 남쪽 방향으로 날아가려는 시도를 했다. 과학자들이 새장에 전자기 코일을 감자, 꼬까울새들은 갈피를 잡지 못하고 이리저리 퍼덕거리거나 뛰어다녔다.

벌부터 고래까지 많은 동물들이 자기장을 인지하고 그것을 활용해 방향을 잡는다. 그러나 동물들이 어떻게 자기장을 감지하는지는 분명하게 밝혀진 바가 없다. 성능이 뛰어난 전자장비를 이용하면 자기장을 감지할 수 있다. 그러나 독일 올덴부르크 대학교에서 동물들의 길 찾기 전략을 연구하고 있는 생물학자 헨리크 모우리첸은 "지구 자기장처럼 아주 약한 자기장은 생물 물질만으로는 쉽게 감지할 수 없다"라고 했다. 새에게는 지구의 자기장을 감지할 수 있는 감각 기관이 있는 것이 분명하다. 자기장은 생체 조직을 뚫고 들어갈 수 있다는 점을 생각해보면, 그런 감각 기관은 새의 내부에 깊숙이 숨겨져 있을지도 모른다.

새의 망막에는 특정 파장의 빛을 받으면 활성화되는 특별한 분자가 있기 때문에 새가 자기장을 "본다"고 주장하는 가설도 있다. 이 가설에 따르면 자기 신호가 이 특별한 분자의 반응에 영향을 미치는데, 자기장의 방향에 따라 분자의 활동력은 증가하거나 감소한다. 망막에서 이 분자가 활성화되어 망막 신경에서 뇌의 시각 영역으로 신호를 보내면 새는 자기장의 방향을 알 수 있다. 전자(electron)의 회전을 비롯한 이런 과정은 모두 아원자(subatom) 단계에서 일어나는데, 이는 새가 양자 효과(quantum effect)를 감지할 수 있을지도 모른다는 아주 놀라운 의미를 내포하고 있다. 이런 감각 작용은 전뇌와 뇌를 연결하는 부분인 클러스터 N(cluster N)이 관여하고 있는 것으로 보인다. 클러스터 N이 손상되면 새는 더는 북쪽으로 가는 길을 감지하지 못한다.

실제로 새는 무엇을 보는 것일까? 쉽게 알 수 없는 문제이다. 어쩌면 새가 머리를 이쪽저쪽으로 움직일 때에 그대로 남아 있는, 유령처럼 점점이 찍혀 있는 패턴 혹은 빛과 그림자로 구별되는 명암을 보는 것일 수도 있다.

새의 몸에는 일종의 나침판 바늘처럼 작동하는 작은 산화철 결정(結晶)으로 이루어진 자기장 감지기가 있다고 주장하는 가설도 있다. 이 가설에 따르면 이 감지기는 자기장의 기울기를 감지하여 신경 자극으로 변환한다.

얼마 전에 과학자들은 비둘기의 부리에서 초소용 자기장 감지기를 찾아냈다고 생각했다. 특히 비둘기의 위쪽 부리에 있는 비강(鼻腔)에서 철이 많이 들어 있는 6개의 세포군을 발견했을 때는 그 생각을 더욱 확신하게 되었다. 그러나 좀더 많은 연구를 진행하고, 거의 200개체에 달하는 비둘기의 부리에서 25만 개가 넘는 세포 조직을 떼어내 자세히 들여다본 결과는 그런 주장에 신빙성을 더해주지 못했다. 비둘기마다 철이 풍부하게 들어 있는 세포의 수는 크게 차이가 났다. 그런 세포가 200개밖에 없는 비둘기도 있었고 10만 개가 넘는 비둘기도 있었다. 부리가 감염된 비둘기는 감염 부위에 수만 개가 넘는 철 함유 세포가 있었다. 철을 많이 함유한 세포는 자기장을 감지하는 세포가 아니라 대식세포 (macrophage)라고 하는 백혈구이고, 이 세포에 철이 많은 이유는 자기가 삼킨 적혈구의 철을 재활용하기 때문인 것으로 보인다.

그것으로 이야기는 끝이 난 것일까? 절대로 그렇지 않다. 새의 위쪽 부리에서 피부에 가까운 곳 어딘가에 위도에 따라서 달라지는 자기장의 강도를 감지하는 자기수용체(magnetoreceptor)가 있다는 증거가 새로 나오고 있다. 새의 부리와 뇌를 연결하는 신경을 자르면 새는 자기가 있는 위치를 파악하지 못한다. 그러나 무엇이 자기장을 감지하는지, 부리의 어느 곳에 그 감지기가 있는지는 여전히 밝혀지지 않고 있다.

최근에 자기수용체의 또다른 후보지가 나타나면서 상황은 더욱 복잡해졌다. 과학자들은 새의 내이(內耳)에 들어 있는 감각 뉴런에서 두 번째 후보를 찾아냈다. 이번 후보는 모세포(hair cell) 안에 들어 있는 조그만 철 덩어리였다. 즉 과학자들은 이번에는 새가 자기장을 "듣는다"고 주장한 셈이다. 그러나 내이를 제거한 전서구는 아무 문제없이 자기 집을 찾아갔다.

자기감지기가 어디에 있든지, 이 감지기가 극도로 민감한 것만은 분명하다. 2014년에 모우리첸 연구팀은 『네이처(Nature)』에 도시 근교에서 사람의 전자 장비가 아주 미약한 전자기 "소음"을 방출해도 꼬까울새가 길을 찾을 때에 이용하는 자기 나침판을 교란할 수 있다는 연구 결과를 발표했다. 여기서 말하는 전자기 소음이란 전화 기지국이나 전압 송전선 같은 거창한 장비가 발산하는 소음이 아니라, 전류가 흐르면 어디에서나 발생하는 배경 소음 같은 미세한 소음이다. 이 같은 연구 결과는 충격파처럼 과학계를 강타했다. 이 연구 결과가 사실이라면 "전자파"는 이미 생존에 심각한 영향을 미칠 정도로 새의 길 찾기 능력에 문제를 일으키고 있을 가능성이 크다.

오랫동안 과학자들은 새의 자기 나침판은 그저 흐린 날에 길을 찾는 보조수단이라고만 생각했다. 그러나 전혀 그렇지 않다. 태양 나침판과 함께 자기 나침판은 새의 길 찾기 시스템에 반드시 필요한 구성요소이다. 새에게 여러 종류의 자기감지기가 있어서 함께 작동한다면 자기장의 아주 미세한 변화도 감지할 수 있을 것이다. 새는 여러 가지 측면에서 아주 인색할지도 모르지만 자기감지기에서만은 조금 지나친 감이 있다. 비둘기가 달도 없는 밤에 지중해를 건너 북아프리카에 있는 자기 집을 찾아가는 것은 그 때문일 것이다.

**나침판에 관한** 수수께끼는 이쯤에서 그만두고 다른 수수께끼를 살펴보자. 길을 찾아가려면 새에게는 여행을 시작하는 위치가 어디인지를 파악할 수 있는 지도가 있어야 한다. 어느 방향으로 가야 목적지가 나오는지 알려면 일단 자기가 어디에 있는지 알아야 한다. 새에게는 그런 지도가 있을까? 그 지도는 마음에 있는 것일까?

1940년대에 버클리, 캘리포니아 대학교의 심리학자 에드워드 톨먼은 포유류에게는 공간 환경을 기억할 수 있는 "인지 지도"가 있다고 주장했다. 톨먼은 쥐가 특수하게 만든 미로 안에서 처음 가본 길을 택하는 한이 있더라도 직선 경로나 지름길을 택해 먹이가 있는 곳까지 가는 모습을 관찰했다. 톨먼은 "미로를 통과하는 학습을 하는 동안 생쥐의 뇌에는 주변 환경을 기억하는 일종의 현장 지도가 만들어진다"라고 했다. 이는 쥐가 지나온 경로와 길, 막다른 골목, 주변 환경과의 관계 등을 시간이 지나도 기억할 수 있다는 뜻이다(톨먼의 인지 지도 연구를 지지하고 추종하는 사람들을 흔히 애정을 담아 "톨먼광들[Tolmaniacs]"이라고 부른다).

톨먼은 사람에게도 그런 인지 지도가 있다고 주장하면서 대담하게도 이런 지도 덕분에 공간에서 길을 찾을 수 있을 뿐만 아니라 "사람 세상이라는 신이 만드신 엄청난 미로 속에서" 사회적으로, 감정적으로 제대로 관계를 맺고 살아갈 수 있다고 했다. 톨먼은 마음 지도가 좁은 사람은 다른 사람의 가치를 평가절하하기 때문에 "외부인을 철저하게 증오하는 사람이 되어 소수자를 차별하고 세상에 큰 재앙을 불러일으키는 위험인물이 될 수 있다"라고 했다. 이런 일을 막으려면 어떻게 해야 할까? 당연히 "다른" 사람을 포용할 수 있도록 커다란 지리적 경계와 폭넓은 사회적 범주를 아우를 수 있는 더 거대한 인지 지도를 만들어 더 많이 공감하고 타인을 이해할 수 있어야 한다.

새가 — **사회적, 감정적** 지도까지는 아니라고 해도 — 주변 환경을 기록한 정신적 지도를 만들 수도 있다는 생각은 톨먼이 생쥐 실험에 사용한 미로로 진행한 비둘기 실험을 통해서 얻게 되었다. 생쥐처럼 비둘기도 공간 정보를 엄청나게 잘 기억했다. 얼마나 떨어진 곳이건, 어느 방향에 있건 간에 전에 가본 지형을 기억했고, 그 정보를 활용해서 새로운 장소를 찾아갈 수도 있었다.

이 실험을 소규모 길 찾기 실험이라고 하는데, 일부 새들은 이 과제를 정말 잘 해낸다. 그중에서도 가장 뛰어난 재능을 보인 새는 캐나다산갈까마귀나 캘리포니아덤불어치 같은 먹이를 여기저기 숨겨놓는 새였다. 이 까마귓과 새들은 대규모 길 찾기 시합에서도 뛰어난 공간 기억 능력을 보였다.

멋진 검은색 날개에 밝은 회색 몸통을 가진 캐나다산갈까마귀는 야영장에서 물건을 훔치는 습관 때문에 "캠프장 도둑"이라는 별명으로 불린다. 로키 산맥이나 북아메리카 대륙의 서부 고지대에 사는 캐나다산갈까마귀는 혹독한 겨울을 나야 하기 때문에 여름 내내 3만 개가 넘는 소나무 씨를 모으는데, 혀 밑에 있는 커다란 주머니에 한 번에 씨앗을 100개씩 담아서 운반한다. 캐나다산갈까마귀는 수십 혹은 수백 제곱킬로미터가 넘는 넓은 장소에 먹이 저장소를 최대 5,000개까지 만들어둔 뒤에 나중에 흩어져 있는 먹이를 찾아 먹는다. 각 저장소가 어디에 있는지 정확하게 기억하고 있기 때문에 먹이를 찾아 헤매지 않고 곧바로 그곳으로 찾아가 꺼내먹을 수 있다. 자기가 먹이를 숨겨놓은 장소를 거의 완벽하게 기억하기 때문에 9개월 동안 눈이 쌓이고 잎이 떨어지고 바위 위치가 바뀌고 토양의 형태가 바뀌는 등, 풍경이 급격하게 변해도 전혀 상관없다.

소나무 씨는 아주 작기 때문에 먹이를 숨긴 장소도 아주 좁다. 캐나다산갈까마귀는 작은 칼 같은 부리로 정말 조금만 흙을 파고 먹이를 빼먹는데, 위치를 밀리미터 단위까지 정확하게 파악하고 있어야 가능한 일이다. 작은 오류로도 캐나다산갈까마귀는 숨겨둔 먹이를 회수할 수 없다. 캐나다산갈까마귀의 먹이 회수 성공률은 70퍼센트이다(캐나다산갈까마귀와 비교하면 내가 물건을 둔 장소를, 그러니까 자동차 열쇠를 둔 곳이나 토마토 씨를 심은 곳을 기억하는 능력은 정말 비참할 정도이다).

문제는 일단 숨겨놓은 먹이를 어떻게 다시 찾아 먹는가이다. 여기서 후각은 아무런 역할을 하지 않는다. 캐나다산갈까마귀가 숨겨둔 먹이를 잘 찾는 이유는 눈이 와도 파묻히지 않는 키 큰 나무나 바위 같은 커다랗고 높다란 지형을 기억하는 정신적 지도가 있기 때문이라고 주장하는 가설도 있다. 이 가설에 따르면 캐나다산갈까마귀는 거리, 방향, 기하학 규칙, 지형 같은 육상 지표를 근거로 먹이를 숨긴 장소를 기억하고 마음에 새긴다. 예를 들면 키가 큰 지형물이 두 개 있으면 그 가운데쯤 되는 곳에 먹이를 숨기거나 두 지형지물과 삼각형을 이루는 세 번째 꼭짓점에 먹이를 숨기는 식이다. 이런 식으로 5,000개나 되는 먹이 저장소를 기억해야 하다니, 상상이 되는가?

**뛰어난 지략가인** 캘리포니아덤불어치는 어디에 먹이를 숨겼고 (그리고 누가 지켜보고 있는지) 뿐만 아니라 **무엇을, 언제** 숨겼는지까지 기억한다. 이 덤불어치는 썩는 시간이 모두 다른 견과류, 씨앗, 과일, 곤충, 지렁이 같은 다양한 먹이를 숨기기 때문에 무엇을, 언제 숨겼는지를 기억하는 일이 아주 중요하다. 날씨가 더우면 곤충은 며칠 안에 썩지만 견과류나 씨앗은 몇 달 동안 보관할 수 있다. 케임브리지 대학교의 니컬라 클레이턴 연구팀이 진행한 창의적인 실험에서 덤불어치는 쉽게 썩는 먹이는 되도록 빨리 회수하고, 견과류나 씨앗처럼 비교적 썩지 않는 먹이는 나중에 회수한다는 사실이 밝혀졌다. 덤불어치는 먹이의 부패 속도를 경험을 통해서 익히고, 그 경험을 토대로 먹이를 회수하는 순서를 결정했다. 썩기 쉬운 먹이를 재빨리 회수하려면 먹이를 숨긴 장소, 숨긴 먹이의 종류, 숨긴 시간까지 기억해야 한다. 과거에 일어났던 특별한 사건이 무엇인지, 언제, 어디에서 일어났는지를 기억하는 능력은, 사람이 한 개인이 겪은 특별한 경험을 기억하는 놀라운 능력이라고 생각하는 일화 기억과 상당히 닮아 있다. 우리처럼 덤불어치도 과거에 일어난 사건(언제, 무엇을 묻었는지)을 가지고 지금이나 미래에 해야 할 일(지금 먹이를 꺼낼 것인지 나중을 위해서 저장할 것인지)을 판단하는 근거로 삼는 것처럼 보인다.

클레이턴 연구팀은 다른 사람들과 함께 이 같은 실험을 진행한 뒤에 덤불어치도 사람처럼 어느 정도는 계획을 세워, 적어도 앞일을 생각해서 미래에 생존할 확률을 높이는 방향으로 현재 해야 할 행동을 융통성 있게 조절할 수 있음이 분명하다고 강하게 주장했다.

캘리포니아덤불어치가 정말로 미래를 계획하는지를 알아보려고 클레이턴 연구팀은 자유롭게 드나들 수 있는 칸막이 방 두 개로 이루어진 커다란 새 장에 덤불어치 8마리를 집어넣었다. 첫 번째 방에서는 항상 조찬회를 열었고 두 번째 방에서는 열지 않았다. 덤불어치들은 밤에는 아무것도 먹지 않고 아침이면 두 방 가운데 한 곳으로 옮겨가야 했다. 과학자들은 덤불어치들을 각 방에서 3일씩 아침을 보내게 한 뒤부터는 저녁에도 잣을 먹이로 주었다. 저녁에 주는 잣은 넉넉했기 때문에 덤불어치들은 마음껏 먹을 수도 있었고 원한다면 각 방에 먹이를 저장할 수도 있었다. 덤불어치들은 "아침을 주지 않는" 방에 잣을 숨겨두었다. 그런 반응은 분명히 다음 날 아침에 굶을 수도 있음을 미리 알고 있다는 증거였다.

과학자들은 실험 내용을 조금 바꿔서 다시 해보았다. 이번에는 방마다 다른 먹이를 주었다(한 방에서는 땅콩을 주었고 다른 방에서는 개 사료를 주었다). 그러자 덤불어치들은 남은 먹이가 똑같은 비율로 각 방에 분포되도록 먹이를 숨겼다.

유라시아어치로 진행한 다음 연구에서 클레이턴과 그의 동료 루시 체크는 어치들이 미래에 먹고 싶은 특별한 음식(최근에는 먹지 않았던 음식)을 숨겨둔다는 사실을 발견했다. 현재 욕구를 누르고 앞으로 있을 필요에 대비하는 능력이 있음을 분명하게 보여주는 행동이었다. 연구를 진행한 과학자들은 "어치가 미래를 '미리 경험하는지'는 아직 풀어야 할 과제로 남아 있다. 그러나 우리의 연구 결과는 새가 현재 상태와는 다른 미래를 동기 삼아 행동할 수 있으며, 그것도 아주 융통성 있게 행동할 수 있다는 강력한 증거이다"라고 썼다.

이 연구 결과에 따르면, 적어도 몇 종의 새는 과거를 돌아볼 수 있는 능력(내가 어디에 무엇을 숨겨놓았더라?)과 미래를 생각하는 능력(내일 배가 고플지도 모르니까 이 먹이를 어딘가에 숨겨놔야 하지 않을까?)이라는 정신적 시간 여행을 할 수 있는 두 가지 기본 요소를 갖추고 있는 것처럼 보인다. 한때 이 두 능력은 사람만이 가진 독특한 특성이라고 간주되었다.

**다시 공간 기억 능력이** 엄청나게 뛰어난 캘리포니아덤불어치를 살펴보자. 이 덤불어치에게는 특별한 점이 또 있다. 이미 살펴본 것처럼 이 덤불어치들은 다른 덤불어치가 숨겨놓은 먹이를 훔친다. 놀랍게도 먹이를 저장한 새는 먹이를 옮긴 장소와 그렇지 않은 장소를 똑같이 정확하게 기억할 수 있다. 먹이를 훔치는 새 역시 아주 정교한 정신적 지도를 활용한다. 도둑 새는 공간 기억 능력에 의존해서 다른 새가 먹이를 숨기는 장소를 기억하고, 먼 거리에서 보았기 때문에 머릿속으로 그 장소를 회전시켜 재구성해야 할 때에도 먹이가 숨겨진 곳을 정확하게 기억할 수 있다.

**소규모 길 찾기 능력에서는** 벌새도 누구 못지않은 천재처럼 보인다.

해마다 봄이면 내 친구 데이비드 화이트는 버지니아 중부 지방에 있는 자기 집 앞마당에 고무줄과 갈고리를 이용해 벌새 모이통을 매달아놓는다. 벌새가 날아오는 계절이 지나면 미국너구리가 벌새 모이통을 가져가지 못하게 치우지만 다음 해 4월에 다시 쓰려고 고무줄과 갈고리는 그대로 둔다. 가끔은 벌새 모이통을 매다는 일을 깜빡 잊어버리는데, 그럴 때면 놀랍게도 4월 13일을 전후로(보통 그맘때 데이비드는 벌새 모이통을 매단다) 붉은목벌새들이 찾아와 아무것도 없는 갈고리 주변을 맴돌면서 데이비드에게 모이통을 달아야 한다는 사실을 상기시킨다. 벌새들은 어디로, 언제 와야 하는지를 정확하게 아는 것이다.

봄이면 나는 우리 집 창문에 늘어놓은 화분을 찾아와 윙윙거리면서 마치 공중에서 빙글빙글 도는 팽이처럼 앞뒤로 정신없이 움직이는 이 꿀 먹는 새들을 지켜본다. 이 새들의 왕성한 에너지는 거의 보이지도 않을 정도로 재빨리 움직이는 날개로 알 수 있다. 붉은목벌새의 몸무게는 옛날에 쓰던 1페니 동전보다도 가벼운 3그램 정도밖에 되지 않는다.

윙윙거리면서 내 식물 주위를 빙글빙글 도는 붉은목벌새들은 같은 꽃에 두 번은 가지 않는다. 혹시 벌새의 머릿속에 이제 막 꿀을 비운 꽃과 아직도 꿀이 들어 있는 꽃을 구분하는 지도가 그려져 있는 것일까? (그리고 데이비드를 찾아오는 벌새들의 머릿속에는 근처에 있는 벌새 모이통의 위치를 표시한 지도가 들어 있는 것일까?)

우리 집 창문에 있는 화분에 핀 얼마 안 되는 꽃의 상태를 파악하는 일과 벌새가 살아가는 전형적인 영역에 있는 수천 송이의 꽃의 상태를 파악하는 일은 전적으로 다른 일이다. 그러나 에너지를 절약하는 이런 전략에 벌새가 머리를 쓰는 것은 당연하다. 벌새는 에너지를 지나치게 많이 소비하는 삶을 살아간다. 1초에 75번이나 바쁘게 날개를 움직이려면 엄청난 열량을 소비해야 한다. 자기만큼이나 빠른 경쟁자들을 쫓아내고 짝짓기 상대를 유혹하려고 급강하고 온몸을 흔들면서 지그재그로 날아다닐 때도 엄청난 열량을 소비한다. 공중 경주를 위한 연료를 보충하려면 매일 같이 수백 송이가 넘는 꽃을 찾아가야 한다. 이미 꿀을 빨아 먹어서 텅 빈 꽃을 찾아가는 바보짓을 할 여유가 없다. 당연히 벌새는 갔던 길을 기억하고 있어야 한다. 실제로 벌새는 같은 꽃을 두 번 찾아가지 않는데, 그렇게 할 수 있는 이유는 색이나 모양 같은 시각적인 단서에 의존하지 않고 먹이를 저장하는 어치나 산갈까마귀처럼 지형적인 단서를 통해서 길을 기억하기 때문이다.

세인트앤드루스 대학교의 수 힐리는 야생에서 서식하는 벌새의 인지 능력을 탐구하고 있다. 힐리가 연구하는 벌새는 호전적이고 전투적으로 자기가 먹는 꽃을 지키는 새로 알려져 있는 루포스벌새이다. 몸집은 아주 작고 선명한 주황색이 특징이다. 힐리가 진행한 연구 결과는 동전보다 가벼운 이 경이로운 새가 단 한 번, 그것도 몇 초밖에 머물지 않았던 아무 특징 없는 벌판에 놓인 모이통이나 꽃이 있는 장소를 기억할 수 있음을 보여준다. 루포스벌새는 설사 꽃이 없더라도 아주 정확하게 위치를 기억해서 왔던 장소로 돌아온다. 더구나 이 벌새는 각 꽃들의 꿀의 품질과 양을 정확하게 기억하고, 꿀이 다시 차는 시간도 정확하게 파악하기 때문에 꽃에 꿀이 차오른 뒤에야 꽃을 다시 찾아왔다.

벌새가 온 힘을 다해 꿀을 채집할 때에 활용하는 공간적 단서가 무엇인지는 아직 밝혀지지 않았다. 힐리 연구팀은 벌새가 먹이를 숨기는 새와 마찬가지로, 지형지물을 정신적 지도의 토대로 삼고 있을지도 모른다는 연구 결과를 발표했다. 그러나 이 문제는 그렇게 단순하지 않다. 힐리가 관측한 바로는 벌새가 꿀을 채집하는 장소와 가까운 곳에 있는 지형지물은 "그저 대부분 식물로 뒤덮여 있는 아주 평평한 땅으로, (적어도 사람이 보기에는) 놀라울 정도로 변화가 없기 때문이다." 그러나 조금 더 먼 곳에 있는 지형지물—들판을 둘러싸고 있는 나무와 계곡을 이루고 있는 100미터 높이의 산—은 들판 어디에서건 아주 선명하게 보인다. 그러나 벌새가 이렇게 커다란 지형지물을 어떻게 이용해서 특정 꽃이나 모이통의 위치를, 혹은 자기가 어디로 가야 하는지를 정확하게 파악할 수 있는지는 분명하게 밝혀진 바가 없다.

과학자들은 전서구의 머릿속에도 벌새처럼 자기가 기억하는 여러 장소를 벌새보다 큰 지리적 규모에서 점점이 배치한 지도가 있으리라고 추정해왔다. 하지만 그 누구도 실험실 밖에서 이런 추정을 검증해볼 생각은 하지 않았다. 얼마 전에(당시에는 취리히 대학교 박사과정 학생이던) 니콜레 블라저가 정말 멋진 시험을 고안하기 전까지는 말이다.

블라저는 비둘기가 그저 환경이 주는 단서에 아무 생각 없이 로봇처럼 반응하는 것이 아니라 뇌 속에 독창적인 항법 지도를 가졌기 때문에 각기 다른 목적지를 설정하고 그 목적지에 도달하는 최상의 경로를 찾아낼 수 있음을 밝히고 싶었다.

비둘기가 그저 "나는 로봇"일 뿐이라면 비둘기가 길을 찾는 과정은 아주 간단한 두 단계 과정으로 진행되어야 한다. 첫 번째 과정은 자기 집처럼 익숙한 장소에서 감지할 수 있는 환경 단서(자기 신호 같은)와 낯선 장소에서 감지할 수 있는 환경 단서를 비교하는 것이다.

그런 다음에는 두 단서의 차이가 점점 좁혀지는 방향을 계속 찾으면서 날아가면 된다. 블라저는 이런 "비둘기 집 중심주의"는 비둘기가 단지 한 장소(비둘기 집)만을 기억하고 있으며, 집에 도착할 때까지 그저 계속해서 환경 단서가 달라지는 정도만 감지해 방향을 설정한다는 주장이라고 했다.

그렇다면 비둘기의 머릿속에는 다양한 장소가 표시되어 있는 진짜 지도가 있다는 사실을 어떻게 밝힐 수 있을까?

블라저는 비둘기 131마리에게 어디로든 날아갈 수 있는 자유를 주었다. 비둘기들은 얼마나 배가 고프냐에 따라서 쉬는 비둘기장이나 먹이 비둘기장으로 갈 수 있었다. 맨 먼저 블라저는 131마리 비둘기가 먹이를 먹는 비둘기장의 위치를 기억하게 하는 훈련을 시켰다. 매일 블라저는 비둘기를 모두 차에 싣고 모이를 먹을 장소로 데려갔다(비둘기 연구는 정말 노동 강도가 세다). 그런 다음에는 비둘기가 능숙하게 한 비둘기장에서 다른 비둘기장으로 날아갈 수 있을 때까지 먹이 장소를 기준으로 쉬는 집까지의 거리가 점점 멀어지는 장소를 택해 비둘기가 집으로 돌아갈 수 있도록 풀어주었다(그 반대로 할 때도 있었다).

비둘기가 능숙하게 두 비둘기장을 왔다 갔다 할 수 있게 된 뒤에 블라저는 먹이 비둘기장과 쉬는 비둘기장까지의 거리가 30킬로미터 안팎으로 동일한 낯선 장소에서 비둘기를 풀어주었다. 풀어주기 전에 블라저는 비둘기 절반에게는 먹이를 주었고 나머지 절반은 굶겼다. 블라저가 풀어주자 배가 부른 비둘기들은 쉬는 집으로 날아갔지만 배가 고픈 비둘기들은 먹이를 먹는 비둘기장으로 날아갔다. 비둘기들은 호수 두 곳과 산등성이라는 지형 장애물을 만나면 옆으로 우회해서 날았지만, 그 외에는 직선거리를 유지하면서 곧바로 목표지를 향해 날아갔다. 배고픈 비둘기들 가운데 쉬는 집에 들렀다가 먹이를 먹으러 간 비둘기는 한 마리도 없었다.

블라저는 실제로 비둘기가 로봇처럼 무조건 집으로 가는 전략을 택한다면, 비둘기는 모두 가장 익숙한 장소가 나올 때까지 쉬는 집을 향해 날아간 뒤에야 경로를 바꿔 먹이를 먹는 장소로 갈 것이라고 했다.

허기를 달랠 수 있는 곳으로 곧바로 날아가는 모습은 두 가지 중요한 의미가 있다고 블라저는 말한다. 첫째, 비둘기는 어떤 동기가 있느냐에 따라서 두 목적지 가운데 한 곳을 선택할 수 있다는 의미이며(이 능력은 그 자체로 인지능력이라고 할 수 있다), 둘째, 비둘기의 머리에는 모르는 장소에서도 알고 있는 두 장소 가운데 한 곳을 찾아갈 수 있는 진짜 인지 지도가 있다는 뜻이다.

**비둘기의 뇌처럼** 아주 작은 공간 어디에 그런 지도가 있는 것일까?

사람의 인지 지도가 있는 곳과 같은 곳에 있다. 바로 공간에서 방향을 찾게 해주는 신경망인 해마(hippocampus)이다. 해마가 이런 일을 한다는 사실은 부분적으로 톨먼광 가운데 한 명인 해부학자이며 1970년대에 쥐를 가지고 미로 실험을 하는 동안 기가 막힌 사실을 발견한 공로로 2014년에 노벨 상을 수상한 존 오키프 덕분에 알게 되었다(마이브리트 모세르와 에드바르 모세르와 함께 수상했다). 쥐가 미로를 통과하는 실험을 하는 동안 쥐의 뇌에서 일어나는 일을 연구한 오키프와 심리학자 린 네이델은 쥐가 특정 장소에 있을 때에만 해마에서 발화되는 특별한 세포를 발견했다. 쥐가 미로를 지나는 동안 이 특별한 "장소 세포(place cell)"는 쥐가 지그재그로 움직이는 패턴과 정확하게 일치하는 형태로 발화되었다.

사람의 뇌에서 해마는 중앙 측두엽(medial temporal lobe) 깊숙한 곳에 자리하고 있으며, 생김새는 바다에 사는 해마 같다. 새의 해마는 뇌 꼭대기에 있으며 단추나 작은 버섯처럼 생겼다. 사람과 새 모두 이 작은 조직에 인지 지도가 있고, 이곳에 기억이 저장된다. 실제로 우리의 기억력은 모두 해당 사건이 일어난 장소와 아주 밀접한 관계가 있는 것 같다. 우리가 한 가지 사건을 회상하면 해마에서는 그 사건이 일어난 장소를 기억하는 장소 세포가 다시 발화되어 공간과 시간에 관한 정보를 기억할 수 있도록 도와준다는 연구 결과도 나와 있다. 사건이 일어난 과정을 거슬러오르면서 생각하는 것이 기억을 떠올리는 데에 도움이 되는 이유도 바로 그 때문이다. 한 생각에 관한 기억은 그 생각이 떠오른 장소와 결합되어 있다.

새의 해마는 공간 정보 처리에서 아주 중요한 역할을 한다. 해마가 크다는 것은 보통 공간 기억 능력이 더 뛰어나다는 의미이다. 먹이를 저장하는 새의 해마는 보통 새의 크기와 몸무게를 토대로 계산했을 때, 나올 수 있는 해마 크기보다 두 배 이상 크다. 예를 들면 박새의 해마는 참새의 해마보다 상대적으로 두 배나 크다.

해마의 크기라면 벌새는 정말 자랑할 만하다. 전체 뇌의 크기에 비해서 벌새의 상대적인 해마 크기는 그 어느 새보다 크다. 먹이를 저장하는 명금류든 저장하지 않는 명금류든, 바다 새든 딱따구리든 간에 이 새들의 해마를 벌새와 비교하면 두 배에서 네 배 정도는 작다. 벌새로서는 아주 큰 종인 긴꼬리은둔벌새의 뇌는 미국딱새보다 두 배밖에 크지 않지만 해마의 크기는 거의 열 배에 달한다. 베네수엘라와 브라질에 서식하는 긴꼬리은둔벌새가 생강 꽃이나 시계초에 들어 있는 꿀의 상태와 꽃이 피는 장소와 분포 상황을 잘 기억하는 이유는 바로 그 때문이다.

꿀잡이새나 갈색머리흑조처럼 탁란을 하는 새는 탁란을 하지 않는 같은 과(科)의 새들보다 해마가 크다. 르페브르는 "당연한 일입니다. 꿀잡이새는 적절한 순간에 자기 알을 낳을 적당한 둥지를 찾아내야 합니다. 그 다음 날 둥지 주인의 새끼들이 부화한다면 꿀잡이새의 새끼는 가장 왜소한 새끼로 취급받아 죽게 될 겁니다. 너무 일찍 알을 낳으면 둥지 주인이 아직 알을 낳거나 알을 품을 준비가 되어 있지 않겠지요. 그러니 꿀잡이새는 둥지의 위치뿐 아니라 둥지 내부의 상태도 제대로 파악하고 있어야 합니다"라고 했다.

갈색머리흑조는 암컷이 수컷보다 해마가 크다. 그리고 웨스턴 온타리오 대학교의 멜러니 기구에노 연구팀이 최근에 알아낸 것처럼 암컷의 공간 지각 능력이 수컷보다 더 뛰어나다. 동물들은 대부분 수컷이 공간 지각 능력이 뛰어나다. 그러나 탁란을 하는 새는 그 관계가 역전된다. 갈색머리흑조는 암컷만이 자기가 알을 낳을 둥지를 찾아내고 감시하고 다시 방문한다. 암컷만이 탁란을 할 둥지 주변의 나뭇잎 상태를 살피고 둥지 주인이 둥지를 짓는 모습을 관찰한다. 그리고 해가 뜨기 전에, 어둠을 뚫고 둥지로 찾아가 자기 알을 낳는다. 실험실에서 기구에노는 갈색머리흑조 암컷의 공간 기억 능력이 수컷보다 훨씬 더 뛰어나다는 사실을 알았다. 이런 실험 결과는 수컷은 갈색머리흑조의 뛰어난 공간 지각 능력을 타고나지 못했으며, 이 능력이 탁란이라는 생식방법을 택한 암컷의 생태학적 필요 때문에 진화한 특성이라는 사실을 알려준다.

전서구의 해마는 팬테일이나 파우터, 슈트라서 비둘기처럼 멋진 외모를 뽐내려고 계량한 비둘기보다 더 크다. 그런데 전서구의 해마가 큰 이유는 유전이 아니다. 어렵게 쟁취한 것이다.

얼마 전에 진행한 멋진 실험에서 전서구의 해마 크기는 사용 여부에 따라서 달라진다는 결과가 나왔다. 과학자들은 독일 뒤셀도르프 근처에 있는 한 사육장에서 비둘기 20마리를 길렀다. 비둘기가 날 수 있게 되자 그 가운데 절반은 사육장 주위를 날아다니면서 주변 환경과 사육장의 위치를 익히게 했다. 또한 280킬로미터 정도를 날아가는 비둘기 경주에 도 몇 번 참가하게 했다. 나머지 10마리 비둘기는 자유롭게 날아다닐 수는 있기 때문에 밖을 자유롭게 돌아다니는 다른 절반과 육체 활동은 비슷하지만 지형을 탐사하고 다닐 수는 없었다. 20마리의 비둘기가 모두 성장했을 때, 과학자들은 비둘기의 해마 크기를 검사했고, 밖으로 나가 자유롭게 돌아다닌 비둘기의 해마가 사육장에만 있었던 비둘기의 해마보다 10퍼센트 정도 크다는 사실을 알아냈다. 어떤 생물학적인 메커니즘이 작용해서 해마의 크기를 바꾼 것인지는 아직 알아내지 못했다. 과학자들은 "기존에 존재하던 세포의 크기가 증가했을 가능성이 있다"라고 했다. 뇌를 지원하는 새로운 세포가 자랐거나 뉴런은 아니라고 해도 "새로운 혈관이 증가한 것일 수도" 있다.

어쨌거나 비둘기의 해마 크기는 비둘기가 겪은 경험과 길 찾기 기술을 얼마나 많이 사용했는지에 따라서 달라질 수도 있다. 다시 말해서 사용 횟수가 모양을 결정하는 것이다. 영국 과학자들은 현대의 길 찾기 전문가인 런던의 택시 기사들을 대상으로 진행한 유명한 실험에서 사람 역시 마찬가지라는 사실을 밝혔다. 런던에서 택시 기사로 일하려면 먼저 지식(knowledge)이라고 알려진 어려운 시험을 통과해야 한다. 지식 시험을 보려는 런던의 택시 기사 지망생은 일반인 설문 조사에서 "세상에서 가장 혼잡한 도시"라는 결과를 얻은 런던에서 2만5,000개나 되는 거리의 배치, 수천 개가 넘는 이정표를 완벽하게 외워야 한다. 미로 같은 런던의 샛길을 모두 암기하려면 2년에서 4년 정도가 걸린다. 과학자들은 수년간 런던에서 택시를 운전한 사람은 이제 막 택시를 몰기 시작한 사람이나 버스 운전자에 비해서 해마 뒷부분의 회백질 양이 더 많다는 사실을 알아냈다.

이 같은 실험 결과에 걱정스러운 질문을 하게 된다. 만약에 사람의 길 찾기 시도가 해마의 모양을 결정한다면, 길을 찾으려는 노력을 하지 않을 때는 어떤 일이 벌어질까? 뇌를 전혀 쓰지 않고도 길을 쉽게 찾게 해주는 GPS 같은 기술에 너무 의존하면 어떤 일이 생길까? GPS는 사람이 뇌를 활용해 길을 찾던 과정을 그저 간단한 자극(우회전하세요, 좌회전하세요 같은)에 수동적으로 반응하는 과정으로 바꾼다. 이런 기술에 지나치게 의존하면 해마가 줄어든다고 걱정하는 과학자도 있다. 실제로 맥길 대학교의 연구자들이 GPS를 쓰는 노인과 쓰지 않는 노인의 뇌를 스캔했을 때, 자기 뇌에 의존해 길을 찾는 사람이 GPS에 의존해 길을 찾는 사람보다 해마의 회백질 양이 더 많았고, 인지장애 때문에 고생하는 비율도 더 낮음을 알 수 있었다. 인지 지도를 생성하는 습관을 버리면 우리 뇌에서는 회백질이 사라진다(그리고 만약에 톨먼의 주장이 옳다면, 사회를 이해하는 능력도 함께 사라질 것이다).

**우리는** 새의 정신적 지도가 어디에 있는지는 안다. 그렇다면 그 크기는 얼마만 할까?

10월 초의 어느 날 아침에 나는 델라웨어 만에 있는 헨로펜 해변에서 이 문제를 고민하고 있었다. 막 동이 트려던 서늘한 날이었다. 수온은 급격하게 떨어지고 있었고, 나는 만이 있는 곳에서 물수리를 볼 수 있었으면 하고 바랐다. 하지만 이미 그 큰 새는 대부분 페루나 베네수엘라, 아마존 늪지에서 겨울을 보내려고 따뜻한 남쪽으로 떠난 뒤였다.

그러나 아직은 여러 맹금류가 활발하게 이주하는 기간이었고, 맹금류의 먹이가 되는 명금류 또한 이동을 멈추지 않은 시기였다. 케이프 메이의 델라웨어 만 건너편에서는 여전히 쇠황조롱이뿐만 아니라 황조롱이, 송골매, 긴꼬리매, 쿠퍼매가 날아가다가 잠시 멈춰서 여행에 필요한 열량을 보충하려고 작은 새들을 낚아채고 있었다. 케이프 메이에는 참새를 닮은 작은 갈색의 새들이 아주 많다. 히든 밸리의 덤불숲이나 비너리 (Beanery)라고 부르는 농지에는 황금방울새와 노랑꽁지울새, 아메리카솔새, 아메리카휘파람새, 검은머리솔새, 붉은눈솔새가 사방에서 반짝이고 있었다.

한랭전선이 한번에 수만 마리가 넘는, 심지어 어떨 때는 수십만 마리가 넘는 철새 명금류를 이곳으로 데리고 오기 때문에 힉비 해변의 제방에서 바라보면 정말 멋진 장관이 펼쳐진다. 북회귀선 남쪽에 있는 신대륙으로 떠나는 이 이민자들은 며칠 동안 이곳에서 쉬면서 먹이를 먹다가 밤이 되면 다시 출발한다. 나는 남쪽으로 떠나는 새들이 가을 밤하늘을 시커멓게 뒤덮은 모습을 떠올려보기를 좋아한다.

해변 쪽에서 케이프 헨로펜을 걷고 있을 때, 해변에서 살짝 떨어진 곳에 두툼한 안개가 끼어 있었다. 나는 잠시 서서 거대한 회색 파도처럼 움직이는 안개가 가까이 오는 모습을 지켜보았다. 소금기를 잔뜩 머금은 안개는 갑자기 담요처럼 나를 덮었다. 해변을 따라 뻗어 있는 모래언덕은 안개에 싸였고 나는 10미터 앞도 제대로 볼 수가 없었다. 갑자기 어디가 어딘지 분간을 할 수가 없었다. 하지만 나는 쉽게 해안선을 알아보고 모래언덕으로 난 길을 찾을 수 있었다.

만약 안개를 만난 곳이 바다 위라면 이야기는 달랐을 것이다. 하버드 대학교의 물리학 교수 존 후스는 10월 초의 어느 화창한 날에 낸터킷 사운드로 카약을 타고 나갔던 이야기를 들려주었다. 후스는 어떤 조짐도 없이 바다가 갑자기 안개로 뒤덮였다고 했다. 베테랑 카약인이었던 후스는 카약을 타고 출발하기 전에 중요한 단서들—특히 바람의 방향과 파도의 방향—을 신중하게 점검했었다. "혹시라도 안개가 끼면 육상 지표를 가릴 수도 있기 때문에 해변 가까이 머물렀다. 그러니 어떻게 하면 육지 쪽으로 갈 수 있는지 알았다." 하지만 그날 후스와 가까운 곳에서 카약을 타던 두 사람은 그렇게 운이 좋지 못했다. 방향 감각을 잃은 두 사람은 결국 거센 파도에 휩싸여 익사했다.

후스가 언급한 것처럼, 초기의 항해자들은 자연의 단서를 읽어야 길을 찾을 수 있었다. 폴리네시아 항해자는 별이 뜨고 지는 위치를 기억해, 그 단서를 자연 나침판 삼아 바다를 건넜다. 아랍 상인들은 바람의 냄새와 감촉을 이용해 인도양을 건넜고, 바이킹은 태양의 위치를 보고 시간과 방위를 결정했다. 태평양 섬의 항해자들은 파도를 읽을 수 있었다. 교육을 받으면 사람은 태양과 달, 별, 조수와 해류, 바람과 날씨를 자세히 관찰해 길을 찾을 수 있다(나는 전 세계 언어의 약 3분의 1 정도는 한 사람이 차지하는 공간을 묘사할 때, 오른쪽이나 왼쪽이라는 용어 대신에 기본 방위—동서남북—를 사용한다는 사실을 알고 무척 흥미를 느꼈다. 그런 언어를 사용하는 사람들은 낯선 장소에 가더라도 자기가 있는 곳을 더 잘 파악하고 방위도 더 잘 알아낸다). 그러나 지도나 GPS가 손에 없으면 현대인 대부분은 길 찾기 자체를 포기할지도 모른다.

그러나 바다를 건너서 서식지를 옮기는 철새는 아무리 어두워도, 안개가 짙게 끼어도 거의 길을 잃지 않는다. 비둘기처럼 철새도 눈에 보이는 지형, 태양, 자기장을 나침판처럼 사용하여 단서를 찾는다.

밤이 되면 별을 나침판 삼아 날아가는 새도 있는데, 이런 새는 우리의 짐작과는 사뭇 다른 방법으로 별을 활용한다. 별자리 모양을 지도로 삼는 것이 아니라 북극성 주위를 회전하는 밤하늘을 보면서 길을 찾는다. 부화하고 첫 번째 여름이 되면, 아기 새들은 별이 빛나는 밤에 중심축 주위를 회전하는 밤하늘을 유심히 쳐다본다. 북반구에서는 하늘이 북극성을 중심으로 도는데, 아기 새는 북극성이 있는 곳을 북쪽으로 인지한다. 북극성에서 고개를 돌려 반대쪽을 바라보면 그곳이 남쪽이 된다. 일단 별을 기준으로 방향을 정하는 나침판이 완성되면(겨우 2주일이 걸린다) 새는 별이 조금밖에 보이지 않는 밤에도 별을 보고 방향을 잡을 수 있다.

물론 별을 보고 길을 찾는 능력이 반드시 지능이 높다는 증거는 아님을 나도 잘 안다. 나중에 먹으려고 동물의 배설물을 동그랗게 뭉치는 것으로 가장 잘 알려진 쇠똥구리도 밤이면 은하수가 방출하는 빛을 이용해서 방향을 잡는다. 여전히 나에게는 회전하는 별을 보면서 남쪽과 북쪽을 찾아내는 새의 능력이 정말로 경이롭게 느껴진다.

이주하는 새는 폭풍 같은 천재지변이 일어나면 수백 킬로미터 혹은 수천 킬로미터까지 경로를 이탈하기도 한다. 그 같은 상황은 어느 정도는 자연이 엄청난 규모로 만들어놓은 모르는 곳에서 집 찾아가기 실험이라고 할 수 있을 것이다. 그런 상황에 처해도 철새들 대부분은 목표 지점까지 정확하게 다시 날아가는 능력이 있다는 사실은 새의 머릿속에 있는 지도가 정말로 엄청나게 크다는 사실을 시사한다.

**사실 나는** 케이프 헨로펜을 1년 전에 다녀오려고 했다. 그러나 허리케인 샌디 때문에 계획대로 진행할 수 없었다. 출발하기 하루나 이틀 전에 남쪽에서 엄청난 폭풍이 헨로펜을 향해 쏜살같이 달려오기 시작했다. 그때 용기를 내지 않은 것이 얼마나 다행인지. 샌디는 헨로펜을 정면으로 강타했고, 수많은 도로와 다리를 파괴했으며 도로변과 주차장을 모래로 덮어버렸다.

샌디가 지나간 뒤에 대륙의 동쪽 끝은 방랑자들(vagrants)로 바글거렸다. 의지할 데 없이 이리저리 떠돌아다니는 사람을 뜻하는 재미있는 단어이다. 방랑자를 뜻하는 영어 vagrant는 라틴어 vagari("어슬렁거리며 돌아다니다, 길을 잃다, 길에서 벗어나다"라는 의미)에서 왔다. 자연재해 때문에 경로를 벗어나 대륙의 동쪽 끝으로 온 방랑자 새들 때문에 들새 관찰 기록에 독특한 새들의 사례를 추가하려는 수많은 야생 조류 관찰자들이 동쪽으로 몰려들었다.

샌디를 따라 케이프 메이로 몰려든 새 관찰자들은 100마리가 넘는 도둑갈매기를 보았다는 보고를 했다. 이 바다 포식자는 둥지를 트는 북극 지방을 떠나 겨울을 나는 열대 바다로 가던 도중에 바람에 휩쓸려 내륙으로 밀려온 것 같았다. 멀리 펜실베이니아에서까지 수백 마리가 목격된 도둑갈매기는 서스퀘해나 강을 따라 남쪽으로 날아갔다. 맨해튼에서는 제비갈매기, 잿빛지느러미발도요, 목테갈매기, 코리슴새, 열대 새까지 발견되었다. 뉴잉글랜드 해변에 길게 뻗어 있는 탁 트인 벌판에는 유럽 해변에 서식하는 댕기물떼새까지 드문드문 흩어져 있었다. 해변에서 320킬로미터 정도나 떨어져 있는 애팔래치아 산맥 서쪽의 펜실베이니아 주 앨투나에서는 보통은 브라질 옆쪽의 넓은 대서양에서 대부분 시간을 보내는 새들이 발견되기도 했다. 그 정도 거리는 그리 먼 거리라고 할 수 없었다. 바람이 잦아들자 새들은 남쪽으로 날아갔다.

들새 관찰 기록에 독특한 내용을 담고 싶다면, 재빨리 움직여야 한다. 정해진 경로에서 이탈한 새들은 자기들이 어디로 가야 하는지 정확히 알기 때문에 하루도 안 되어 떠나는 경우가 많다.

**태평양 북서부** 지역에서 뉴저지 주 프린스턴으로 옮겨온 흰정수리북미멧새 실험은 고의로 엄청나게 멀리 이동 경로를 이탈하게 한 것으로, 허리케인 샌디가 한 일을 극단적으로 확장한 경우라고 할 수 있다. 과학자들은 이 실험으로 새의 길 찾기 지도의 크기를 제대로 파악할 수 있기를 바랐는데, 그 소망은 이루어졌다.

정해진 경로에서 크게 벗어난 멧새들이 (심지어 경험이 거의 없는 어린 새들도) 재빨리 방향을 틀어 4,800킬로미터가 넘는 곳에 있는 원래의 경로로 돌아갔다는 것은 새의 뇌에는 적어도 미국 대륙을 아우르고 어쩌면 지구 전체를 아우를지도 모를 엄청나게 큰 길 찾기 지도가 있음을 의미했다.

이 실험은 또한 경험이 있어야 그런 지도를 만들 수 있다는 사실도 밝혔다. 경험이 전혀 없는 아주 어린 새들은 제대로 길을 찾지 못했다. 어린 새들은 미국을 횡단해 원래의 길로 돌아가지 못하고 그저 본능이 이끄는 대로 남쪽으로만 계속 날아갔다.

새는 머릿속에 지도를 가지고 태어나지 않는다. 새는 배운다. 아메리카흰두루미 같은 새는 어른 새가 날아가는 경로를 따라가면서 지도를 만든다. 경험이 없는 두루미는 어른 새를 뒤따라 날면서 길을 익힌다. 과학자들이 초경량 비행기를 타고 어렸을 때부터 사람의 손에서 자란 새들을 이끌어 이주 경로를 익히도록 훈련할 수 있는 이유도 바로 그 때문이다.

그러나 언제나 부모를 쫓아다닐 수 있는 것은 아니다. 예를 들면 이제 막 날 수 있게 된 바다오리는 어른 새들이 겨울 야영지로 떠나기 훨씬 전부터 밤이면 부화한 섬이나 북대서양 바다 절벽 위에 홀로 남겨진다. 가을을 영국 노퍽에서 난 어린 뻐꾸기도 탁란을 한 둥지에서 벗어날 때가 되면 부모 새들은 모두 남쪽으로 날아간 뒤이기 때문에 부모를 따라 열대우림으로 날아갈 수 없다.

부모의 도움을 받지 못하는 어린 철새도 (어렸을 때 납치되거나 비행기로 대륙 반대편으로 데려가지 않는다면) 어떻게 해서든 한번도 가보지 못했고, 수백, 수천 킬로미터나 떨어져 있는 겨울 야영지를 찾아간다. 그럴 수 있다는 것은 새가 유전자에 새겨진 불가사의한 지능에 의존한다는 뜻이다. 며칠 동안 특정한 방향으로 날아가라고 지시하는 "시계─나침판" 프로그램이 내재되어 있다는 뜻이다. 새의 내부에 있는 시계는 며칠 동안 날아가야 하는지를 유전적으로 통제하는 시간 기록계이다. 우리가 이런 시계가 존재한다는 사실을 아는 이유는 철새를 새장에 가둬두면 일반적으로 이동해야 하는 거리와 밀접하게 관계가 있는 이망증(멈추지 않는 엄청난 이주 충동)이 나타났기 때문이다. 내부 나침판에 관해서 말할 수 있는 것은 적어도 몇몇 어린 새들의 경우에는 자기 종에 맞는 방향 나침판을 본능적으로 가지고 태어나기 때문에 날 때부터 정해진 경로를 따라 이동할 수 있다는 것이다. 각 종이 정해진 경로를 계속해서 날아가려면 어린 새는 어른 새처럼 태양, 별, 자기장, 해가 질 때 나타나는 편광 같은 단서를 나침판처럼 이용할 수 있어야 한다(길을 찾는 능력이 있는 모든 동물에게 황혼은 아주 많은 정보를 제공하는 정보원이다. 황혼이 질 때에만 새를 비롯한 동물들은 편광 패턴, 별, 자기장 단서를 한꺼번에 이용할 수 있다).

이런 내부 프로그램이 작동하는 방식은 상상하기가 쉽지 않다. 복잡한 길을 놀라울 정도로 정확하게 찾아가는 새의 내부 프로그램은 특히 파악하기 어렵다. 어쨌든 유전자에 입력되어 다음 세대로 전달되는 내부 프로그램은 각 종마다 서로 다른 방향 정보와 거리 정보를 담고 있다.

갔던 길을 되돌아오거나 다시 이주를 떠날 때면, 새는 더는 유전자에 새겨진 정보에 의존하지 않는다. 일단 여행을 시작하면 새는 전에 가보았던 겨울 야영지나 둥지를 틀었던 장소를 찾아갈 수 있는─ 진짜 길찾기 단서를 활용할 수 있는─ 인지 지도를 만들기 시작한다. 이 인지 지도가 있으면 바람이나 폭풍 같은 자연재해를 만나도 벗어난 경로를 제대로 수정할 수 있다. 적어도 몇몇 새들의 인지 지도는 정말 커서 대륙은 물론이고, 대양까지 아우르는 것처럼 보인다. 흰정수리북미멧새나 맨섬슴새가 바로 그런 새이다. 한 경로 이탈 실험에서 맨섬슴새는 자기들이 둥지를 트는 웨일스의 섬으로부터 5,000킬로미터나 떨어진 보스턴에서 출발해서 불과 12일 하고 반나절 만에 고향으로 돌아갔다.

**새의 인지 지도는** 무엇으로 구성되어 있을까? 이 인지 지도는 위도와 경도에 관한 정보를 제공하는 도표 위에 다양하고 예측 가능한 여러 환경 단서들이 표시되어 있는 사람의 평면 좌표계처럼 작동하는지도 모른다. 벨파스트 퀸즈 대학교의 리처드 홀랜드는 이런 위상(位相) 변화를 활용해서 새는 "자신의 행동권 반경 안에 있는 공간(그리고 어쩌면 시간)이 변하는 강도를 예측하는 법을 배우며, 배우지 않은 그 너머의 영역은 이미 알고 있는 사실을 근거로 추정할 것"이라고 했다.

인지 지도의 좌표로 작용하는 감각 신호(sensory cue)는 무엇일까? 좌표가 있기는 한 것일까? 지난 40년 동안의 수많은 연구에도 불구하고, 지금도 과학자들은 인지 지도의 생김새라는 상당히 난해한 문제를 풀지 못하고 있다.

새의 머릿속에 있는 지도는 어느 정도 지자기(地磁氣)와 관계가 있을지도 모른다. 최근에 홀랜드와 동료는 한 가지 흥미로운 사실을 발견했다. 두 사람은 이주 중에 잠깐 쉬고 있던 꼬까울새를 몇 마리 잡아 아주 강한 전자기 펄스에 노출시킨 뒤에 다시 풀어주었다. 그러자 (이주 경험이 전혀 없는) 어린 꼬까울새들은 전자기 펄스에 전혀 영향을 받지 않은 듯이, 내부 프로그램이 이끄는 대로 다시 원래의 이주 경로를 따라 날아갔다. 하지만 어른 새들은 전자기 펄스에 영향을 받아 제대로 길을 찾지 못했다. 연구자들은 어른 새가 전자기 펄스에 영향을 받는 이유는 어른 새의 머릿속에는 이주를 하는 동안 이후의 여정에서 길 찾기를 도와주는 전자기 지도가 작성되어 있기 때문이라고 추론했다. 전자기 펄스가 지도를 "재설정하면서" 새들에게 혼란을 주었을 것이다.

유라시안갈대딱새를 대상으로 진행한 실험에서도 비슷한 결과가 나왔다. 니키타 체르네초프와 헨리크 모우리첸이 이끄는 연구팀은 러시아 발트 해 연안의 칼리닌그라드에서 북쪽에 있는 스칸디나비아 남부로 날아가던 딱새를 도중에 잡았다. 과학자들은 잡은 새들 가운데 절반은 부리에서 뇌로 연결되는 삼차신경(trigeminal nerve)(뇌에 자기[磁氣] 신호를 전달한다고 알려져 있다)을 절단한 뒤에, 신경을 자른 새와 자르지 않은 새를 모두 원래의 이주 경로에서 동쪽으로 1,000킬로미터 떨어진 곳으로 데려가 풀어주었다. 부리에서 뇌로 가는 신경이 그대로인 딱새는 재빨리 북서쪽으로 방향을 틀어 원래의 이주 경로로 날아갔지만, 신경이 손상된 새는 한번도 이주 경로에서 이탈한 적이 없다는 듯이 계속해서 북동쪽으로 날아갔다. 놀랍게도 신경이 잘린 새는 북쪽이 어디인지는 알고 있었지만, 자신의 위치를 제대로 조정할 능력은 없었다. 다시 말해서 인지 지도를 보는 감각을 잃어버린 것이다.

우리 사람은 고도로 시각적인 존재이다. 특히 공간을 지각할 때는 시각에 크게 의존한다. 우리가 보지 못한 단서로 만든 지도로 우리의 마음을 감싸기는 어렵다.

그리고 지도에 단서를 제공하는 요소는 또 있다. 새의 길 찾기 능력을 10년 넘게 연구해온 미국 지질조사국의 지구물리학자 존 해그스트럼은 자연적으로 발생하는 초저주파음의 신호(infrasonic signal)도 새가 길 찾기에 이용하는 지도를 구성하는 요소일 수 있다고 했다. 사람은 초저주파음을 듣지 못하지만 새는 들을 수도 있다.

불어오는 폭풍도 새의 인지 지도에 단서를 제공할 수 있다. 다가오는 폭풍을 예측하는 능력을 가진 듯이 보이는 새가 있다는 사실이 최근에 우연히 알려졌다. 2014년 4월에 버클리, 캘리포니아 대학교의 과학자들은 테네시 주 동부에 있는 컴벌랜드 산에서 새끼를 기르는 노란날개솔새가 등에 소형 위치추적기를 달고 다닐 수 있는지를 시험했다. 이 노란날개솔새들은 겨울을 나는 콜롬비아에서 북쪽으로 4,800킬로미터 정도를 날아와 하루나 이틀 전에 그곳에 도착했다. 과학자들이 작은 솔새들에게 위치추적기를 단 직후에 갑자기 솔새들이 모두 날아오르더니 둥지를 트는 장소를 비워둔 채 사라졌다. 나중에 과학자들은 "엄청나게 막강한" 폭풍이 다가오고 있다는 사실을 알았다. 이 폭풍 때문에 강한 토네이도가 84번이나 발생했고 35명이 사망했다. 노란날개솔새들은 큰 재앙을 불러온 폭풍이 덮치기 24시간 전에 그곳을 떠나 사방으로 날아갔는데, 일부는 쿠바까지 가기도 했다. 폭풍이 지나간 뒤에 솔새는 모두 둥지를 트는 장소로 돌아왔는데, 1,600킬로미터가 넘는 거리를 왕복한 새도 있었다. 연구를 진행한 과학자들은 노란날개솔새가 400에서 800킬로미터 떨어진 곳에 있는 대형 폭풍의 소리도 들을 수 있는 것 같다고 주장했다. 강하게 회전하는 폭풍이 발생시키는 강력한 초저주파음을 듣는다는 것이다. 초저주파음은 수십만 킬로미터를 이동할 수 있지만, 사람은 그 소리를 들을 수 없다.

자연에서 초저주파음을 발생시키는 음원은 많지만, 가장 중요한 음원은 대양이다. 대양 깊은 곳에서 상호작용하는 파도와 해수면의 움직임은 저주파수 마이크로폰을 사용하면, 지구 어디에서나 감지할 수 있는 대기 속 배경 소음을 만들어낸다. 또한 해저에 작용하는 압력이 변하면 단단한 지각에서 지진파가 발생하는데, 이 지진파는 지표면에서 대기와 상호작용하여—해그스트럼의 말대로라면 "거대한 스피커 콘(speaker cone)처럼"—언덕의 등성이나 벼랑 같은 가파른 지형을 따라 아주 멀리

까지 퍼져가는 초저주파음을 발생시킨다. 지표면 위의 각 지역은 지형에 따른 독특한 소리 특징이 있다. 해그스트럼은 새가 이런 소리 특징을 이용해 길을 찾으며, 초저주파음을 신호 삼아 자기 집을 찾는 것인지도 모른다고 했다.

"사람이 경치를 보는 것과 비슷한 방식으로 새는 경치를 듣는다고 생각합니다. 아주 먼 곳에 있을 때는 커다란 지형물이 만드는 소리에 귀를 기울이고 좀더 가까이 있을 때는 작은 지형물이 내는 소리에 귀를 기울이고 있을 겁니다." 해그스트럼의 말이다. 다시 말해서 비둘기는 자기 집 주변에서는 어떤 "소리"가 나는지 알고 있는 것이다. "뿌연 렌즈를 낀 비둘기는 사육장에서 1킬로미터나 2킬로미터 정도 떨어진 곳까지는 보지 않고도 찾아올 수 있습니다. 하지만 가까이 왔을 때는 주변을 봐야 할 필요가 있습니다. 따라서 나는 그 정도 범위가 비둘기가 들을 수 있는 충분히 강한 초저주파음이 발생하는 최소 가청 범위라고 생각합니다."

그러나 이 같은 주장에 회의적인 과학자들이 많다. 헨리크 모우리첸은 "그 실험 증거는 분명히 흥미롭습니다. 하지만 초저주파음이 새의 감각에 신호를 보낸다는 주장을 하는 사람이라면 반드시 대답을 해야 하는 질문이 있습니다. 실제로 새는 초저주파음을 감지할 수 있는가 하는 질문 말입니다. 새가 초저주파음을 감지한다는 증거는 하나도 없습니다. 또 한 가지는, 새는 초저주파음이 오는 방향을 알 수 있을까라는 질문입니다. 초저주파음을 감지하려면 (코끼리나 고래처럼) 귀와 귀 사이의 간격이 아주 넓어야 합니다"라고 했다. 그러면서 모우리첸은 노란날개솔새는 멀리 떨어진 곳에 있는 폭풍이 생성한 초저주파음이 아니라 새가 잘 감지한다고 알려진 대기압의 변화를 감지해서 폭풍을 예측했을 가능성이 높다고 했다.

그러나 해그스트럼이 옳다면, 거의 20년 전에 영국과 프랑스에서 사라진 화이트테일을 비롯한 6만 마리가 넘는 비둘기들이 사라진 이유를 초저주파음으로 설명할 수 있을지도 모른다. 재앙이 되어버린 비둘기 경주에서 수많은 비둘기들이 사라진 이유가 궁금했던 해그스트럼은 경주 당일에 혹시 평소와는 다른 소리가 발생하지는 않았는지 기록을 찾아보았다. 그리고 그런 기록을 찾아냈다. 그날 큰 소리가 있었다. 비둘기들이 영국해협 위로 날아올랐을 때, 비둘기들의 이동 경로와 파리를 출발한 콩코드 SST 한 대의 이동 경로에는 겹치는 부분이 있었다. 해그스트럼은 콩코드 비행기는 초음속으로 비행할 때에 넓은 지역으로 퍼지는 "음폭 소음"을 만드는데, 이 소음이 비둘기의 인지 지도를 교란하는 강력한 소리 신호로 작용하여 그 때문에 비둘기들이 방향을 잃고 다른 곳으로 날아갔을 가능성이 있다고 했다.

해그스트럼의 초저주파음 가설로 버뮤다 삼각지대에서 비둘기가 겪는—갑자기 사라지거나 길을 잃는—곤란도 설명할 수 있을지 모른다. 삼각형으로 배치되어 있는 지형이 그가 "소리 그늘(sound shadow)"이라고 부르는 것을 만들어 비둘기가 소리 신호를 받지 못하게 방해하는지도 모르는 일이다.

그러나 해그스트럼의 가설은 논란의 여지가 많다. 리처드 홀랜드는 비둘기 경주에서 찾은 초저주파음 교란(음폭 소음)과 방향 감각 상실(사라진 새)의 상관관계에 관해서는 "소리와 새의 길 찾기 능력에서 발견되는 상관관계는 흥미롭기는 하지만 상관관계는 그저 상관관계일 뿐입니다. 증거라는 측면에서 보았을 때는 아주 약하다고 할 수 있어요. 아직 새의 길 찾기 능력에 초저주파음이 어떤 영향을 미치는지를 명확하게 밝힌 실험 결과는 하나도 없습니다"라고 했다.

**냄새도 새의** 인지 지도 형성에 어떤 역할을 하는지도 모른다. 이 같은 생각 또한 사람의 상상력을 넓히고 논쟁을 불러오는 개념이지만, 이 이론을 뒷받침하는 실험 증거는 충분히 많다. 새가 냄새를 길을 찾는 단서로 활용할지도 모른다는 생각은 40년도 전에 플로리아노 파피가 토스카나에서 비둘기를 대상으로 한 실험에서 시작되었다. 이 이탈리아 동물학자와 동료들은 후각 신경을 자른 비둘기들을 낯선 장소에 풀어놓았다. 후각 신경이 잘리지 않은 비둘기들은 아무 문제없이 사육장으로 돌아왔지만, 후각 신경이 잘린 비둘기들은 영원히 돌아오지 않았다. 비슷한 시기에 독일의 조류학자 한스 발라프는 유리를 씌워 바람이 통하지 않는 사육장에서 자란 비둘기는 집을 찾아오지 못한다는 사실을 알아냈다. 그렇게 탄생한 길 찾기 후각 가설은 비둘기는 바람이 운반해온 냄새와 바람의 방향에는 어떤 관계가 있는지를 익히고, 그 정보를 활용해서 집으로 돌아온다고 주장한다.

만약 실제로 새가 냄새 지도를 활용해서 길을 찾는 것이 맞다면, 10여 년이 넘도록 과학자들이 풀지 못했던 진화에 얽힌 엉뚱한 모순도 풀 수 있는 가능성이 생긴다. 이 모순은 동물 뇌의 외면적 형태와 관계가 있다. 각기 다른 목, 강, 과, 종에 속하는 다양한 포유류의 뇌를 들여다보면, 보편적 크기 변환 법칙(universal scaling law)이라고 불러도 좋을 깔끔한 패턴이 나타난다. 거의 모든 척추동물에서 소뇌부터 연수, 전뇌에 이르기까지 뇌의 구성성분이 전체 뇌의 크기로 충분히 예측 가능한 비율대로 크기가 증가했다. 대부분의 경우 뇌의 전체 크기로, 뇌의 구성성분들의 크기를 예측할 수 있었다. 좀더 최근에 진화한 뇌 구조는 일반적으로 더 컸다.

자연은 가끔은 대충 일을 처리하기도 한다.

그러나 버클리, 캘리포니아 대학교의 심리학자 루시아 제이컵스는 "이 '최근에 만든 것이 더 크다'는 원칙이 어긋난 중요한 사례가 있다.

바로 후각 신경구(olfactory bulb)이다. 이 후각 신경구는 거의 모든 측면에서 최근 것이 크다는 원칙에 어긋난다"라고 했다.

후각 신경구는 거의 모든 척추동물에 존재하는 냄새 감지 영역으로 아주 오래 전에 진화한 뇌 구조이다. 뇌의 나머지 부분과 비교했을 때, 예상보다 크거나 작은 경우가 자주 있다(후각 신경구가 진화해온 시간을 생각해보면 큰 것이 특히 기이한 경우이다). 후각 신경구는 같은 목, 같은 강, 같은 과에 속한 동물이라고 해도 그 크기가 상당히 다르다. 새도 마찬가지이다. 슴새나 군함새(알바트로스)처럼 바다에 사는 새의 후각 신경구는 명금류의 후각 신경구보다 3배가량 크다. 미국까마귀의 후각 신경구 길이는 대뇌 반구의 5퍼센트 정도만을 차지하지만 흰바다제비의 후각 신경구 길이는 대뇌 반구의 35퍼센트 이상을 차지한다.

후각 신경구가 아주 큰 새가 있다는 사실은 풀기 어려운 수수께끼이다. 뇌의 경우 크다는 것은 보통 중요하다는 의미이다. 이를 "적절한 양의 원리(principle of proper mass)"—동물의 생리에서는 더 많은 기능을 수행하는 뇌 공간이 더욱더 중요하다는 원리—라고 한다. 그러나 아주 오랫동안 과학자들은 새는 냄새를 잘 맡지 못한다고 생각했다. 새는 코를 충분히 활용한다는 명백한 행동을 보여준 적이 없었다(엉덩이에 코를 대고 킁킁대거나 송로버섯을 찾아 코를 씰룩거리지도 않았다). 새는 사람처럼 시각계가 고도로 진화하고 발달한 시각 의존적인 동물처럼 보였다. 1892년에 한 조류학자는 이렇게 썼다. "그렇게까지 뛰어나게 발달한 기관이 있다는 사실은 다른 기관을 희생해야 한다는 뜻이다. 새의 경우에는 후각 기관이 그 희생자가 되었다."

이런 생각은 급속히 바뀌고 있다. 이 같은 의식 변화는 1960년대에 비둘기를 진한 냄새에 노출시키자, 심장 박동 수가 급증했다는 실험 결과가 나오면서 시작되었다. 비둘기 심장이 그런 반응을 보였다는 것은 무엇인가 냄새를 맡았다는 뜻임이 분명했다. 나중에 과학자들은 비둘기의 후각 신경구에 전극을 연결했고 깜짝 놀랐다. 비둘기의 후각 신경구와 후각 신경에서도 포유류에서와 똑같은 세포 발화 패턴이 나타나고 있었기 때문이다.

그 뒤로 올빼미앵무새, 찌르레기, 오리, 바다제비를 비롯해 후각 신경구 실험을 해본 새는 거의 모두 후각에 재능이 있음을 알게 되었다. 날지 못하고 야행성인 뉴질랜드의 키위는 긴 부리에 나 있는 비강(鼻腔)으로 냄새를 맡아 숨어 있는 무척추동물을 잡아먹는다. 대머리독수리는 몇 킬로미터 밖에서도 동물의 사체가 부패하는 냄새를 맡고 바람을 거슬러 날아온다. 지형을 알려주는 단서 하나 없는 망망대해에서 크릴새우나 물고기, 오징어를 잡아먹는 푸른바다제비는 날아오르기 전에도 먹이 냄새가 아주 미세한 농도로 공기에 섞여 있으면 먹이의 위치를 감지할 수 있다. 어두운 굴에서 둥지를 짓고 사는 푸른바다제비는 달도 없는 컴컴한 밤에도 냄새로 위치를 찾아, 수많은 제비들이 모여 사는 군락에서 정확하게 자기 집을 찾아갈 수 있다.

후각이 발달된 새는 분명히 후각 신경구가 아주 컸다. 그러나 후각 신경구가 작은 명금류도 공기와 토양, 식물이 발산하는 냄새를 감지해 천적이나 해로운 미생물을 막아주는 식물의 위치를 알아낸다. 새끼를 양육하는 파란박새는 족제비 냄새를 묻힌 둥지 상자(새가 둥지를 틀 수 있도록 사람이 설치한 상자/옮긴이)에는 들어가지 않았고, 세균이나 기생충을 막아주는 신선한 서양톱풀이나 애플민트, 라벤더, 페리 등은 냄새로 찾아내서 새끼를 기를 둥지로 가져왔다. 작은바다오리는 후각 신경구가 아담하지만 그렇다고 해서 매년 여름마다 벌어지는 후각 성찬을 마다하지는 않는다. 작은바다오리는 번식기가 되면 다른 오리의 목덜미에 코를 박고 냄새를 맡는다. 작은바다오리의 목덜미에서는 껍질을 벗긴 신선한 귤 냄새가 나는데, 이 냄새는 번식기가 되면 아주 강해져서 800미터 정도 떨어진 곳에 있는 사람도 맡을 수 있을 정도라고 한다. 후각 신경구가 정말 작은 금화조도 포유류처럼 냄새로 친척을 구별해, 친족과는 짝짓기를 하지 않고 서로 쉽게 협력한다고 한다.

그렇다면 후각 신경구의 크기가 그토록 다른 이유는 무엇일까? 그저 먹이를 확보할 때에 받는 생태 압력과 사회생활의 차이에 따라서 정확하게 냄새를 맡는 능력이 필요한 정도가 다르기 때문에 그런 결과가 나온 것일까?

루시아 제이컵스는 그 이유를 다른 방식으로 설명한다. 인지와 뇌 진화 전문가인 제이컵스는 새를 비롯한 모든 척추동물에서 애초에 후각 신경구가 발달하기 시작한 이유는 사냥을 하거나 먹이를 찾거나 천적을 피하거나 배우자를 찾고 소통하기 위해서가 아니었다고 제안한다. 그보다는 "공간에서 길을 찾으려면 냄새를 해독하고 냄새 지도를 작성할 필요가 있기 때문"이라고 했다. 냄새의 세계는 엄청나게 역동적이기 때문에 끊임없이 움직이면서 신호를 보낸다. "그런 복잡한 패턴을 학습하려면 적절한 신경 구조가 형성되어야 한다." 제이컵스는 실제로 냄새 지도를 작성해야 할 필요가 특정한 무기질의 냄새, 나무, 집으로 가는 방향처럼 서로 관련이 없는 항목들 간에 관계를 짓고 기억하고 학습하는 능력인 연합 학습을 진화하게 한 주요 원동력이었을 수도 있다고 했다. 현생 새의 후각 신경구의 크기는 먹이가 있는 장소를 찾거나 천적을 피하는 능력보다는 후각 단서로 길을 찾는 능력과 더 밀접한 상관관계가 있다. 예를 들면 귀소본능은 없지만 다른 모든 측면에서는 전서구와 동일한 생활방식을 택한 다른 집비둘기보다는 전서구의 후각 신경구가 더 크다.

**후각 신경구가 큰** 새는 아주 상세한 냄새 지도를 가지고 있는 것처럼 보인다. 피사 대학교의 안나 갈리아르도는 대서양에 사는 코리슴새가 냄새 지도를 이용해 바다 위에서 길을 찾는다는 단서를 찾아냈다. 이 슴새는 넓은 바다를 날아다니며 먹이를 찾지만 번식기가 되면 해마다 동일한 작은 섬으로 날아가 새끼를 낳고 기른다. 코리슴새가 섬을 찾아가는 방법을 밝히려고 갈리아르도 연구팀은 슴새의 번식기에 아조레스 제도에 있는 둥지에서 슴새 20마리를 잡아서 리스본으로 가는 화물선에 태웠다. 그 가운데 몇 마리에는 자기장을 교란하려고 작은 막대자석을 붙였고, 몇 마리는 일시적으로 냄새를 맡지 못하도록 비강을 황산염아연으로 씻었다. 배가 코리슴새의 번식지에서 수백 킬로미터쯤 멀어졌을 때, 과학자들은 새들을 놓아주었다. 그러자 막대자석을 붙인 슴새는 자기 섬으로 날아갔지만 코를 씻은 새는 완전히 방향 감각을 잃고 몇 주일 동안 바다 위를 떠돌았다. 결국 섬으로 돌아가지 못한 슴새도 있었다.

**길을 찾을 때에** 쓰는 냄새 지도는 우리가 흔히 보는 경도와 위도로 이루어진 이중좌표계 지도와는 다를 것이다. 제이컵스는 파피나 발라프 같은 다른 연구자들의 실험 결과를 토대로 후각 공간의 이중 지도 시스템(dual mapping system)을 생각했다. 이 지도의 첫 번째 부분은 다양한 냄새 기둥으로 이루어진 저해상도 지도이다. 이 지도에서는 냄새 기둥이 다양한 공간에서 섞이면서 후각 공간을 제이컵스가 "이웃(neighborhood)"이라고 부른 격자처럼 생긴 하위 지역으로 나눈다. 각 연기 기둥에는 공기 중에서 냄새원이 되는 휘발성 유기 화합물들이 다양한 비율로 섞여 있을 가능성이 있다. 독일 남부에 있는 비둘기 사육장에서 반경 200킬로미터 안에 있는 96개 장소를 조사해본 발라프는 각 냄새 기둥을 구성하는 휘발성 유기 화합물의 비율이 공간적으로 상당히 안정된 분포를 이루면서 증가하거나 감소한다는 사실을 알아냈다. 비둘기에게 냄새 기둥 내의 휘발성 유기 화합물의 변화는 냄새 변화를 의미했다. 다시 말해서 다른 지역에서는 다른 냄새가 나는 것이다.

비둘기 사육장 안에 있는 비둘기를 생각해보자. 이 비둘기의 한쪽 방향에서는 레몬 나무 냄새가 나고 다른 방향에서는 올리브 나무 냄새가 난다. 비둘기가 레몬 나무 쪽으로 날아가면 레몬 향기는 짙어지고 올리브 향기는 옅어질 것이다. 이 비둘기를 두 나무 사이에 있는 한 "이웃" 격자(예를 들면 레몬 냄새 20퍼센트, 올리브 냄새 80퍼센트인 곳) 안에 집어넣으면 비둘기는 각 냄새원의 강도가 특별하게 뒤섞인 냄새 정보를 감지하고 집이 있는 방향을 알아낸다.

후각 공간 이중 지도를 구성하는 두 번째 부분은 특정 장소에서 발산되는 독특하거나 특별한 냄새가 혼합된 냄새 지형지물들의 모음이다. 그 말은 자유의 여신상이나 런던 타워가 발산하는 특유의 냄새를 후각 지도에 표시한다는 것이다.

후각 지도라는 개념은 여전히 뜨거운 논쟁거리이지만, 사실 이 가설에는 아주 중요한 문제가 있다. 냄새는 공기보다 가볍기 때문에 바람에 실려 날아간다. 따라서 안정성을 유지해야 하는 이중 좌표 지도에 냄새를 고정시켜서 기록하기란 쉽지 않을 것 같다. 제이컵스는 "분명히, 난기류 문제는 중대한 문제이다"라고 했다. 그러나 새를 비롯한 다른 동물들은 난기류 문제를 아주 능숙하게 해결한다고도 했다. 그리고 실제로도 대기에 존재하는 몇 가지 냄새는 아주 안정적으로 분포되어 있기 때문에 수백 킬로미터 떨어진 곳에서도—그보다 더 먼 거리에서는 불가능할 수도 있지만—길을 찾는 새에게 공간의 위치를 예측할 수 있는 단서가 된다는 사실이 밝혀졌다.

그런데 문제를 더욱 복잡하게 만드는 것이 있다. 바로 냄새는 길 찾기 단서가 아니라 강한 자극원으로 기능할 가능성이 있다는 것이다. 어린 비둘기를 대상으로 진행한 실험에서 냄새는 다른 단서로 길을 찾는 과정을 활성화하는 것으로 나타났다. 리처드 홀랜드는 만약 이 실험 결과가 사실이라면 "집에서 나지 않는 냄새"를 맡으면 "새는 다른 단서를 기반으로 길 찾기 시스템을 가동하는 것 같다"라고 했다.

그런데 최근에 홀랜드 연구팀은 다 자란 개똥지빠귀의 후각 기관을 제거한 뒤에 일리노이 주에서 뉴저지 주 프린스턴까지 날아가게 하는 실험을 했는데, 이 새들은 후각 기관이 있는 새들과 달리 방향을 제대로 찾아가지 못했다. 더구나 이망증이 나타나는 시기에 철새들의 뇌를 관찰한 과학자들은 뇌의 시각 영역과 후각 영역이 모두 활성화된다는 사실을 알아냈다. 이는 후각이 실제로 이주 행동에 중요한 역할을 한다는 뜻이었다. 어떤 역할을 하는지는 아직 정확하게 밝혀지지 않았다.

인지 지도가―적어도 부분적으로는―냄새라는 모자이크와 향기라는 빙글빙글 돌아가는 이정표로 이루어져 있다는 것은 흥미로운 생각이다. 제이컵스는 새는 이웃 격자 시스템을 대략적인 지도처럼 사용해서 자기가 있는 위치와 날아갈 방향을 결정하는지도 모른다고 했다. 이 이정표 시스템을 배우려면 어느 정도 시간이 걸리겠지만 결국 공간 해상도가 높은 지도를 작성할 수는 있을 것이라고 했다. 제이컵스의 추론이 옳다면, 후각은 인지 지도에 두 가지 단서를 제공할 것이다. 제이컵스는 또한 시간이 흐르면서 해마는 두 가지 후각 정보의 흐름(stream)을 처리하고 통합하는 능력을 갖추는 방향으로 진화되었을 것이라고 했다. 그리고 결국에는 자기(磁氣)나 소리 신호처럼 다른 종류의 감각 단서들을 통합하는 방법도 "익혔을" 것이다. 뇌 크기에서 후각 신경구의 크기가 다른 것도 바로 이 때문일 수 있다. 길을 찾을 때에 다른 감각 정보를 활용하게 되면서 후각 신경구가 작아지는 방향으로 진화를 하게 된 새도 있다.

**새의 인지 지도**에서 특히나 충격적인 사실은 새의 인지 지도가……아직……미지의 영역으로 남아 있다는 것이다. 새의 인지 지도를 결정하는 단 하나의 감각 신호가 있다는 증거는 아직 나오지 않고 있다. 한 새가 특정한 여행을 떠날 때, 어떤 신호를 활용할 것인가는 여행의 규모, 활용할 수 있는 단서, 환경 조건(안개 속에서 카약을 타는 사람처럼 주요 단서를 활용할 수 없을 때는 좀더 사소한 단서에 의지할 수 있다)에 따라 달라지며, 단순히 개별 개체의 기호에 따라 달라질 수도 있다.

　예를 들면, 비둘기가 자기 집으로 돌아올 때에 이용하는 단서들은 경험이나 변덕스러운 선택에 따라 다를 것이다. 전서구를 연구한 블라저는 비둘기가 언제나 직선거리를 날아 돌아오는 것은 아니라는 사실을 확인했다. 비둘기는 매번 조금씩 다른 경로를 택해 집으로 돌아왔다. "선택한 나침판의 방향, 지형 요소, 각자의 개별 비행 전략이 서로 타협해 경로를 선택하는 것이다." 비둘기가 어디에서, 어떻게 자랐는지가 많은 것을 좌우한다. 찰스 월콧은 주위에 아무 냄새도 나지 않는 사육장에서 자란 비둘기는 다른 단서를 활용해서 길을 찾기 때문에 후각 기관을 제거해도 길 찾기 능력에 전혀 영향을 받지 않았다고 했다. 그와 마찬가지로 같은 부모에게서 태어난 비둘기들을 각기 다른 사육장에서 사육하면 비둘기들은 자기 이상(magnetic anomaly)에 다른 식으로 반응했다. 자기 패턴이 이상하게 바뀌어도 상관없이 길을 잘 찾는 비둘기도 있었고, 완전히 당황해서 방향 감각을 잃은 비둘기도 있었다.

　새들은 모두 자기중심적이어서 각자의 스타일대로 방향을 찾는 단서를 활용하는 듯하다. 월콧은 매사추세츠 주에서 아주 눈에 띄는 언덕 근처에서 자란 비둘기의 이야기를 들려주었다. 이 비둘기는 낯선 장소에서 풀려나면 항상 집으로 가는 방향을 잡기 전에 가까이 있는 산으로 날아갔다고 했다. 같은 사육장에서 자란 다른 비둘기들은 그런 행동을 하지 않았다. 월콧은 먼 거리에서 길을 찾아오는 능력이 뛰어났던 한 비둘기는 사육장에서 고작 10킬로미터밖에 떨어지지 않은 곳에서 갑자기 포기하고 남의 집 정원에 내려앉았다고 말했다. 길 찾기 분야에서도 새(그리고 사람)의 삶의 모든 측면이 그렇듯이 특이함과 기회주의가 널리 퍼져 있는지도 모른다.

일기예보를 틀어놓은 노트북과 2대의 휴대전화로 정보를 활용하는 회사 관리자처럼 비둘기도 활용할 수 있는 모든 정보에 의존하는지도 모른다. 비둘기는 다양하고 풍부한 단서로 길을 찾으며, 우리는 한번도 보유하지 못했던 인지 지도를 이용하는지도 모른다. 비둘기가 활용하는 공간 격자(spatial grid)는 이중좌표계가 아니라 해와 별, 지자기 단서, 음파, 소용돌이치는 냄새 게시판이 알 수 없는 방식으로 서로 섞여 층층이 쌓여 있으면서도 완전히 통합된 형태를 유지하는 다중좌표계일 수도 있다.

이 같은 개념은 새 뇌의―그리고 우리 뇌의― 전체 구조에 관한 새로운 가설과 완벽하게 맞아떨어진다.

신경과학적 용어로 뇌는 "초병렬 분산 제어 시스템(massively parallel, distributed control system)"이라고 알려져 있다. 초병렬 분산 제어 시스템을 간략하게 설명하면, 뇌에는 병렬로 작동하지만 곳곳에 분포되어 있는 아주 작은 "프로세서"―뉴런―가 엄청나게 많다는 뜻이다. 따라서 뇌는 어려운 도전(길을 찾는 것 같은)을 만나거나 예측할 수 없는 환경(폭풍 같은)에 대응할 때, 분산되어 있는 자원―한 동물이 알고 있는 지식의 합―을 어떻게 통합할 것인가 하는 문제에 처하게 된다.

뇌는 이 문제를 인지 통합(cognitive integration)이라는 방법으로 해결한다. 뉴런이 100만 개에 불과한 벌의 뇌도, 뉴런이 1,000조 개에 달하는 사람의 뇌도 인지 통합을 한다.

런던 임페리얼 칼리지의 컴퓨터 신경과학자 머리 샤나한은 "사람은 인지 통합 능력이 뛰어나다"라고 했다. 물론 그도 자주 인지 통합에 실패한다는 사실을 인정했다. 그는 "싱크대에서 U자 관을 제거한 사실을 잊어버리고 다시 싱크대 구멍에 더러운 찌꺼기를 버려서 난감하게도 물이 넘쳐흘렀던 적이 있다"라는 말도 덧붙였다(우리 가족에게도 아주 난감한 싱크대 사건이 있었다. 가족이 모두 모여서 성대한 크리스마스 파티를 하기 직전에 어머니는 엄청나게 당황한 얼굴로 싱크대 앞에 서 있었다. 가족들이 밤새 마실 와인을 싱크대 배수구에 들이붓는 바람에 그 많은 와인이 정향과 통후추, 월계수 잎만 남기고 완전히 사라졌기 때문이다).

샤나한은 진정한 길 찾기 능력은 인지 통합 덕분에 성취할 수 있었던 업적이라고 했다. 그런 업적을 성취하려면 뇌에 특정한 연결 패턴이 생성되어야 한다. 지형 지표, 거리, 공간 관계, 기억, 시각, 청각, 후각 같은 모든 외부 단서들이 정보를 처리하는 뇌의 중추 지역에 모이면, 정보를 통합한 중추는 다시 여러 주요 뇌 영역으로 그 정보를 보낸다. 샤나한은 이런 과정을 "[새가] 자기가 처한 상황에 통합적으로 반응한 결과"라고 설명했다.

전형적인 새의 뇌에서 연결이 어떻게 작동하는지 알아보려고 샤나한은 신경해부학 연구팀을 구성해 비둘기 뇌의 해부 구조를 조사했다(샤나한은 비둘기가 인지능력이 아주 뛰어나기 때문에 이런 실험에 아주 적합한 종이라고 했다). 40년 이상 비둘기의 뇌 영역을 연결하는 경로를 추적한 샤나한 연구팀은 전형적인 새의 뇌가 정보를 처리할 때, 서로 다른 영역을 어떤 식으로 연결하는지를 보여주는 대규모 비둘기 뇌 지도(배선[wiring diagram])를 최초로 작성했다.

그것이 뭐가 놀랍냐고?

샤나한의 연구팀이 작성한 뇌 지도는 사람을 비롯한 포유류의 뇌 연결 지도와 아주 많이 닮아 있었다. 새의 뇌와 사람의 뇌는 근본적으로 구조가 다르지만, 뇌의 연결방식에서만은 닮은 점이 아주 많은 것 같았다. 샤나한은 새와 포유류에서 나타나는 뇌 연결방식의 유사성은 인지능력이 뛰어난 동물에게서 나타나는 특징이라고 생각한다. 간단하게 말해서 사람의 뇌는 페이스북과 아주 유사한 소위 작은 세상 네트워크(small world network)를 형성하고 있는 것이다. 뇌의 각기 다른 모듈—혹은 지역—은 허브 노드(hub node)라고 하는 비교적 수가 적은 뉴런으로 연결되어 있다. 허브 노드는 수많은 다른 뉴런들과 연결되어 있는데, 두 노드 사이에 짧은 연결을 형성하는 방법으로 아주 긴 거리에 있는 노드에까지 연결되어 있는 경우도 있다(페이스북에서 수천 명과 "친구 맺기"를 한 사람을 생각해보라). 뇌에서 이런 허브 노드가 연결되어 있는 부분은 장기 기억, 공간에서 방향 찾기, 문제 해결 같은 인지능력에 아주 중요한 역할을 하며, 이런 뇌 영역들이 함께 작용하여 뇌의 "연결 중추(connective core)"를 형성한다.

샤나한은 특히 비둘기의 해마에 들어 있는— 길 찾기에서 중추적인 역할을 하는— 허브 노드가 비둘기 뇌의 다른 부분과 매우 조밀하게 연결되어 있다는 사실을 알아냈다.

따라서 이렇게 생각해볼 수 있다. 이주를 하던 댕기물떼새나 개개비가 폭풍에 휩싸여 원래의 경로에서 벗어나 미국을 절반이나 횡단하게 되었다면, 이 철새들은 땅이나 바다 냄새, 자기 이상과 자기 신호, 태양의 일조량, 밤하늘의 별의 위치 같은 활용할 수 있는 모든 정보를 몽땅 뇌의 연결 중추로 보내고, 연결 중추에서는 그 정보들을 통합해서 고향으로 돌아가게 도와줄 모든 뇌 영역으로 보낸다.

그런데 새의 뇌에서는 이 작은 세상 네트워크가 큰 세상 지도를 만들고 있는지도 모른다. 그렇기 때문에 해마다 봄이면 벌새는 데이비드 화이트가 설치한 모이통을 찾아올 수 있는 것이다. 그렇기 때문에 북극제비갈매기가 유도 미사일처럼, 해가 지지 않는 극지방에서 다른 극지방으로 날아갈 수 있는 것이다. 그렇기 때문에 서늘한 4월의 어느 아침에 5년 전에 집을 떠난 화이트테일이 마침내 비둘기 경주를 마치고 집으로 돌아올 수 있는 것이다.

제8장

# 참새의 도시
## 적응력

"자연에서는 가장 강한 종이 살아남는 것이 아니다. 가장 영리한 종이 살아남는 것도 아니다. 살아남는 종은……변화에 가장 잘 적응하는 종이다." 이 말은 흔히 찰스 다윈이 했다고 알려져 있고 (당혹스럽게도 캘리포니아 과학학회는 한때 다윈이라는 이름을 달고 석조 바닥에 이 글을 새겨놓기도 했지만) 실제로 이 말을 한 사람은 루이지애나 주립대학교의 마케팅학과 교수였던 고(故) 레온 메긴슨이다.

5월의 어느 아침에 나는 그 교수의 말을 떠올렸다. 나는 여러 사람들과 함께 봄에 찾아온 새의 수를 파악하려고 버지니아 주 앨버말 카운티에 있는 크로스로즈 쇼핑센터에 모였다. 우리가 처음 만난 새는 큰검은찌르레기 한 마리, 멕시코양진이 한 마리, 그리고 엄마의 건조기(Mom's Laundromat)라고 적힌 간판 위에 둥지를 틀고 있는 집참새 가족이었다.

나처럼 새를 좋아하는 내 친구 데이비드 화이트는 "우린 저 새(집참새)를 '주차장' 새라고 불러"라고 말했다.

둥지를 튼 집참새를 어디에서 볼 수 있을까? 집참새는 건물의 서까래나 배수구 입구를 집에 고정시키는 끼움쇠에 둥지를 튼다. 평평한 지붕 밑에 있는 통풍 구멍에, 가로등 안에, 현관에 놓은 화분에 둥지를 튼다.

사람이 만든 구조물 외에는 둥지를 트는 일은 거의 없다. 한 참새 가족은 몇 세대가 지나도록 수백 미터 지하에 있는 탄광에서 살면서 광부들이 주는 음식만을 받아먹으며 살았다. 나는 버려져서 방치된 자동차의 배기관에 둥지를 튼 참새도 보았다.

"문명이 들어서기 전에는 이 새들은 대체 어떻게 살았을까?" 데이비드는 혀를 찼다.

학명이 파세르 도메스티쿠스(*Passer domesticus*, "집에 사는 참새"라는 뜻)인 집참새는 철새와는 완전히 극과 극을 이루는 새이다. 집참새는 막무가내로 들이닥치는 손님처럼 자기 멋대로 들어오지만, 오래 머물러도 쫓겨나기보다는 오히려 환영을 받는다. 집참새의 활동 범위는 거의 분명하게 규정이 되어 있고 놀라울 정도로 고정적이어서, 거의 대부분을 자기가 선택한 집 근처에서 벗어나지 않으며, 먹이를 먹을 때는 잠자는 곳과 가까운 곳을 돌아다니고 새끼를 기를 때는 태어난 집단 근처를 벗어나지 않는다. 그런데도 전 세계에 그토록 빠른 속도로 널리 퍼진 종이 되다니, 정말 믿기 어려운 일이다.

『도처에 존재하는 집참새의 생물학(*Biology of the Ubiquitous House Sparrow*)』에서 테드 앤더슨은 집참새가 그런 습성을 가지게 된 이유를 밝히는 가설을 하나 소개했다. 이 가설에 따르면, 집참새는 항상 "한 곳에 거주하는 사람들의 충실한 친구"였다. 1만 년 전, 중동 지방에서 농업이 시작되면서, 집참새는 어엿한 생물 종으로 분화했다. 그러나 또 다른 가설도 있다. 이 가설은 팔레스타인 베들레헴 부근의 동굴에서 찾은 화석 증거를 근거로 집참새가 그보다 훨씬 오래 전인 50만 년 전쯤에 어엿한 종이 되었을 것이라고 한다. 어쨌거나 사람이 만든 곳이라면 어떤 환경이든지 능숙하게 적응하는 집참새는 궁극의 기회주의자, 사람들의 새 그림자라고 불려왔다.

그렇다면 **사람**의 거주지에 적응하며 살아가는 집참새에게는 다른 새에게는 없는 어떤 특별한 지능이 있는 것은 아닐까?

그냥 해보는 질문이 아니다. 현재 새들은 새들의 진화사에서는 유례가 없는 규모로 커다란 변화에 직면해 있다. 인류세(人類世) 때문에 생기는 변화이다. 인류세란 사람이 만드는 변화 때문에 지구 생태계 역사상 여섯 번째 대량 멸종 사태가 일어나고 있는 현생 시대를 가리키는 용어이다. 수백만 년 동안 새들이 살아왔던 서식지는 농경지로, 도시로, 계속 확장 중인 도시 근교로 바뀌고 있다. 외래종이 토착종을 밀어내고 기후 변화 때문에 새가 먹이를 찾고 이주하고 새끼를 기르는 지역의 강수량과 기온이 바뀌고 있다. 많은 새들이 이런 여러 가지 변화에 제대로 적응하지 못하고 있다. 하지만 변화에 적응하는 새도 있다.

집참새나 비둘기, 산비둘기처럼 사람의 거주지 근처에서 함께 살아가는 새들에게는 혹시 서식지가 바뀌거나 서식지의 환경이 악화되어도 번성하면서 살아갈 수 있는 정신적 기술을 갖춘 특별한 인지 도구가 있는 것은 아닐까?

어쩌면 그와는 반대일 수도 있다. 사람이 일으킨 변화가 새를 바꿔 새의 뇌와 행동을 형성해가는 것일 수도 있다. 사람 때문에 새의 특정 지능이 발달하는 일이 가능할까? 집참새의 적응력이 사람 때문일 수 있을까?


**조류학자 피트 던**은 집참새를 "인도(sidewalk) 참새"라고 부른다. 1850년 이전에는 북아메리카에 집참새가 없었다. 그러나 지금은 수백만 개체가 살고 있다. 참새의 적응력은 정말 인정해주어야 한다. 처음에 농사에 피해를 입히는 나방을 잡을 목적으로 1851년에 브루클린으로 데려온 집참새 16마리는 신대륙을 곧바로 점령하지는 못했다. 하지만 그 다음

해에 영국에서 더 많은 참새를 수입해왔고, 이번에는 참새들이 제대로 해냈다. 사람들과 귀화 단체의 도움을 받아 참새들은 구대륙에서 온 식물과 동물이 서식하는 정원이나 공원에서 거주할 수 있게 되었고, 당연히 점점 더 세력을 넓힐 수 있었다. 그렇다고는 하더라도 집참새들의 성공적인 증식은 경이로울 정도이다.

이 이주자들은 곧 자기들이 좋아하는 곡식과 말 배설물이 잔뜩 펼쳐져 있는 땅을 발견했다. 엄청난 속도로 증식한 집참새는 재빨리 흩어져 농업 지역에서 찾아낼 수 있는 모든 먹이 자원(곡물, 작은 과일, 덜 익은 완두, 순무, 양배추, 사과, 복숭아, 서양자두, 배, 딸기 같은 즙이 많은 정원 식물)을 먹어치웠다. 곧 신대륙 사람들은 집참새를 심각한 해충이라고 생각하게 되었다. 집참새가 신대륙으로 건너온 지 수십 년밖에 안 된 1889년에 오로지 설립 목적이 참새 박멸이었던 참새 클럽이 생겨났고, 카운티와 주 관청은 참새를 한 마리 잡아올 때마다 2센트를 주겠다는 공문을 내걸었다.

머지않아 참새는 미국과 캐나다 전역으로 퍼져나갔고, 해수면보다 85미터 아래에 있는 캘리포니아 주의 데스밸리나 해수면보다 3,000미터나 높은 곳에 있는 콜로라도의 로키 산맥처럼 극단적인 환경에서도 살아가게 되었다. 남쪽으로도 이주해 멕시코, 중앙 아메리카 대륙, 남아메리카 대륙은 물론이고 티에라 델 푸에고까지 날아갔고, 아마존 횡단 고속도로를 따라 브라질 열대우림으로까지 들어갔다. 유럽과 아프리카, 아시아에서는 멀리 북쪽 핀란드, 북극, 남아프리카는 물론이고, 시베리아까지 횡단했다.

현재 이 조그만 집참새는 세상에서 가장 넓은 영역에 분포해 사는 야생 새로 전 세계적으로 5억4,000만 개 정도의 번식 집단(breeding population)이 있다. 집참새는 남극과 그 주변 섬을 제외한 모든 대륙에서 서식한다. 쿠바, 서인도제도, 하와이, 아조레스 제도, 북대서양에 있는 카보베르데는 물론이고, 심지어 뉴칼레도니아에서도 산다. 테디 앤더슨은 거실에 앉아 라디오나 텔레비전으로 전 세계 모든 곳에서 보내오는 뉴스를 듣는 동안 독특하고 쾌활한 집참새의 노랫소리도 함께 듣는다고 했다.

**내가 어린 시절을** 보낸 메릴랜드에서는 집참새를 "나쁜" 새라고 불렀다. 성가시고 호전적이고 오지랖이 넓을 뿐만 아니라 깡패 같고 치근거리고—흰털발제비, 울새, 굴뚝새, 특히 파랑새 같은—"좋은" 새를 쫓아낸다고 생각했기 때문이다.

사실 집참새는 그런 평판을 얻을 만했다. 1970년대 말부터 1980년대 초까지 6년 동안 사우스캐롤라이나에서 파랑새 둥지 상자를 살펴본 과학자 패트리샤 고와티는 상자 안에서 어른 파랑새 시체를 28구나 찾았다. 이 가운데 20마리는 머리나 가슴에 큰 상처가 나 있었다. "18마리는 머리에서 피가 흘렀고 깃털이 뽑혀 있었으며 두개골이 갈라져 있었다." 고와티가 파랑새 상자에서 죽은 새를 발견한 직후나 직전에 집참새를 본 경우는 18번이었다.

정황 증거는 분명했다. 고와티는 집참새가 파랑새의 머리를 쪼는 모습을 직접 보지는 못했다. 그러나 집참새가 희생자의 몸으로 둥지를 지은 경우를 세 번 목격했다고 했다. 쭉 뻗은 채 위로 올라가 있는 파랑새의 오른쪽 날개가 "참새가 지은 둥지 덮개에 섞여 있었다."

집참새는 분명히 파괴적이고 흉악하다고 낙인을 찍고 깡패, 깃털 달린 생쥐라고 불러도 좋은 새일 수도 있다. 하지만 뭐라고 부르든 간에 어디를 가건 자기가 간 장소에서 편안하게 자리를 잡고서 살아갈 수 있는 거침없는 침략자임은 분명하다. 집참새를 도입해서 풀어놓은 39곳

가운데 33곳에서 집참새는 성공적으로 자리를 잡았다.

**지난 15여 년간** 다니엘 솔은 참새 같은 새가 어떤 장소에서건 쉽게 적응하는 이유가 무엇인지를 고민해왔다. 스페인 생태산림 적용연구 센터 소속 생태학자인 솔은 이 같은 고민을 침입 패러독스(invasion paradox)라고 부른다. "적응할 기회조차 없었던 새로운 환경에서 외래종이 성공적으로 번식하며, 더구나 토착종보다 더 많아지는 이유는 무엇일까?" 극단적인 변화가 이런 새들에게 유리하게 작용하는 이유는 무엇일까?

어느 날, 수십 마리가 넘는 외래종 새들이 새장에서 탈출해서 원래 살고 있던 서식처를 벗어나 밖으로 나왔다고 상상해보자. 솔은 그런 외래종이 지난 20년 동안 우리의 공원 벤치 주변에서 싸움을 해대고 전신주 위에 둥지를 틀고 깍깍 거리고 어두운 밤하늘에 떼로 몰려다니면서 토착종을 쫓아내온 것이라고 말한다. 그는 침입 패러독스의 답을 찾으려고 전 세계 생태계에 외래종으로 침입해 성공한 새들의 공통적인 특성을 모으고 있다.

과거에 다른 생태계에서 성공적으로 번식한 새들을 연구하는 과학자들은 둥지를 짓는 습성, 이주 패턴, 함께 이주한 집단의 크기, 몸무게 등을 주로 살펴보았다. 그러나 몇 년 전에 솔과 루이스 르페브르는 혹시 새의 뇌 크기와 지능이 이런 성공과 관계가 있는 것은 아닌지 살펴보기로 했다. 두 사람이 가장 먼저 들여다본 지역은 온갖 외래종이 들어와 고통을 받고 있는 뉴질랜드 내륙과 그 주변 지역이었다. 뉴질랜드에 들어온 외래종 새는 모두 39종이었는데, 그 가운데 19종은 성공적으로 번식했고, 나머지 20종은 그렇지 않았다.

성공적으로 뉴질랜드에 정착한 19종과 실패한 20종의 뇌를 비교한 두 과학자는 아주 중요한 차이점을 두 가지 찾았다. 정착에 성공한 새는 모두 뇌가 컸다. 또한 르페브르가 고안한 새 IQ 지수를 측정했을 때도 정착에 성공한 새는 그렇지 못한 새보다 좀더 창의적이고 융통성 있게 행동했다.

솔이 조사한 전 세계에 존재하는 침입에 성공한 428종 모두 이 두 가지 특징을 가지고 있었다. 성공한 외래종은 영리했고 혁신적이었다. 침략자들 가운데 가장 뛰어난 창의력을 보인 새는 까마귓과였다. 아프리카나 싱가포르, 아라비아 반도에 침입한 집까마귀, 일본에 침입한 큰부리까마귀, 미국 남서부에 침입한 갈까마귀가 그런 예이다. 이런 까마귀들은 모두 뇌가 컸고 침입한 지역에서 모두 심각한 유해 동물 취급을 받았다.

다른 생태계에서도 성공적으로 번식하는 양서류나 파충류도 그렇지 못한 동물들보다는 뇌가 크고, 지구의 모든 육지 서식처에 성공적으로 침입해서 식민지를 만드는 유인원이라는 명성을 얻은 사람을 포함한 포유류도 다른 생태계에서 적응하는 동물이 뇌가 더 크다.

발달하고 유지한다는 측면에서 보았을 때, 큰 뇌는 비용이 많이 든다는 뜻이다. 그러나 뇌가 크면 잘 알지 못하는 먹이를 찾거나 처음 보는 천적을 피하는 등의 새롭고 복잡한 문제에 직면했을 때에 빠른 속도로 환경에 적응해서 생존율을 높일 수 있다. 이것을 "인지 완충장치 가설 (cognitive buffer hypothesis)"이라고 한다. 큰 뇌는 한 동물이 변화된 환경에서 새로운 자원을 찾을 수 있도록 돕는 완충장치 역할을 하여, 좀더 확고하게 "프로그램 되어 있는" 종이라면 피할 새로운 물체나 환경을 탐사하게 하고 새로운 먹이 자원을 찾게 해준다는 가설이다. 다시 말해서 융통성이 크기 때문에 새로운 일에 더 쉽게 도전한다는 뜻이다. 솔은 새가 새롭거나 변하고 있는 환경에서 성공적으로 살아남으려면 반드시 새로운 일을 할 수 있는 재능이 있어야 한다고 했다.

사실 **주차장이나** 고층 건물은 새가 먹이를 많이 찾을 수 있는 생태 환경은 아니다. 일리노이 주 노멀에서 두 명의 생태학자가 주차장에 세워져 있는 자동차들을 돌아다니면서 라디에이터에 끼어 있는 곤충을 빼먹고 있는 집참새를 발견했다. 밤이면 엠파이어 빌딩 80층에 있는 전망대로 올라가 바닥의 조명 근처에서 곤충을 잡아먹는 참새도 목격된 적이 있다.

그러나 이 정도는 집참새가 구사하는 재간의 일부일 뿐이다. 루이스 르페브르는 창의적인 행동을 하는 새를 808종 연구해서 기록했다. 많은 새들이 한 가지 재주로 이 기록에 올라갔지만, 집참새는 44가지 재주가 있었다.

집참새는 아주 기이한 곳에 둥지를 짓는 것으로도 유명하다. 서까래, 배수관, 지붕, 장식용 돌출부, 환기장치, 파이프처럼 건축물의 어디에서건 둥지를 짓고 산다. 미주리 주에 사는 한 생물학자는 정말로 진기한 곳에 둥지를 틀고 사는 참새를 발견했다. 이 참새는 캔자스 주 맥퍼슨에서 실제로 가동 중인 오일 펌프로 먹이를 나르고 있었다. 오일 펌프 안을 들여다본 생물학자는 그곳에서 새끼가 있는 참새 둥지를 세 개 발견했다. 그 가운데 두 둥지는 몇 초에 한 번씩 60센티미터를 오르내리는 펌프 위에서 끊임없이 펌프와 함께 움직이고 있었다.

더구나 집참새는 정말 희한한 물건으로 둥지 내부를 덧댄다. 살아 있는 새에게서 뽑아온 깃털로 둥지를 짓는데, 어떨 때는 그 깃털의 수가 수백 개에 이를 때도 있다. 낮 시간이 긴 봄에 뉴질랜드 웰링턴에 있는 빅토리아 대학교 소속의 한 과학자는 참새 몇 마리가 알을 품고 있는 비둘기 궁둥이에서 한 시간에 6-7개씩 깃털을 뽑아가는 모습을 목격하기도 했다. "보통 이 참새는 선반에 내려앉은 뒤에 비둘기 뒤쪽에 훌쩍 올라타고는 큰 깃털을 잡아 빼더니 날아갔다."

일부 도시에서는 기생충을 쫓으려고 피우고 남은 담배꽁초를 둥지로 가져가는 참새도 있다. 담배꽁초에는 기어다니는 온갖 종류의 해로운 존재들을 물리쳐줄 살충제를 비롯해 니코틴 같은 독성물질이 아주 많다. 아주 독창적인 방법으로 물질을 새롭게 활용한 사례라고 하겠다.

먹이를 구할 때도 집참새는 정말로 독창적이고 탐구적인 방식을 활용한다. 집참새는 먹이를 찾을 수 있다면 아무리 낯선 곳이라도, 아무리 처음 보는 음식이라고 해도 주저하지 않고 가져온다. 참새는 식물을 먹는다. 주로 씨앗을 먹지만 꽃도 꽃봉오리도 잎도 먹는다. 사람이 남긴 쓰레기도 다양하게 먹으며 동물도 먹는다. 곤충, 거미, 도마뱀, 심지어 새끼 생쥐까지 먹는다. 먹이를 획득하는 기술 역시 아주 자유롭게 구사한다. 영국 에이번 강가의 철책에 있는 거미줄에서 곤충만 기술적으로 빼 먹기도 하고, 하와이 마우이 섬에서는 해변에 있는 커다란 호텔에서 관광객에게 제공하는 식사가 차려진 발코니에서 음식을 조금 훔쳐 먹는 기술을 구사하기도 한다. 이 참새들은 바다 쪽으로 난 수백 개가 넘는 발코니를 돌아다니지 않고 발코니와 발코니 사이에 있는 콘크리트 벽에 붙어서 만찬이 차려질 때까지 기다린다. 그렇게 하면 아침 식사가 차려지는 발코니가 어디인지를 찾으러 돌아다니거나 구운 빵을 발코니로 가지고 나올 때까지 공중을 맴돌면서 괜한 에너지를 소비할 필요가 없다.

그러나 가장 독창적이고도 유명한 업적은 아주 멋진 사람의 발명품에 도전한 것이다. 몇 년 전에 뉴질랜드에서 두 생물학자가 아주 놀랍고도 재미있는 광경을 목격했다. 집참새들이 버스 정류장에서 구내식당으로 들어가는 자동문을 계속해서 열고 있는 모습을 본 것이다. 이 참새들은 자동문 센서 앞을 천천히 지나가거나 그 앞에서 빙글빙글 돌거나 센서 위에 착지한 채로 센서가 자기를 감지할 때까지 몸을 앞으로 뻗고 고개를 계속 숙였는데, 45분 동안 16번이나 자동문을 열었다. 그곳에 자동문을 설치한 지 두 달밖에 되지 않았는데도 참새들은 아주 쉽게 자동문을 여는 기술을 익힌 것이다. 당연히 센서 위에는 새 똥이 가득 덮여 있었다.

참새가 자동문을 여는 모습은 뉴질랜드의 다른 곳에서도 목격되었다. 한 목격자는 뉴질랜드의 로어 허트에 있는 다우스 미술관에서 구내식당으로 들어가는 이중 자동문을 여는 참새를 보았다. 그리고 그 참새가 몇 분 뒤에 다시 두 자동문을 열고 밖으로 나오는 모습도 보았다. 구내식당 직원들은 그 참새를 잘 알아서 니겔이라는 이름까지 붙여주었고, 지난 아홉 달 동안 센서를 작동시켜 문을 여는 모습을 지켜보았다고 했다. 수많은 나라들에 같은 방식으로 작동하는 자동문이 있고 수많은 참새들이 살고 있지만, 뉴질랜드 외에 다른 곳에서 참새가 자동문을 열었다는 목격담은 나오지 않고 있다. 두 생물학자는 그 이유가 "다른 나라 조류학자들이 자기가 본 목격담을 발표하지 않고 있거나 뉴질랜드에 사는 참새가 다른 나라에 사는 참새보다 더 영리하기 때문"이라고 했다.

**참새가 보여준** 모든 재간은 창의적인 행동이라는 토템 기둥에서 거의 밑바닥을 차지하고 있는 작은 물새인 꼬까도요와는 크게 비교가 된다. 자신의 저서 『바람 새(*The Wind Birds*)』에서 피터 매티슨은 18세기 영국 동식물학자 마크 케이츠비가 꼬까도요의 행동을 연구한 초창기 실험을 소개했다. "케이츠비는 꼬까도요에게 turnstone이라는 영어 이름을 붙이게 한 먹이 찾는 행동을 제대로 관찰하려고 꼬까도요에게 뒤집을 수 있는 돌을 주었다. 그때는 지금처럼 과학 실험을 체계적으로 진행하지 않았기 때문에 꼬까도요는 그 밑에 아무것도 없는 돌을 계속해서 뒤집어야 했다. 결국 '보통이라면 있어야 할 먹이를 발견하지 못했기 때문에 꼬까도요는 죽고 말았다.'"

**척추동물은 대부분** 낯선 물체를 보면 무서워하거나 무시한다. 그러나 어떤 최신식 물건도 집참새를 당황하게 만들지 못한다. 탐파에 있는 사우스 플로리다 대학교의 린 마틴은 참새가 새로운 사물을 얼마나 잘 참는지를 보려고 씨앗이 가득 담긴 모이 컵 근처에 고무공이나 플라스틱 장난감 도마뱀 같은 처음 보는 물건을 두었다. 그러자 한 가지 놀라운 사실이 밝혀졌다. 참새는 괴상한 물건을 무서워하지 않았을 뿐만 아니라 오히려 그 물체에 이끌리는 것만 같았다. 참새들은 고무공이나 장난감 도마뱀이 가까이 있을 때에 더 기쁜 듯이 모이 컵으로 날아왔다. 마틴은 (사람을 제외한) 척추동물 가운데 새로운 물체에 이끌리는 모습을 보인 경우는 이 실험에 참가한 참새가 처음이라고 했다.

실제로 당신이 새로운 장소에 가게 된다면, 새로움을 사랑하는 성향은 도움이 될 것이다.

그리고 여럿이 함께 모이기를 좋아하는 성향도 도움이 될 것이다.

참새는 사교적인 새이다. 혼자서 식사를 하거나 목욕을 하거나 잠을 자는 것을 좋아하지 않는다. 함께 모여서 먹이를 찾고 다른 새들에게 같이 와서 함께 먹자고 부르기를 좋아한다. 참새들은 몇 마리가 되었건, 수백 마리, 혹은 수천 마리가 되었건 간에 다양한 수가 무리지어 함께 잠을 잔다.

다른 새들에게도 그렇듯이 함께 살아가는 습성은 참새에게 분명히 이득이 된다. 일단 천적을 좀더 잘 막을 수 있다(사실 참새는 누구의 먹이도 될 수 있다. 그러니 경계하는 눈은 많으면 많을수록 좋다). 또한 더 빨리 먹이를 찾을 수 있다. 함께 잠을 자는 곳으로 모이는 참새들 가운데 한 마리가 오다가 곡식이 많은 장소를 보았다면 다른 새들도 멀리 날아다니지 않고도 먹이 장소를 알게 되는 것이다.

더구나 많은 개체들이 모인 큰 무리가 한 마리나 몇 마리가 모인 작은 무리보다 문제도 더 빨리 해결하는 것 같다. 적어도 헝가리 파노니아 대학교의 안드라스 리커와 베로니카 보코니가 진행한 최근 연구 결과에 따르면 그런 것 같다. 이 두 과학자는 6마리 참새 무리는 2마리 참새 무리보다 씨앗이 들어 있는 열기 힘든 용기(위에 구멍을 뚫은 투명한 플렉시글라스 상자)를 더 쉽게 연다는 사실을 알아냈다. 상자에 뚫은 구멍은 위에 작은 고무줄을 붙인 뚜껑으로 막아두었다. 이런 용기에서 씨앗을 꺼내먹으려면 참새는 뚜껑을 들어올리거나 뚜껑을 맹렬하게 쪼아서 떨어지게 해야 한다. 6마리가 한 조인 참새는 모든 면에서 2마리가 한 조인 참새를 앞질렀다. 뚜껑을 연 횟수는 4배나 더 많았고 문제를 해결하는 속도는 11배나 빨랐으며 씨앗을 얻는 속도도 7배나 빨랐다. 무엇보다도 6마리 참새는 2마리 참새보다 성공률이 거의 10배 정도 높았다. 과학자들은 6마리 참새 무리의 문제 해결 능력이 뛰어난 이유는 다양한 재능과 경험, 기질을 가진 개체들이 모여 있기 때문이라고 했다. "개체 수가 많은 무리는 다양한 개체들이 모여 있을 가능성이 높기 때문에 성공을 거둔다. 그 가운데 몇 마리는 문제 해결 능력이 아주 뛰어날 것이다."

다른 새를 연구한 결과가 이런 주장을 확증해주었다. 예를 들면 어맨다 리들리는 아라비아꼬리치레도 "일단 한 마리가 과제를 푸는 법을 배우면 나머지 개체도 아주 빨리 그 방법을 배웁니다. 따라서 새로운 기술은 규모가 더 큰 무리에서 더 쉽게 익힐 수 있을 겁니다"라고 했다.

이런 상황은 사람도 마찬가지이다. 가장 영리한 한 사람보다 평범한 사람 세 명에서 다섯 명으로 이루어진 다양한 집단이 지능을 이용해야 하는 문제를 더 빠르게 푼다는 연구 결과도 나와 있다. 심리학자 스티븐 핑커는 그보다 훨씬 나아가 집단생활을 하면서 서로가 서로에게 배울 수 있었기 때문에 우리 조상은 사람의 지능이라는 진화를 시작할 수 있게 되었다고 주장했다.

　다른 생태계로 옮겨간 새는 끊임없이 새롭고도 어려운 상황에 처하기 때문에 새로운 방식으로 문제를 풀 수 있다. 따라서 혼자인 새보다는 여럿이 함께 있는 새가 생존에 유리할 것이다. 리커와 보코니는 "사람에 의해서 끊임없이 변화하는 서식처에서 살아가는 참새 같은 새들은 당연히 머리가 하나인 것보다는 둘인 편이 낫다"라고 했다.

**그리고 여기**, 당연한 사실이 있다. 집참새의 머리가 모두 같지는 않다는 사실 말이다.

　애완동물을 기르는 사람들은 동물이 저마다 모두 다른 개체라는 사실을 분명하게 알고 있을 것이다. 그러나 아주 오랫동안 같은 종이라고 해도 새는 저마다 다르다는 사실은 거의 무시되어왔다. 깃털이 같은 새는 모두 똑같이 행동한다고 생각한 것이다. 영국의 조류학자 에드먼드 셀루스는 이렇게 경고했다. "흔히들 동물은 저마다 정형화된 행동이 있다고 생각하는 경향이 있다. 그러나 모두 같은 행동을 하는 것처럼 보이는 이유는 관찰 횟수가 아주 적기 때문이다……. 진짜 동식물학자라면, 사무엘 존슨 박사의 전기를 쓴 보스웰처럼 되어야 하고, 그에게 모든 동물은 존슨 박사가 되어야 한다." 새는 개별적인 개체이다. 그렇기 때문에 모든 상황에 개별적으로 반응한다. 길을 찾을 때 활용하는 단서도, 옥시토신과 같은 분자에 반응하는 방식도, 새로운 환경에 대응하는 방식도, 짝외 교미를 할지 말지를 판단하고 결정하는 방식도 개체마다 모두 다르다. 사람처럼 새도 개체마다 성격과 행동방식이 제각각이다. 나는 이런 다양한 행동이 우리가 "마음"이라고 부르는 곳에 거주하는 것이 아닌가 생각한다. 그러나 그런 행동은 한 새가 스트레스에 반응하는 방식처럼 몸으로도 드러난다. 한 새가 아주 유난스럽게 반응하는 스트레스 유발 자극(싸움이나 이주 같은)도 다른 새는 그저 깃털을 한 번 으쓱하는 것으로 끝날 수도 있다. 작은 펭귄을 비롯해서 여러 새들의 스트레스 반응을 연구하는 뉴질랜드 매시 대학교의 존 코크렘은 새가 환경 스트레스 원인에 반응하는 방식은 개체마다 상당히 다르다는 사실을 알아냈다.

다시 참새로 돌아가자. 개체마다 스트레스 원인에 반응하는 방식이 다르다는 사실은 새롭고 불안정한 환경에 적응해야 할 때에 아주 중요하게 작용할 것이다. 도시처럼 위험한 장소에서 스트레스에 반응할 때는 이런 기질이 적절하게 섞이는 것이 좋다.

린 마틴은 새로운 영토로 침투하는 집참새들을 잡아 최전선에서 앞장서는 개체들의 특징을 살펴보았다. 생태생리학자인 마틴은 현재 케냐에서 엄청나게 수가 많은 집참새를 연구하고 있다. 이 집참새들은 아마도 1950년대에 남아프리카에서 오는 배를 타고 몸바사의 해변 도시로 들어왔을 것이다. 2002년에 마틴이 대학원생 신분으로 집참새를 연구하기 시작했을 당시만 해도 케냐에는 집참새가 그다지 많지 않았다. 하지만 지금은 케냐의 도시들은 물론이고, 우간다 국경 지대까지 집참새가 퍼져나갔다(테드 앤더슨처럼 마틴도 케냐에 퍼져 있는 집참새를 살펴보려고 라디오나 텔레비전에서 흘러나오는 참새들의 소리를 듣는다). 마틴과 동료들은 몸바사부터 참새 서식지까지의 거리를 근거로 참새 개체군의 나이를 추정했다. 그리고 처음 집참새가 들어온 지역의 구(舊) 개체군과 나이로비, 나쿠루, 카카메가처럼 몸바사에서 멀리 떨어진 곳에서 서식하는 신(新) 개체군의 차이점을 비교했다.

몸바사에서 멀리 떨어진, 침입의 최전방에 있는 참새 개체군일수록 면역계가 활발하게 활성화되어 있었다. 최전선에 있는 참새들은 잡힌 뒤에 코스티코스테론(costicosterone)이라는 스트레스 호르몬을 더 많이 분비했다. 과학자들은 이런 스트레스 호르몬 덕분에 최전선에 있는 참새들이 스트레스 원인에 더 신속하게 반응해서 생존할 수 있었고, 어쩌면 그런 자극을 기억하게도 되었을 것이라고 했다.

새로운 영토를 개척하는 참새는 새로운 먹이도 좋아했다. 마틴의 제자인 대학원생 안드레아 리블은 참새들에게 처음 보는 음식(냉동 건조한 딸기와 퍼피차우 과자)을 주었다. 이미 오래 전부터 한 장소에서 살았던 참새들은 아무리 배가 고파도 새로 본 먹이는 입에 대지 않았다. 그러나 영토를 개척하고 다니는 참새들은 한 치의 망설임도 없이 딸기와 과자를 먹었다. 리블은 최전선의 새들에게 음식을 비롯한 여러 자원들은 언제나 새로운 것일 가능성이 크다고 했다. 그렇기 때문에 마음을 열고 새로운 자원을 활용해야 큰 이득을 얻을 수 있다. 그렇지 않으면 굶어 죽을 수도 있다.

**새로운 먹이 자원과** 서식처를 넓은 마음으로 받아들이고 융통성 있게 행동하는 것이 참새에게 이득이 된다면, 어째서 그런 특성이 모든 참새의 보편적인 특성이 되지 못한 것일까?

그런 특성에는 위험이 따르기 때문이다. 융통성도 지불해야 할 대가가 있다. 호기심도 고양이처럼 참새를 죽일 수 있다. 알지 못하는 새로움을 탐구하려면 시간과 에너지를 들여야 하는데, 그랬다가는 아주 곤란한 상황에 처할 수도 있다. 새로운 음식을 맛본다는 것은 그 음식과 함께 알지 못하는 독성물질과 병원균을 먹을 수도 있다는 뜻이다.

큰청왜가리는 대담하고 실험적인 식성으로 유명하다. 이 새는 뱀부터 큰가시고기, 윗통가시횟대 같은 극기어류(棘鰭漁類)를 비롯해 아주 크고 먹기 힘들고 다루기 힘든 온갖 먹이를 먹는다. 그런데 최근에 미시시피 주 빌록시의 해안가를 벗어난 큰청왜가리 한 마리가 한번도 먹어보지 못한 연골어류가 많이 사는 지역으로 들어갔을 때, 신기원이 이루어졌다. 도핀 아일랜드 해양연구소의 과학자들은 한 왜가리가 해변 가까이 서서 자꾸 물속으로 머리를 처박는 모습을 지켜보았다. 한참 동안 왜가리는 아무것도 수확하지 못했다. 그러다 한참을 물속에 머리를 박고 가만히 있던 왜가리가 마침내 고개를 들었다. 왜가리의 부리에는 애틀랜틱가오리 한 마리가 찔려 있었다. 범고래, 물개, 상어 등등, 연골어류를 먹는 동물은 많다. 그런데 새가 연골어류를 먹는다고? 과학자들이 보기에 그 가오리는 왜가리의 부리에 찔린 채로 "꼬리를 채찍처럼 내두르고 독 가시가 나 있는 등을 마구 흔들고 있었다." 12분간의 사투 끝에 왜가리는 가까스로 가오리를 반으로 접어 부리에 단단히 물더니 식도를 부풀리고는 꿀꺽 삼켜버렸다. 불편한 기색은 전혀 없었다.

바하 해변에서도 애틀랜틱가오리를 먹어보려던 갈색펠리컨이 한 마리 있었다. 이 펠리컨은 실패했고, 결국 생명을 잃었다. 가오리의 날카로운 독 가시에 목이 찔려 죽었는데, 아마도 질식을 했거나 독이 퍼져 죽었을 것이다. 펠리컨을 발견한 목격자들은 펠리컨의 주검은 "기회주의가 아주 위험한 삶의 방식임을 보여주는 증거"라고 했다.

뉴질랜드 고유종인 영리하고 활발한 잉꼬, 케아는 수백 종에 달하는 식물, 곤충, 알, 바다물고기 치어, 동물 사체까지 거의 모든 것을 먹는다. 그것이 바로 사람이 뉴질랜드에 도착한 뒤에 일어났던 대량 멸종 사건에서도 케아가 살아남은 이유이다. 케아는 1860년대에 고산지대에 처음 풀어놓은 양까지 맛을 보았다. 처음에는 죽은 양을 먹었지만 차츰 살아 있는 양의 등에 올라타 지방과 근육 조직을 뜯어 먹는다는 새로운 전략을 구사하게 되었다.

그런데 케아가 진화하는 동안 가혹한 환경에서 살아남을 수 있게 도와준 이런 특성이 지금은 케아를 아주 위태롭게 만들고 있다. 양을 뜯어 먹는 먹이 혁신은 농부들이 도저히 참을 수 없는 만행이었고, 결국 케아의 목에 현상금을 걸게 해, 현재 15만 마리에 달하는 케아가 사라졌다. 스키장이건 주차장이건 쓰레기장이건 아무 곳이나 호기심을 가지고 찾아가는 습성 때문에 남아 있는 1,000마리에서 5,000마리 정도 되는 케아도 현재 위험한 상태이다. 쿡 산의 고산 마을을 찾아오는 케아 한 마리는 쓰레기통 뚜껑을 여는 기술 때문에 곤란에 처했다. 결국 죽은 채로 발견된 이 케아의 모이주머니에는 찐득찐득한 시커먼 물질이 20그램 들어 있었다. 도대체 왜 죽은 것일까? "쓰레기통에서 발견한 다크초콜릿을 먹는 바람에 메틸잔틴(methylxanthine)에 중독된 것이다."

그러니까 알지 못하는 새로움을 시도하는 것은 아주 위험할 수 있다는 뜻이다. 아주 낯선 환경에 처음 들어갔을 때는 새로운 먹이나 새로운 거주지를 탐사하고 시도해보는 것이 집참새의 생존에 유리할 수도 있다. 그러나 린 마틴의 말처럼 "새롭고 (불결할 수도 있는) 먹이를 계속해서 먹으면 중독을 포함한 다른 위험도 증가한다." 집참새도 일단 일정한 서식지에 자리를 잡으면, 그때부터는 전략을 바꿔서 아는 먹이와 서식처만 이용한다.

그렇기 때문에 모방할 만한(또는 현명하지 않은 행동이라면 모방하지 않을 만한) 위험을 감수하는 개체와 안전한 행동만 하는 개체가 섞여 있는 것이 유리하다.

**집참새처럼 성공하려면**, 다음의 비법을 따라야 한다.

- 처음 보는 음식도 과감하게 먹어라.
- 혁신적이어야 한다.
- 대담함도 조금 필요하다.

- 성격이 다양한 개체와 어울리려고 노력하라.

여기에다가 지구에 널리 퍼져 있는 서식처를 사랑하는 마음과 한 번의 번식기에 여러 번 새끼를 낳을 수 있는 능력까지 갖추어야 한다(분할 산란 전략[bet-hedging strategy]이라고 하는 두 번째 전략은 다니엘 솔의 말처럼 양육에 실패할 경우 부담해야 하는 적응 비용[fitness cost]을 낮춘다. "생식에 실패할 확률이 아주 높은 도시 같은 환경에서는 이런 전략이 특히 유용합니다"). 이 모든 비법을 한데 섞으면 새로운 먹이도 거부하지 않고 먹을 수 있고, 처음 보는 둥지에서도 새끼를 낳을 수 있는 적응력이 강한 아주 유능한 새가 탄생한다. 이 또한 또다른 천재성이다. 이 경우에 딱 들어맞는 말이 바로 "변할 수 있는 능력이야말로 지능을 측정할 수 있는 척도"라는 말이다. 이 말은 다윈이 아니라 아마도 아인슈타인이 했을 것이다.

**쓰레기를 사랑하고** 배수관에 둥지를 트는 법을 배운 새는 집참새만이 아니다. 비둘기, 까마귀, 몇몇 명금류도 사람과 함께 사는 삶에 적응했다. 도시처럼 급격하게 환경이 변하는 곳은 새로운 기회도 넘쳐나지만 자동차나 전선, 고층 건물, 창문처럼 위험한 요소도 많다(캐나다 토론토만 해도 고작 20층짜리 건물 때문에 죽은 새가 3만 마리가 넘는다). 다니엘 솔 연구팀은 전 세계 800종의 새를 조사해서 "자연 환경보다 도시 환경에서 훨씬 더 많은 개체 수가 살아가는 진정한 도시 개발자" 새를 찾아냈다. 여기에 속하는 새는 까마귓과, 찌르레깃과, 비둘깃과 새들이 많았다. 솔 연구팀은 또한 도시에서 살아가는 새들에게 나타나는 동일한 습성과 행동을 찾아보았다. 그런 새들에게는 무엇보다도 큰 뇌가 있었고, 처음 보는 음식, 위험한 교통수단, 꺼지지 않는 불빛, 사라지지 않는 소음을 처리하는 능력이 있었다. 명금류의 경우에는 음악과 타협한 것이 중요한 요소였다. 명금류에게는 자신의 음조를 기꺼이 바꿀 의지와 바꿀 수 있는 능력이 있었다. 도시는 낮은 주파수로 흥얼거리고 윙윙거리고 포효하고 고함을 질러댄다. 최근에 캐나다 과학자들은 교통 소음이 심한 곳에서는 검은머리박새가 낮은 주파수로 발산되는 도시의 불협화음을 이기고 자기 노래가 들리도록 높은 주파수로 피비 하고 노래를 부르는 모습을 목격했다. 이 박새들은 소음이 줄어들면 원래 자기 음조로 돌아가 낮고 느리고 더욱더 음악다운 노래를 불렀다. "노래를 이렇게 기가 막히게 조절하는 능력이 검은머리박새가 도시 환경에서 성공적으로 살아가는 한 가지 이유일 수 있다"라고 과학자들은 말한다. 도시에 사는 꼬까울새는 소음이 잦아드는 밤에 노래를 부른다.

도시는 학습 기계(learning machine)라고 불린다. 그러니 도시에서는 똑똑한 새가 더욱 똑똑해질 수밖에 없다.

**도시라는 정글에서는** 살아갈 수 없는 새는 어떤 새일까? 정확히 참새와는 반대되는 겁이 많은 새나 사는 방식이 굳어진 새들은 도시에서 살수 없다. 이런 새들은 정신없고 혼란스러운 사람 곁에 둥지를 틀라고하면 기겁을 하거나 절대로 꺼지지 않는 조명에 큰 충격을 받을지도 모른다. 뇌가 작고 융통성이 없고 한 가지 삶에 맞춰진 새들은 도시에서 살 수 없다.

그런데 이 같은 사실은 도시와 도시 근교에서 아주 멀리 떨어진 시골에 사는 새에게도 마찬가지로 적용된다. 30년이 넘는 세월 동안 영국 시골 지방에서 살아가는 새들의 성향을 관측해온 과학자들은 뇌가 작은 휘파람새나 솔새, 나무참새(한국에서 흔히 보는 참새/옮긴이)는 개체 수가 급격하게 줄어들고 있지만, 비교적 뇌가 큰 집참새나 박새는 여전히 성찬을 즐기면서 잘 살고 있다는 사실을 알아냈다. 습관과 서식처가 분명하게 정해져 있는 새가 가장 많은 고통을 받고 있는 것처럼 보인다.

중앙 아메리카 대륙의 농지와 정글에서 들려오는 소식도 이런 사실을 확증해준다. 12년 동안 스탠퍼드 대학교의 과학자들은 코스타리카의 서식처 세 곳—비교적 잘 보존된 열대우림과 사람이 농사를 짓는 농경지에 드문드문 우림이 남아 있는 농경지역과 사탕수수나 파인애플 같은 단일 작물을 기르는 거대한 집약식 농장지대—에서 새를 연구했다.

스탠퍼드 대학교의 과학자들은 12년 동안 44차례 현장 조사를 나가 새 500종 12만 개체를 조사했다. 놀랍게도 농경지와 우림이 혼합된 지역에도 열대우림만큼이나 다양한 종이 서식하고 있었다. 하지만 과학자들이 알고 싶은 것은 단순히 종 다양성이 아니었다. 과학자들은 서식처에 따른 진화적 다양성이 나타나는지 알고 싶었다. 진화의 나무에서 아주 멀리 떨어진 가지를 만들어가는 새가 있는지 말이다.

그리고 아주 놀라운 사실을 발견했다.

사람이 하는 일로 인해서 끊임없이 방해를 받는 농장지대에 사는 새들은 대부분 변화에 쉽게 적응하는 종으로, 대개 참새나나 찌르레깃과인 이 새들은 불과 수백만 년 전에 갈라져나온 가까운 친척 종이었다. 이런 새들과 진화적으로 상당히 멀리 떨어져 있는 새는 없었다. 1억 년쯤에 찌르레기나 참새와는 다른 길을 걷기 시작한 땅딸막하고 얼룩무늬가 있는 날지 못하는 큰티나무 같은 새는 없었던 것이다. 큰티나무는 칙칙한 갈색과 회색 깃털이 주변의 잎사귀와 완전히 섞여 들어갈 수 있는 무성한 열대우림에서만 살아갈 수 있다(그런데 큰티나무의 알은 전혀 칙칙하지 않다. 밝은 노란색이 도는 녹색, 하늘색, 구리색과 자주색이 섞인 갈색인 큰티나무의 알은 광택이 흐르는 화려한 색으로 유명하다).

새의 종 다양성을 보존하는 데에 관심이 많은 사람들에게는 이런 연구 결과는 중요한 의문을 불러일으켰다. 영리하고 적응력이 뛰어난 참새나 찌르레기 같은 새는 더 빨리 진화해서 새로운 종으로 분화해야 하는 것 아닐까? 다니엘 솔과 동료들은 그럴 수도 있다고 했다. 종의 수는 새가 얼마나 많은 집단으로 나누어져 있는가가 결정한다. 참새와 가까운 친척 종인 명금류로 이루어진 참샛과(Passeridae)는 3,556종이지만, 메추라기와 가까운 친척 종으로 이루어진 신대륙메추라깃과(Odontophoridae)는 6종뿐이다. 새 분류학을 연구하면서 솔은 창의적이고 적응을 잘하고 새로운 환경에 쉽게 침투하는 뇌가 큰 새는 아주 빠른 속도로 종이 분화됨을 보여주었다. 까마귓과, 앵무샛과, 맹금류처럼 종이 아주 다양한 새는 먹이 습성을 재빨리 조정하는 능력이 아주 뛰어났다.

이런 식으로 종 분화를 설명하는 가설을 행동 동기설(behavioral drive theory)이라고 한다. 행동 동기설은 이런 가설이다. 새로운 서식처에 들어간 새는 새로운 선택 압력을 받게 된다. 이 새로운 압력은 새가 새로운 방식으로, 새로운 환경에서 효과적으로 살아갈 수 있게 해주는 유전자의 특정한 변이를 선호할 수도 있다. 그럴 경우 그런 유전자 변이를 가진 개체는 원래 속해 있던 개체군에서 분화된다. 다시 말해서 새로운 행동이 새로운 특성을 만들어 새로운 종이 탄생하는 것이다. 시간이 흘러 계속 진화가 일어나면 기회를 포착하는 새는 쉽게 먹이를 바꾸거나 새로운 먹이 획득 기술을 익히기 때문에 적응력이 부족한 동료보다 더 많은 종으로 갈라져나간다.

행동 동기설은 까마귓과는 거의 120종에 달하는데, 타조나 에뮤가 속한 주금류(走禽類)는 몇 종 되지 않는 이유를 설명하는 데에도 도움이 될 수 있다. 또한 환경을 계속해서 새롭고 불안정하게 만드는 우리 사람이 새 가계도의 본질을 바꾸는 원인인가라는 질문을 하게 만든다.

**아주 외진 곳**, 옛 모습을 그대로 간직한 높은 산꼭대기 숲에 사는 오랜 혈통의 새들도 사람이 보내는 파급 효과에 영향을 받는다. 도시나 농장이 생기기 때문이 아니라 그보다 훨씬 더 침투력이 강한 무엇인가에 영향을 받는 것이다.

2014년 초에 코넬 대학교의 두 젊은 과학자인 벤 프리먼과 알렉산드라 프리먼은 뉴기니 산악지대에 사는 새들—87종—가운데 70퍼센트가 지난 반세기 동안 활동 범위를 평균적으로 15미터 이상 높은 곳으로 옮겼다는 사실을 발견했다. 새들이 옮겨간 이유는 지구 온난화로 인해서 기온이 높아졌기 때문이다. 벤 프리먼은 열대 산악지대에 사는 새들 대부분이 아주 좁은 고도에 한정된 채로 살아간다는 사실에 매혹되었다. "정말 놀랍게도 산을 타고 쭉 올라가고 있으면 어떤 종이 아예 없는 숲을 통과하게 됩니다. 그러다 그 종이 아주 많은 숲을 통과하게 되고, 또다시 전혀 볼 수 없는 숲을 지나게 되죠. 15분 동안 아주 힘들게 산을 오르다 보면 이런 상황은 반복됩니다." 벤이 등반하던 산은 높이에 상관없이 환경이 유사했고, 새가 낮은 곳이든 높은 곳이든 날아가는 능력에 문제가 없는데도 새들은 정해진 고도에서만 살았다. "도대체 너무 뜨겁거나 차가운 고도가 있어서 새들은 골디락스 지역에서만 살아가는 것인가?" 벤은 그런 의문이 들었다고 했다.

그런데 정말로 그런 것이 아닌가 싶다.

뉴기니 주도에 있는 사화산인 카리무이 산은 지구 온난화로 인해서 기온이 섭씨 0.38도(이하 모두 섭씨온도) 높아졌을 뿐인데도 새들의 주요 서식지는 90미터나 높아졌다. "산은 마치 피라미드 같아서 산 위로 올라갈수록 서식할 수 있는 장소는 좁아집니다. 공간과 기온이 새들의 서식지를 점점 더 압축하고 있습니다." 프리먼의 말이다. 예를 들면 50년 전에는 꼭대기에서 300미터 내려오는 높이에서 살았던 흰날개울새가 지금은 꼭대기에서 120미터 내려오는 높이에서 살고 있다.

　뉴기니의 기온은 이번 세기가 끝날 무렵이면 2.5도 더 높아질 것으로 예상된다. 서늘한 곳에서 살아가는 새 4종은 이미 카리무이 산 정상으로 올라가 있기 때문에 더는 갈 데가 없다. 이렇게 사는 방식을 고수하는 오랜 혈통의 새들은 아마도 계속해서 산꼭대기로 올라간 뒤에 사라질 것이다. 이제 0.5도에서 1도 정도만 기온이 더 올라가도 이 새들에게 적당한 서식처는 산을 벗어나 하늘로 옮겨갈 테니 말이다.

**내가 사는 곳에서** 멀지 않은 곳에는 내가 즐겨 찾아가는 조그만 산(벅스 엘보)이 있다. 버지니아 주에 있는 이 오래된 언덕은 카리무이 산과 달리 이국적인 구석은 조금도 없다. 그저 내가 탁 트인 풍경을 보면서 생각을 정리하려고 찾는 곳이다. 정상은 아일랜드의 황야처럼 거의 아무것도 없어서 날이 맑으면 360도로 펼쳐져 있는 애팔래치아 산맥을 감상할 수 있다. 그러나 이 봄의 오후에는 산꼭대기가 구름으로 덮여 있었다. 정상을 두툼하게 감싼 안개 때문에 주위는 쥐 죽은 듯이 고요했다.

　벅스 엘보의 정상은 언제나 황량했지만, 바로 밑에 있는 산등성이는 한때는 노숙림(老熟林)이었지만 오래 전에 벌목을 한 탓에 지금은 동쪽에 있는 원시림과 상당히 닮아 있는 주벌림(主伐林)이다. 언젠가 나는 사람의 발자국을 피해간 땅은 전 세계에서 15퍼센트 정도밖에 되지 않는다는 사실을 보여주는 사람 영향 지도를 본 적이 있다. 지구는 도시, 마을, 농장, 도로, 밤에도 꺼지지 않는 불빛으로 가득 차 있다. 사람의 발길이 닿은 곳은 도처에 있지만, 모두 지구의 지각(地殻)이라는 얇은 판 위에 있다. 하지만 사람의 발길이 닿지 않는 곳―카리무이 산 같은 곳―도 바뀌고 있다. 앞으로 60년 안에 지구의 기온은 1.5도 내지 3.5도 정도 상승할 것이라고 한다.

이곳에서는 어떤 식물이든지 예전보다 빨리 꽃을 피우는 것 같다. 5월에 꽃을 피우는 메이애플도 이제는 4월 중순이면 수줍은 하얀 꽃을 피운다. 노랑개불알꽃도 과거와 달리 적어도 한 달은 일찍 산등성이에서 얼굴을 드러낸다.

불과 며칠 전에 나는 이곳에서 멀지 않은 작은 공원에서 회화나무 가지에 앉아 있는 어린 동부파랑새를 보았다. 대략 2, 3주일 전에 부화한 것이 분명한 그 새는 크게 벌리고 있는 부리, 짧은 꽁지, 머리 위로 뾰족하게 솟은 깃털 등이 영락없이 약간 얼이 빠진 것처럼 보이는 아기 새의 모습을 하고 있었다. "4월에 이곳에서 어린 동부파랑새를 보다니, 그런 이야기는 들어본 적이 없어요. 너무 이른데요." 나와 함께 있던 조류학자는 그렇게 말하면서 경악을 금치 못했다.

버지니아 주의 기후는 계속해서 "저위도" 날씨로 바뀌고 있다. 환경보호 단체의 예측대로라면, 버지니아 주는 2050년이 되면 사우스캐롤라이나만큼 더워질 것이고, 그 뒤로 50년이 지나면 플로리다 북부만큼 뜨거워질 것이다. 상승하는 기온은 버지니아 주에서 서식하는 새들의 일정도 바꾸고 있다. 상승하는 기온만큼 좀더 극지방에 가까운 곳으로 옮겨가는 것이다. 50년 전에는 홍관조나 캐롤라이나굴뚝새 같은 "남쪽"에 사는 새들은 미국 북동부에서는 거의 볼 수 없었다. 그러나 지금은 이 새들을 흔하게 볼 수 있다.

더는 갈 곳이 없는 새들은 기온 상승을 두 가지 가운데 하나로 처리한다. 진화를 하거나 행동을 바꾸는 것이다.

아주 융통성 있게 행동한다고 알려져 있는 큰박새도 이 문제에 대처해오고 있다. 적어도 위담 숲에서 서식하는 개체군을 오랫동안 관찰한 연구 결과에 따르면 그렇다. 옥스퍼드 대학교 연구팀은 아주 짧은 세대 시간(generation time)에 큰박새가 엄청나게 빠른 속도는 아니지만 아주 빠른 속도로 진화한다는 사실을 알아냈다. 재빨리 행동을 바꾸는 능력은 큰박새의 생존에 아주 중요한 영향을 미쳤다. 위담 숲에서 사는 큰박새가 알을 낳고 부화하는 시기는 새끼를 먹이는 나방 애벌레가 가장 많은 봄 시기와 일치한다. 봄이 되어 나무에서 꽃이 활짝 피는 시기가 되면 나방 애벌레는 번데기를 뚫고 밖으로 나오는데, 그 시기는 기온이 결정한다. 지난 반세기가 넘는 시간 동안 기온이 점점 높아지고 있기 때문에 1960년대에 연구를 시작했을 때보다 꽃이 피는 시기도 나방 애벌레가 가장 많은 시기도 점점 빨라지고 있다. 따라서 큰박새가 해마다 고집스럽게 같은 시기에만 알을 낳는다면 애벌레가 많은 시기도 놓치고 새끼는 굶게 될 것이다. 그러나 이제는 2주일 정도 먼저 알을 낳는 것으로 보아 큰박새는 이 변화를 따라가는 것이 분명했다.

과학자들이 관측한 연구 결과를 보면, 자신의 행동을 조절하는 이런 적응력 덕분에 큰박새는 해마다 0.5도씩 기온이 올라가도 살아남을 수 있으리라고 짐작할 수 있다. 이런 적응력이 없다면 큰박새가 멸종할 확률은 500배 정도 증가할 것이다.

같은 모형으로 다른 새들의 지구 온난화 극복 가능성을 예측한 과학자들은 몸집이 크고 오래 사는 종일수록 더 가혹한 운명을 맞을 가능성이 높다는 사실을 알았다. 이런 새들은 세대 시간이 길어 진화의 속도가 더 느리기 때문에 생존하려면 행동을 바꾸는 일이 더욱 중요할 수밖에 없다. 이 예측이 옳다면 융통성이 없는 큰 새의 운명은 아주 암울할 수도 있다.

긴 거리를 이동하는 철새는 특히 지구 온난화에 크게 영향을 받는다. 철새들의 뇌는 상당히 작고 행동에도 융통성이 없다. 새끼를 기르려면 1년에 한 번, 먹이가 가장 풍부한 때를 정확하게 맞춰 목적지에 도착해야 한다. 기온이 높아져서 먹이가 풍부한 시기가 바뀌기라도 한다면 곤란을 겪을 수도 있다. 철새 중에서도 기후 변화로 환경이 크게 변할 고위도 지방에서 겨울에 새끼를 낳아 기르는 종이 가장 큰 어려움을 겪을 것이다.

이주하는 동안 정해진 시기에 중간 정착지에 멈춰서 먹이를 먹는 일은 철새에게 아주 중요하다. 뇌의 크기는 보통이지만 아주 먼 거리를 이동하는 붉은가슴도요를 한번 살펴보자. 해마다 봄이 되면 붉은가슴도요는 티에라 델 푸에고를 떠나 15만 킬로미터나 떨어져 있는 북극까지 날아간다. 수천 년간 이 도요는 북극으로 날아가다가 투구게가 해변으로 올라와 알을 낳는 시기에 정확하게 델라웨어 만에 멈춰서 배를 채운다. 투구게의 알은 지방이 풍부하기 때문에 붉은가슴도요가 10일 정도만 해변에 머물면서 알을 먹으면 도요의 몸무게는 두 배 이상 늘어난다. 그러나 1980년대 이래로 붉은가슴도요의 개체 수는 꾸준히 줄어들어 지금은 과거 개체수의 75퍼센트로 떨어졌는데, 투구게의 남획이 주요 원인이다. 그런데 투구게의 남획과 함께 기후 변화도 붉은가슴도요를 타격했다. 붉은가슴도요가 북극까지 제대로 날아가려면 반드시 투구게의 산란기에 해변에 도착해서 투구게의 알을 먹어야 한다. 그러나 기온이 변하는 바람에 붉은가슴도요는 1년에 한 번 하는 마라톤을 하게 해줄 주요 먹이 자원을 만날 시기를 맞출 수가 없다. 바닷물의 수온이 올라가자 투구게들은 붉은가슴도요가 도착하기 전에 산란을 시작했고, 결국 도요도 만찬을 즐길 수 없게 된 것이다.

그러나 **현실**은 상당히 머리가 좋은 새도 위험하기는 마찬가지라는 것이다. 예를 들면 산에 있는 침엽수림을 특히 좋아하는 작고 강건한 검은머리박새도 위험에 처해 있다. 앞으로 50년이 지나면, 검은머리박새의 서식지는 65퍼센트 정도로 줄어들 것으로 예상된다. 더구나 지구 온난화 때문에 검은머리박새의 뇌 구조와 인지능력도 바뀔 가능성이 있다. 높은 고도에 사는 검은머리박새가 낮은 고도에 사는 동료보다 뇌가 더 크다고 했던 내용을 떠올려보자. 블라디미르 프라보수도프는 날씨가 따뜻해지면 선택 압력도 낮아질 것이라고 했다. 그렇게 되면 검은머리박새는 변화에 대처할 능력을 기를 필요가 없어지면서 해마의 크기도 작아지고 지능도 낮아질 것이다. 프라보수도프는 "더 나은 기억력을 유지하는 데 비용이 든다면 '더 똑똑한' 새가 분명히 불리할 거예요. 더구나 좀더 낮은 지대에 살던 덜 똑똑한 새들이 올라와 한데 섞인다면 인지능력은 전체적으로 감소할 것입니다"라고 했다.

심지어 영리하고 적응력이 강한 집참새도 한계가 있다. 벤 프리먼이 자신이 사는 도시인 시애틀의 2014년 크리스마스 버드 카운트(Christmas bird count : 1900년부터 시작되었으며, 새의 개체 수 감소를 막으려고 원래는 사냥철이던 크리스마스에 새의 개체 수를 세는 행사/옮긴이)에서 집계한 시애틀 경계 안에 사는 집참새의 수는 고작 225마리였다. 프리먼은 "그 어느 때보다 적은 수입니다. 이건 집참새의 개체 수가 감소하고 있을지도 모른다는 증거입니다"라고 했다. 실제로 전 세계적으로 집참새의 개체 수는 급속하게 줄어들고 있다. 북아메리카 대륙, 오스트레일리아, 인도, 특히 유럽 전역의 마을과 도시들에서 그 수가 빠르게 감소하고 있다. 집참새가 감소하고 있다는 사실은 큰 뉴스거리는 되지 못하고 있지만, 현재 집참새는 유럽에서는 "관심 필요 종"으로 지정되어 있으며, 영국에서는 "절멸 가능 종"이다. 지난 50년 동안 영국에서는 집참새가 1시간에 평균 50마리꼴로 사라지고 있다. 왜 그런지는 아무도 모른다. 새끼의 생존율이 크게 떨어지고 있는데, 그 이유는 아마도 충분한 먹이를 섭취하지 못하기 때문인 것 같다. 사람들이 오랫동안 가꿔왔던 정원은 주차장으로 바뀌고, 외래종 식물이 늘어나고 공기가 오염되면서 곤충의 종 다양성은 감소하고 있으며, 부모 새가 자동차에 치여 죽는 경우도 많고 집에서 기르는 고양이가 증가하고 도시를 사랑하는 맹금류가 늘어나면서 집참새의 개체 수가 점차 줄어들고 있는지도 모른다. 이스라엘에서는 기후 변화로 인해서 집참새가 줄어들었을 가능성이 있다는 증거가 나왔다. 린 마틴은 이런 가설들에 회의적이라고 했지만, 이 가설들을 대체할 더 나은 설명은 제시하지 못했다. 마틴은 "질병이 퍼졌을 가능성을 배제하지는 않을 겁니다"라고 했다. 집참새의 개체 수가 줄어드는 이유가 무엇이건 간에 집참새가 사실은 새로운 카나리아로서 재앙을 예고하는 것이라면, 우리 사람도 그 재앙을 피해갈 수는 없을 것이다.

**나는 땅거미가 지는** 고요한 어둠 속에서 잠시 앉아 있었다. 벅스 엘보의 침묵은 너무나도 완벽해서 나의 숨소리마저 들릴 정도였다. 이런 어둠 속에서는 작열하는 태양 광선의 힘을 가늠하기 힘들다. 그러나 노래가 들리지 않는 숲, 들판, 산 같은 다른 것들은 상상할 수 있다. 그리고한 가지는 알 수 있다. 사람이 지금 새를 포함해 지구에 서식하고 있다고 알려진 생명체 가운데 거의 절반을 멸종으로 내몰고 있다는 것이다. 새는 4종 가운데 1종이 사라질 것이다. 그 변화는 뇌가 작고 아주 오래전부터 살아온 새들에게는 특히 치명적일 것이다.

집참새에 관해서 테드 앤더슨이 쓴 책은 이런 구절로 끝을 맺는다. "바그다드, 가자, 예루살렘, 코소보에서 보내온 뉴스를 들으면서 배경에 깔리는 집참새의 지저귐을 듣고 있노라면, 나는 문득 사람이 불러오는 대재앙에 대해서 집참새가 어떤 생각을 하고 있을지 궁금해진다."

나도 궁금하다. 어쩌면 나의 두 딸은 그 뒤로는 그저 기억 속에서만 존재하게 될, 바다 속으로 사라져버리는 모든 새들을 자기 생애에 목격해야 할지도 모른다.

우리는 지금 우리가 무엇을 잃어가고 있는지조차 모른다. 과학자들은 지금도 새로운 종을 찾아내고 있다. 2012년에는 필리핀에서 솔부엉이 2종을 찾았다. 그 가운데 1종은 세부 섬의 산림지대가 파괴되면서 멸종한 것으로 알려진 종이었다. 2014년에는 농부들이 벌목을 하지 않고 남겨둔 키 큰 나무 숲에서 감미로운 노래를 부르는 술라웨시제비딱새를 발견했다. 목덜미에 얼룩덜룩한 반점이 있는 작은 새이다. 2015년에는 중국 중부 산악지방의 차 밭과 울창한 잡목 숲에서 살아가는 은밀하고 작은 새 쓰촨성휘파람새를 찾았다.

이 세상에는 우리가 발견하기도 전에 완전히 사라질 새들도 있지 않을까?

우리는 아직도 새들의 지능을 알아낼 방법을 알지 못하며, 여전히 사람에게 적용하는 잣대를 새들에게도 적용하고 있다. 그저 우리 사람과 얼마나 닮았는지만을 가지고 다른 생명체의 지능을 가늠한다. 당연히 우리 사람은 우리가 잘 하는 일에 높은 점수를 매긴다. 진정한 길 찾기 능력이 아니라 도구를 만드는 재주에 더 큰 점수를 준다.

까마귀가 유사점을 찾는 능력이 있음을 밝히는 새로운 연구 결과가 나왔다. 지금까지 유사점을 찾는 능력은 사람과 몇몇 영장류의 복잡한 인지 작용이라고 알려져 있었다. 연구자들은 까마귀에게 패턴을 맞추는 게임을 시켜보았다. 그들은 뿔까마귀 두 마리에게 샘플로 보여준 카드와 정확하게 일치하는 카드를 뽑는 훈련을 시킨 뒤에, 맞는 카드를 고르면 그 밑에 놓인 컵에 들어 있는 밀웜을 보상으로 주었다. 그런 다음에 까마귀들에게 새로운 과제를 내주었다. 샘플 카드와 똑같지는 않지만 패턴이 같은 카드를 뽑게 한 것이다. 예를 들면 크기가 같은 사각형이 두 개 그려진 카드를 보여주면 뿔까마귀는 크기가 다른 두 원이 그려진 카드가 아니라 크기가 같은 두 원이 그려진 카드를 뽑아야 한다. 까마귀들은 특별한 훈련을 시키지 않아도 같은 패턴을 골라냈다. 연구자들은 이것은 까마귀에게도 "우리처럼" 아주 높은 수준의 사고 능력(유사점을 추론하는 능력)이 있다는 분명한 증거라고 했다.

뿔까마귀가 보여준 능력은 분명히 까마귀에게도 사람처럼 고등한 지적 능력이 있음을 보여주는 놀라운 증거이다. 그러나 사람을 기준으로 생각하는 것이 아니라 새만이 가진 능력인 경우에도 복잡한 인지능력이라는 사실을 인정해야 하는 것이 아닐까? 철새의 뇌는 작을지도 모르지만 그 안에 들어 있는 정신적 지도는 정말로 크다. 명금류만이 가지고 있는 독특하고 영구적인 문화적 전통은 또 어떤가? 리처드 프룸은 참새목 명금류가 맨 처음 노래를 배우고 그 노래를 후대에 전수한 것은 3,000만 년에서 4,000만 년 전 사이의 일이라고 했다. 프룸은 "어쩌면 곤드와나 대륙이 완전히 나누어지기 전부터 새는 노래를 부르기 시작했을 수도 있다. 사람의 문화는 1만 년 정도의 역사를 가지고 있지만 명금류는 수천만 년 전부터 엄청난 규모의 '미적 문화'를 구축해온 것이다"라고 썼다.

지금도 우리는 어째서 어떤 새는 다른 새들보다 더 영리한지를 밝히려고 애쓰고 있다. 새를 둘러싸고 있는 생태, 기술, 사회 문제를 해결하다 보니 더 영리해진 것일까? 까다로운 배우자의 마음을 얻으려고 가슴이 터지도록 노래를 부르다 보니, 아름다운 바우어를 재빨리 짓다 보니 더 영리해진 것일까?

우리가 알고 있는 것처럼 새마다 지능이 모두 다르다. 그러나 정말로 바보인 새는 한 종도 없다. 조류학자 리처드 F. 존스턴의 말처럼 "모든 것을 결정하는 것은 적응력"이다. 기적처럼 엄청난 재능을 가진 것도 아니고 단점이 없는 것도 아니지만 새들은 저마다 자기만의 천재성이 있다. 큰티나무와 카구 역시 자신만의 천재성을 가지고 있다. 나는 뉴칼레도니아 섬에서 카구를 만났던 순간을 기억한다. 그때 내 심장은 쿵 하고 떨어졌고, 카메라는 내 손목 밑에 매달린 채로 흔들리고 있었다. 그 뒤에 알게 된 사실인데, 이 유령 같은 새에게는 레이저 같은 커다란 붉은 눈이 있어서 어두운 숲에서도 먹이를 찾을 수 있다고 한다. 카구는 1년에 새끼를 딱 한 마리만 낳는다. 그 때문에 섬에 개가 들어온 뒤부터 카구의 생식 습성은 거의 파멸을 불러왔다. 그러나 정말로 카구가 제퍼슨의 어깨에 내려앉아 제퍼슨의 입에 있는 먹이를 받아먹던 흉내지빠귀보다 훨씬 더 어리석을까? 처음 만난 천적을 위험하다고 인지하지 못하는 것과 새의 우둔함은 아무 상관이 없다. 우리가 카구의 어리석음이라고 생각하는 것은 사실은 오랫동안 천적이 없는 평온한 섬에서 살았기 때문에 적응한 결과이자, 생태학적인 순진성에 가깝다. 개빈 헌트는 "천적이 전혀 없고 주변에 있는 땅을 곧바로 파기만 하면 먹이가 나오는 환경에서 진화를 한다면, 그 동물의 인지능력은 먹이를 찾으러 다니는 것이 아니라 먹이가 어디에 있는지를 파악하고 정확하게 쪼는 능력을 기르는 데 집중될 겁니다"라고 했다. "카구가 어째서 사람이나 개에게 가까이 가는 걸까요? 그 이유는 어쩌면 다른 카구가 자기 영역에 들어오는 게 싫기 때문일 수도 있습니다. 새로 나타난 존재는 경쟁자일 수도 있으니 혹시라도 경쟁자가 아닌지 살펴보는 건 당연한 일일 겁니다." 하지만 이제는 어디에나 포식자가 있다. 카구가 사는 세상은 바뀌고 있고, 카구를 비롯해 오래 전에 지구에 나타난 고참 새들의 운은 이제 다 되었다는 사실은 피할 수 없는 진실일 수도 있다.

이런 새들을 포기하고 그저 인간의 "발전"에 따른 부수적인 피해라고 생각하는 편이 쉬울 수도 있다. 그러나 코스타리카의 농경지대와 정글에서 연구를 했던 어느 과학자의 말처럼 "생태계에 집참새 같은 새만 남기는 것은 기술주에만 투자를 하는 것"과 같다. 거품이 터지면 투자금은 날아간다.

**땅거미가 지는** 벅스 엘보에서는 아지랑이 같은 빛이 내부에서 흘러나와 새롭게 퍼져나간다. 갑자기 가까운 곳에서 휙 하고 움직이는 기이한 소리가 들렸다. 야생 칠면조 세 마리가 안개를 뚫고 나오더니 그 긴 다리로 긴 풀을 헤치면서 내 앞에 있는 목초지를 마치 작은 공룡 세 마리처럼 뛰어서 다시 마술처럼 안개 속으로 사라졌다. 새의 게놈을 비교한 최근의 연구에 따르면, 칠면조는 그 어떤 새보다도 공룡 조상과 유전적으로 가깝다고 한다. 다른 새들과 비교했을 때, 칠면조의 염색체는 깃털 달린 공룡이 살던 시대에서 거의 변한 것이 없다. 그 칠면조 수컷들이 긴 풀밭을 뛰어가는 모습을 보니 과연 그렇구나 하는 생각이 들었다.

지난 세기에 우리의 저녁 식탁에 오르던 야생 칠면조는 거의 사라졌다. 1930년대에 미국의 조류학자 아서 클리브랜드 벤트는 얼마 남지 않은 생존자들이 엄청나게 똑똑하고 교활하다고 주장하면서 1882년에 J. M. 위턴 박사가 들려준 이야기를 소개했다. "이 야생 칠면조들은 발견되었을 때, 자기들 신분이 들키지 않아야만 위험하지 않다는 사실을 알고 있는 것처럼, 자기들에게 가해지는 위험이 소극적이거나 어쩔 수 없는 경우라면 가축화된 사촌 종인 것처럼 위장을 하고 자기들은 전혀 위협을 느끼지 못한다는 듯이 행동한다. 나는 야생 칠면조들이 사냥꾼이 지나가는 동안 조용하게 담장 위에서 홰를 치고 앉아 있는다는 것을 안다. 한번은 사냥꾼들이 야생 칠면조 다섯 마리를 발견했는데, 사냥꾼들은 이 칠면조들이 유유히 자기들 앞을 걸어서 지나가더니 담장에 앉는 것을 보고 누군가의 가축이라는 생각에 잡을 생각을 하지 못했다. 칠면조들이 담장을 넘어 느긋하게 낮은 언덕 위로 사라지는 모습을 지켜본 뒤에야 사냥꾼들은 그 칠면조들이 야생 칠면조라는 사실을 알았다. 이 칠면조들은 사냥꾼이 어쩔 수 없을 정도로 멀리 간 뒤에야 날개를 활짝 펴고 엄청난 속도로 넓은 계곡을 내달려, 그 모습을 지켜보면서 넋이 나간 사냥꾼들과 자기들의 간격을 크게 벌렸다."

모든 소식이 암울한 것은 아니다. 현재 야생 칠면조의 개체 수는 회복되고 있으며, 알래스카 주를 제외한 미국 모든 주에서 많은 수가 목격되고 있다. 칠면조는 산등성이를 덮고 있는 너도밤나무 숲과 떡갈나무 숲을 열렬하게 좋아한다. 카구처럼 칠면조도 땅을 파서 먹이를 찾는다. 위턴 박사가 재미있는 일화를 남기기는 했지만, 카구처럼 야생 칠면조도 그다지 똑똑한 새라는 평가는 듣지 못하고 있다. 그러나 새는 뇌의 능력이 부족하다고 해서 그 존재 가치가 적은 것은 아니다. 알도 레오폴드는 아름다움의 물리학에 관한 글을 쓰면서 이런 구절을 남겼다. "북부 숲의 가을 풍광에는 땅이 있고, 붉은 단풍이 있고 목도리뇌조가 있다. 전통적인 물리학의 관점에서 볼 때, 그 뇌조가 그 지역의 전체 질량이나 에너지에서 차지하는 비율은 100만 분의 1에 불과하다. 그러나 그 풍광에서 뇌조를 빼버리면, 나머지 모든 것들은 죽고 만다."

지구는 과거에 재앙적인 생물 멸종 사건을 겪었다. 수많은 생물들이 멸종하면 새로운 생명체가 탄생했다. 6,600만 년 전에 공룡을 전멸시킨 대량 멸종 사건이 끝난 뒤에 생물계의 "빅뱅"이라고 부를 수 있을 만큼 엄청난 규모로 새로운 종이 탄생해 명금류, 앵무새, 비둘기 같은 새가 지구에 등장했다. 아주 긴 시간이 흐르면 "제6의 대량 멸종" 사건도 결국은 그런 지질학적 사건들 가운데 하나가 될지도 모른다. 그러나 우리 대부분에게 가장 중요한 시간 척도는 사람의 수명으로 측정할 수 있는 시간이다. 어차피 자연은 수백만 년이 지나면 생기를 되찾는데 뭐, 하고 안심하고 있을 수는 없는 노릇이다. 더구나 앞으로 수만 종이 넘는 새들이 새로운 종으로 진화할 수도 있지만, 그 새들은 현재 존재하는 새들에게서 무작위로 선택된 후손은 아닐 것이다. 미래에 존재할 새들 가운데 절반 정도는 분명히 까마귓과일 것이라고 루이스 르페브르는 말한다. "아마 사람들은 이런 생각을 좋아하지 않을 거예요. 까마귀는 너무 평범하고 특징이 없다고 생각하니까요. 하지만 누가 아나요? 200만 년이 흐르면 아주 화려하고 아름다운 가수가 될지 말이에요."

맞는 말이다. 그러나 그 노래를 누가 들을 수 있을까? 그런 변화가 일어날 때까지 우리는 우리가 정한 규칙을 따르는 참새 같은 새들만이 살아가는 축소된 종 다양성으로 만족해야 할까? 아니면 큰 뇌와 작은 뇌, 한 가지만을 잘 하는 전문가와 모든 것을 잘 하는 만능선수, 오래된 종과 새로운 종으로 이루어진 아주 커다란 조류의 생명의 나무를 보존하려고 최대한 노력을 기울여야 할까?

**언젠가 아인슈타인은** 한 편지에서 이렇게 썼다. "사람이란 실제로 존재하는 것과 마주쳤을 때, 지능이 얼마나 불충분한 것인가를 분명하게 깨달을 수 있을 정도로만 지능을 가진 존재입니다."

아직 우리는 새가 영리해지기 위해서 어떤 대가를 치렀는지 모른다. 지능이 어떻게, 무엇 때문에, 어떤 상황에서 새의 생존 가능성을 높이는지도 모른다. 영리한 새는 생식 성공률이 높을까? 정말로 이상하게도 그에 관해서는 증거를 찾은 것이 거의 없다. 수 힐리는 "실제로 존재하는 특성이 진화적 적응도(fitness : 생식과 번식 능력을 측정하는 척도/옮긴이)에 어떤 이득을 주는지는 그 특성이 무엇이건 절대로 쉽게 단정할 수 없다"라고 했다. 새의 인지능력과 진화적 적응도에 어떤 관계가 있는지를 알아내려는 시도는 들판에 나가 황금 거위를 찾으려는 시도와 다르지 않다. 다니엘 솔은 그 관계를 밝히는 일이 특히 어려운 이유는 융통성 있는 행동 같은 한 동물의 특성은— 먹이가 부족한 시기처럼— 특별한 상황에서만 파악할 수 있기 때문이라고 했다. 안락한 환경에서는 한 가지가 특출한 전문가가 더 잘 해낼 수도 있다(갈라파고스 군도에 사는 핀치들도 상황은 다르지 않다. 어떤 해에는 부리가 큰 새가 뛰어난 적응력을 보이고, 어떤 해에는 부리가 작은 새들이 잘 해낸다).

그런데 새들의 세계에서는 적절한 균형이 작용한다. 다니엘 솔은 다산과 생존이라는 문제도 균형을 유지하고 있음을 보여주는 자료를 가지고 있다. 일반적으로 뇌가 작은 새(보통 수명이 짧다)는 한 번에 많은 새끼를 낳고, 뇌가 큰 새(보통 수명이 길다)는 적은 수의 새끼만을 낳는다. 그러나 생존율이 높은 쪽은 뇌가 큰 새일 경우가 많다. 그런 식으로 균형이 유지되는 것이다. "뇌가 큰 새는 느린 생존 전략을 구사합니다. 생식보다는 살아가는 일에 더 에너지를 소비하는 겁니다"라고 솔은 말한다. "생식 기간이 길면 성장 속도가 느린 종도 생산력이 증가할 수 있습니다. 그렇다고는 해도 생존보다는 생식에 우선순위를 두고 빠르게 성장하는 종의 높은 생산력을 따라갈 수는 없습니다. 그러나 빠르게 살아가는 새가 구사하는 전략은 상황이 좋을 때는 아주 빠른 속도로 개체수를 늘릴 수 있는 전략이지만, 상황이 나쁠 때는 아주 위험한 전략일 수도 있습니다. 먹이가 풍부할 때도 있고 부족할 때도 있다면 천천히 사는 방식을 택한 새가 더 유리할 겁니다. 특히 상황이 나쁠 때도 적응할 수 있는 인지능력을 가진 새라면 더욱더 생존에 유리하겠지요. 그러니 빠르게 살 것인가 느리게 살 것인가는 환경에 따라 유리할 수도, 불리할 수도 있는 전략입니다."

그렇다면 같은 종 내부에서는 어떨까? 머리가 좋은 새가 새끼를 더 많이 기를 수 있을까? 이 질문에 관해서는 상반된 증거들이 나와 있다. 스웨덴 고틀란드 섬에서 진행한 야생 큰박새 연구에서는 문제(둥지 상자에 달린 문을 끈을 잡아당겨 여는 것)를 더 빨리 해결한 부모 새의 새끼가 문제를 풀지 못한 부모 새의 새끼보다 생존율이 높았다. 문제 해결 능력이 뛰어난 새는 알도 더 많이 낳았고 부화한 새끼도 많았으며 날 수 있을 때까지 성장한 새끼도 많았다.

그러나 위담 숲에서 새끼를 기르는 큰박새 부부를 가까이에서 지켜본 옥스퍼드 대학교의 엘라 콜과 동료들은 상황이 그렇게 간단하지는 않다고 말한다. 먹이 상자에서 막대를 꺼내 맛있는 간식을 먹는 과제를 더 빨리 푼 "똑똑한" 새들은 더 많은 알을 낳고 더 효과적으로 새끼를 길렀지만, 둥지를 버리고 떠나는 경우도 더 많은 것 같았다. 생식 성공률에 변동이 있는 것이다. 옥스퍼드 대학교의 연구자들은 야생에서 자연 선택은 특별히 문제를 잘 해결하는 큰박새를 문제를 해결하지 못하는 큰박새보다 선호하지는 않는 것 같다고 했다. 문제를 잘 해결하는 큰박새는 환경을 좀더 잘 이용하기 때문에 더 많은 새끼를 낳을 수 있지만, 천적에 대해서 더 신중한 태도를 취하기 때문에 둥지를 포기할 가능성도 더 크다(산에서 사는 검은머리박새도 마찬가지이다. 고지대에서 사는 머리가 좋은 박새가 저지대에서 사는 머리가 나쁜 박새보다 둥지를 버리는 횟수가 더 많았다).

그러나 여기에는 함정이 있을 수도 있다. 과학자들이 논문에서 언급한 것처럼 영리한 큰박새가 둥지를 버리는 이유는 너무 어린 새끼를 자꾸 울리려고 하는 실험자들 때문일 수도 있다. 네일레 보헤트는 "문제를 잘 푸는 박새는 실험을 하면서 귀찮게 하는 사람들에게 더 민감하기 때문에 문제를 잘 풀지 못하는 새보다 둥지를 포기하고 떠나는 경우가 많은 거 아닐까요? 정말로 문제를 잘 푸는 박새가 진짜 천적에게 더 민감한지, 진짜 천적 때문에 둥지를 버리는 경우가 더 많은지를 알아보는 실험은 정말로 흥미로울 겁니다"라고 했다. 큰박새를 귀찮게 하는 실험자의 방해를 제거하면 문제를 해결하는 능력과 생식 능력 사이에 어떤 관계가 있는지 밝힐 수 있을까? 불확실성은 이런 연구를 하는 것이 얼마나 어려운지, 실험을 하면서 모든 변수를 고려하는 일이 얼마나 힘든 일인지를 여실히 보여준다.

**어쨌거나 사람은** 머리가 좋으면 언제나 유리하리라고 생각하지만, 항상 그런 것은 아니다. 재빨리 배우고 익히는 능력을 비롯해 생명체의 모든 특성에는 모두 적절한 균형이 존재한다. 어떤 문제든지 재빨리 반응하는 대담한 새는 그 속도 때문에 정확성에 문제가 있을 수도 있다. 예를 들면 바베이도스 섬에서는 시몬 두카테스가 카리브해찌르레기 무리에도 문제를 빨리 푸는 개체와 늦게 푸는 개체가 있음을 발견했다. 그런데 전도 학습에서는 (바베이도스멋쟁이새가 그랬던 것처럼) 문제를 천천히 푸는 새가 정확도가 더 높았다. 다니엘 솔은 "용감한 개체는 더 빨리 문제에 덤벼들지만 피상적으로 접근합니다. 하지만 신중한 개체는 더 많은 정보를 모으고 그 정보를 좀더 유연하게 사용해서 문제를 풀어나갑니다"라고 했다. 그렇다면 어떤 개체가 개체군 내에서 더 오랫동안 살아남을까? 두카테스는 "그해에 어떤 환경이 조성되느냐에 따라서 그 양상은 달라질 것"이라고 했다. 두카테스는 이런 사정이 바로 새마다 인지능력이 다른 이유일 것이라고 추정한다. 그리고 집참새가 우리에게 가르쳐준 것처럼 다양한 성격을 가진 개체들이 모여야 하는 이유이기도 하다.

**안개가 걷히고** 있었다. 비로소 나는 자줏빛으로 물든 채 계곡을 가로지르며 물결치듯 뻗어 있는 블루리지 산맥을 볼 수 있었다. 가까운 숲에서 높고 날카로운 검은머리박새의 울음소리가 들려왔다. 그곳을 자세히 살펴보자 소나무 위에 홰를 치고 앉아 나를 평가하는 눈으로 찬찬히 내려다보고 있는 그 녀석이 보였다. 새가 무엇을 알고 있고, 왜 그런 지식을 가지게 되었는지를 알고 싶다면, 마음을 열고 깃털로 뒤덮인 그 작은 몸속에 꽉꽉 채워져 있는 어마어마한 천재성을 들여다보아야 한다. 이 모든 문제들은 우리의 지적 서가에 담아두고 풀어야 하는, 우리가 아직도 거의 알아내지 못한 경이로운 수수께끼들이다.

# 감사의 글

먼저 이 책을 펴낼 수 있도록 도움을 준 분들에게 감사를 하는 것이 옳을 것이다.

나는 새와 새의 뇌를 연구하는 데에 일생을 바친 수많은 과학자들의 연구에 의존해서 이 책을 썼다.

그런 분들의 이름을 여기에 적고, 내가 진 빚을 모두 열거하다 보면 책 한 권을 채우고도 남을 것이다. 특히 내가 자료를 조사하는 동안 시간과 지식을 아낌없이 나눠준 여러 조류학자, 생물학자, 심리학자, 동물행동학자들에게 감사의 말씀을 드린다. 맥길 대학교의 루이스 르페브르는 바베이도스 섬에 있는 벨레어즈 연구소에서 내게 실험실을 제공했고, 내가 그곳에 있는 며칠 동안 새의 인지능력의 세계를 일러주고, 자신이 진행하고 있는 연구 내용을 들려주었으며, 새의 인지 영역에 관한 전반적인 내용을 알려주고, 나의 끊임없는 질문에 인내를 가지고 정말로 열심히 재미있게 설명해주었다. 완성된 원고의 초안을 직접 읽고 유용한 조언과 제안도 아끼지 않았다. 벨레어즈 연구소에 머무는 동안 리마 카옐로, 장 니컬러스 오데트, 시몬 두카테스는 관대하게도 자신이 진행한 연구 결과와 깊은 사고를 들려주었다.

오클랜드 대학교의 알렉스 테일러는 내가 뉴칼레도니아 섬을 방문했을 때, 친절하고도 사려 깊게 자신이 진행하는 까마귀 연구를 설명하고, 새의 인지능력에 관한 전문 지식을 나누어주었다. 엘사 루아셀은 여러 차례 연락을 주고받으면서 많은 정보를 제공했고, 거대 양치식물 공원에서 하이킹을 할 때는 동행하기도 했다. 우리가 함께 만난 멋진 카구 사진도 찍었고 뉴칼레도니아 섬의 전경과 까마귀 사진도 많이 보내주었다.

관대한 많은 분들이 바쁜 시간을 내어 나와 대화를 나누었고, 본인들이 진행하고 있는 연구 내용을 알려주었을 뿐만 아니라 이 책의 초벌 원고에서 해당 부분을 읽고 또 읽어주었다. 옥스퍼드 대학교의 루시 애플린, 메릴랜드 대학교의 제럴드 보르자, 오스트레일리아 빅토리아 디킨 대학교의 존 엔들러, 에든버러 대학교의 스티븐 브루사테, 미국 지질조사국의 지구물리학자 존 해그스트럼, 벨파스트 퀸즈 대학교의 리처드 홀랜드, 오클랜드 대학교의 개빈 헌트, 듀크 대학교의 에릭 자비스, 미시건 주립대학교의 제이슨 키지, 네바다 대학교의 블라디미르 프라보수도프, 웨스턴오스트레일리아 대학교의 어맨다 리들리, 스페인 생태산림적용연구 센터의 다니엘 솔이 그런 분들이다.

오클랜드 대학교의 러셀 그레이는 친절하게도 2014년 막스플랑크 언어심리학 연구소에서 진행한 훌륭한 네이메헌 강연 영상을 보내주었다.

과학자이자 편집자의 눈으로 많은 시간을 들여 아주 꼼꼼하고도 명민하게 나의 원고를 읽은 세인트앤드루스 대학교의 네일톄 보헤트에게는 정말 많은 빚을 졌다. 어떤 부분은 한 번 이상 읽었다. 보헤트의 손길이 닿은 곳은 훨씬 근사한 문장으로 거듭났다.

전 세계 많은 과학자들이 내 원고를 읽고, 과학적 오류가 있을 경우 바로잡아주었다. 그분들이 아니었다면 정말 당혹스러운 일이 생길 뻔했다. 이 자리를 빌려 정말로 고맙다는 말을 전하고 싶다.

미국에서는 하버드 대학교 아크하트 아브자노프, 워싱턴 대학교 카를로스 보테로, 어바인 대학교 낸시 벌리, 미시시피 대학교 라이니 데이, 네브래스카 대학교 주디 다이아몬드, 코넬 대학교 벤 프리먼, 스탠퍼드 대학교 루크 프리슈코프, 샌디에이고, 캘리포니아 대학교 팀 겐트너, 위트먼 칼리지 월터 허브랜슨, 버클리, 캘리포니아 대학교 루시아 제이컵스, 네브래스카 대학교 앨런 카밀, 인디애나 대학교 마시 킹스베리, 시카고 대학교 사라 런던, 탐파 사우스플로리다 대학교 린 ("마티") 마틴, 워싱턴 대학교 존 마즐러프, 매사추세츠 공과대학교 미야가와 시게루, 듀크 대학교 리처드 무니, 데이비스, 캘리포니아 대학교 가일 패트리셀리, 하버드 대학교 아이린 페퍼버그, 위스콘신 대학교 로렌 리터스, 뉴멕시코 대학교 리아논 J. D. 웨스트.

영국에서 도와준 분들이다. 케임브리지 대학교 니컬라 클레이턴, 세인트앤드루스 대학교 수 힐리, 벨파스트 퀸즈 대학교 리처드 홀랜드, 케임브리지 대학교 로라 켈리, 케임브리지 대학교 레르카 오스토이치, 세인트앤드루스 대학교 크리스천 러츠, 런던 임페리얼 칼리지 머리 샤나한, 세인트앤드루스 대학교 크리스 템플턴.

유럽 분들이다. 빈 대학교 알리체 아우어슈페르크, 위트레흐트 대학교 요한 볼하위스, 독일 그뢰펠핑의 제니 홀자이더, 올덴부르크 대학교 헨리크 모우리첸, 튀빙겐 대학교 안드레아스 니더, 막스플랑크 조류학연구소 닐스 라텐보르크, 빈 대학교 사비네 테비히.

오스트레일리아와 뉴질랜드 분들이다. 오클랜드 대학교 러셀 그레이, 개빈 헌트, 알렉스 테일러. 오스트레일리아 맥커리 대학교 테레사 이글레시아스.

그밖의 지역 분들이다. 몬트리올 대학교 라우레 코샤르, 브라질 리우데자네이루 연방대학교 수자나 에르쿨라노-오젤, 도쿄 대학교 오카노야 가즈오, 게이오 대학교 와타나베 시게루.

책을 써나가면서 갈피를 잡지 못하고 우왕좌왕할 때마다 이분들의 조언과 비평은 내가 다시 글을 쓸 수 있게 해준 중요한 원동력이었다. 그런데도 여전히 숨어 있는 잘못이 있다면, 그것은 전적으로 나의 잘못이다.

많은 친구와 동료들이 정말로 귀한 도움을 주었고, 이 작업에 관심을 기울여 늘 나를 기분 좋게 해주었다. 캐린 벤델은 친구에게 자기가 기르는 회색앵무 스록모턴에 관해서 이야기하는 소리를 듣고 호기심을 보인 나에게 친절하고 상냥하게도 스록모턴과 왕관앵무새 이자보의 이야기를 들려주었다. 배리 폴록도 회색앵무 알피의 이야기를 들려주었고, 미셸과 조이 맨햄은 루크 사에 있는 모직 공장에서 오후를 보내면서 조이의 퀘이커앵무 이야기를 들려주었다. 우리가 이야기를 하는 동안 우아하게 내 어깨에 앉아 있던 그 퀘이커앵무는 주기적으로 내 귀에 대고 "속삭여, 속삭여, 속삭여"라고 말했다.

재능이 풍부한 교사이자 조류학자인 다니엘 비커는 야외 실습을 나간 우리 학생들과 나를 새가 있는 곳으로 데려가 새의 노랫소리를 구분하는 법을 자세히 알려주었다(그 가운데 많은 장소들을 이 책에 실었다). 비커는 또한 새를 관찰하는 사람의 예리한 눈으로 나의 초벌 원고를 모두 읽었다. 경험이 풍부한 조류 사육자 데이비드 화이트는 재미있고 전문가다운 이야기를 많이 해주었다.

친애하는 친구 리이엄 넬슨은 정말로 이 책에 많은 도움을 주었다. 동료로 공동 저자로 함께 한 적도 있었지만 대부분은 그저 친절함과 우정 때문에 나와 함께 해주었다. 이 책의 초안을 읽고 정말로 뛰어난 제안을 많이 했다. 나를 격려해주고 멋진 생각을 들려주고 (가끔은 새를 찍은 영상도 보내준) 친구도 있었다. 특히 수전 배시크, 로스 케이지, 산드라 쿠시먼, 로라 델라노("건조한 북서풍 바람을 이용하던 공작" 이야기를 해주었다), 리즈 덴트, 마크 에드먼슨, 도리트 그린, 샤론 호건, 도나 루시, 데브라 니스트롬, 댄 오닐, 마이클 로드메이어, 존 로우레트, 낸시 머피 스파이어, 데이비드 에디 스파이어, 헨리 원섹, 앤드류 윈드햄이 그런 친구들이다. 정말로 마음을 다해 고마움을 전한다. 사랑하는 관대한 나의 아버지와 새어머니 빌 고럼과 가일 고럼, 사랑하는 자매들, 사라 고럼, 낸시 하이먼, 킴 우바거는 특히 나를 지원해주었고 관심을 기울였다. 나를 지키고—내 작업실을 지키고—새를 지키며 엄마를 늘 사랑해주고 용기를 준 사랑스럽고 사려 깊은 두 딸, 조와 넬에게도 큰소리로 고맙다고 말해주고 싶다("거기에 새를 넣어줘!").

20년이 넘는 시간 동안 나의 에이전트인 멜러니 잭슨과 함께 즐겁게 일할 수 있었던 것은 정말 영광이었다. 멜러니가 열정적으로 지혜롭게 좋은 비평을 해주지 않았다면, 나는 책을 단 한 권도 쓰지 못했을 것이다. 앤 고도프가 나의 편집자라는 사실은 정말로 행운이다. 엄청난 교정 능력과 아낌없는 도움을 준 앤에게 정말로 고맙다는 말을 전하고 싶다. 출판 과정을 모두 지휘하면서 아낌없이 지원을 해준 소피아 그루프먼과 케이시 래시, 아름다운 삽화를 그려주고 언제나 즐겁게 일해준 존 버고인에게도 감사의 말을 전한다.

마지막으로 살아가고 일을 하면서 온갖 행복과 풍상을 겪었던 수년 동안 사실상 모든 면에서 나를 지원해준 사랑하는 칼에게 깊은 사랑과 고마운 마음을 전한다. 칼의 격려와 지혜, 인내와 지원, 우정과 견해, 유머와 사랑이 없었다면 나는 아무것도 할 수 없었을 것이다.

# 주

## 들어가는 글

12 **1980년대가 시작될 무렵에**: 알렉스에 관한 정보의 출처. I. M. Pepperberg, *The Alex Studies* (Cambridge, MA: Harvard University Press, 1999); I. M. Pepperberg, "Evidence for numerical competence in an African grey parrot (*Psittacus erithacus*)," *J Comp Psych* 108 (1994): 36–44; I. M. Pepperberg, "Ordinality and inferential abilities of a grey parrot (*Psittacus erithacus*)," *J Comp Psych* 120, no. 3 (2006): 205–16; I. M. Pepperberg and S. Carey, "Grey parrot number acquisition: The inference of cardinal value from ordinal position on the numeral list," *Cognition* 125 (2012): 219–32.

13 **알렉스를 보기 전까지 우리는**: 침팬지 와슈는 많은 단어를 이해했지만 말을 할 수는 없었다. 기호도 130개 정도 익혔다.

13 **1990년대가 되자**: G. R. Hunt, "Manufacture and use of hook-tools by New Caledonian crows," *Nature* 379 (1996): 249–51; G. R. Hunt and R. D. Gray, "Species-wide manufacture of stick-type tools by New Caledonian crows," *Emu* 102 (2002): 349–53; G. R. Hunt and R. D. Gray, "Diversification and cumulative evolution in tool manufacture by New Caledonian crows," *Proc R Soc B* 270 (2003): 867–74.

13 **"네 부리로는 닿지 않을 텐데**: A. A. S. Weir et al., "Shaping of hooks in New Caledonian crows," *Science* 297, no. 5583 (2002): 981.

15 **일부 새들의 경우**: S. Olkowicz et al., "Complex brains for complex cognition—neuronal scaling rules for bird brains" (poster presentation at the Society for Neuroscience annual meeting in Washington, D.C., November 15–19, 2014); 2015년 1월 14일, 수자나 에르쿨라노-오젤과의 개인적인 연락.

15 **사람의 뇌처럼 새의 뇌도**: L. Rogers, "Lateralisation in the avian brain," *Bird Behav* 2 (1980): 1–12.

15 **예를 들면 까치는 거울에 비친**: H. Prior et al., "Mirror-induced behavior in the magpie (*Pica pica*): Evidence of self-recognition," *PLoS Biol* 6, no. 8 (2008): e202, doi:10.1371/journal.pbio.0060202.

15 **캘리포니아덤불어치는 먹이를 저장한**: U. Grodzinski et al., "Peep to pilfer: What scrub-jays like to watch when observing others," *Anim Behav* 83 (2012): 1253–60.

15 이런 어치들은 아주 기초적인 : N. S. Clayton et al., "Social cognition by food-caching corvids: The western scrub-jay as a natural psychologist," *Phil Trans Roy Soc B: Biol Sci* 362, no. 1480 (2007): 507–22.

15 특별한 장소에—그리고 언제—어떤 : N. S. Clayton and A. Dickinson, "Episodic-like memory during cache recovery by scrub jays," *Nature* 395 (1998): 272–74; N. S. Clayton et al., "Episodic memory," *Curr Biol* 17, no. 6 (2007): 189–91.

15 특정한 사건이 일어난 장소와 : L. Cheke and N. S. Clayton, "Mental time travel in animals," *Wiley Interdiscip Rev Cogn Sci* 1, no. 6 (2010): 915–30.

15 명금(鳴禽)이 노래를 배우는 방식은 : R. O. Prum, "Coevolutionary aesthetics in human and biotic artworlds," *Biol Phil* 28, no. 5 (2013): 811–32.

16 2015년에 과학자들은 : R. Rugani et al., "Number-space mapping in the newborn chick resembles humans' mental number line," *Science* 347, no. 6221 (2015): 534–36.

16 아기 새도 비율을 : R. Rugani et al., "The use of proportion by young domestic chicks," *Anim Cogn* 13, no. 3 (2015): 605–16; R. Rugani et al., "Is it only humans that count from left to right?," *Biol Lett* (2010), doi:10.1098/rsbl.2009.0960.

16 또한 더하기나 **빼기** 같은 : R. Rugani, "Arithmetic in newborn chicks," *Proc R Soc B* (2009), doi:10.1098/rspb.2009.0044.

17 루이스 할이 언젠가 쓴 것처럼 : L. Halle, *Spring in Washington* (Baltimore: Johns Hopkins University Press, 1988), 182.

19 내 친구가 본 천막벌레나방 : 관찰, 조류학자 댄 비커.

20 "경험을 통해서 무엇인가를" : W. F. Dearborn, quoted in R. J. Sternberg, *Handbook of Intelligence* (Cambridge: Cambridge University Press, 2000), 8.

20 "능력을 획득하는 능력" : H. Woodrow, quoted in R. J. Sternberg, *Handbook of Intelligence* (Cambridge: Cambridge University Press, 2000), 8.

20 "지능이란 지능검사로 측정할" : E. G. Boring, "Intelligence as the tests test it," *New Republic* 35 (1923): 35–37.

20 "지능을 정의하는 방법은 거의" : R. J. Sternberg, "People's conceptions of intelligence," *J Pers Soc Psych* 41, no. 1 (1981): 37–55.

21 새라는 동물군은 : 여기서 조류강(Aves)이란 현생 새들과 가장 최근의 새들의 공동 조상에게서 나온 모든 후손 종을 아우르는 용어이다. 하늘을 나는 깃털 달린 동물들은 1억5,000만 년 이상 지구에서 살고 있다. E. D. Jarvis et al., "Whole- genome analyses resolve early branches in the tree of life of modern birds," *Science* 346, no. 6215 (2014): 1320–31; S. Brusatte et al., "Gradual assembly of avian body plan culminated in rapid rates of evolution across the dinosaur-bird transition," *Curr Biol* 24, no. 20 (2014): 2386–92.

21 1990년대 말에 과학자들은 : K. J. Gaston and T. M. Blackburn, "How many birds

are there?" *Biodivers Conserv* 6, no. 4 (1997): 615-25.

22 **예를 들면, 사람이 비싼**: 소프는 통찰을 "시행 행동(trial behaviour) 때문에 하게 된 것이 아닌 새로운 적응 반응(adaptive response)의 갑작스러운 생산, 혹은 경험의 갑작스러운 적응 재편성(adaptive reorganization)으로 문제를 해결하게 되는 것"이라고 정의한다. W. H. Thorpe, *Learning and Instinct in Animals* (London: Methuen & Co. Ltd., 1964), 110.

23 **다른 새의 생각과 욕구를**: A. Taylor, "Corvid cognition," *WIREs Cogn Sci* (2014), doi: 10.1002/wcs.1286; 2014년 5월, 알렉스 테일러와의 개인적인 연락; R. Gray, "The evolution of cognition without miracles" (Nijmegen Lectures, January 27-29, 2014), http://www.mpi.nl/events/nijmegen-lectures-2014/lecture-videos의 영상 참조.

24 **좀더 최근에는 천재라는**: 영국 소설가 아멜리아 바가 1901년에 정의했다. "A successful novelist: Fame after fifty," in O. Swett Marden, *How They Succeeded: Life Stories of Successful Men Told by Themselves* (Boston: Lothrop Publishing Company, 1901), 311.

24 **몇 해 전에 영국에서 관찰된**: J. B. Fisher and R. A. Hinde, "The opening of milk bottles by birds," *Br Birds* 42 (1949): 347-57; L. M. Aplin et al., "Milk-bottles revisited: Social learning and individual variation in the blue tit (*Cyanistes caeruleus*)," *Anim Behav* 85 (2013): 1225-32.

26 **수염고래와 흉학처럼**: 2015년 2월 3일, 존 엔들러와의 개인적인 연락.

26 **"계속해서 전적으로"**: Ibid.

26 **사람과 몇몇 조류 종이**: N. J. Emery and N. S. Clayton, "The mentality of crows: convergent evolution of intelligence in corvids and apes," *Science* 306 (2004): 1903-1907.

26 **"사람의 언어와"**: C. Darwin, *The Descent of Man* (London: John Murray, 1871), 59.

26 **최근에 연구소 80곳에서**: A. R. Pfenning et al., "Convergent transcriptional specializations in the brains of humans and song-learning birds," *Science* 346, no. 6215 (2014): 1256846.

28 **미국의 조류학자 오듀본은**: http://climate.audubon.org/article/audubon-report-glance.


제1장 도도부터 까마귀까지

31 **최근에는 "007"이라는**: https://www.youtube.com/watch?v=AVaITA7eBZE#t=51.

32 **뉴질랜드 오클랜드 대학교의**: 이 문제는 3-단계로 진행했던 메타 툴 사용 실험을 확장한 것이다. A. H. Taylor et al., "Spontaneous metatool use by New Caledonian crows," *Curr Biol* 17, no. 17 (2007): 1504-7.

32 **먹이를 획득하려고 도구를**: Ibid.

33 테일러는 007이 메타 툴을 : 2015년 1월 7일, 알렉스 테일러와의 개인적인 연락.

35 이런 질문에 대한 답을 : L. Lefebvre, "Feeding innovations and forebrain size in birds" (AAAS presentation, February 21, 2005, part of the symposium "Mind, Brain and Behavior"). 루이스 르페브르와 관련된 인용문과 정보는 모두 2012년 2월 26일부터 3월 1일까지 바베이도스 섬 홀타운에서 진행한 인터뷰 내용이다.

36 "조류가 빈약한 곳" : P. A. Buckley et al., *The Birds of Barbados*, British Ornithologists' Union, Checklist Number 24 (2009), 58.

36 그 이유는 어느 정도는 : P. A. Buckley and F. G. Buckley, "Rapid speciation by a Lesser Antillean endemic, Barbados bullfinch, *Loxigilla barbadensis*," *Bull BOC* 124, no. 2 (2004): 108–23.

37 사실 카리브해찌르레기는 : J. Morand-Ferron et al., "Dunking behavior in Carib grackles, *Anim Behav* 68 (2004): 1267–74.

38 "편의를 추구할 때는" : J. Morand-Ferron and L. Lefebvre, "Flexible expression of a food-processing behavior: Determinants of dunking rates in wild Carib grackles of Barbados," *Behav Process* 76 (2007): 218–21.

39 하지만 『인간의 유래(The Descent of Man)』에서 : C. Darwin, *The Descent of Man*.

39 다윈은 속담에도 나오는 : C. Darwin, *The Formation of Vegetable Mould Through the Action of Worms* (London: John Murray, 1883), 93.

39 "사람 부정 성향이 있는" : F. B. M. de Waal, "Are we in anthropodenial?" *Discover* 18, no. 7 (1997): 50–53. 프란스 드 발이 지적한 것처럼 사람과 사람이 아닌 동물의 차이를 단정적으로 구분하지 않는 비서구권 문명에서는 의인화에 대한 위험을 서구 문명처럼 걱정하지는 않는다. F. B. M. de Waal, "Silent invasion: Imanishi's primatology and cultural bias in science," *Anim Cogn* 6 (2003): 293–99 참조.

39 동물 연구에서 인지라는 : S. J. Shettleworth, *Cognition, Evolution, and Behavior*, 2nd ed. (New York: Oxford University Press, 2010), 23.

40 이런 관점에서 보면 : R. Samuels, "Massively modular minds: Evolutionary psychology and cognitive architecture," in *Evolution and the Human Mind: Modularity, Language and Meta-Cognition*, ed. P. Carruthers and A. Chamberlain (Cambridge: Cambridge University Press, 2000), 13–46; S. J. Shettleworth, *Cognition, Evolution and Behavior*, 23.

40 그러나 르페브르는 새의 : S. M. Reader et al., "The evolution of primate general and cultural intelligence," *Philos Trans R Soc Lond B* 366 (2011): 1017–27; L. Lefebvre, "Brains, innovations, tools and cultural transmission in birds, non-human primates, and fossil hominins," *Front Hum Neurosci* 7 (2013): 245.

41 하버드 대학교의 심리학자 : H. Gardner, "Reflections on multiple intelligences: Myths and messages," *Phi Delta Kappan* 77, no. 3 (1995): 200–209.

41 수년 전에 이 문제를 풀려고 : L. S. Gottfredson, "Mainstream science on intelligence: An editorial with 52 signatories, history, and bibliography," *Intelligence* 24, no. 1 (1997): 13-23; 다음도 참조. I. J. Deary et al., "The neuroscience of human intelligence differences," *Nat Rev Neuro* 11 (2010): 201-11.

44 르페브르는 "아마도 노란색이냐" : 이것은 또한 바베이도스멋쟁이새 수컷이 다른 섬에 사는 좀더 화려한 사촌 종의 수컷보다 아비 역할을 더 많이 한다는 사실과 관계가 있을 수도 있다. "새의 경우 수컷이 둥지 짓기를 비롯한 여러 가지 의무를 암컷만큼이나 성실하게 수행하는 새는 깃털 색이 단색일 때가 많다……. 소앤틸리스 멋쟁이새 수컷과 달리 바베이도스멋쟁이새는 둥지 짓기에도 열심히 참여하고, 둥지를 다 지은 뒤에도, 그리고 새끼를 기르는 동안에도 둥지 가까이 머무는 시간이 길며, 암컷에게 자주 먹이를 가져다주고 둥지 주위에 있을 때는 더욱 호전적으로 행동한다……. 바베이도스멋쟁이새의 경우 새끼를 부양하는 방식이 수컷의 이형성을 상실하는 중요한 요소로 작용했을 수도 있다." J. L. Audet et al., "Morphological and molecular sexing of the monochromatic Barbados bullfinch, *Loxigilla barbadensis*," *Zool Sci* 10, no. 31 (2014): 687-91 참조.

47 카옐로가 실험한 멋쟁이새 : L. Kayello, "Opportunism and cognition in birds" (master's thesis, McGill University, 2013), 55-67.

47 대학원생 세라 오베링턴은 : S. E. Overington et al., "Innovative foraging behaviour in birds: What characterizes an innovator?" *Behav Process* 87 (2011): 274-85.

48 셀루스는 "새들은 빙글빙글" : E. Selous, *Bird Life Glimpses* (London: G. Allen, 1905), 141.

48 "이 새들은 분명히" : E. Selous, *Thought-Transference (or What?) in Birds* (New York: Richard R. Smith, 1931).

48 새 떼(그리고 물고기 떼 : I. D. Couzin and J. Krause, "Self-organization and collective behavior in vertebrates," *Adv Stud Behav* 32 (2003): 1-75; I. Couzin, "Collective minds," *Nature* 445 (2007): 715; C. K. Hemelrijk et al., "What underlies waves of agitation in starling flocks," *Behav Ecol Sociobiol* (2015), doi:10.1007/s00265-015-1891-3.

49 그보다는 가까이 있는 : I. Lebar Bajec and F. H. Heppner, "Organized flight in birds," *Anim Behav* 78, no. 4 (2009): 777-89; M. Ballerini et al., "Interaction ruling animal collective behavior depends on topological rather than metric distance: Evidence from a field study," *PNAS* 105, no. 4 (2008): 1232-37; A. Attanasi et al., "Information transfer and behavioural inertia in starling flocks," *Nat Phys* 10 (2014): 691-96.

51 "안타깝지만 수많은" : 2015년 4월 3일, 네일레 보헤르트와의 개인적인 연락.

52 사실 이런 생각은 : H. Kummer and J. Goodall, "Conditions of innovative behaviour

in primates," *Philos Trans R Soc Lond B* 308 (1985): 203-14.

52 르페브르는 아마추어 : L. Lefebvre and D. Spahn, "Gray kingbird predation on small fish (*Poecillia spp*) crossing a sandbar," *Wilson Bull* 99 (1987): 291-92.

53 수면 위에 나 있는 : T. G. Grubb and R. G. Lopez, "Ice fishing by wintering bald eagles in Arizona," *Wilson Bull* (1997): 546-48.

54 일단 사례들을 모은 뒤에 : L. Lefebvre et al., "Feeding innovations and forebrain size in birds," *Anim Behav* 53 (1997): 549-60.

54 르페브르가 계산해서 : L. Lefebvre, "Feeding innovations and forebrain size in birds" (AAAS presentation, February 21, 2005, part of the symposium "Mind, Brain and Behavior").

55 거의 대부분의 경우에 : L. Lefebvre et al., "Feeding innovations and forebrain size in birds," *Anim Behav* 53 (1997): 549-60; S. Timmermans et al., "Relative size of the hyperstriatum ventrale is the best predictor of innovation rate in birds," *Brain Behav Evol* 56 (2000): 196-203.

56 "어쨌거나 작은도요도" : 2015년 1월 13일, 루이스 르페브르와의 개인적인 연락.

56 꿀벌은 뇌가 1밀리그램이지만 : R. Menzel et al., "Honey bees navigate according to a maplike spatial memory," *PNAS* 102, no. 8 (2005): 3040-45; M. Marine Battesti et al., "Spread of social information and dynamics of social transmission within drosophila groups," *Curr Biol* 22 (2012), 309-13, doi:10.1016/j.cub.2011.12.050.

56 몸집에 따른 뇌 크기를 : D. M. Alba, "Cognitive inferences in fossil apes (Primates, Hominoidea): Does encephalization reflect intelligence?," *J Anthropol Soc* 88 (2010): 11-48; R. O. Deaner et al., "Overall brain size, and not encephalization quotient, best predicts ability across non-human primates," *Brain Behav Evol* 70 (2007): 115-24 참조.

57 "자네, 정말로 뇌를" : C. 드라이푸스의 글에서 인용한 에릭 캔들에 관한 일화. C. Dreifus, "A Quest to Understand How Memory Works: A Conversation with Eric Kandel," *New York Times*, Science Times, March 6, 2012.

제2장 새의 방식

62 "곤충을 쫓아 나뭇가지에서" : E. H. Forbush, *Useful Birds and Their Protection* (Aurora, CO: Bibliographical Research Center, 2010; originally published in 1913), 195.

62 "무슨 말로도 제대로" : E. H. Forbush, *Natural History of the Birds of Eastern and Central North America* (Boston: Houghton Mifflin, 1955), 347.

62 최근에 과학자들은 : T. M. Freeberg and J. R. Lucas, "Receivers respond differently to chick-a-dee calls varying in note composition in Carolina chickadees, *Poecile carolinensis*," *Anim Behav* 63 (2002): 837-45.

62 크리스 템플턴 연구진은 : C. Templeton et al., "Allometry of alarm calls: Black-capped chickadees encode information about predator size," *Science* 308 (2005): 1934-37.

63 "뿌리 깊은 자기 확신" : 에드워드 하우 포부시의 말이다. E. H. Forbush, *Natural History of the Birds of Eastern and Central North America*, 347.

64 크리스 템플턴은 매달려 있는 : 2015년 2월 12일, 크리스 템플턴과의 개인적인 연락.

64 템플턴은 검은머리박새가 : C. N. Templeton, "Black-capped chickadees select spotted knapweed seedheads with high densities of gall fly larvae," *Condor* 113, no. 2 (2011): 395-99.

64 검은머리박새는 나중에 : T. C. Roth et al., "Evidence for long-term spatial memory in a parid," *Anim Cogn* 15, no. 2 (2011): 149-54.

65 검은머리박새의 몸무게는 : L. S. Phillmore et al., "Annual cycle of the black-capped chickadee: Seasonality of singing rates and vocal-control brain regions," *J Neurobiol* 66, no. 9 (2006): 1002-10.

65 새의 뇌는 가장 작은 : A. N. Iwaniuk and J. E. Nelson, "Can endocranial volume be used as an estimate of brain size in birds?" *Can J Zool* 80 (2002): 16-23.

66 그 정도 뇌 크기는 : N. E. Emery and N. S. Clayton, "The mentality of crows: Convergent evolution of intelligence in corvids and apes," *Science* 306, no. 5703 (2004): 1903-7.

66 검은머리박새의 뇌는 : 2015년 1월 13일 루이스 르페브르와의 개인적인 연락.

66 검은머리박새가 30밀리초보다 : C. H. Greenewalt, "The flight of the black-capped chickadee and the white-breasted nuthatch," *Auk* 72, no. 1 (1955): 1-5.

66 뉴런은 아주 작지만 : S. B. Laughlin et al., "The metabolic cost of neural information," *Nat Neurosci* 1, no. 1 (1998): 36-41.

66 "우리가 새가 이룬" : P. Matthiessen, *The Wind Birds* (New York: Viking, 1973), 45.

66 되샛과 같은 작은 새는 : R. L. Nudds and D. M. Bryant, "The energetic cost of short flights in birds," *J Exp Biol* 203 (2000): 1561-72.

67 (그와 달리 오리 같은) : P. J. Butler, "Energetic costs of surface swimming and diving of birds," *Physiol Biochem Zool* 73, no. 6 (2000): 699-705.

67 비행을 방해하는 제약을 : 새의 해부학과 생리학에 관한 일반 정보. 출처. F. B. Gill, *Ornithology* (New York: Freeman, 2007), 141-73.

67 새의 뼈는 다리나 날개를 : E. R. Dumon, "Bone density and the lightweight skeletons of birds," *Proc R Soc B* 277 (2010): 2193-98.

67 (그렇기 때문에 새가) : D. Lentink et al., "In vivo recording of aerodynamic force

with an aerodynamic force platform: From drones to birds," *J Roy Soc Interface* (2015), doi: 10.1098/rsif.2014.1283.

67 새의 골격계를 조절하는 : G. Zhang et al., "Comparative genomics reveals insights into avian genome evolution and adaptation," *Science* 346, no. 6215 (2014), 1311-19.

67 그 때문에 가끔 놀라운 : R. C. Murphy, *Oceanic Birds of South America* (New York: Macmillan, 1936).

67 진화는 새에게서 필요 없는 : P. R. Ehrlich et al., "Adaptations for Flight," 1988, https://web.stanford.edu/group/stanfordbirds/text/essays/Adaptations.html; F. B. Gill, *Ornithology* (New York: Freeman, 2007), 115-37.

67 조류의 심장도 : J. C. Welty, *The Life of Birds* (Philadelphia: Saunders, 1975), 112.

68 공기가 계속 "한 방향으로" : H. R. Duncker, "The lung air sac system of birds," *Adv Anat Emb Cell Biol* 45 (1971): 1-171.

68 새는 양막강(羊膜腔)을 : E. D. Jarvis et al., "Whole-genome analyses resolve early branches in the tree of life of modern birds," *Science* 346, no. 6215 (2014): 1320-31; G. Zhang et al., "Comparative genomics reveals insights into avian genome evolution and adaptation," *Science* 346, no. 6215 (2014): 1311-19.

68 조류는 진화를 하는 동안 : 아주 묘하게도 다우니딱따구리는 이 규칙에서 예외이다. 다우니딱따구리는 반복되는 염기쌍의 비율이 22퍼센트에 달한다. G. Zhang et al., "Comparative genomics reveals insights into avian genome evolution and adaptation," *Science* 346, no. 6215 (2014): 1311-19.

68 헉슬리의 제자 H. G. 웰스가 : H. G. 웰스 인용. 출처. John Carey, *Eyewitness to Science* (Cambridge, MA: Harvard University Press, 1995), 139.

69 그는 공룡 화석에서 조류의 : P. Dodson, "Origin of birds: the final solution?" *Amer Zool* 40, no. 4 (2000): 504-12.

69 실제로 헉슬리는 "장골에서" : T. H. Huxley, "Further evidence of the affinity between the dinosaurian reptiles and birds," *Proc Geol Soc Lond* (1870): 2612-31.

69 에든버러 대학교의 고생물학자 : 2015년 5월 5일, 스티븐 브루사테와의 개인적인 연락.

70 백악기 초기에 내몽골과 : M. J. Benton et al., "The remarkable fossils from the Early Cretaceous Jehol Biota of China and how they have changed our knowledge of Mesozoic life," *Proc Geol Assoc* 119 (2008): 209-28.

70 거의 20년 전에 나는 : J. Ackerman, "Dinosaurs take wing: The origin of birds," *National Geographic* (July 1998): 74-99.

70 이 동물은 시노사우롭테릭스 : Q. Ji et al., "Two feathered dinosaurs from northeastern China," *Nature* 393 (1998): 753-61; P. J. Chen, "An exceptionally well- preserved theropod dinosaur from the Yixian formation of China," *Nature* 391 (1998): 147-52,

doi:10.1038/34356; P. J. Currie and P. J. Chen, "Anatomy of *Sinosauropteryx prima* from Liaoning, northeastern China," *Can J Earth Sci* 38 (2001): 1705-27.

71 **파라베스류 공룡** : 그 연구에 관해서 이야기를 해준 브리스톨 대학교의 마이클 벤턴은 "천적을 피하거나 새로운 먹이 자원을 확보하려고 나무에 올라간 것이 그 같은 변화가 일어난 아주 큰 이유일 겁니다. 나무에서 살려면 몸은 작아야 하고 눈은 커야 하고(나뭇가지에서 나뭇가지로 뛰어다닐 때 부딪치지 않으려면 눈은 큰 것이 좋습니다) 뇌도 커져야 합니다(다양한 나무 서식지에 적응하려면 어쩔 수 없겠죠)…… . 이런 신체상의 변화는 훗날 우리 영장류에게 일어나는 변화를 떠오르게 합니다. 영장류 역시 나무에서 살려면 이런 변화를 겪을 수밖에 없었습니다"라고 했다. M. J. Benton, "How birds became birds," *Science* 345, no. 6196 (2014): 509 참조.

71 **공룡이 검은머리박새나** : A. H. Turner, "A basal dromaeosaurid and size evolution preceding avian flight," *Science* 317, no. 5843 (2007): 1378-81; M. S. Y. Lee et al., "Sustained miniaturization and anatomical innovation in the dinosaurian ancestors of birds," *Science* 345, no. 6196 (2014): 562-66.

71 **2억 년도 더 전에** : R. B. J. Benson et al., "Rates of dinosaur body mass evolution indicate 170 million years of sustained ecological innovation on the avian stem lineage," *PLoS Biol* 12, no. 5: e1001853, doi:10.1371/journal.pbio.1001853 (2014).

71 **5,000만 년 동안 진화하면서** : M. S. Y. Lee et al., "Sustained miniaturization and anatomical innovation in the dinosaurian ancestors of birds," *Science* 345, no. 6196 (2014): 562-66.

71 **몸집이 작아진 수각류들은** : S. Brusatte et al., "Gradual assembly of avian body plan culminated in rapid rates of evolution across the dinosaur-bird transition," *Curr Biol* 24, no. 20 (2014): 2386-92.

72 **공룡이 새로 변하는 동안** : A. Balanoff et al., "Evolutionary origins of the avian brain," *Nature* 501 (2013): 93-96.

72 **최근에 여러 나라의** : B.-A. S. Bhullar et al., "Birds have paedomorphic dinosaur skulls," *Nature* 487 (2012): 223-26.

72 **연구에 참여한 하버드 대학교의** : 2015년 1월 25일 아크하트 아브자노프와의 개인적인 연락; 아브자노프 인용. 출처. 오스틴 주 텍사스 대학교 출판사. "Evolution of birds is result of a drastic change in how dinosaurs developed," May 30, 2012.

74 **탁란을 하는 새의 뇌는** : J. R. Corfield et al., "Brain size and morphology of the brood-parasitic and cerophagous honeyguides (Aves: Piciformes)," *Brain Behav Evol* (February 2012), doi:10.1159/000348834; 2012년 2월, 루이스 르페브르와의 인터뷰.

74 **날 수 있게 된 뒤에도** : A. N. Iwaniuk and J. E. Nelson, "Developmental differences are correlated with relative brain size in birds: A comparative analysis," *Can J Zool* 81 (2003): 1913-28.

76 예를 들면 북극에는 : J. A. Lesku et al., "Adaptive sleep loss in polygynous pectoral sandpipers," *Science* 337 (2012): 1654-58.

76 새도 사람처럼 : J. A. Lesku and N. C. Rattenborg, "Avian sleep," *Curr Biol* 24, no. 1 (2014): R12-R14.

77 마찬가지로 올빼미도 : M. F. Scriba et al., "Linking melanism to brain development: Expression of a melanism-related gene in barn owl feather follicles covaries with sleep ontogeny," *Front Zool* 10 (2013): 42.

77 막스플랑크 조류연구소의 : J. A. Lesku et al., "Local sleep homeostasis in the avian brain: Convergence of sleep function in mammals and birds?" *Proc R Soc B* 278 (2011): 2419-28.

77 라텐보르크는 사람과 새의 : 2015년 2월 10일, 닐스 라텐보르크와의 개인적인 연락.

79 한 장소에서 정보를 수집하느라 : D. 솔. 출처. 바르셀로나 자치대학교 게시물. http://www.alphagalileo.org/ViewItem.aspx?ItemId=74774&CultureCode=en.

79 네바다 대학교의 블라디미르 프라보수도프 : T. C. Roth and V. V. Pravosudov, "Tough times call for bigger brains," *Commun Integ Biol* 2, no. 3 (May 2009): 236-38; V. V. Pravosudov and N. S. Clayton, "A test of the adaptive specialization hypothesis: Population differences in caching, memory, and the hippocampus in blackcapped chickadees (*Poecile atricapilla*)," *Behav Neurosci* 116, no. 4 (2002): 515-22.

79 좀더 춥고 눈이 많이 : C. A. Freas et al., "Elevation-related differences in memory and the hippocampus in mountain chickadees, *Poecile gambeli*," *Anim Behav* 84, no. 1 (2012): 121-27.

79 (문제 해결 능력도) : V. V. Pravosudov, "Cognitive ecology of food-hoarding: The evolution of spatial memory and the hippocampus," *Ann Rev Ecol Evol Syst* 44 (2013): 18.1-18.2.

80 1년 내내 먹이를 : 프라보수도프는 각기 다른 검은머리박새 무리에서 유전되는 해마의 뉴런 수가 서로 다른 이유는 개별 개체가 변화하는 환경에 적응한 결과라기보다는 기억을 사용하는 방식에 작용한 자연 선택의 결과일 수 있다고 생각한다. 출처. 2015년 1월 23일, 블라디미르 프라보수도프와 주고받은 개인적인 연락. V. V. Pravosudov et al., "Environmental influences on spatial memory and the hippocampus in food-caching chickadees," *Comp Cog and Beh Rev* (in press, 2015).

80 이런 뉴런 생성 과정이 : A. Barnea and V. V. Pravosudov, "Birds as a model to study adult neurogenesis: Bridging evolutionary, comparative and neuroethological approaches," *Eur J Neuroscience* 34 (2011): 884-907.

80 어쩌면 새로운 정보를 : 뉴런이 새로 생성되거나 더해지는 이유는 '예비 뉴런'을 비축해서 뇌의 유연성을 유지하고 새로운 정보를 배우는 데에 필요한 새로운 뉴런을

확보하기 위해서라고 주장하는 가설도 있다. 또한 이런 새로운 뉴런들이 뇌가 새로운 내용을 학습할 때, 기존 기억과 새 기억이 서로 파국적 간섭(catastrophic interference : 새로운 기억이 지나치게 간섭을 해서 기존 기억이 완전히 사라지는 현상/옮긴이)을 하지 않도록 막아주는 역할을 한다고 주장하는 가설도 있다. G. Kempermann, "The neurogenic reserve hypothesis: What is adult hippocampal neurogenesis good for?" *Trends Neurosci* 31 (2008): 163–69; L. Wiskott et al., "A functional hypothesis for adult neurogenesis: Avoidance of catastrophic interference in the dentate gyrus," *Hippocampus* 16 (2006): 329–43; W. Deng et al., "New neurons and new memories: How does adult hippocampal neurogenesis affect learning and memory?" *Nat Rev Neurosci* 11 (2010): 339–50.

80 "간섭 피하기" 주장은 : C. D. Clelland et al., "A functional role for adult hippo-campal neurogenesis in spatial pattern separation," *Science* 325 (2009): 210–13.

80 프라보수도프는 가혹한 환경에서 : T. C. Roth and V. V. Pravosudov, "Tough times call for bigger brains," *Commun Integ Biol* 2, no. 3 (May 2009): 236–38.

81 조류나 포유류 같은 척추동물은 : S. Herculano-Houzel, "Neuronal scaling rules for primate brains: The primate advantage," *Prog Brain Res* 195 (2012): 325–40.

81 2014년에 브라질의 : S. Olkowicz et al., "Complex brains for complex cognition—neuronal scaling rules for bird brains" (poster presentation at the Society for Neuroscience annual meeting, Washington, D.C., November 15–19, 2014).

81 에르쿨라노-오젤은 새의 : 2015년 1월 14일, 수자나 에르쿨라노-오젤과의 개인적인 연락.

81 에르쿨라노-오젤은 코끼리의 : S. Herculano-Houzel et al., "The elephant brain in numbers," *Front Neuroanat* 8 (2014): 46, doi: 10.3389/fnana.2014.00046.

82 지난 50년 동안 조류의 : H. 카텐, 다음에서 인용. S. LaFee, "Our brains are more like birds' than we thought," 2010, http://ucsdnews.ucsd.edu/archive/newsrel/health/07-02avianbrain.asp.

82 해부학적으로 이런 경멸적인 : Avian Brain Nomenclature Consortium, "Avian brains and a new understanding of vertebrate brain evolution," *Nat Rev Neurosci* 6, no. 2 (2005): 151–59; T. Shimizu, "Why can birds be so smart? Background, significance, and implications of the revised view of the avian brain," *Comp Cog Beh Rev* 4 (2009): 103–15.

83 새의 뇌에는 주름지고 : 피터 말러가 쓴 것처럼 "표면에 있는 피질 영역이 지능과 직접적인 상관관계가 있다는 억측이 널리 퍼져 있기 때문에 사람들이 표면이 매끄러운 새의 뇌를 수준 높은 지적 성취를 이룰 수 없는 구조라고 잘못 생각하는 것은 당연한 일이다." P. Marler, "Social cognition," in *Curr Orni* 13 (1996): 1–32.

84 그러나 1960년대 말이 되면 : H. J. Karten in *Comparative and Evolutionary Aspects*

*of the Vertebrate Central Nervous System,* ed. J. Pertras, *Ann NY Acad Sci* 167 (1969): 164-79; H. J. Karten and W. A. Hodos, *A Stereotaxic Atlas of the Brain of the Pigeon* (Baltimore: Johns Hopkins University Press, 1967).

84 이런 일련의 연구를 : Avian Brain Nomenclature Consortium, "Avian brains and a new understanding of vertebrate brain evolution," *Nat Rev Neurosci* 6, no. 2 (2005): 151-59.

85 비둘기는 그림에 나오는 : R. J. Herrnstein and D. H. Loveland, "Complex visual concept in the pigeon," *Science* 146 (1964): 549-51.

85 신경생물학자인 듀크 대학교의 : Avian Brain Nomenclature Consortium, "Avian brains and a new understanding of vertebrate brain evolution," 151-59.

85 자비스는 "사람의 경우" : 2012년 3월 23일, 에릭 자비스와의 인터뷰.

86 아이린 페퍼버그는 이 같은 : I. M. Pepperberg, *The Alex Studies* (Boston: Harvard University Press, 1999), 9.

87 새가 작업 기억을 : L. Veit et al., "Neuronal correlates of visual working memory in the corvid endbrain, *J Neurosci* 34, no. 23 (2014): 7778-86.

87 독일 보훔 루르 대학교의 : O. Gunturkun, "The convergent evolution of neural substrates for cognition," *Psychol Res* 76 (2012): 212-19.

88 (심지어 야생에서 따오기가) : B. Voelkl et al., "Matching times of leading and following suggest cooperation through direct reciprocity during V-formation flight in ibis," *PNAS* 112, no. 7 (2015): 2115-20.


제3장 과학자들

91 블루도 007처럼 능숙한 : 내가 알렉스 테일러와 진행한 2014년 인터뷰를 비롯해, 뉴칼레도니아까마귀에 관한 일반 정보를 제공하는 자료들; A. H. Taylor, "Corvid cognition," *Wiley Interdiscip Rev Cogn Sci* 5, no. 3 (2014): 361-72도 참조.

92 야생에서 뉴칼레도니아까마귀들은 : L. A. Bluff et al., "Tool use by wild New Caledonian crows *Corvus moneduloides* at natural foraging sites," *Proc R Soc B* 277, no. 1686 (2010): 1377-85.

92 까마귀들은 어떤 도구가 : B. C. Klump et al., "Context-dependent 'safekeeping' of foraging tools in New Caledonian crows," *Proc R Soc B* 282 (2015): 20150278.

93 오클랜드 대학교의 알렉스 테일러와 : A. H. Taylor and R. D. Gray, "Is there a link between the crafting of tools and the evolution of cognition?" *Wiley Interdiscip Rev Cogn Sci* 5, no. 6 (2014): 693-703.

93 도구 사용이 사람에게만 : The following information on animal tool use is from R. W. Shumaker et al., *Animal Tool Behavior* (Baltimore: Johns Hopkins University Press, 2011).

93 나나니벌 암컷은 굴 입구를 : H. J. Brockmann, "Tool use in digger wasps (*Hymenoptera: Sphecinae*)," *Psyche* 92 (1985): 309-30.

94 그러나 이런 여러 사례들이 : D. Biro et al., "Tool use as adaptation," *Phil Trans R Soc Lond B* 368, no. 1630 (2013): 20120408.

94 특히 각 동물들이 사용하는 : E. Meulman and C. P. van Schaik, "Orangutan tool use and the evolution of technology," in ed. C. M. Sanz et al., *Tool Use in Animals: Cognition and Ecology* (New York: Cambridge University Press, 2013), 176.

94 침팬지도 엄청난 도구를 : C. Boesch, "Ecology and cognition of tool use in chimpanzees," in C. M. Sanz et al., eds., *Tool Use in Animals: Cognition and Ecology*, 21-47.

94 침팬지나 오랑우탄처럼 : W. C. McGrew, "Is primate tool use special? Chimpanzee and New Caledonian crow compared," *Philos Trans R Soc Lond B* 368 (2013): 20120422.

94 주어진 과제에 꼭 맞는 : J. Chappell and A. Kacelnik, "Tool selectivity in a non-primate, the New Caledonian crow (*Corvus moneduloides*)," *Anim Cogn* 5 (2002): 71-78; J. Chappell and A. Kacelnik, "Selection of tool diameter by New Caledonian crows *Corvus moneduloides*," *Anim Cogn* 7 (2004): 121-27.

94 8-단계 문제를 풀었던 : J. H. Wimpenny et al., "Cognitive processes associated with sequential tool use in New Caledonian crows," *PLoS ONE* 4, no. 8 (2009): e6471, doi:10.1371/journal.pone.0006471.

95 알렉스 테일러는 아침에 : 2014년 5월에 알렉스 테일러와 나눈 인터뷰에서 인용.

96 뉴칼레도니아까마귀는 이런 : K. D. Tanaka et al., "Gourmand New Caledonian crows munch rare escargots by dropping numerous broken shells of a rare endemic snail *Placostylus fibratus*, a species rated as vulnerable, were scattered around rocky beds of dry creeks in rainforest of New Caledonia," *J Ethol* 31 (2013): 341-44.

96 갈라파고스에 서식하는 : P. R. Grant, *Ecology and Evolution of Darwin's Finches* (Princeton, NJ: Princeton University Press, 1986), 393.

96 오스트레일리아의 검정가슴벌매는 : R. W. Shumaker et al., *Animal Tool Behavior* (Baltimore: Johns Hopkins University Press, 2011), 38.

96 호두처럼 단순히 포장도로 : Y. Nihei, "Variations of behavior of carrion crows *Corvus corone* using automobiles as nutcrackers," *Jpn J Ornithol* 44 (1995): 21-35.

97 조류학회지를 뒤적거리거나 : R. W. Shumaker et al., *Animal Tool Behavior* (Baltimore: Johns Hopkins University Press, 2011), 35-58.

97 예를 들면 황새는 이끼를 : J. Rekasi, "Uber die Nahrung des Weissstorchs (*Ciconia ciconia*) in der Batschka (SudUngarn)," *Ornith Mit* 32 (1980): 154-55, cited in L. Lefebvre et al., "Tools and brains in birds," *Behaviour* 139 (2002): 939-73.

97 아프리카회색앵무는 새 모이 : I. M. Pepperberg and H. A. Shive, "Simultaneous development of vocal and physical object combinations by a grey parrot (*Psittacus erithacus*): bottle caps, lids, and labels," *J Comp Psychol* 115 (2001): 376–84.

97 미국까마귀는 플라스틱 : P. D. Cole, "The ontogenesis of innovative tool use in an American crow (*Corvus brachyrhynchos*)" (PhD thesis, Dalhousie University, 2004).

97 힐라딱따구리는 나무껍질을 : L. Lefebvre, "Feeding innovations and forebrain size in birds" (AAAS presentation, February 21, 2005, part of the symposium "Mind, Brain and Behavior").

98 북미큰어치는 자기 몸을 : T. Eisner, "'Anting' in blue jays: Evidence in support of a foodpreparatory function," *Chemoecology* 18, no. 4 (December 2008): 197–203.

98 오클라호마 주 스틸워터의 : C. Caffrey, "Goal-directed use of objects by American crows," *Wilson Bulletin* 113, no. 1 (2001): 114–15.

98 오리건 주에서는 갈까마귀가 : S. W. Janes et al., "The apparent use of rocks by a raven in nest defense," *Condor* 78 (1976): 409.

98 막대기나 크고 작은 : R. W. Shumaker et al., *Animal Tool Behavior* (Baltimore: Johns Hopkins University Press, 2011), 35–58.

98 야생에서 야자앵무는 : S. Taylor, *John Gould's Extinct and Endangered Birds of Australia* (Canberra: National Library of Australia, 2012), 130.

99 그다지 오래되지 않은 : R. P. Balda, "Corvids in combat: With a weapon?" *Wilson J Ornithol* 119, no. 1 (2007): 100.

100 뉴칼레도니아까마귀 외에 : S. Tebbich, "Tool-use in the woodpecker finch *Cactospiza pallida*: Ontogeny and ecological relevance" (PhD thesis, University of Vienna, 2000). 개빈 헌트는 이집트독수리, 검정가슴벌매, 갈색머리동고비, 붉은뺨검정야자관앵무도 정기적으로 도구를 사용한다고 했다. 2015년 1월, 개빈 헌트와 주고받은 개인적인 연락 내용.

100 이런 새들을 15년 이상 : S. Tebbich et al., "The ecology of tool-use in the woodpecker finch (*Cactospiza pallida*)," *Ecol Lett* 5 (2002): 656–64.

100 새들이 도구를 사용하는 : S. Tebbich, "Do woodpecker finches acquire tooluse by social learning?," *Proc R Soc B* 268 (2001): 1–5.

101 그 과정을 두 과학자가 : G. Merlen and G. Davis-Merlen, "Whish: More than atool-using finch," *Noticias de Galapagos* 61 (2000): 2–9.

102 최근에 테비히 연구팀은 : S. Tebbich et al., "Use of a barbed tool by an adult and a juvenile woodpecker finch (*Cactospiza pallida*)," *Behav Process* 89, no. 2 (2012): 166–71.

102 "추기경이 쓰는 모자"처럼 생긴 : A. M. I. Auersperg et al., "Explorative learning

and functional inferences on a five-step means-means-end problem in Goffin's cockatoos (*Cacatua goffini*)," *PLoS ONE* 8, no. 7 (2013): e68979.

102 그러나 빈 대학교의 알리체 아우어슈페르크 : A. M. I. Auersperg et al., "Spontaneous innovation in tool manufacture and use in a Goffin's cockatoo," *Curr Biol* 22, no. 21 (2012): R903–R904.

103 몇 해 전에 세인트앤드루스 대학교의 : L. A. Bluff et al., "Tool use by wild New Caledonian crows *Corvus moneduloides* at natural foraging sites," *Proc R Soc B* 277 (2010): 1377–85; C. Rutz et al., "Video cameras on wild birds," *Science* 318, no. 5851 (2007): 765.

103 뉴칼레도니아까마귀는 유충이 : C. Rutz and J. J. H. St Clair, "The evolutionary origins and ecological context of tool use in New Caledonian crows," *Behav Proc* 89 (2012): 153–65.

103 러츠 연구팀은 직접 막대기로 : Ibid., 156.

103 그러나 침팬지와 오랑우탄도 : G. R. Hunt and R. D. Gray, "The crafting of hook tools by wild New Caledonian crows," *Proc R Soc B* (suppl.) 271 (2004): S88–S90.

104 판다누스 나무로 갈고리를 : G. R. Hunt, "Manufacture and use of hook-tools by New Caledonian crows," *Nature* 379 (1996): 249–51; G. R. Hunt and R. D. Gray, "Species-wide manufacture of stick-type tools by New Caledonian crows," *Emu* 102 (2002): 349–53; G. R. Hunt and R. D. Gray, "Diversification and cumulative evolution in tool manufacture by New Caledonian crows," *Proc R Soc B* 270 (2003): 867–74; G. R. Hunt and R. D. Gray, "The crafting of hook tools by wild New Caledonian crows," *Proc R Soc B* (suppl.) 271 (2004): S88–S90; G. R. Hunt and R. D. Gray, "Direct observations of pandanus-tool manufacture and use by a New Caledonian crow (*Corvus moneduloides*)," *Anim Cogn* 7 (2004): 114–20; C. Rutz and J. J. H. St Clair, "The evolutionary origins and ecological context of tool use in New Caledonian crows," *Behav Processes* 89, no. 2 (2012): 153–65.

104 도구를 만들려면 아주 정확한 : G. R. Hunt, "Manufacture and use of hook-tools by New Caledonian crows," *Nature* 379 (1996): 249–51; G. R. Hunt and R. D. Gray, "Direct observations of pandanus-tool manufacture and use by a New Caledonian crow (*Corvus moneduloides*)."

104 뉴칼레도니아까마귀가 만드는 : J. C. Holzhaider et al., "Social learning in New Caledonian crows," *Learn Behav* 38, no. 3 (2010): 206–19.

105 오클랜드 대학교의 개빈 헌트와 : G. R. Hunt and R. D. Gray, "Diversification and cumulative evolution in tool manufacture by New Caledonian crows."

105 지역마다 분명하게 다음 : L. G. Dean et al., "Identification of the social and cognitive processes underlying human cumulative culture," *Science* 335 (2012): 1114–

18.

105 **더구나 헌트는 까마귀들이** : 2015년 1월 개빈 헌트와의 개인적인 연락; G. R. Hunt, "New Caledonian crows' (*Corvus moneduloides*) pandanus tool designs: Diversification or independent invention?" *Wilson J Ornithol* 126, no. 1 (2014): 133–39; G. R. Hunt and R. D. Gray, "Diversification and cumulative evolution in tool manufacture by New Caledonian crows."

106 **크리스천 러츠는 헌트의 주장을** : C. Rutz and J. J. H. St Clair, "The evolutionary origins and ecological context of tool use in New Caledonian crows."

106 **야생에서 잡은 뉴칼레도니아까마귀로** : J. J. H. St Clair and C. Rutz, "New Caledonian crows attend to multiple functional properties of complex tools," *Phil Trans R Soc Lond B* 368, no. 1630 (2013): 20120415.

106 **117종에 달하는 까마귓과 새들** : 뉴칼레도니아까마귀의 도구 사용에서 나타나는 독특한 특성과 진화적 기원에 관한 이어지는 본문 내용은 C. 러츠와 J. J. H. 세인트 클레어의 멋진 리뷰 자료를 참고했다. 출처. "The evolutionary origins and ecological context of tool use in New Caledonian crows."

107 **뉴질랜드와 파푸아뉴기니** : 뉴칼레도니아까마귀에 대한 정보. 출처. 국제보호협회 (Conservation International) 웹사이트. http://sp10.conservation.org/where/asia-pacific/pacific_islands/new_caledonia/Pages/overview.aspx; C. Rutz and J. J. H. St Clair, "The evolutionary origins and ecological context of tool use in New Caledonian crows," 153–65.

107 **면적은 뉴저지 주와 비슷하지만** : http://newcaledoniaplants.com/.

108 **그 어느 유럽인 못지않게** : http://newcaledoniaplants.com/plant-catalog/araucarians/.

108 **우거진 숲이 드리운** : M. G. Fain and P. Houde, "Parallel radiations in the primary clades of birds," *Evolution* 58 (2004): 2558–73.

108 **그러나 종 다양성은 여전히** : A. Gasc et al., "Biodiversity sampling using a global acoustic approach: Contrasting sites with microendemics in New Caledonia," *PLoS ONE* 8, no. 5 (2013): e65311.

108 **식물은 3,200종에 달한다** : 뉴칼레도니아 섬에 서식하는 식물 종으로 기록된 종의 수는 3,270종 정도이고, 그 가운데 74퍼센트(대략 2,430종)가 고유종이다. 출처. http://www.cepf.net/resources/hotspots/Asia-Pacific/Pages/New-Caledonia.aspx.

108 **이곳은 거대한 생물들의** : http://sp10.conservation.org/where/asia-pacific/pacific_islands/new_caledonia/Pages/overview.aspx.

109 **크리스천 러츠 연구팀은** : 어쩌면 바다 밑으로 가라앉지 않고 남아 있었던 육지의 일부가 작은 섬이 되어 뉴칼레도니아까마귀의 은신처가 되어주었는지도 모른다. 이 가설은 뉴칼레도니아 섬에 카구가 살고 있는 이유 역시 설명해준다. C. Rutz and J. J. H. St Clair, "The evolutionary origins and ecological context of tool use in New Caledonian crows" 참조.

110 꺼내먹을 수 있을 만큼 : 뉴칼레도니아까마귀의 도구 사용에 관한 생태학 정보의
출처. C. Rutz and J. J. H. St Clair, "The evolutionary origins and ecological context
of tool use in New Caledonian crows"; C. Rutz et al., "The ecological significance
of tool use in New Caledonian crows," *Science* 329, no. 5998 (2010): 1523–26.

110 장수하늘소 유충은 단백질과 : C. Rutz et al., "The ecological significance of tool
use in New Caledonian crows"; C. Rutz et al., "Video cameras on wild birds," *Science*
318, no. 5851 (2007): 765.

111 별 다른 경쟁자도 천적도 : C. Rutz and J. J. H. St Clair, "The evolutionary origins
and ecological context of tool use in New Caledonian crows."

111 사육장에서 자랐기 : B. Kenward et al., "Tool manufacture by naive juvenile
crows," *Nature* 433 (2005): 121; B. Kenward et al., "Development of tool use in New
Caledonian crows: Inherited action patterns and social influences," *Anim Behav* 72
(2006): 1329–43.

111 오클랜드 대학교의 개빈 헌트와 : J. C. Holzhaider et al., "Social learning in New
Caledonian crows."

112 인지능력이 진화하는 과정을 : 이하 설명의 출처. J. C. Holzhaider et al., "Social
learning in New Caledonian crows"; 제니 홀자이더와 나눈 개인적인 서신의 내용
및 제니 홀자이더의 2011년 95bFM 라디오 인터뷰 내용. http://www.95bfm.co.nz
/assets/sm/198489/3/RSL_8.02.11.mp3 ; 옐로-옐로의 학습 과정을 매혹적으로 분석
한 러셀 그레이의 강의 내용 참고. 강의 제목. "The evolution of cognition without
miracles" (Nijmegen Lectures, January 27–29, 2014), 강의 동영상 : http://www.mpi.
nl/events/nijmegen-lectures-2014/lecture-videos.

112 옐로-옐로의 행동은 지역마다 : 헌트, 홀자이더 등에 따르면 "우리는 뉴칼레도니
아까마귀가 판다누스 나뭇잎으로 도구를 만든다는 사실은 사람이 아닌 동물도 사람
처럼 기술이 축적되는 방향으로 진화를 한다는 것을 보여주는 강력한 증거라고 믿
는다." J. C. Holzhaider et al., "Social learning in New Caledonian crows."

112 그레이는 아기 새가 : R. Gray, "The evolution of cognition without miracles."

114 오클랜드 대학교의 연구팀은 : G. R. Hunt, J. C. Holzhaider, and R. D. Gray,
"Prolonged parental feeding in tool-using New Caledonian crows," *Ethology* 188
(2012): 1–8.

114 영양가가 풍부한 먹이가 : C. Rutz and J. J. H. St Clair, "The evolutionary origins
and ecological context of tool use in New Caledonian crows."

115 뉴칼레도니아까마귀의 눈은 : J. Troscianko et al., "Extreme binocular vision and
a straight bill facilitate tool use in New Caledonian crows," *Nat Comm* 3 (2012):
1110.

115 옥스퍼드 대학교의 알렉스 카셀릭 : A. Martinho et al., "Monocular tool control,

eye dominance, and laterality in New Caledonian crows," *Curr Biol* 24, no. 24 (2014): 2930–34.

116 카셀릭은 "만약 당신이" : A. Kacelnik, "Why tool-wielding crows are left- or right-beaked," *Cell Press* 4 (December 2014), http://phys.org/news/2014-12-tool-wielding-crows-left-right-beaked.htm에서 인용.

116 더구나 구부러져 있거나 : J. Troscianko et al., "Extreme binocular vision and a straight bill facilitate tool use in New Caledonian crows," *Nat Comm* 3 (2012): 1110.

116 뉴칼레도니아까마귀에게 도구를 : D. Biro et al., "Tool use as adaptation," *Phil Trans R Soc Lond B* 368, no. 1630 (2013): 20120408.

117 어쨌거나 과학자들은 : J. Troscianko et al., "Extreme binocular vision and a straight bill facilitate tool use in New Caledonian crows," *Nat Comm* 3 (2012): 1110.

117 개빈 헌트는 도구를 만들어 : 2015년 1월 21일, 개빈 헌트와의 개인적인 연락.

117 과학자들이 연구한 결과대로라면 : R. Gray, "The evolution of cognition without miracles."

117 뉴칼레도니아까마귀의 뇌는 : J. Cnotka et al., "Extraordinary large brains in tool-using New Caledonian crows (*Corvus moneduloides*)," *Neurosci Lett* 433 (2008): 241–45. 이 연구의 진행방식과 분석에 회의적인 과학자들도 있다. 크리스천 러츠와 J. J. H. 세인트클레어는 "뉴칼레도니아까마귀의 도구 사용 능력이 신경계의 적응과 관계가 있다고 발표한 내용들은 증거로서의 가치가 매우 미약하다"라고 했다. Rutz and St Clair, "The evolutionary origins and ecological context of tool use in New Caledoninan crows" 참조.

117 전뇌(forebrain)에는 소근육 : J. Mehlhorn, "Tool-making New Caledonian crows have large associative brain areas," *Brain Behav Evolut* 75 (2010): 63–70.

118 더구나 러셀 그레이의 지적처럼 : R. Gray, "The evolution of cognition without miracles"; F. S. Medina et al., "Perineuronal satellite neuroglia in the telencephalon of New Caledonian crows and other Passeriformes: Evidence of satellite glial cells in the central nervous system of healthy birds?" *Peer J* 1 (2013): e110.

118 요컨대 그레이가 말한 것처럼 : R. Gray, "The evolution of cognition without miracles."

118 연구팀은 까마귀의 전체 : 이하 알렉스 테일러와 나눈 인터뷰 내용 참조; A. Taylor, "Corvid cognition," *WIREs Cogn Sci* (2014), doi:10.1002/wcs.1286 참조.

119 까마귀의 행동을 결정하는 : R. Gray, "The evolution of cognition without miracles."

119 테일러와 함께 까마귀 007의 : A. H. Taylor et al., "Spontaneous metatool use by New Caledonian crows," *Curr Biol* 17 (2007): 1504–7; R. Gray, "The evolution of cognition without miracles."

119 그레이는 뉴칼레도니아까마귀가 : A. H. Taylor, "Corvid cognition," *WIREs Cogn*

Sci (2014), doi:10.1002/wcs.1286.

120 **알렉스 테일러는 007의 행동이** : 2015년 1월 7일, 알렉스 테일러와의 개인적인 연락.

120 **이카루스, 마야, 라즐로** : 크리스천 러츠처럼 실험 대상인 동물에게는 이름을 지어 주지 않는 편이 낫다고 생각하는 과학자들도 있다. 2015년 7월 30일에 개인적으로 나눈 서신에서 러츠는 "이름을 지어주면 실험자가 실험 대상을 관찰하고 그 실험을 분석할 때, 그리고 증거를 해석할 때도 영향을 받을 수 있습니다"라고 했다.

122 **정말로 그런지 알아보려고** : A. H. Taylor et al., "An end to insight? New Caledonian crows can spontaneously solve problems without planning their actions," *Proc R Soc B* 279, no. 1749 (2012): 4977–81; 알렉스 테일러, 인터뷰.

122 **까마귀들이 이런 행동을 하는** : A. M. Seed and N. J. Boogert, "Animal cognition: An end to insight?" *Curr Biol* 23, no. 2 (2013): R67–R69 참조.

123 **오클랜드 대학교의 연구팀은** : 크리스천 러츠는 뉴칼레도니아 섬에서 새들의 서식지를 옮기는 일은 아주 위험하다고 믿는다. "뉴칼레도니아까마귀가 도구를 만드는 행동에 어떤 학습적인 요소가 존재한다면, 한 새를 다른 장소에서 익숙하지 않은 기술에 노출을 시키면 그 지역의 '전통(또는 문화)'이 바뀔 수도 있습니다. 그래서 우리 연구팀은 언제나 까마귀 개체군을 부주의하게 '오염시키지' 않도록 그 자리(까마귀를 잡은 지역)에서만 연구를 진행합니다." 2015년 7월 30일에 러츠와 나눈 개인적인 연락.

123 **훗날 밝혀진 것처럼** : S. A. Jelbert et al., "Using the Aesop's fable paradigm to investigate causal understanding of water displacement by New Caledonian crows," *PloS One* 9, no. 3 (2014): 1–9.

123 **이제 테일러와 그레이 연구팀은** : A. H. Taylor et al., "New Caledonian crows reason about hidden causal agents," *PNAS* 109, no. 40 (2012): 16389–91.

124 **그레이는 "사람은 우리가"** : R. Gray, "The evolution of cognition without miracles."

124 **생후 7개월에서 10개월 정도 된** : R. Saxe et al., "Knowing who dunnit: Infants identify the causal agent in an unseen causal interaction," *Develop Psych* 43, no. 1 (2007): 149–58; R. Saxe et al., "Secret agents: Inferences about hidden causes by 10-and 12-month-old infants," *Psychol Sci* 16, no. 12 (2005): 995–1001.

124 **그레이가 지적한 것처럼** : R. Gray, "The evolution of cognition without miracles."

127 **과학자들은 까마귀가** : 이 실험 결과에 회의적인 사람들은 뉴칼레도니아까마귀가 인과추론을 하는 것이 아니라 그저 은신처 안에 사람이 있는 것과 막대기를 넣었다 빼는 것을 연결시킬 수 있는 것뿐이라고 주장한다. N. J. Boogert et al., "Do crows reason about causes or agents? The devil is in the controls," *PNAS* 110, no. 4 (2013): E273 참조. 테일러는 "까마귀가 두 사실을 연결해서 생각한다는 것은 맞습니다. 까마귀들이 막대가 움직이는 모습을 보면 은신처 안에서 사람이 나왔으니까요. 하지

만 그런 설명으로는 까마귀가 사람이 떠난 뒤에도 전혀 무서워하지 않는 이유는 설명할 수 없습니다. 그런 설명은 뉴칼레도니아까마귀가 막대기가 나올지도 모르는 장소에 정확하게 머리를 들이미는 걸 좋아하는 자멸적이고도 바보 같은 동물이라고 말하는 겁니다"라고 했다. A. H. Taylor et al., "Reply to Boogert et al: The devil is unlikely to be in association or distraction," *PNAS* 110, no. 4 (2013): E274 참조.

128 그러나 뉴칼레도니아까마귀는 그 과제는 : A. H. Taylor et al., "Of babies and birds: Complex tool behaviours are not sufficient for the evolution of the ability to create a novel causal intervention," *Proc R Soc B* 281, no. 1787 (2014): 1-6.

129 동물의 지능을 연구하는 : N. J. Emery and N. S. Clayton, "Do birds have the capacity for fun?" *Curr Biol* 25, no. 1 (2015): R16-R19.

129 다시 말해서 놀이는 : W. H. Thorpe in M. Ficken, "Avian Play," *Auk* 94 (1977): 574.

129 동물학자 밀리센트 피켄에 따르면 : M. Ficken, "Avian Play," *Auk* 94 (1977): 573-82.

130 "네스토르는 그리스 전설에" : A. F. Gotch, *Latin Names Explained* (New York: Facts on File, 1995), 286.

130 수년간 케아를 연구하고 있는 : J. Diamond and A. B. Bond, *Kea: Bird of Paradox* (Berkeley and Los Angeles: University of California Press, 1999), 76.

131 물건을 가지고 노는 습성 : Ibid., 99.

131 몇 해 전에 뉴질랜드 : M. Miller, "Parrot Steals $1100 from Unsuspecting Tourist," *Sunday Morning Herald*, February 4, 2013, http://www.traveller.com.au/parrot-steals-1100-from-unsuspecting-tourist-2dtc2.

132 한 마리는 둔덕에 서서 : R. Moreau and W. Moreau, "Do young birds play?" *Ibis* 86 (1944): 93-94.

132 2월의 어느 화창한 아침에 : M. Brazil, "Common raven *Corvus corax* at play; records from Japan," *Ornithol Sci* 1 (2002): 150-52.

132 여러 나라의 과학자들이 : A. M. I. Auersperg et al., "Combinatory actions during object play in psittaciformes (*Diopsittaca nobilis, Pionites melanocephala, Cacatua goffini*) and corvids (*Corvus corax, C. monedula, C. moneduloides*)," *J Comp Psych* 129, no. 1 (2015): 62-71; A. M. I. Auersperg et al., "Unrewarded object combinations in captive parrots," *Anim Behav Cogn* 1, no. 4 (2014): 470-88.

133 고핀유황앵무는 노란색 장난감을 : 케아는 또한 노란 물체에도 끌리며, 케아의 날개 밑에는 노란 줄무늬가 있다. A. M. I. Auersperg et al., "Unrewarded object combinations in captive parrots," *Anim Behav Cogn* 1, no. 4 (2014): 470-88.

135 오클랜드 대학교의 연구팀과 : 이하 알렉스 테일러와 진행한 인터뷰 내용; 그리고 C. Rutz and J. J. H. St Clair, "The ecological significance of tool use in New

Caledonian crows" 참조.

135 갈라파고스에 사는 딱따구리핀치가 : C. Rutz and J. J. H. St Clair, "The ecological significance of tool use in New Caledonian crows."

135 (딱정벌레 유충은 영양가가) : J. R. Beggs and P. R. Wilson, "Energetics of South Island kaka (*Nestor meridionalis*) feeding on the larvae of kanuka longhorn beetles (*Ochrocydus huttoni*)," *New Zealand J Ecol* 10 (1987): 143-47.

136 물론 개빈 헌트가 지적한 것처럼 : 개빈 헌트, 2014년 5월 12일에 한 인터뷰.

138 뉴칼레도니아의 원시 산꼭대기에 : http://newcaledoniaplants.com/plant-catalog/humid-forest-plants/.


제4장 지저귐

143 우리는 "다른 사람의 뇌와" : *Complete Essays of Montaigne*, trans. D. Frame (Stanford, CA: Stanford University Press, 1958), book 1, chapter 26, 112.

144 구대륙에 서식하는 까마귓과 새인 : P. Green, "The communal crow," *BBC Wildlife* 14, no. 1 (1996), 30-34.

144 유라시아 대륙 전역에 사는 : L. M. Aplin et al., "Social networks predict patch discovery in a wild population of songbirds," *Proc R Soc B* 279 (2012): 4199-205.

144 심지어 닭도 복잡한 : T. Schjelderup-Ebbe, "Contributions to the social psychology of the domestic chicken," in *Social Hierarchy and Dominance*, ed. M. Schein (Stroudsburg, PA: Dowden, Hutchinson & Ross, 1975), 35-49. 그러나 닭은 몇 주일 정도 떨어져 지내면 분명했던 위계질서도 흔히 잊어버린다. T. Schjelderup-Ebbe, "Social behavior in birds," in *Handbook of Social Dynamics of Hierarchy Formation*, ed. C. Murchison (Worcester, MA: Clark University Press, 1935), 947-72 참조.

145 1976년에 런던경제 대학교의 : N. Humphrey, "The social function of intellect," initially published in *Growing Points in Ethology*, ed. P. P. G. Bateson and R. A. Hinde (Cambridge: Cambridge University Press, 1976), 303-17. 이런 생각이 처음 제기된 것은 다음을 참조 M. R. A. Chance and A. P. Mead, "Social behavior and primate evolution," *Symp Soc Exp Biol* 7 (1953): 395-439; 그리고 A. Jolly, "Lemur social behavior and primate intelligence," *Science* 153 (1966): 501-6 참조.

147 영장류의 지능을 발달시키는 : N. J. Emery et al., "Cognitive adaptations of social bonding in birds," *Philos Trans R Soc Lond B* 362 (2007): 489–505.

147 까치는 거울에 비치는 : H. Prior et al., "Mirror-induced behavior in the magpie (*Pica pica*): Evidence of self-recognition," *PLoS Biol* 6, no. 8 (2008): e202.

147 야생에서 회색앵무는 : T. Juniper and M. Parr, *Parrots: A Guide to Parrots of the World* (New Haven, CT: Yale University Press, 1998), 22.

147 회색앵무는 사람에게 잡히지 않는 한 : 새장 안에 혼자서 지내는 회색앵무는 심각

한 스트레스 증상을 보이거나 비명을 지를 때가 가끔 있다. 나중에 과학자들은 사회적으로 고립된 회색앵무는 염색체가 실제로 손상된다는 증거를 찾았다. 신발 끈이 닳지 않도록 신발 끈 끝에 붙이는 플라스틱 마감재처럼, 염색체가 마모되지 않도록 염색체 끝에 붙어 있는 말단소체(telomere)가 짧아지는 것이다. C. S. Davis, "Parrot psychology and behavior problems," *Vet Clin North Am Small Anim Pract* 21 (1991): 1281-88; D. Aydinonat et al., "Social isolation shortens telomeres in African grey parrots (*Psittacus erithacus erithacus*)," *PLoS ONE* 9, no. 4 (2014): e93839 참조.

147 서로 주고받고 공유를 하면 : F. Peron et al., "Human-grey parrot (*Psittacus erithacus*) reciprocity," *Anim Cogn* (2014), doi:10.1007/s10071-014-0726-3.

147 그러나 최근에 미국 : "Birds That Bring Gifts and Do the Gardening," *BBC News Magazine*, March 10, 2015, http://www.bbc.com/news/magazine-31795681.

148 밸런타인데이가 끝난 뒤에는 : J. Marzluff and T. Angell, *Gifts of the Crow* (New York: Free Press, 2012), 108.

148 2015년에는 시애틀에 : K. Sewall, "The Girl Who Gets Gifts from Birds," *BBC News Magazine*, February 25, 2015, http://www.bbc.com/news/magazine-31604026.

148 생물학자 존 마즐러프와 : J. Marzluff and T. Angell, *Gifts of the Crow*, 114.

148 까마귀와 갈까마귀는 동료보다 : C. A. F. Wascher and T. Bugnyar, "Behavioral responses to inequity in reward distribution and working effort in crows and ravens," *PLoS ONE* 8, no. 2 (2013): e56885.

148 까마귓과와 앵무샛과 새들은 : V. Dufour et al., "Corvids can decide if a future exchange is worth waiting for," *Biol Lett* 8, no. 2 (2012): 201-4.

149 빈 대학교의 알리체 아우어슈페르크 : A. M. I. Auersperg et al., "Goffin cockatoos wait for qualitative and quantitative gains but prefer 'better' to 'more,'" *Biol Lett* 9 (2013): 20121092.

149 어린 갈까마귀들은 소위 : T. Bugnyar, "Social cognition in ravens," *Comp Cogn Behav Rev* 8 (2013): 1-12.

149 특별한 개체들을 선택해서 : O. N. Fraser and T. Bugnyar, "Do ravens show consolation? Responses to distressed other," *PLoS ONE* 5, no. 5 (2010): e10605.

150 빈 대학교의 인지생물학자 : M. Boeckle and T. Bugnyar, "Long-term memory for affiliates in ravens," *Curr Biol* 22 (2012): 801-6.

150 그 사실은 베른트 하인리히가 : B. Heinrich, *Mind of the Raven* (New York: Harper Perennial, 2007), 176.

150 존 마즐러프에게 물어봐도 : J. M. Marzluff, "Lasting recognition of threatening people by wild American crows," *Anim Behav* 79 (2010): 699-707.

150 마즐러프에게 잔뜩 불만을 : 2015년 2월 10일, 존 마즐러프와의 개인적인 연락.

150 최근에 까마귀의 뇌 영상 : J. M. Marzluff et al., "Brain imaging reveals neuronal

circuitry underlying the crow's perception of human faces," *PNAS* 109, no. 39 (2012): 15912-17.

150 피니언어치는 무리 내부에서 : G. C. Paz-y-Mino et al., "Pinyon jays use transitive inference to predict social dominance," *Nature* 430 (2004): 778.

152 케임브리지 대학교의 레르카 오스토이치 : L. Ostojic´ et al., "Can male Eurasian jays disengage from their own current desire to feed the female what she wants?" *Biol Lett* 10 (2014): 20140042; L. Ostojic´ et al., "Evidence suggesting that desire-state attribution may govern food sharing in Eurasian jays," *PNAS* 110 (2013): 4123-28.

154 오스토이치는 "이런 실험들은" : 2015년 4월, 레르카 오스토이치와의 개인적인 연락.

154 "다른 개체의 욕구를 추론하는" : Ibid.

155 펜실베이니아 대학교의 두 과학자 : R. M. Seyfarth and D. L. Cheney, "Affiliation, empathy, and the origins of theory of mind," *PNAS* (suppl.) 110, no. 2 (2013): 10349-56.

155 예를 들면 떼까마귀와 : T. Bugnyar and K. Kotrschal, "Scrounging tactics in free-ranging ravens," *Ethology* 108 (2002): 993-1009; P. Green, "The communal crow," *BBC Wildlife* 14, no. 1 (1996): 30-34.

156 대담하고 "빠른" 탐험가 : L. M. Guillette et al., "Individual differences in learning speed, performance accuracy and exploratory behavior in black-capped chickadees," *Anim Cogn* 18, no. 1 (2015): 165-78.

156 대담한 새는 소집단 사이를 : L. M. Aplin et al., "Social networks predict patch discovery in a wild population of songbirds," *Proc R Soc B* 279 (2012): 4199-4205.

156 "이런 성격은 겨울에" : 2015년 3월 10일, 루시 애플린과의 개인적인 연락.

156 애플린 연구팀은 또한 : L. M. Aplin et al., "Social networks predict patch discovery in a wild population of songbirds"; D. R. Farine, "Interspecific social networks promote information transmission in wild songbirds," *Proc R Soc B* 282 (2015): 20142804; 2015년 3월 10일 루시 애플린과의 개인적인 연락.

157 스웨덴과 핀란드에서 진행한 : J. T. Seppanen and J. T. Forsman, "Interspecific social learning: Novel preference can be acquired from a competing species," *Curr Biol* 17 (2007): 1248-52.

157 새들의 이런 사회 학습이 : L. M. Aplin et al., "Experimentally induced innovations lead to persistent culture via conformity in wild birds," *Nature* 518, no. 7540 (2014): 538-41.

158 1년 뒤에도 박새들은 : 2015년 3월 10일, 루시 애플린과의 개인적인 연락.

158 네일례 보헤트는 또한 : N. Boogert, "Milk bottle-raiding birds pass on thieving

ways to their flock," *The Conversation,* December 4, 2014, https://theconversation.com/milk-bottle-raiding-birds-pass-on-thieving-ways-to-their-flock-34784.

159 금화조 암컷은 다른 암컷에게서 : J. P. Swaddle et al., "Socially transmitted mate preferences in a monogamous bird: A non-genetic mechanism of sexual selection," *Proc R Soc B* 272 (2005): 1053-58.

159 한 실험에서 대륙검은지빠귀는 : E. Curio et al., "Cultural transmission of enemy recognition: One function of mobbing," *Science* 202 (1978): 899.

159 예를 들면, 새끼 굴뚝새는 : W. E. Feeney and N. E. Langmore, "Social learning of a brood parasite by its host," *Biol Letters* 9 (2013): 20130443.

159 워싱턴 대학교의 존 마즐러프 연구팀이 : J. M. Marzluff, "Lasting recognition of threatening people by wild American crows," *Anim Behav* 79 (2010): 699-707.

161 그러나 최근에 사람이 아닌 : T. M. Caro and M. D. Hauser, "Is there teaching in nonhuman animals?" *Q Rev Biol* 67 (1992): 151.

161 예를 들면 미어캣은 사람을 : A. Thornton and K. McAuliffe, "Teaching in wild meerkats," *Science* 313 (2006): 227-29.

161 과학자들은 경험이 많은 : N. R. Franks and T. Richardson, "Teaching in tandem running ants," *Nature* 439, no. 153 (2006), doi:10.1038/439153a.

161 이 꼬리치레들은 5마리에서 : 2015년 3월 11일, 어맨다 리들리와의 개인적인 연락.

162 부부 꼬리치레는 사회적으로나 : M. J. Nelson-Flower et al., "Monogamous dominant pairs monopolize reproduction in the cooperatively breeding pied babbler," *Behav Ecol* (2011), doi:10.1093/beheco/arr018.

162 한 가족 안에서 태어나는 : Ibid.

162 하지만 가족 구성원은 모두 : A. R. Ridley and N. J. Raihani, "Facultative response to a kleptoparasite by the cooperatively breeding pied babbler," *Behav Ecol* 18 (2007): 324-30; A. R. Ridley et al., "The cost of being alone: The fate of floaters in a population of cooperatively breeding pied babblers Turdoides bicolor," *J Avian Biol* 39 (2008): 389-92.

162 부부 새가 새끼를 낳지 못하면 : "The re-occurrence of an extraordinary behaviour: A new kidnapping event in the population," *Pied & Arabian Babbler Research* (blog), November 2012, http://www.babbler-research.com/news.html. "리지가 보내온 가장 큰 소식은 남부얼룩무늬꼬리치레 무리에서 또다시 납치 사건이 벌어졌다는 것이다! 그것은 정말로 우리에게는 엄청나게 흥미로운 소식이었다. 납치는 아주 드물게 일어나지만, 아주 놀랍게도 우리가 생각했던 것보다는 훨씬 자주 일어났다. 이번 납치 사건의 전말은 이렇다. 1년 반 동안 자기 새끼를 기르지 못한(따라서 무리가 소멸해 버릴 위험이 아주 높은) 작은 무리 CMF가 SHA 무리에서 아주 작은 새끼 한 마리를

392

훔쳐왔다. 새끼를 훔쳐온 무리는 그 새끼를 자기 새끼처럼 애지중지 돌보았다. CMF 무리 구성원들과 납치해온 새끼가 맺는 흥미진진한 관계는 계속해서 살펴볼 생각이다(같은 책)."

162 파수꾼 역할을 맡은 : A. R. Ridley et al., "Is sentinel behaviour safe? An experimental investigation," *Anim Behav* 85, no. 1 (2012): 137–42.

163 단독 생활을 하는 새는 : A. R. Ridley et al., "The ecological benefits of interceptive eavesdropping," *Funct Ecol* 28, no. 1 (2013): 197–205.

163 꼬리치레의 경고음을 : Ibid.

163 엄청난 흉내쟁이인 이 영리한 : T. P. Flower, "Deceptive vocal mimicry by drongos," *Proc R Soc B* (2010), doi:10.1098/rspb.2010.1932.

163 리들리 연구팀은 최근에 : T. P. Flower et al., "Deception by flexible alarm mimicry in an African bird," *Science* 344 (2014): 513–16.

163 리들리와 그녀의 동료인 : N. J. Raihani and A. R. Ridley, "Adult vocalizations during provisioning: Offspring response and postfledging benefits in wild pied babblers," *Anim Behav* 74 (2007): 1303–9; N. J. Raihani and A. R. Ridley, "Experi-mental evidence for teaching in wild pied babblers," *Anim Behav* 75 (2008): 3–11. 라이하니와 리들리가 언급한 것처럼 두 동물이 맺는 상호작용을 '교육'이라고 규정하려면 다음 세 가지 일을 일어나야 한다. '교사'는 세상물정을 모르는 학생이 앞에 있을 때에만 자기 행동을 바꾼다. 이때 자기 행동을 바꾼 교사는 그런 행위로 인해서 어느 정도 손해를 보거나, 적어도 얻는 것이 없어야 한다. 교사가 바꾼 행동을 보고 학생은 그렇지 않은 경우보다 더 빨리 기술을 익힐 수 있거나 새로운 지식을 획득해야 한다.

164 첫 번째 전략은 어른 새들의 : A. M. Thompson and A. R. Ridley, "Do fledglings choose wisely? An experimental investigation into social foraging behavior," *Behav Ecol Sociobiol* 67, no. 1 (2013): 69–78.

165 두 번째 전략은 배가 고플 때는 : A. M. Thompson et al., "The influence of fledgling location on adult provisioning: A test of the blackmail hypothesis," *Proc R Soc B* 280 (2013): 20130558.

165 남부얼룩무늬꼬리치레가 어린 새를 : J. A. Thornton and A. McAuliffe, "Cognitive consequences of cooperative breeding? A critical appraisal," *J Zool* 295 (2015): 12–22.

165 그러나 리들리는 "꼬리치레가" : 2015년 4월 7일, 어맨다 리들리와의 개인적인 연락.

166 그러나 기대했던 결과 : G. Beauchamp and E. Fernandez-Juricic, "Is there a relationship between forebrain size and group size in birds?" *Evol Ecol Res* 6 (2004): 833–42.

166 실제로도 옥스퍼드 대학교의 : R. Dunbar and S. Shultz, "Evolution in the social

brain," *Science* 317 (2007): 1344-47.

166 최근에 실시한 잘 설계된 : L. McNally et al., "Cooperation and the evolution of intelligence," *Proc R Soc B* (April 2012), doi:10.1098/rspb.2012.0206.

167 그러나 던바 연구팀은 새와 : S. Shultz and R. I. M. Dunbar, "Social bonds in birds are associated with brain size and contingent on the correlated evolution of life-history and increased parental investment," *Biol J Linn Soc* 100 (2010): 111-23.

167 새의 경우 뇌의 기능을 : "It is the qualitative nature (rather than the quantitative number) of relationships that imposes the cognitive burden." Ibid.

167 정말로 필요한 요소는 : N. J. Emery et al., "Cognitive adaptations of social bonding in birds," *Philos Trans R Soc Lond B Biol Sci* 362 (2007): 489-505.

167 새는 전체 종의 거의 80퍼센트가 : A. Cockburn, "Prevalence of different modes of parental care in birds," *Proc R Soc B* 273 (2006): 1375-83.

168 인지생물학자 나단 에머리는 : N. J. Emery et al., "Cognitive adaptations to bonding in birds," *Philos Trans R Soc Lond B Biol Sci* 362 (2007): 489-505.

168 예를 들면 떼까마귀 부부는 : N. S. Clayton and N. J. Emery, "The social life of corvids," *Curr Biol* 17, no. 16 (2007): R652-R656.

168 안데스 산맥의 첩첩산중에 사는 : E. Fortune et al., "Neural mechanisms for the coordination of duet singing in wrens," *Science* 334 (2011): 666-70.

169 사랑앵무 수컷은 배우자에게 : M. Moravec et al., "'Virtual parrots' confirm mating preferences of female budgerigars," *Ethology* 116, no. 10 (2010): 961-71.

169 사랑앵무는 며칠만 함께 지내면 : A. G. Hile et al., "Male vocal imitation produces call convergence during pair bonding in budgerigars," *Anim Behav* 59 (2000): 1209-18.

169 캘리포니아 대학교의 연구팀은 "앵무새" : Ibid.

170 굿슨에 따르면, 새의 사회적 행동을 : L. A. O'Connell et al., "Evolution of a vertebrate social decision-making network," *Science* 336, no. 6085 (2012): 1154-57.

170 이 회로는 아주 오래 전에 : J. L. Goodson and R. R. Thompson, "Nonapeptide mechanisms of social cognition, behavior and species-specific social systems," *Curr Opin Neurobiol* 20 (2010): 784-94.

170 굿슨은 새의 경우 : J. L. Goodson, "Nonapeptides and the evolutionary patterning of social behavior," *Prog Brain Res* 170 (2008): 3-15.

170 1990대 초반에 신경내분비학자 : C. S. Carter et al., "Oxytocin and social bonding," *Ann NY Acad Sci* 652 (1992): 204-11.

171 최신의 연구는 침팬지의 경우 : C. Crockford et al., "Urinary oxytocin and social bonding in related and unrelated wild chimpanzees," *Proc R Soc B* 280 (2013): 20122765.

171 사람은 옥시토신이 분비되면 : M. Heinrichs et al., "Oxytocin, vasopressin, and human social behavior," *Front Neuroendocrin* 30 (2009): 548–57; K. MacDonald and T. M. MacDonald, "The peptide that binds: A systematic review of oxytocin and its prosocial effects in humans," *Harvard Rev Psychiat* 18, no. 1 (2010): 1–21.

171 예를 들어 최근에 나온 : G.-J. Pepping and E. J. Timmermans, "Oxytocin and the biopsychology of performance in team sports," *Sci World J* (2012): 567363.

171 또한 다른 여자들과 비교되는 : D. Scheele et al., "Oxytocin enhances brain reward system responses in men viewing the face of their female partner," *Proc Natl Acad Sci* 110, no. 5 (2013): 20308020313.

171 굿슨 연구팀이 이 금화조의 : J. L. Goodson and M. A. Kingsbury, "Nonapeptides and the evolution of social group sizes in birds," *Front Neuroanat* 5 (2011): 13; J. L. Goodson et al., "Evolving nonapeptide mechanisms of gregariousness and social diversity in birds," *Horm Behav* 61 (2012): 239–50.

171 그와 반대로 메소토신이 : J. L. Goodson et al., "Mesotocin and nonapeptide receptors promote songbird flocking behavior," *Science* 325 (2009): 862–66.

172 (어떤 형태로든 공격성을) : 2015년 4월 7일 네일례 보헤트와의 개인적인 연락.

172 이런 새들의 뇌에서 옥시토신과 : J. L. Goodson et al., "Mesotocin and nonapeptide receptors promote songbird flocking behavior," *Science* 325 (2009): 862–66.

172 옥시토신 같은 물질이 새가 : J. D. Klatt and J. L. Goodson, "Oxytocin-like receptors mediate pair bonding in a socially monogamous songbird," *Proc R Soc B* 280, no. 1750 (2012): 20122396.

173 이스라엘 바르일란 대학교의 : R. Feldman, "Oxytocin and social affiliation in humans," *Horm Behav* 61 (2012): 380–91.

173 그러나 마시 킹스베리가 : 2015년 2월 9일에 마시 킹스베리와 개인적으로 교환한 서신 내용; 그리고 다음도 참조. J. L. Goodson et al., "Oxytocin mechanisms of stress response and aggression in a territorial finch," *Physiol Behav* 141 (2015): 154–63. 저자들은 "옥시토신은 부정적인 행동과 생각을 촉진할 수 있다는 연구 결과가 사람을 대상으로 한 연구에서 계속해서 나오고 있다. 예를 들면 비강으로 옥시토신을 투여하면 경계역인격(기분, 정서, 행동 등이 불안정한 인격/옮긴이) 장애 환자들은 신뢰하는 마음과 협동심이 줄어들고 건강한 사람에게서는 자기중심적 이타주의, 자기민족 중심주의, 외집단(공통의 이해나 도덕성을 가지는 집단에서 제외된 사람들/옮긴이) 폄하가 나타난다"고 밝혔다.

173 실제로 사람을 대상으로 : S. E. Taylor et al., "Are plasma oxytocin in women and plasma vasopressin in men biomarkers of distressed pair-bond relationships?" *Psychol Sci* 21 (2010): 3–7.

174 뉴멕시코 대학교의 생물학자 : R. J. D. West, "The evolution of large brain size in birds is related to social, not genetic, monogamy," *Biol J Linn Soc* 111, no. 3 (2014): 668-78.

174 DNA 분석 결과에 따르면 : S. Griffith et al., "Extra pair paternity in birds: A review of interspecific variation and adaptive function," *Mol Ecol* 11 (2002): 2195-212.

174 유럽과 아시아 전역에 있는 : J. Linossier et al., "Flight phases in the song of skylarks," *PLoS ONE* 8, no. 8 (2013): e72768.

175 그런데 과학자들은 종다리의 자손은 : J. M. C. Hutchinson and S. C. Griffith, "Extra-pair paternity in the skylark, *Alauda arvensis,*" *Ibis* 150 (2008): 90-97.

175 행동생태학자 주디 스탬스는 : J. Stamps, "The role of females in extrapair copulations in socially monogamous territorial animals," in *Feminism and Evolutionary Biology: Boundaries, Intersections, and Frontiers,* ed. P. Gowaty (Washington, DC: Science, 1997), 294.

175 노르웨이 대학교의 두 생물학자는 : S. Eliassen and C. Jørgensen, "Extra-pair mating and evolution of cooperative neighbourhoods," *PLoS ONE* 9, no. 7 (2014): e99878.

176 (두 사람의 주장은 서부붉은깃찌르레기 암컷이) : E. M. Gray, "Female red-winged blackbirds accrue material benefits from copulating with extra-pair males," *Anim Behav* 53, no. 3 (1997): 625-39.

176 벌리는 "암컷이 자기 짝이 아닌" : 2015년 2월 9일, 낸시 벌리와의 개인적인 연락.

177 따라서 배우자를 감시하는 : J. Linossier et al., "Flight phases in the song of skylarks," *PLoS ONE* 8, no. 8 (2013): e72768. 과학자들은 날개가 짧은 종달새들의 배우자가 바람을 더 자주 피운다는 사실을 알아냈다.

177 실제로 배우자가 아닌 다른 개체와 : L. Z. Garamszegi et al., "Sperm competition and sexually size dimorphic brains in birds," *Proc R Soc B* 272 (2005): 159-66.

178 한 조류학자는 캘리포니아덤불어치가 : J. Mailliard, "California jays and cats," *Condor,* July 1904, 94-95.

178 한 동식물학자는 "캘리포니아덤불어치가 내는" : L. D. Dawson, *The Birds of California: A Complete and Popular Account of the 580 Species and Subspecies of Birds Found in the State* (San Diego: South Moulton Company, 1923).

179 덤불어치는 하루에, 숨겨놓은 먹이를 : U. Grodzinski and N. S. Clayton, "Problems faced by food-caching corvids and the evolution of cognitive solutions," *Philos Trans R Soc Lond B* 365 (2010): 977-87.

179 탁월한 여러 연구들을 진행한 : N. S. Clayton et al., "Social cognition by food-caching corvids: The western scrub-jay as a natural psychologist," *Philos Trans R*

*Soc Lond B Biol Sci* 362, no. 1480 (2007): 507-22; J. M. Thom and N. S. Clayton, "Re-caching by western scrub-jays (*Aphelocoma californica*) cannot be attributed to stress," *PLoS ONE* 8, no. 1 (2013): e52936.

180 관찰자가 먹이를 숨기는 소리는 : G. Stulp et al., "Western scrub-jays conceal auditory information when competitors can hear but cannot see," *Biol Lett* 5 (2009): 583-85.

180 과학자들의 말처럼 "도둑을 알려면" : U. Grodzinski et al., "Peep to pilfer: What scrub-jays like to watch when observing others," *Anim Behav* 83 (2012): 1253-60.

181 클레이턴을 비롯해 덤불어치를 : U. Grodzinski and N. S. Clayton, "Problems faced by food-caching corvids and the evolution of cognitive solutions," *Philos Trans R Soc Lond B* 365 (2010): 977-87.

181 먹이를 숨기고 훔치는 행동이 : Ibid.

181 클레이턴과 나단 에머리는 : N. J. Emery and N. S. Clayton, "Do birds have the capacity for fun?" *Curr Biol* 25, no. 1 (2015): R16-R19.

182 배우자나 가족 구성원과 : H. Fischer, "Das Triumphgeschrei der Graugans (*Anser anser*)," *Z Tierpsychol* 22 (1965): 247-304.

182 오스트리아에 자리한 콘라트 로렌츠 연구소에서는 : C. A. F. Wascher et al., "Heart rate during conflicts predicts post-conflict stress-related behavior in greylag geese," *PLoS ONE* 5, no. 12 (2010): e15751.

182 까마귓과 새들 가운데 최고의 : A. M. Seed et al., "Postconflict third-party affiliation in rooks, *Corvus frugilegus*," *Curr Biol* 17 (2007): 152-58.

182 과학자들은 떼까마귀의 이런 행동에 : N. J. Emery et al., "Cognitive adaptations to bonding in birds," *Philos Trans R Soc Lond B* 362 (2007): 489-505.

183 최근에 아시아코끼리도 이 목록에 : J. M. Plotnik and F. B. de Waal, "Asian elephants (*Elephas maximus*) reassure others in distress," *Peer J* 2 (2014): e278.

183 얼마 전에 토머스 부그냐르와 : O. Fraser and T. Bugnyar, "Do ravens show consolation? Responses to distressed others," *PLoS ONE* 5, no. 5 (2010): e10605.

184 그리고 싸움이 끝난 뒤에 : 실험 결과와 비교하려고 과학자들은 싸움이 벌어진 다음 날 10분 동안 피해자 갈까마귀에게 다가가는 동료들이 몇 마리나 되는지도 세어보았다.

184 과학자들은 자신들의 발견은 : O. Fraser and T. Bugnyar, "Do ravens show consolation? Responses to distressed others," *PLoS ONE* 5, no. 5 (2010): e10605.

185 캘리포니아덤불어치의 장례식은 : T. Iglesias et al., "Western scrub-jay funerals: Cacophonous aggregations in response to dead conspecifics," *Anim Behav* 84, no. 5 (2012): 1103-11.

186 이글레시아스 연구팀이 이 사실을 : B. King, "Do birds hold funerals?" *13.7 Cosmos*

& *Culture* (blog), NPR, September 6, 2012, http://www.npr.org/blogs/13.7/2012/09/06/160535236/do-birds-hold-funerals.

186 이런 의미에서 캘리포니아덤불어치의 모임은 : L. Erickson, "Scrub-jay funerals and blue jay Irish wakes," *Laura's Birding Blog*, September 26, 2012, http://webcache.googleusercontent.com/search?q=cache:http://lauraerickson.blogspot.com/2012/09/scrub-jay-funerals-and-blue-jay-irish.html.

186 후속 연구에서 이글레시아스 연구팀은 : T. L. Iglesias et al., "Dead hetero- specifics as cues of risk in the environment: Does size affect response?" *Behaviour* 151 (2014): 1-22.

187 따라서 이글레시아스는 덤불어치가 : 2015년 2월 7일, 테레사 이글레시아스와의 개인적인 연락.

187 공감은 "다른 사람의 불행을 : M. L. Hoffman, "Is altruism part of human nature?" *J Personal Soc Psychol* 40 (1981): 121-37.

187 새는 영장류처럼 얼굴 근육으로 : N. J. Emery and N. S. Clayton, "Do birds have the capacity for fun?" *Curr Biol* 25, no. 1 (2015): R16-R19.

187 언젠가 콘라트 로렌츠는 : K. 콘라츠, 다음에서 인용. Marc Bekoff, "Grief in animals: It's arrogant to think we're the only animals who mourn" (blog), *Psychology Today*, October 29, 2009, http://www.psychologytoday.com/blog/animal-emotions/200910/grief-in-animals-its-arrogant-think-were-the-only-animals-who-mourn.

187 콜로라도 대학교의 명예교수인 : Ibid.

188 『까마귀의 선물』에서 존 마즐러프와 : *Gifts of the Crow* (New York: Free Press, 2013), 138-39.

188 마즐러프는 까마귀가 죽은 : D. J. Cross et al., "Distinct neural circuits underlie assessment of a diversity of natural dangers by American crows," *Proc R Soc B* 280 (2013): 20131046.

## 제5장 400개의 언어

191 대통령은 자기가 기르는 : E. M. Halliday, *Understanding Thomas Jefferson* (New York: HarperCollins, 2001), 184. 할리데이가 쓴 것처럼 제퍼슨 대통령은 분명히 애완 흉내지빠귀를 보면서는 '어린아이처럼 즐거워'하면서도 자기 노예가 소유한 애완견에게는 '얼음처럼 차가울' 수 있는 사람이었다. 흉내지빠귀를 '가장 멋진 새'라고 언급할 무렵에 제퍼슨 대통령은 사저인 몬티첼로 관리인 에드먼드 베이컨에게서 사저의 노예가 기르는 개들이 양을 몇 마리 죽였다는 말을 전해들었다. 그때 제퍼슨 대통령은 "양털은 되도록 많이 회수하게. 그리고 그 니그로들의 개들은 모두 죽여버리게. 단 한 마리도 남기면 안 되네"라고 했다.

191 "흉내지빠귀와 함께하기로" : 1793년 5월에 몬티첼로에서 쓴 편지. 토머스 만 랜돌

프가 필라델피아에 있는 제퍼슨 대통령에게 흉내지빠귀를 처음으로 한 마리 들였다는 사실을 알리자, 제퍼슨 대통령은 유명한 '흉내지빠귀'에 관한 찬사로 화답했다. http://www.monticello.org/site/research-and-collections/mockingbirds#_note-1.

192 한 동식물학자가 묘사한 것처럼 : J. Lembke, *Dangerous Birds* (New York: Lyons & Burford, 1992), 66.

192 딕은 이웃에 사는 : T. Jefferson in a letter to Abigail Adams, June 21, 1785.

193 그리 오래되지 않은 가을의 어느 날 : 2014년 11월 14일부터 11월 15일까지 워싱턴 DC 조지타운 대학교에서 열린 "새의 노래 : 뉴런부터 행동까지 리듬과 단서 (Birdson: Rhythms and clues from neurons to behavior)"에 관한 신경과학 학회(이하 SFN 학회).

193 음성 학습(vocal learning)이라고 하는 : C. I. Petkov et al., "Birds, primates, and spoken language origins: Behavioral phenotypes and neurobiological substrates," *Front Evol Neurosci* 4 (2012): 12; E. D. Jarvis, "Evolution of brain pathways for vocal learning in birds and humans," in *Birdsong, Speech, and Language,* ed. J. J. Bolhuis and M. Everaert (Cambridge, MA: MIT Press, 2013), 63-107; D. Kroodsma et al., "Behavioral evidence for song learning in the suboscine bellbirds (*Procnias* spp.; Cotingidae)," *Wilson J Ornithol* 125, no. 1 (2013): 1-14.

193 만약 새가 정보를 획득하고 : S. J. Shettleworth, *Cognition, Evolution, and Behavior* (New York: Oxford University Press, 2010), 23.

193 과학자들은 새가 노래를 배우는 : A. R. Pfenning et al., "Convergent transcriptional specializations in the brains of humans and song-learning birds," *Science* 346, no. 6215 (2014): 13333.

193 (예를 들면 새는 소리를) : L. Kubikova et al., "Basal ganglia function, stuttering, sequencing, and repair in adult songbirds," *Sci Rep* 13, no. 4 (2014): 6590.

193 위트레흐트 대학교의 신경생물학자 : J. Bolhuis, "Birdsong, speech and language" (SFN conference presentation, November 14-15, 2014).

195 비글 호를 타고 항해하면서 : C. Darwin, *Voyage of the Beagle,* 1839 (New York: Penguin Classics, 1989).

196 "샤워를 하면서 노래를" : L. Riters, "Why birds sing: The neural regulation of the motivation to communicate" (SFN conference presentation, November 14-15, 2014).

196 신경생물학자 에릭 자비스는 : 2012년 3월 23일에 에릭 자비스와 나눈 인터뷰 내용 인용; E. Jarvis, "Identifying analogous vocal communication regions between songbird and human brains" (SFN conference presentation, November 14-15, 2014).

198 탁 트인 장소에서는 소리가 : E. Nemeth et al., "Differential degradation of antbird songs in a neotropical rainforest: Adaptation to perch height?" *Jour Acoust Soc Am* 110 (2001): 3263-74.

198 숲속 바닥에서 노래하는 새들은 : H. Slabbekoorn, "Singing in the wild: The ecology of birdsong," in *Nature's Music: The Science of Birdsong*, ed. P. Marler and H. Slabbekoorn (Amsterdam: Elsevier Academic Press, 2004).

198 곤충이나 차량의 소음을 : M. J. Ryan et al., "Cognitive mate choice," in *Cognitive Ecology II*, ed. R. Dukas and J. Ratcliffe (Chicago: University of Chicago Press, 2009), 137-55.

198 공항 근처에 사는 새들은 : D. Gil et al., "Birds living near airports advance their dawn chorus and reduce overlap with aircraft noise," *Behav Ecol* 26, no. 2 (2014): 435-43.

198 과학자들이 명관의 기능을 : R. A. Suthers and S. A. Zollinger, "Producing song: The vocal apparatus," in *Behavioral Neurobiology of Bird Song*, ed. H. P. Zeigler and P. Marler (New York: Annals of the New York Academy of Sciences, 2014), 109-29.

198 불과 몇 년 전에야 과학자들은 : D. N. During et al., "The songbird syrinx morphome: A three-dimensional, high-resolution, interactive morphological map of the zebra finch vocal organ," *BMC Biol* 11 (2013): 1.

199 흉내지빠귀나 카나리아처럼 : S. A. Zollinger et al., "Two-voice complexity from a single side of the syrinx in northern mockingbird *Mimus polyglottos* vocalizations," *J Exp Biol* 211 (2008): 1978-91.

199 흰점찌르레기나 금화조 같은 명금은 : C. P. H. Elemans et al., "Superfast vocal muscles control song production in songbirds," *PLoS ONE* 3, no. 7 (2008): e2581.

199 아주 빠른 노래를 : http://bna.birds.cornell.edu/bna/species/720doi:10.2173.

199 명관의 근육이 더 정교한 새는 : 그러나 소리를 능숙하게 내기로 유명한 앵무새와 금조는 명관근이 그렇게 많지는 않은 것 같다.

200 팀 겐트너는 조지타운 대학교 : T. Gentner, "Mechanisms of auditory attention" (SFN conference presentation, November 14-15, 2014).

201 소나그램으로 원래 새의 노래와 : D. Kroodsma, *The Singing Life of Birds* (Boston: Houghton Mifflin, 2007), 76-77.

201 더구나 홍관조의 노래를 : S. A. Zollinger and R. A. Suthers, "Motor mechanisms of a vocal mimic: Implications for birdsong production," *Proc R Soc B* 271 (2004): 483-91.

201 카나리아처럼 아주 빠르게 : L. A. Kelley et al., "Vocal mimicry in songbirds," *Anim Behav* 76 (2008): 521-28.

201 같은 흉내지빠귓과의 새인 갈색트래셔는 : D. E. Kroodsma and L. D. Parker, "Vocal virtuosity in the brown thrasher," *Auk* 94 (1977): 783-85.

202 나이팅게일처럼 유럽에서 : H. Hultsch and D. Todt, "Memorization and repro-

duction of songs in nightingales (*Luscinia megarhynchos*): Evidence for package formation," *J Comp Phys A* 165 (1989): 197–203.

202 습지개개비는 100여 종이 넘는 : F. Dowsett-Lemaire, "The imitative range of the song of the marsh warbler *Acrocepalus palustris*, with special reference to imitations of African birds," *Ibis* 121 (2008): 453–68.

202 한 동식물학자가 언급한 것처럼 : H. J. Pollock, "Living with the lyrebirds," *Proc Zool Soc* (July 23, 1965): 20–24.

202 얼룩무늬꼬리치레를 속이는 : T. P. Flower, "Deceptive vocal mimicry by drongos," *Proc R Soc B* (2010), doi:10.1098/rspb.2010.1932.

202 영국 국가("God save the King")를 부르게 : P. Marler and H. Slabbekoorn, *Nature's Music: The Science of Birdsong* (Amsterdam: Elsevier Academic Press, 2004), 35.

203 『뉴요커(New Yorker)』에는 : W. C. Fitzgibbon, "Talk of the Town," *New Yorker*, August 14, 1954.

203 다른 새와 달리 앵무새는 : V. R. Ohms et al., "Vocal tract articulation revisited: the case of the monk parakeet," *J Exp Biol* 215 (2012): 85–92; G. J. L. Beckers et al., "Vocal-tract filtering by lingual articulation in a parrot," *Curr Biol* 14, no. 7 (2004): 1592–97.

203 아이린 페퍼버그는 세상에서 : I. M. Pepperberg, *The Alex Studies* (Cambridge, MA: Harvard University Press, 1999), 13–52.

203 알렉스는 또한 "주목해봐요" : 2015년 5월 8일, 아이린 페퍼버그와의 개인적인 연락.

204 얼마 전에 오스트레일리아 탐구발견 박물관에서 : 동식물학자 마틴 로빈슨의 이야기. H. Price, "Birds of a feather talk together," *Aust Geogr*, September 15, 2011, langeographic.com.au/news/2011/09/birds-of-a-feather-talk-together/.

205 1분에 20개에 달하는 소리와 : D. Kroodsma, *The Singing Life of Birds*, 70.

205 보스턴 아널드 식물원에 사는 : C. H. Early, "The mockingbird of the Arnold Arboretum," *Auk* 38 (1921): 179–81.

205 특히 흉내지빠귀는 한 개체군 안에서 : R. D. Howard, "The influence of sexual selection and interspecific competition on mockingbird song," *Evolution* 28, no. 3 (1974): 428–38; J. L. Wildenthal, "Structure in primary song of mockingbird," *Auk* 82 (1965): 161–89; J. J. Hatch, "Diversity of the song of mockingbirds reared in different auditory environments" (PhD thesis, Duke University, 1967).

205 흉내지빠귀는 보통 200개 정도의 : K. C. Derrickson, "Yearly and situational changes in the estimate of repertoire size in northern mockingbirds (*Mimus polyglottos*)," *Auk* 104 (1987): 198–207.

206 "보 제스트(Beau Geste)"라는 독특한 : J. R. Krebs, "The significance of song repertoires: The Beau Geste hypothesis," *Anim Behav* 25, no. 2 (1977): 475-78.

207 조류학자 J. 폴 비셔는 : J. P. Visscher, "Notes on the nesting habits and songs of the mockingbird," *Wilson Bulletin* 40 (1928): 209-16.

207 본성인가, 양육인가의 문제를 : A. Laskey, "A mockingbird acquires his song repertory," *Auk* 61 (1944): 211-19.

207 (한 저자가 언급한 것처럼) : http://naturalhistorynetwork.org/journal/articles/8-donald-culross-peatties-an-almanac-for-moderns/.

209 학습을 연구할 때에 이상적인 : 초파리의 행동을 연구하는 생물학자 칩 퀸은 에릭 캔들의 말을 인용했다. 출처. *In Search of Memory* (New York: W. W. Norton, 2006), 148.

209 금화조가 이런 조건에 완벽하게 : R. Zann, *The Zebra Finch: A Synthesis of Field and Laboratory Studies* (New York: Oxford University Press, 1996).

209 듀크 대학교의 신경과학자 : R. Mooney, "Translating birdsong research" (SFN conference presentation, November 14-15, 2014).

209 어린 금화조가 목청껏 노래를 : 새가 노래를 배우는 과정에 관한 논의들의 출처. S. Nowicki and W. A. Searcy, "Song function and the evolution of female preferences: Why birds sing and why brains matter," *Ann N Y Acad Sci* 1016 (June 2004): 704-23.

210 노파심에 말해두자면 : R. Dooling, "Audition: Can birds hear everything they sing?" in *Nature's Music: The Science of Birdsong*, ed. P. Marler and H. Slabbekoorn (Amsterdam: Elsevier Academic Press, 2004), 206-25.

210 (돔 구장 같은 곳에서) : J. S. Stone and D. A. Cotanche, "Hair cell regeneration in the avian auditory epithelium," *Int J Deve Biol* 51, no. 607 (2007): 633-47.

211 그 영역들 가운데 하나인 HVC : J. F. Prather et al., "Neural correlates of categorical perception in learned vocal communication," *Nat Neurosci* 12, no. 2 (2009): 221-28.

211 어린 새가 처음으로 노래를 : P. Ardet et al., "Song tutoring in pre-singing zebra finch juveniles biases a small population of higher-order song selective neurons towards the tutor song," *J Neurophysiol* 108, no. 7 (2012): 1977-87.

211 어린 개체의 교육에 유전자 : J. J. Bolhuis et al., "Twitter evolution: Converging mechanisms in birdsong and human speech," *Nat Rev Neurosci* 11 (2010): 747-59.

212 어떤 노래든지 들으면 배울 수 있는 : Ibid.

212 시카고 대학교의 신경과학자 : S. London, "Mechanisms for sensory song learning" (SFN conference presentation, November 14-15, 2014).

213 태어나고 2년에서 3년이 흐르는 동안 : P. K. Kuhl, "Learning and representation

in speech and language," *Curr Opin Neurobiol* 4, no. 6 (1994): 812-22.

213 사춘기가 지나면 외국어를 : J. J. Bolhuis et al., "Twitter evolution: Converging mechanisms in birdsong and human speech," *Nat Rev Neurosci* 11 (2010): 747-48.

214 과학자들은 새가 부분노래를 : D. Aronov et al., "A specialized forebrain circuit for vocal babbling in the juvenile songbird," *Science* 320 (2008): 630-34.

214 도파민은 아마도 노래를 부르고 : K. Simonyan et al., "Dopamine regulation of human speech and bird song: A critical review," *Brain Lang* 122, no. 3 (2012): 142-50.

214 사람의 학습에서 그렇듯이 : S. Deregnaucourt et al., "How sleep affects the developmental learning of bird song," *Nature* 433 (2005): 710-16; S. S. Shank and D. Margoliash, "Sleep and sensorimotor integration during early vocal learning in a songbird," *Nature* 458 (2009): 73-77.

215 누가 노래를 듣고 있는가도 : S. C. Woolley and A. Doupe, "Social context-induced song variation affects female behavior and gene expression," *PLoS Biol* 6, no. 3 (2008): e62.

215 리처드 무니는 "수십 년간 목적이" : R. Mooney, "Translating birdsong research" (SFN conference presentation, November 14-15, 2014).

215 에릭 자비스 연구팀이 진행한 : E. D. Jarvis et al., "For whom the bird sings: Context-dependent gene expression," *Neuron* 21 (1998): 775-88.

216 어미 새들도 아들이 노래를 배울 때면 : http://babylab.psych.cornell.edu/wp-content/uploads/2012/12/newsletter_fall_2012.pdf.

216 이 모든 연구 결과는 : M. H. Goldstein, "Social interaction shapes babbling: Testing parallels between birdsong and speech," *PNAS* 100, no. 13 (2003): 8030-35.

216 그러나 페르난도 노테봄 같은 : F. Nottebohm, "The neural basis of birdsong," *PLoS Biol* 3, no. 5 (2005): e164.

217 새가 노래를 배우고 : A. J. Doupe and P. K. Kuhl, "Birdsong and human speech: Common themes and mechanisms," *Annu Rev Neurosci* 22 (1999): 567-631; J. J. Bolhuis et al., "Twitter evolution: Converging mechanisms in birdsong and human speech," *Nat Rev Neurosci* 11 (2010): 747-48; P. Marler, "A comparative approach to vocal learning: Song development in white-crowned sparrows," *J Comp Physiol Psych* 7, no. 2, pt. 2 (1970): 1-25; F. Nottebohm, "The origins of vocal learning," *Amer Natur* 106 (1972): 116-40.

217 미야가와 시게루 연구팀은 : S. Miyagawa et al., "The integration hypothesis of human language evolution and the nature of contemporary languages," *Front Psychol* 5 (2014): 564.

217 그는 사람의 언어가 : S. Miyagawa et al., "The emergence of hierarchical structure

in human language," *Front Psychol* 4 (2013): 71.

218 **그러나 새와 사람의 뇌에서** : 2012년 3월 23일, 에릭 자비스와의 인터뷰.

218 **실제로 조지타운 대학교 강당에서** : 자비스 연구팀은 명금의 뇌와 사람의 뇌에서 이런 유사한 유전자 발현이 가장 뚜렷하게 관찰되는 부위는 두 곳이라고 했다. 하나는 음성 학습을 하려면 꼭 필요한 선조체(線條體, striatum) 비슷한 영역인 명금의 Area X와 말을 하려면 활성화되어야 하는 사람의 선조체이고, 다른 하나는 명금의 경우에는 노래를 부르려면 반드시 필요한 RA(robust nucleus of arcopallium) 상사체(相似體, analog)와 사람의 경우에는 말을 조절하는 후두 운동 피질 영역이다. A. R. Pfenning et al., "Convergent transcriptional specializations in the brains of humans and song-learning birds," *Science* 346, no. 6215 (2014): 13333 참조.

219 **자비스 연구팀은 최근에 진행한** : 에릭 자비스와의 인터뷰; G. Feenders et al., "Molecular mapping of movement-associated areas in the avian brain: A motor theory for vocal learning origin," *PLoS ONE* 3, no. 3 (2008): e1768.

220 **요한 볼하위스는 이런 진화의 결과를** : J. Bolhuis, "Birdsong, speech and language" (SFN conference presentation, November 14-15, 2014).

220 **이런 식으로 새의 음성 학습은** : G. Zhang et al., "Comparative genomics reveals insights into avian genome evolution and adaptation," *Science* 346, no. 6215 (2014): 1311-19.

220 **한 가지 기억해야 할** : 최근에 진행한 DNA 분석 결과대로라면 앵무새는 기존에 생각했던 것보다는 명금과 아주 가까운 관계일 수도 있다. S. J. Hackett et al., "A phylogenomic study of birds reveals their evolutionary history," *Science* 320, no. 5884 (2008): 1763-68; E. D. Jarvis et al., "Whole genome analyses resolve early branches in the tree of life of modern birds," *Science* 346, no. 6215 (2014): 1320-31; H. Horita et al., "Specialized motor-driven dusp1 expression in the song systems of multiple lineages of vocal learning birds," *PLoS ONE* 7, no. 8 (2012): e42173 참조. 과학자들은 "이 같은 실험 결과대로라면 조류의 음성 학습은 두 번에 걸쳐 진화했으며(벌새에서 한 번, 명금과 앵무새의 공동 조상에서 한 번), 명금의 경우 참새아목에서는 뒤에 음성 학습 능력을 잃어버렸다는 새로운 가설을 세울 수 있다"라고 썼다.

220 **앵무새의 뇌 회로는** : M. Chakraborty et al., "Core and shell song systems unique to the parrot brain," *PLoS ONE* (in press, 2015).

221 **자비스는 이것이 바로** : 에릭 자비스와의 인터뷰; E. D. Jarvis, "Selection for and against vocal learning in birds and mammals," *Ornith Sci* 5 (special issue on the neuroecology of birdsong, 2006): 5-14.

221 **자비스는 음성 학습은** : G. Arriago and E. D. Jarvis, "Mouse vocal communication system: Are ultrasounds learned or innate?" *Brain Lang* 124 (2013): 96-116.

222 **도쿄 대학교의 오카노야 가즈오 연구팀은** : 에릭 자비스와의 인터뷰; H. Kagawa

et al., "Domestication changes innate constraints for birdsong learning," *Behav Proc* 106 (2014): 91–97; K. Okanoya, "The Bengalese finch: A window on the behavioral neurobiology of birdsong syntax study," *Ann N Y Acad Sci* 1016 (2006): 724–35; K. Suzuki et al., "Behavioral and neural trade-offs between song complexity and stress reaction in a wild and domesticated finch strain," *Neurosci Biobehav Rev* 46, pt. 4 (2014): 547–56.

223 **왜냐하면 노래는 암컷을** : 에릭 자비스와의 인터뷰; L. Z. Garamszegi et al., "Sexually size dimorphic brains and song complexity in passerine birds," *Behav Ecol* 16, no. 2 (2004): 335–45도 참조.

224 **오랫동안 과학자들은 수컷 새가** : 이 같은 가설에는 몇 가지 증거가 있다. 브리티시컬럼비아의 바위가 많은 한 섬에서 멧종다리를 대상으로 진행한 연구에서는 노래를 많이 아는 수컷이 생애 첫 해에 더 많이 짝짓기를 하고, 노래를 많이 아는 수컷과 짝짓기를 한 암컷이 더 일찍 새끼를 낳는다는 사실이 밝혀졌다. J. M. Reid et al., "Song repertoire size predicts initial mating success in male song sparrows, *Melospiza melodia*," *Anim Behav* 68, no. 5 (2004): 1055–63.

224 **많은 명금류 암컷이 노래를** : J. Podos, "Sexual selection and the evolution of vocal mating signals: Lessons from neotropical birds," in *Sexual Selection: Perspectives and Models from the Neotropics*, ed. R. H. Macedo and G. Machado (Amsterdam: Elsevier Academic Press, 2013), 341–63.

225 **보스턴 남부 사투리가 다르고** : J. Podos and P. S. Warren, "The evolution of geographic variation in birdsong," *Adv Stud Behav* 37 (2007): 403–58. 생애 첫 몇 주일 동안 어린 참새는 새로운 방언을 배울 수 있다. 그러나 3개월 정도가 되면 아무리 가르치려고 해도 새로운 방언은 배우지 못한다. 노래가 고정되는 것이다

225 **조류학자 도널드 크루즈마에 따르면** : J. Uscher, "The Language of Song: An Interview with Donald Kroodsma," *Scientific American*, July 1, 2002, https://www.scientificamerican.com/articl/the-language-of-song-an-I.

225 **지리적으로 1.5킬로미터 정도만** : P. Marler and M. Tamura, "Song 'dialects' in three populations of white-crowned sparrows," *Condor* 64 (1962): 368–77.

225 **얼마 전에 로버트 페인 연구팀은** : R. B. Payne et al., "Biological and cultural success of song memes in indigo buntings," *Ecology* 69 (1988): 104–17.

226 **암컷이 신경을 쓰는** : J. M. Lapierre, "Spatial and age-related variation in use of locally common song elements in dawn singing of song sparrows *Melospiza melodia*: Old males sing the hits," *Behav Ecol Sociobiol* 65 (2011): 2149–60.

226 **리처드 무니는 조지타운 대학교 강당에서** : R. Mooney, "Translating birdsong research."

227 **연구실에서 금화조 암컷은** : S. C. Woolley and A. J. Doupe, "Social context-

induced song variation affects female behavior and gene expression," *PLoS Biol* 6 (2008): e62.

228 더 균일하게 휘파람을 부는 : E. Wegrzyn et al., "Whistle duration and consistency reflect philopatry and harem size in great reed warblers," *Anim Behav* 79 (2010): 1363 -92.

228 흔들리지 않는 노래를 부르는 : E. R. A. Cramer et al., "Infrequent extra-pair paternity in banded wrens," *Condor* 112 (2011): 637-45; B. E. Byers, "Extrapair paternity in chestnut-sided warblers is correlated with consistent vocal performance," *Behav Ecol* 18 (2007): 130-36.

228 흉내지빠귀의 경우도 마찬가지로 : C. A. Botero et al., "Syllable type consistency is related to age, social status, and reproductive success in the tropical mockingbird," *Anim Behav* 77, no. 3 (2009): 701-6.

228 과학자들은 지금도 여전히 수컷이 : 이하 노래가 보내는 신호에 관한 내용은 2015 년 4월에 네일레 보헤트와 주고받은 개인적인 서신에서 발췌했다.

228 예를 들면 카나리아는 매혹적인 : R. A. Suthers et al., "Bilateral coordination and the motor basis of female preference for sexual signals in canary song," *J Exp Biol* 215 (2015): 2950-59.

228 매혹적인 노래를 부르는 수컷을 : Ibid.

229 듀크 대학교의 스티브 노위키는 : S. Nowicki and W. A. Searcy, "Song function and the evolution of female preferences: Why birds sing, why brains matter," *Ann N Y Acad Sci* 1016 (2004): 704-23.

229 이 소중한 몇 주일 동안에 : S. Nowicki et al., "Brain development, song learning and mate choice in birds: A review and experimental test of the 'nutritional stress hypothesis,'" *J Comp Physiol A* 188 (2002): 1003-14; S. Nowicki et al., "Quality of song learning affects female response to male bird song," *Proc R Soc B* 269 (2002): 1949-54.

229 잘 먹은 금화조는 스승의 노래를 : H. Brumm et al., "Developmental stress affects song learning but not song complexity and vocal amplitude in zebra finches," *Behav Ecol Sociobiol* 63, no. 9 (2009): 1387-95.

229 이 "인지능력 가설"은 : N. J. Boogert et al., "Song complexity correlates with learning ability in zebra finch males," *Anim Behav* 76 (2008): 1735-41; C. N. Templeton et al., "Does song complexity correlate with problem-solving performance in flocks of zebra finches?" *Anim Behav* 92 (2014): 63-71.

230 세인트앤드루스 대학교의 네일레 보헤트는 : N. J. Boogert et al., "Song complexity correlates with learning ability in zebra finch males," *Anim Behav* 76 (2008): 1735-41; N. J. Boogert et al., "Mate choice for cognitive traits: A review of the evidence in

nonhuman vertebrates," *Behav Ecol* 22 (2011): 447-59.

230 보헤트 연구팀은 나중에 : N. J. Boogert et al., "Song repertoire size in male song sparrows correlates with detour reaching, but not with other cognitive measures," *Anim Behav* 81 (2011): 1209-16.

230 최근에 무리를 짓고 사는 : C. N. Templeton et al., "Does song complexity correlate with problem-solving performance in flocks of zebra finches?" *Anim Behav* 92 (2014): 63-71.

230 보헤트는 스트레스나 동기 : 2015년 4월, 네일테 보헤트와의 개인적인 연락.

231 얼마 전에 카를로스 보테로는 : C. A. Botero et al., "Climatic patterns predict the elaboration of song displays in mockingbirds," *Curr Biol* 19, no. 13 (2009): 1151-55.

231 아무 때나 비가 내리거나 : C. A. Botero and S. R. de Kort, "Learned signals and consistency of delivery: A case against receiver manipulation in animal communi-cation," in *Animal Communication Theory: Information and Influence,* ed. U. Stegmann (New York: Cambridge University Press, 2013), 281-96; C. A. Botero et al., "Syllable type consistency is related to age, social status and reproductive success in the tropical mockingbird," *Anim Behav* 77, no. 3 (2009): 701-6.

232 조류학자 도널드 크루즈마는 : D. Kroodsma, *The Singing Life of Birds,* 201; 도널드 크루즈마, 인터뷰. *Birding,* www.aba.org/birding/v41n3p18w1.pdf.

232 이런 주장을 짝짓기 마음 가설 : G. F. Miller, *The Mating Mind: How Sexual Choice Shaped the Evolution of Human Nature* (New York: Doubleday, 2000); T. W. Fawcett et al., "Female assessment: Cheap tricks or costly calculations," *Behav Ecol* 22, no. 3 (2011): 462-63.

232 봄에 노래하건 가을에 노래하건 : T. D. Sasaki et al., "Social context-dependent singing regulated dopamine," *J Neurosci* 26 (2006): 9010-14.

232 리터스는 어느 계절에 : L. Riters, "Why birds sing: The neural regulation of the motivation to communicate" (SFN conference presentation, November 14-15, 2014).

## 제6장 예술가

235 햇살이 여기저기 얼룩무늬를 만들고 : 정원사새의 행동과 공연에 관한 내용은 제럴드 보르자와 제이슨 키지의 연구 자료, 2012년 7월 6일에 진행한 제럴드 보르자와의 대면 인터뷰, 2015년 2월 13일 보르자와의 서면 인터뷰, 2015년 3월 16일 제이슨 키지와의 서면 인터뷰에서 발췌했다. G. Borgia, "Why do bowerbirds build bowers?" *American Scientist* 83 (1995): 542e547.

236 그 뒤로 며칠을 더 지켜보면 : R. E. Hicks et al., "Bower paint removal leads to reduced female visits, suggesting bower paint functions as a chemical signal," *Anim Behav* 85 (2013): 1209-15.

237 특히 식물을 교묘하게 꼬고 : P. Goodfellow, *Avian Architecture* (Princeton, NJ: Princeton University Press, 2011), 102.

237 쥘 미슐레는 "둥지의 원형(圓形) 형태를" : J. Michelet, *The Birds*, 1869, 248-50, www.gutenberg.org/eboks/43341.

237 판다누스 나무 꼭대기에 : New Zealand Birds: http://www.nzbirds.com/birds/fantailnest.html#sthash.

237 오목눈이는 작은 이끼 잎을 : M. Hansell, *Animal Architecture* (Oxford: Oxford University Press, 2005), 36, 71.

238 "새의 둥지는 새의 마음을" : C. Dixon, *Birds' Nests: An Introduction to the Science of Caliology* (London: Grant Richards, 1902), v.

238 노벨 상 수상자 니콜라스 틴베르헌은 : W. H. Thorpe, *Learning and Instinct in Animals* (London: Methuen, 1956), 36.

238 "그 간단하고 고정된" 동작으로 : M. Hansell, *Animal Architecture*, 71.

238 오목눈이의 근사한 건축물은 : A. McGowan et al., "The structure and function of nests of long-tailed tits *Aegithalos caudatus*," *Func Ecol* 18, no. 4 (2004): 578-83.

238 스코틀랜드 세인트앤드루스 대학교의 : Z. J. Hall et al., "Neural correlates of nesting behavior in zebra finches (*Taeniopygia guttata*)," *Behav Brain Res* 264 (2014): 26-33.

239 2014년에 발표한 실험에서 : I. E. Bailey et al., "Physical cognition: Birds learn the structural efficacy of nest material," *Proc R Soc B* 281, no. 1784 (2014): 20133225.

239 야생에서 금화조는 빽빽한 : R. Zann, *The Zebra Finch: A Synthesis of Field and Laboratory Studies* (New York: Oxford University Press, 1996).

239 금화조가 둥지를 위장할 때 쓰는 : I. E. Bailey et al., "Birds build camouflaged nests," *Auk* 132 (2015): 11-15.

239 검은머리베짜는새도 경험으로 : E. C. Collias and N. E. Collias, "The development of nest-building behavior in a weaverbird," *Auk* 81 (1964): 42-52.

240 정원사샛과에 속하는 새들은 : E. T. Gilliard, *Birds of Paradise and Bower Birds* (Boston: D. R. Godine, 1979).

241 암컷이 바우어 앞에 내려앉자마자 : 정원사새의 춤과 노래 공연에 관한 내용은 제럴드 보르자와 제이슨 키지의 연구 자료, 2012년 7월 6일에 진행한 제럴드 보르자와의 대면 인터뷰, 2015년 2월 13일, 보르자와의 서면 인터뷰, 2015년 3월 16일, 제이슨 키지와의 서면 인터뷰에서 발췌했다.

242 40년 이상 정원사새를 연구해온 : 2012년 7월 6일, 제럴드 보르자와의 인터뷰.

243 보르자는 실제로 수컷이 : Ibid.

243 수컷은 좀더 많은 햇빛을 받으려고 : A. F. Larned et al., "Male satin bowerbirds use sunlight to illuminate decorations to enhance mating success," Front Behav

Neurosci conference abstract: Tenth International Congress of Neuroethology (2012), doi:10.3389/conf.fnbeh.2012.27.00372.

243 그리고 보르자의 말처럼 : 제럴드 보르자와의 인터뷰; J. Keagy et al., "Cognitive ability and the evolution of multiple behavioral display traits," *Behav Ecol* 23 (2011): 448–56.

244 과학자들이 바우어 가운데 : J. Keagy et al., "Complex relationship between multiple measures of cognitive ability and male mating success in satin bowerbirds, *Ptilonorhynchus violaceus*," *Anim Behav* 81 (2011): 1063–70.

245 보겔콥정원사새는 뉴기니의 : P. Rowland, *Bowerbirds* (Melbourne: CSIRO Publishing, 2008).

245 통로에서 나뭇가지 때문에 : J. A. Endler et al., "Visual effects in great bowerbird sexual displays and their implications for signal design," *Proc R Soc B* 281 (2014): 20140235.

246 오스트레일리아 디킨 대학교의 : 2015년 1월 18일과 2월 3일, 존 엔들러와의 개인적인 연락; J. A. Endler et al., "Great bowerbirds create theaters with forced perspective when seen by their audience," *Curr Biol* 20, no. 18 (2010): 1679–84.

247 엔들러는 어쩌면 수컷은 : 2015년 1월 18일과 2월 3일, 존 엔들러와의 개인적인 연락.

247 엔들러의 말처럼 우리가 : 엔들러 다음에서 인용. 출처 http://www.deakin.edu.au/ research/stories/2012/01/23/males-up-to-their-old-tricks.

247 큰정원사새는 정말로 열심히 : L. A. Kelley and J. A. Endler, "Male great bowerbirds create forced perspective illusions with consistently different individual quality," *PNAS* 109, no. 51 (2012): 20980–85.

248 한 조사에서 파란색은 사람들이 : S. E. Palmer and K. B. Schloss, "An ecological valence theory of human color preference," *PNAS* 107, no. 19 (2010): 8877–82.

248 척추동물은 파란색 색소를 만들거나 : J. T. Bagnara et al., "On the blue coloration of vertebrates," *Pigment Cell Res* 20, no. 1 (2007): 14–26.

249 보르자 연구팀은 파괴 현장을 : '파괴와 훔치기(Destruction and stealing)' 동영상 참고. http://www.life.umd.edu/biology/borgialab/#Videos.

249 심지어 자기가 만든 바우어에 : A. J. Marshall, "Bower-birds," *Biol Rev* 29, no. 1 (1954): 1–45.

249 빨간색 물체는 어떻게 해서든지 : J. Keagy et al., "Male satin bowerbird problem-solving ability predicts mating success," *Anim Behav* 78 (2009): 809–17; J. Keagy et al., "Complex relationship between multiple measures of cognitive ability and male mating success in satin bowerbirds, *Ptilonorhynchus violaceus*," *Anim Behav* 81 (2011): 1063–70; J. Keagy et al., "Cognitive ability and the evolution of multiple

behavioral display traits," *Behav Ecol* 23 (2012): 448-56.

250 문제를 해결한 새들 대부분은 : 제이슨 키지의 동영상 참고. https://www.youtube.com/watch?v=kn0VsIdD1AA.

251 존 엔들러는 시각 예술은 : J. Endler, "Bowerbirds, art and aesthetics," *Commun Integr Biol* 5, no. 3 (2012): 281-83.

251 예일 대학교의 조류학자 리처드 프룸은 : R. O. Prum, "Coevolutionary aesthetics in human and biotic artworlds," *Biol Phil* 28, no. 5 (2014): 811-32.

252 동식물학자이며 영화 제작자인 : K. von Frisch, *Animal Architecture* (New York: Harcourt Brace, 1974), 243-44.

252 제럴드 보르자와 제이슨 키지는 : G. Borgia and J. Keagy, "Cognitively driven co-option and the evolution of complex sexual display in bowerbirds," in *Animal Signaling and Function: An Integrative Approach,* ed. D. Irschick et al. (New York: John Wiley and Sons, 2015), 75-101; 2015년 3월 16일, 제이슨 키지와의 개인적인 연락.

253 데이비스 캘리포니아 대학교의 : 2015년 3월 8일, 가일 패트리셀리와의 개인적인 연락.

253 보르자의 연구소에서 박사 과정 : G. L. Patricelli et al., "Male satin bowerbirds, *Ptilonorhynchus violaceus,* adjust their display intensity in response to female startling: An experiment with robotic females," *Anim Behav* 71 (2006): 49-59; G. Patricelli et al., "Male displays adjusted to female's response: Macho courtship by the satin bowerbird is tempered to avoid frightening the female," *Nature* 415 (2002): 279-80.

254 이 같은 학습 능력은 : S. Nowicki et al., "Brain development, song learning and mate choice in birds: A review and experimental test of the 'nutritional stress hypothesis,'" *J Comp Physiol A* 188 (2002): 1003-14; S. Nowicki et al., "Quality of song learning affects female response to male bird song," *Proc R Soc B* 269 (2002): 1949-54.

255 "어린 수컷이 만든 바우어는" : 2012년 7월 6일, 제럴드 보르자와의 인터뷰.

255 제이슨 키지는 "어린 수컷은" : 2015년 3월 16일, 제이슨 키지와의 개인적인 연락.

255 (실험자가 내부에 있는 칠을) : R. E. Hicks, "Bower paint removal leads to reduced female visits, suggesting bower paint functions as a chemical signal," *Anim Behav* 85 (2013): 1209-15.

256 까다로운 암컷이 이런 모든 자질을 : J. Keagy et al., "Male satin bowerbird problem solving ability predicts mating success," *Anim Behav* 78 (2009): 809-17; J. Keagy et al., "Complex relationship between multiple measures of cognitive ability and male mating success in satin bowerbirds, *Ptilonorhynchus violaceus," Anim Behav* 81 (2011):

1063-70.

256 제이슨 키지가 관찰한 것처럼 : 2015년 3월 16일, 제이슨 키지와의 개인적인 연락; C. Rowe and S. D. Healy, "Measuring variation in cognition," *Behav Ecol* (2014), doi:10.1093/beheco/aru090.

256 수컷을 평가하는 일이 끝났다면 : 정원사새 암컷은 앞선 연도에 모은 수컷의 정보를 기억한다. J. A. C. Uy et al., "Dynamic mate-searching tactic allows female satin bowerbirds *Ptilonorhynchus violaceus* to reduce searching," *Proc R Soc B* 267 (2000): 251-56 참조.

257 가일 패트리셀리는 "이 과정은" : 2015년 3월 8일, 가일 패트리셀리와의 개인적인 연락.

257 수컷이 펼치는 공연에는 암컷이 : J. Keagy et al., "Cognitive ability and the evolution of multiple behavioral display traits," *Behav Ecol* 23 (2012): 448-56; G. Borgia, "Bower quality, number of decorations and mating success of male satin bowerbirds (*Ptilonorhynchus violaceus*): An experimental analysis," *Anim Behav* 33 (1985): 266-71; C. A. Loffredo and G. Borgia, "Male courtship vocalizations as cues for mate choice in the satin bowerbird (*Ptilonorhynchus violaceus*)," *Auk* 103 (1986): 189-95.

258 (마침 사람도 여자는 남자가) : M. D. Prokosch, "Intelligence and mate choice: Intelligent men are always appealing," *Evol Hum Behav* 30 (2009): 11-20.

259 이것이 바로 찰스 다윈이 : R. O. Prum, "Aesthetic evolution by mate choice: Darwin's *really* dangerous idea," *Philos Trans R Soc Lond B* 367 (2012): 2253-65.

259 로널드 피셔가 선구적인 성 선택 : 이 가설은 소위 '고삐 풀린 성 선택(runaway sexual selection)' 모형 혹은 '섹시한 아들(sexy son)' 모형이라고 부른다. 왜냐하면 암컷이 아름다움을 기준으로 수컷을 골랐을 때, 얻을 수 있는 가장 큰 이익은 섹시한 아들을 낳을 수 있다는 것이기 때문이다. 섹시하기 때문에 다른 수컷보다 짝짓기를 더 많이 하게 될 이 아들은 자기가 낳을 수컷에게는 섹시해질 유전자를, 암컷에게는 섹시한 수컷을 선호하는 유전자를 물려줄 것이다. 2015년 3월 8일, 가일 패트리셀리와의 개인적인 연락.

259 다윈은 수컷이 점진적으로 : C. Darwin, *The Descent of Man* (London: John Murray, 1871), 793.

260 몇 년 전에 와타나베는 새가 : S. Watanabe, "Animal aesthetics from the perspective of comparative cognition," in S. Watanabe and S. Kuczaj, eds, *Emotions of Animals and Humans* (Tokyo: Springer, 2012), 129; S. Watanabe et al., "Discrimination of paintings by Monet and Picasso in pigeons," *J Exp Anal Behav* 63 (1995): 165-74; S. Watanabe, "Van Gogh, Chagall and pigeons," *Anim Cogn* 4 (2001): 147-51.

260 새에게 사람처럼 미(美)라는 개념을 : S. Watanabe, "Pigeons can discriminate

'good' and 'bad' paintings by children," *Anim Cogn* 13, no. 1 (2010): 75-85.

261 이 문제를 풀려고 와타나베 연구팀은 : Y. Ikkatai and S. Watanabe, "Discriminative and reinforcing properties of paintings in Java sparrows (*Padda oryzivora*)," *Anim Cogn* 14, no. 2 (2011): 227-34.

261 그러나 와타나베가 진행한 연구는 : S. Watanabe, "Discrimination of painting style and beauty: Pigeons use different strategies for different tasks," *Anim Cogn* 14, no. 6 (2011): 797-808.

261 비둘기는 사람은 골라내기 어려운 : R. E. Lubow, "High-order concept formation in the pigeon," *J Exp Anal Behav* 21 (1973): 475-83.

261 비둘기는 그저 보는 것만으로도 : C. Stephan et al., "Have we met before? Pigeons recognize familiar human face," *Avian Biol Res* 5, no. 2 (2012): 75.

262 짝짓기에 성공한 황금무희새에게는 : J. Barske et al., "Female choice for male motor skills," *Proc R Soc B* 278, no. 1724 (2011): 3523-28.

263 황금무희새 수컷과 암컷의 뇌를 : L. B. Day et al., "Sexually dimorphic neural phenotypes in golden-collared manakins," *Brain Behav Evol* 77 (2011): 206-18.

263 무희새 몇 종을 좀더 연구해본 : W. R. Lindsay et al., "Acrobatic courtship display coevolves with brain size in manakins (*Pipridae*)," *Brain Behav Evol* (2015), doi: 10.1159/000369244.

264 하지만 큰정원사새, 점박이정원사새, : 제럴드 보르자와의 개인적인 연락; B. J. Coyle et al., "Limited variation in visual sensitivity among bowerbird species suggests that there is no link between spectral tuning and variation in display colouration," *J Exp Biol* 215 (2012): 1090-1105.

264 그렇다고는 하더라도 새가 시각 기관을 : 예를 들면 동물은 모두 신체 양쪽이 거울상처럼 동일해서 균형이 잡힌 몸의 배우자를 선호한다. 이는 좋은 선택 기준이다. 자연에 존재하는 대칭성은 거의 항상 아주 중요한 정보를 제공한다. 식물과 동물 모두에서 대칭성은 건강하다는 증거로, 극단적인 기후나 먹이 부족 같이 건강에 영향을 미치는 환경 스트레스를 겪지 않았고, 질병이나 변이가 없음을 알려주는 징표일 때가 많다.

264 1950년대에 진행된 실험에서 : B. Rensch, "Die wirksamkeit asthetischer faktoren bei wirbeltieren," *Z Tierpsychol* 15 (1958): 447-61.

264 노벨 상 수상자 칼 폰 프리슈는 : K. von Frisch, *Animal Architecture* (New York: Harcourt Brace, 1974), 244.


제7장 마음속 지도

267 얼마 전에 흰정수리북미멧새 무리도 : K. Thorup et al., "Evidence for a navigational map stretching across the continental U.S. in a migratory songbird," *PNAS* 104, no.

46 (2008): 18115-19.

268 프라이부르크 대학교 인지과학 센터의 : J. Frankenstein, "Is GPS All in Our Heads?" *New York Times,* Sunday Review, February 2, 2012.

269 "가난한 사람의 경마"라고 : 비둘기 경주에 관한 정보의 출처. W. M. Levi, *The Pigeon* (Sumter, SC: Levi Publishing Co., 1941/1998).

269 2002년 4월의 어느 날 아침 : "Racing Pigeon Returns—Five Years Late," *Manchester Evening News,* May 7, 2005.

270 그 시합은 왕립 비둘기 경주협회 : J. T. Hagstrum, "Infrasound and the avian navigational map," *J Exp Biol* 203 (2000): 1103-11; J. T. Hagstrum, "Infrasound and the avian navigational map," *J Nav* 54 (2001): 377-91; J. T. Hagstrum, "Atmospheric propagation modeling indicates homing pigeons use loft-specific infrasonic 'map' cues," *J Exp Biol* 216 (2013): 687-99.

271 당시 「뉴욕 타임스」는 이 기록이 : "The Longest Flight on Record," *New York Times,* August 3, 1885.

271 영국해협 참사가 있었던 : G. Ensley, "Case of the 3,600 disappearing homing pigeons has experts baffled," *Chicago Tribune,* October 18, 1998.

271 그런데 전서구 전문가 찰스 월콧의 : 찰스 월콧. 인용 G. Ensley, ibid.

272 작은 아한대 숲에서 서식하는 : J. Lathrop, "Tiny songbird discovered to migrate nonstop, 1,500 miles over the Atlantic," news report, University of Massachusetts, Amherst, April 1, 2015.

273 비둘기 전뇌에 있는 : L. N. Voronov et al., "A comparative study of the morphology of forebrain in corvidae in view of their trophic specialization," *Zool Z* 73 (1994): 82-96.

273 잘못해서 새끼를 짓밟거나 : W. M. Levi, *The Pigeon* (Sumter, SC: Levi Publishing Co., 1941/1998), 374.

273 (한 비둘기 전문가는) : Ibid, 374.

273 날아오다가 둥지 재료를 떨어뜨리면 : "그러나 이런 평가는 상당히 불공평하다. 왜냐하면 비둘기의 둥지는 아주 정갈할 때가 많지만 집참새의 둥지는 정신이 없기로 유명하기 때문이다." Ibid.

274 비둘기는 수에 밝기 때문에 : D. Scarf et al., "Pigeons on par with primates in numerical competence," *Science* 334 (2011): 1664.

274 똑같은 퀴즈를 실험실에서 냈을 때 : W. T. Herbranson and J. Schroeder, "Are birds smarter than mathematicians? Pigeons (*Columba livia*) perform optimally on a version of the Monty Hall Dilemma," *J Comp Psychol* 124 (2010): 1-13.

275 (『퍼레이드[*Parade*]』지에서 연재하는) : M. vos Savant, "Ask Marilyn," *Parade,* September 9, 1990; December 2, 1990; February 17, 1991; July 7, 1991.

275 처음에 비둘기는 무작위로 : 2015년 6월 4일, 월터 허브랜슨과의 개인적인 연락.

275 비둘기처럼 문제에 접근하는 것을 : 이 문제는 이론적 확률과 경험적 확률, 어느 쪽을 사용해도 풀 수 있다. 몬티 홀 딜레마를 풀 때 사람들은 대부분 이론적 확률을 사용하는 경향이 있다. 문제는 이론적 확률을 제대로 사용하지 못한다는 것이다. 하지만 비둘기는 경험적 확률을 이용해서 문제를 푸는 것 같다.

275 미국의 심리학자 윌리엄 제임스가 : W. James, *Principles of Psychology*, vol. 1 (New York: Holt, 1890), 459–60.

275 알렉스는 두 물체가 같은지 : I. M. Pepperberg, "Acquisition of the same/different concept by an African grey parrot (*Psittacus erithacus*): Learning with respect to categories of color, shape, and material," *Anim Learn Behav* 15 (1987): 423–32; 2015 년 5월 8일, 아이린 페퍼브그와의 개인적인 연락.

276 그러나 비둘기는 알파벳 글자 : M. J. Morgan et al., "Pigeons learn the concept of an 'A,'" *Perception* 5 (1976): 57–66; S. Watanabe, "Discrimination of painting style and beauty: Pigeons use different strategies for different tasks," *Anim Cogn* 14, no. 6 (2011): 797–808; S. Watanabe and S. Masuda, "Integration of auditory and visual information in human face discrimination in pigeons," *Behav Brain Res* 207, no. 1 (2010): 61–69.

276 사진에 사람(옷을 입었건) : R. J. Herrnstein and D. H. Loveland, "Complex visual concept in the pigeon," *Science* 146, no. 3643 (1964): 549–51.

276 사람의 얼굴을 구별하는 능력도 : F. A. Soto and W. A. Wasserman, "Asymmetrical interactions in the perception of face identity and emotional expression are not unique to the primate visual system," *J Vision* 11, no. 3 (2011): 24.

276 1,000개가 넘는 이미지를 : J. Fagot and R. G. Cook, "Evidence for large long-term memory capacities in baboons and pigeons and its implications for learning and the evolution of cognition," *PNAS* 103 (2006): 17564–67.

276 고대부터 사람이 비둘기들을 : W. M. Levi, *The Pigeon*, 37.

277 1941년에 처음 출간된 : Ibid., 1.

277 레비는 "문명이 번영한 곳이라면" : Ibid.

278 세어 아미 같은 이름으로 불렸는데 : Ibid., 11.

278 프레지던트 윌슨이라는 비둘기는 : Ibid., 10ff.

278 스코틀랜드의 윙키는 북해에 : Ibid., 8.

278 제2차 세계대전이 한참일 무렵 : 기술하사관 클리퍼드 포트르, 인용 *Amarillo Globe Times*, April 1941, http://www.newspapers.com/newspage/29783097/.

279 이 날개 달린 전령들 가운데 : W. M. Levi, *The Pigeon*, 26.

279 지금도 쿠바 정부는 : http://www.cadenagramonte.cu/english/index.php/show/articles/ 1901:carrier-pigeons-an-alternative-communication-means-at-cuban-elections; M. Moore,

"China trains army of messenger pigeons," *The Telegraph*, March 2, 2011.

279 1850년에 찰스 디킨슨은 : C. Dickens, "Winged Telegraphs," *London Household Word*, February 1850, 454-56

280 현재 우리는 그렇지 않다는 : H. G. Wallraff, "Does pigeon homing depend on stimuli perceived during displacement?" *J Comp Physiol* 139 (1980): 193-201.

280 익숙한 지형을 보면서 : 이후 나오는 인지 지도에 관한 내용은 해당 분야의 현재 연구 결과를 종합한 리처드 홀랜드의 탁월한 개요에서 발췌했다. R. A. Holland, "True navigation in birds: From quantum physics to global migration," *J Zool* 293 (2014): 1-15.

282 코넬 대학교의 조류학과 명예교수 : C. Walcott, "Pigeon homing: Observations, experiments and confusions," *J Exp Biol* 199 (1996): 21-27; 라파예트 비둘기 경주 클럽에서 진행한 찰스 월콧의 강의 보고서. http://www.siegelpigeons.com/news/news-walcott.html.

282 40년도 더 전의 일이다 : W. T. Keeton, "Magnets interfere with pigeon homing," *PNAS* 8, no. 1 (1971): 102-6.

282 새가 길을 찾을 때에 : 유럽울새에 관한 첫 번째 자기장 연구. W. Wiltschko and R. Wiltschko, "Magnetic compass of European robins," *Science* 176, no. 4030 (1972): 62-64.

283 그러나 독일 올덴부르크 대학교에서 : H. Mouritsen in *Neurosciences: From Molecule to Behavior* (Berlin: Springer Spektrum, 2013), http://link.springer.com/chapter/10.1007/978-3-642-10769-6_20.

283 새의 망막에는 특정 파장의 빛을 : M. Zapka et al., "Visual but not trigeminal mediation of magnetic compass information in a migratory bird," *Nature* 461 (2009): 1274-77.

284 이런 감각 작용은 전뇌와 : Ibid.; M. Liedvogel et al., "Lateralized activation of cluster N in the brains of migratory songbirds," *Eur J Neurosci* 25, no. 4 (2007): 1166-73.

284 얼마 전에 과학자들은 : W. Wiltschko and R. Wiltschko, "Magnetic orientation and magnetoreception in birds and other animals," *J Comp Physiol A* 191 (2005): 675-93; R. Wiltschko and W. Wiltschko, "Magnetoreception," *BioEssays* 28, no. 2 (2006): 157-68; R. Wiltschko et al., "Magnetoreception in birds: Different physical processes for two types of directional responses," *HFSP J* 1, no. 1 (2007): 41-48.

284 그러나 좀더 많은 연구를 진행하고 : C. D. Treiber et al., "Clusters of iron-rich cells in the upper beaks of pigeons are macrophages not magnetosensitive neurons," *Nature* 484, no. 7394 (2012): 367-70.

284 새의 위쪽 부리에서 피부에 : R. Wiltschko and W. Wiltschko, "The magnetite-

based receptors in the beak of birds and their role in avian navigation," *J Comp Physiol A Neuroethol Sens Neural Behav Physiol* 199 (2013): 89–99; D. Kishkinev et al., "Migratory reed warblers need intact trigeminal nerves to correct for a 1,000 km eastward displacement," *PLoS ONE* 8 (2013): e65847.

285 새의 부리와 뇌를 연결하는 : D. Kishkinev et al., "Migratory reed warblers need intact trigeminal nerves to correct for a 1,000 km eastward displacement," *PLoS ONE* 8 (2013): e65847.

285 과학자들은 새의 내이(內耳)에 : M. Lauwers et al., "An iron-rich organelle in the cuticular plate of avian hair cells," *Curr Biol* 23, no. 10 (2013): 924–29. 비둘기부터 타조에 이르기까지, 새라면 그 안에 모두 작은 쇠 공이 하나씩 들어 있는 모세포가 있다. 최근에 과학자들은 비둘기의 뇌 줄기에서 자기장의 방향과 강도와 관계가 있는 정보를 기록하는 세포 무리를 찾았다. 이 정보는 비둘기의 내이에서 나오는 듯하다. 내이에 존재하는 이런 뉴런들은 각각 자기장의 방향, 강도, 극성을 측정해, 마치 내부 GPS 같은 역할을 하는지도 모른다.

285 그러나 내이를 제거한 : H. G. Wallraff, "Homing of pigeons after extirpation of their cochleae and lagenae," *Nat New Biol* 236 (1972): 223–24.

285 2014년에 모우리첸 연구팀은 : S. Engels et al., "Anthropogenic electromagnetic noise disrupts magnetic compass orientation in a migratory bird," *Nature* 509 (2014): 353–56.

285 오랫동안 과학자들은 : R. Wiltschko and W. Wiltschko, "Avian navigation: From historical to modern concepts," *Anim Behav* 65, no. 2 (2003): 257–72.

286 1940년대에 버클리 캘리포니아 대학교의 : E. C. Tolman, "Cognitive maps in rats and men," first published in *Psychological Review* 55, no. 4 (1948): 189–208.

286 (톨먼의 인지 지도 연구를) : T. Lombrozo, "Of rats and men: Edward C. Tolman," *13.7 Cosmos & Culture* (blog), NPR, February 11, 2013, http://www.npr.org/blogs/13.7/2013/02/11/171578224/of-rats-and-men-edward-c-tolman.

286 톨먼은 사람에게도 그런 인지 지도가 : E. C. Tolman, "Cognitive maps in rats and men," first published in *Psychological Review* 55, no. 4 (1948): 189–208.

287 생쥐처럼 비둘기도 공간 정보를 : R. H. I. Dale, "Spatial memory in pigeons on a four-arm radial maze," *Can J Psychology* 42, no. 1 (1988): 78–83; M. L. Spetch and W. K. Honig, "Characteristics of pigeons' spatial working memory in an open-field task," *Anim Learn Behav* 16 (1988):123–31.

287 그중에서도 가장 뛰어난 재능을 : K. L. Gould et al., "What scatter-hoarding animals have taught us about small-scale navigation," *Philos Trans R Soc Lond B* 365 (2010): 901–14.

287 각 저장소가 어디에 있는지 : B. M. Gibson and A. C. Kamil, "The fine-grained

spatial abilities of three seed-caching corvids," *Learn Behav* 33, no. 1 (2005): 59–66; A. C. Kamil and K. Cheng, "Way-finding and landmarks: The multiple-bearings hypothesis," *J Exp Biol* 204 (2001): 103–13.

288 캐나다산갈까마귀의 먹이 회수 : B. M. Gibson and A. C. Kamil, "The fine-grained spatial abilities of three seed-caching corvids"; D. F. Tomback, "How nutcrackers find their seed stores," *Condor* 82 (1980): 10–19.

288 캐나다산갈까마귀가 숨겨둔 먹이를 : A. C. Kamil and J. E. Jones, "The seed-storing corvid Clark's nutcracker learns geometric relationships among landmarks," *Nature* 390 (1997): 276–79; A. C. Kamil and J. E. Jones, "Geometric rule learning by Clark's nutcrackers (*Nucifraga columbiana*)," *J Exp Psychol Anim Behav Process* 26 (2000): 439–53; P. A. Bednekoff and R. P. Balda, "Clark's nutcracker spatial memory: The importance of large, structural cues," *Behav Proc* 102 (2014): 12–17.

289 케임브리지 대학교의 니컬라 클레이턴 : N. S. Clayton and A. Dickinson, "Episodic-like memory during cache recovery by scrub jays," *Nature* 395 (1998): 272–74; J. M. Dally et al., "The behaviour and evolution of cache protection and pilferage,"*Anim Behav* 72 (2006): 13–23.

289 우리처럼 덤불어치도 과거에 일어난 : Ibid.

289 캘리포니아덤불어치가 정말로 : C. R. Raby et al., "Planning for the future by western scrub-jays," *Nature* 445, no. 7130 (2007): 919–21.

290 연구를 진행한 과학자들은 : L. G. Cheke and N. S. Clayton, "Eurasian jays (*Garrulus glandarius*) overcome their current desires to anticipate two distinct future needs and plan for them appropriately," *Biol Lett* 8 (2012): 171–75.

291 도둑 새는 공간 기억 능력에 : S. Watanabe and N. S. Clayton, "Observational visuospatial encoding of the cache locations of others by western scrub-jays (*Aphelocoma californica*)," *J Ethol* 25 (2007): 271–79; J. M. Thom and N. S. Clayton, "Re-caching by western scrub-jays (*Aphelocoma californica*) cannot be attributed to stress," *PLoS ONE* 8, no. 1 (2013): e52936.

292 실제로 벌새는 같은 꽃을 : S. D. Healy and T. A. Hurly, "Spatial memory in rufous hummingbirds (*Selaphorus rufus*): A field test," *Anim Learn Behav* 23 (1995): 63–68.

292 몸집은 아주 작고 : Cornell Lab of Ornithology Web site, http://www.allaboutbirds.org/guide/rufous_hummingbird/id.

292 힐리가 진행한 연구 결과는 : I. N. Flores-Abreu et al., "One-trial spatial learning: Wild hummingbirds relocate a reward after a single visit," *Anim Cogn* 15, no. 4 (2012): 631–37.

292 루포스벌새는 설사 꽃이 없더라도 : M. Bateson et al., "Context-dependent foraging

decisions in rufous hummingbirds," *Proc R Soc B* 270 (2003): 1271-76.

293 더구나 이 벌새는 각 꽃들의 : S. D. Healy, "What hummingbirds can tell us about cognition in the wild," *Comp Cogn Behav* 8 (2013): 13-28.

293 힐리 연구팀은 벌새가 : 벌새는 기하학이 아니라 이용할 수 있는 모든 미묘한 (육상 지표 같은) 시각적 단서들을 활용한다고 주장하는 연구 결과도 나오고 있다. T. A. Hurly et al., "Wild hummingbirds rely on landmarks not geometry when learning an array of flowers," *Anim Cogn* 17, no. 5 (2014): 1157-65.

293 하지만 그 누구도 실험실 밖에서 : N. Blaser et al., "Testing cognitive navigation in unknown territories: Homing pigeons choose different targets," *J Exp Biol* 216, pt. 16 (2013): 3213-31.

295 쥐가 미로를 통과하는 실험을 : J. O'Keefe and L. Nadel, *The Hippocampus as a Cognitive Map* (Oxford: Oxford University Press, 1978).

296 우리가 한 가지 사건을 회상하면 : J. F. Miller, "Neural activity in human hippocampal formation reveals the spatial context of retrieved memories," *Science* 342 (2013): 1111-14.

296 해마가 크다는 것은 : T. C. Roth et al., "Is bigger always better? A critical appraisal of the use of volumetric analysis in the study of the hippocampus," *Philos Trans R Soc Lond B* 365 (2010): 915-31.

296 전체 뇌의 크기에 비해서 : B. J. Ward et al., "Hummingbirds have a greatly enlarged hippocampal formation," *Biol Lett* 8 (2012): 657-59. 워드는 벌새의 HF가 커진 데에는 다른 이유도 있을 것이라고 했다. 예를 들면 공중에서 한 곳에 계속 떠 있는 능력은 '독특한 뇌 형태'를 만들었을 것이다. 또한 벌새는 해마가 '상대적으로' 크기 때문에 그 결과 다른 종뇌(telencephalon) 부위는 줄어들었을 가능성이 있다고 했다(658쪽).

297 꿀잡이새나 찌르레기처럼 : J. R. Corfield et al., "Brain size and morphology of the brood-parasitic and cerophagous honeyguides (Aves: Piciformes)," *Brain Behav Evol* 81, no. 3 (2013): 170-86.

297 르페브르는 "당연한 일입니다" : 2012년 2월, 루이스 르페브르와의 인터뷰.

297 찌르레기는 암컷이 수컷보다 : M. F. Guigueno et al., "Female cowbirds have more accurate spatial memory than males," *Biol Lett* 10, no. 2 (2014): 20140026.

297 전서구의 해마는 팬테일이나 : G. Rehkamper et al., "Allometric comparison of brain weight and brain structure volumes in different breeds of the domestic pigeon, *Columba livia* f.d. (fantails, homing pigeons, strassers)," *Brain Behav Evol* 31, no. 3 (1988): 141-49.

297 얼마 전에 진행한 멋진 실험에서 : J. Cnotka et al., "Navigational experience affects hippocampus size in homing pigeons," *Brain Behav Evol* 72 (2008): 233-38.

298 **어쨌거나 비둘기의 해마 크기는** : 그와는 대조적으로 먹이를 저장하는 새의 해마를 연구한 블라디미르 프라보수도프 연구팀은 "성체의 뇌 뉴런의 수 같은, 뇌의 많은 특성에는 사실상 가소성이 많지 않았고, 상황이 달라진다고 해서 바뀌지도 않았습니다"라고 했다. "다시 말해서 뇌의 많은 특성은 유전되는 것으로 보이며 개체군 간의 차이는 개별 개체가 변화하는 상황에 적응했기 때문에 생긴 것이 아니라 기억을 활용하는 방식에 작용한 자연 선택의 결과일 수 있습니다." 2015년 1월 23일, 블라디미르 프라보수도프와의 개인적인 연락.

298 **영국 과학자들은 현대의** : K. Woollett and E. A. Maguire, "Acquiring 'the Knowledge' of London's layout drives structural brain changes," *Curr Biol* 21 (2011): 2109-14.

298 **일반인 설문 조사에서** : M. Harris, "Nokia says London is most confusing city," *TechRadar*, November 27, 2008, http://www.techradar.com/us/news/world-of-tech/phone-and-communications/mobile-phones/car-tech/satnav/nokia-says-london-is-most-confusing-city-489141.

298 **과학자들은 수년간 런던에서** : 그러나 지식 시험에 통과하는 데에는 그에 따르는 대가가 있는 것 같다. 길 찾기 선수인 런던 택시 기사는 새로운 시공간 정보를 획득하거나 검색하는 등의 다른 공간 기억 능력 시험에서는 저조한 성적을 보였고, 전방 해마의 회백질의 양도 적었다.

299 **실제로 맥길 대학교의 연구자들이** : K. Konishi and V. Bohbot, "Spatial navigational strategies correlated with gray matter in the hippocampus of healthy older adults tested in a virtual maze," *Front Aging Neurosci* 5 (2013): 1.

300 **하버드 대학교의 물리학 교수** : J. Huth, "Losing our way in the world," *New York Times*, Sunday Review, July 20, 2013.

301 **나는 전 세계 언어의** : L. Boroditsky, "Lost in Translation," *Wall Street Journal*, July 23, 2010; L. Boroditsky, "How language shapes thought," *Scientific American*, February 2011.

301 **별자리 모양을 지도로** : A. Michalik et al., "Star compass learning: How long does it take?" *J Ornithol* 155 (2014): 225-34.

302 **나중에 먹으려고 동물의 배설물을** : M. Dacke, "Dung beetles use the Milky Way for orientation," *Curr Biol* 23, no. 4 (2013): 298-300.

304 **정해진 경로에서 크게 벗어난** : K. Thorup et al., "Evidence for a navigational map stretching across the continental U.S. in a migratory songbird," *PNAS* 104, no. 46 (2007): 18115-19.

304 **이 실험은 또한 경험이** : K. Thorup and R. A. Holland, "The bird GPS—long-range navigation in migrants," *J Exp Biol* 212 (2009): 3597-3604. 이 같은 실험 결과는 1950년대에 과학자들이 찌르레기를 대상으로 진행한 놀라운 실험 결과를 확증해 준다. 당시 과학자들은 네덜란드에서 이주 중인 찌르레기 1만1,000마리를 잡아 스

위스로 데려갔다. 어른 새는 프랑스 북서쪽을 경유하여 일반적으로 겨울을 나는 영국 남부 지방으로 날아갔다. 소럽과 홀랜드는 어린 새는 "네덜란드에서 날아갈 때 향하는 방향인" 남서쪽 방향으로 계속해서 이동했다고 했다.

304 과학자들이 초경량 비행기를 : T. Mueller et al., "Social learning of migratory performance," *Science* 341, no. 6149 (2013): 999-1002. 이 실험에서는 어른 새를 쫓아가는 새는 혼자서 날아가는 새보다 항로에서 이탈할 확률이 40퍼센트 정도 낮다는 사실이 밝혀졌다. 정해진 경로를 곧바로 날아가는 아메리카흰두루미의 능력은 다섯 살이 될 때까지 꾸준히 증가한다.

305 우리가 이런 시계가 : K. Thorup and R. A. Holland, "Understanding the migratory orientation program of birds: Extending laboratory studies to study free-flying migrants in a natural setting," *Integ Comp Biol* 50, no. 3 (2010): 315-22.

305 해가 질 때 나타나는 : 편광의 패턴도 길을 찾는 주요 단서로 작용하는 것 같다. 야행성 철새는 많은 수가 해가 지고 있을 때나 진 직후에 날기 시작한다. 이주 초기에 새들은 편광의 패턴을 보고 날아가는 방향을 정한다는 것이 분명하다.

306 한 경로 이탈 실험에서 : R. Mazzeo, "Homing of the Manx shearwater," *Auk* 70 (1953): 200-201.

306 벨파스트 퀸즈 대학교의 : R. A. Holland, "True navigation in birds: From quantum physics to global migration," *J Zool* 293 (2014): 1-15.

306 최근에 홀랜드와 동료는 : R. A. Holland and B. Helm, "A strong magnetic pulse affects the precision of departure direction of naturally migrating adult but not juvenile birds," *J R Soc Interface* (2013), doi:10.1098/rsif.2012.1047.

307 니키타 체르네초프와 헨리크 모우리첸이 : D. Kishkinev et al., "Migratory reed warblers need intact trigeminal nerves to correct for a 1,000 km eastward displacement," *PLoS ONE* 8, no. 6 (2013): e65847.

307 새의 길 찾기 능력을 : J. T. Hagstrum, "Infrasound and the avian navigational map," *J Exp Biol* 203 (2000): 1103-11; J. T. Hagstrum, "Infrasound and the avian navigational map," *J Nav* 54 (2001): 377-91; J. T. Hagstrum, "Atmospheric propagation modeling indicates homing pigeons use loft-specific infrasonic 'map' cues," *J Exp Biol* 216 (2013): 687-99.

308 2014년 4월에 : H. M. Streby et al., "Tornadic storm avoidance behavior in breeding songbirds," *Curr Biol* (2014), doi:10.1016/j.cub.2014.10.079.

309 "사람이 경치를 보는 것과" : 2014년 1월 13일, J. T. 해그스트럼과의 개인적인 연락.

309 헨리크 모우리첸은 "그 실험" : 2015년 3월 5일, 헨리크 모우리첸과의 개인적인 연락.

310 재앙이 되어버린 비둘기 경주에서 : J. T. Hagstrum, "Atmospheric propagation

modeling indicates homing pigeons use loft-specific infrasonic 'map' cues," *J Exp Biol* 216 (2013): 687–99.

310 "증거라는 측면에서 보았을 때는" : R. A. Holland, "True navigation in birds: From quantum physics to global migration," *J Zool* 293 (2014): 1–15;  2015년 3월 23일 리처드 홀랜드와의 개인적인 연락.

311 새가 냄새를 길을 찾는 : F. Papi et al., "The influence of olfactory nerve section on the homing capacity of carrier pigeons," *Monit Zool Ital* 5 (1971): 265–67.

311 비슷한 시기에 독일의 : H. G. Wallraff, "Weitere Volierenversuche mit Brieftauben: Wahrscheinlicher Einfluss dynamischer Faktorender Atmosphare auf die Orientierung," *Z Vgl Physiol* 68 (1970): 182–201.

311 이 모순은 동물 뇌의 : B. L. Finlay and R. B. Darlington, "Linked regularities in the development and evolution of mammalian brains," *Science* 268 (1995): 1578.

311 거의 모든 척추동물에서 : K. E. Yopak et al., "A conserved pattern of brain scaling from sharks to primates," *PNAS* 107, no. 29 (2010): 12946–51.

312 새도 마찬가지이다 : S. Healy and T. Guilford, "Olfactory bulb size and nocturnality in birds," *Evolution* 44, no. 2 (1990): 339.

312 1892년에 한 조류학자는 : C. H. Turner, "A few characteristics of the avian brain," *Science XIX*, no. 466 (1892): 16–17.

313 나중에 과학자들은 비둘기의 : M. H. Sieck and B. M. Wenzel, "Electrical activity of the olfactory bulb of the pigeon," *Electroenceph Clin Neurophysiol* 26 (1969): 62–69.

313 지형을 알려주는 단서 하나 : F. Bonadonna, "Evidence that blue petrel, *Halobaena caerulea*, fledglings can detect and orient to dimethyl sulfide," *J Exp Biol* 209 (2006): 2165–69.

313 어두운 굴에서 둥지를 짓고 : F. Bonadonna, "Could osmotaxis explain the ability of blue petrels to return to their burrows at night?" *J Exp Biol* 204 (2001): 1485–89.

313 새끼를 양육하는 파란박새는 : L. Amo et al., "Predator odour recognition and avoidance in a songbird," *Funct Ecol* 22 (2008): 289–93.

313 세균이나 기생충을 : A. Mennarat, "Aromatic plants in nests of the blue tit *Cyanistes caeruleus* protect chicks from bacteria," *Oecologia* 161, no. 4 (2009): 849–55.

313 작은바다오리는 후각 신경구가 : S. P. Caro and J. Balthazart, "Pheromones in birds: Myth or reality?" *J Comp Physiol A Neuroethol Sens Neural Behav Physiol* 196, no. 10 (2010): 751–66.

314 후각 신경구가 정말 작은 : E. T. Krause et al., "Olfactory kin recognition in a songbird," *Biol Lett* 8, no. 3 (2012): 327–29.

314 인지와 뇌 진화 전문가인 제이컵스는 : L. F. Jacobs, "From chemotaxis to the

cognitive map: The function of olfaction," *Proc Natl Acad Sci* 109 (2012): 10693-700.

315 피사 대학교의 안나 갈리아르도는 : A. Gagliardo et al., "Oceanic navigation in Cory's shearwaters: Evidence for a crucial role of olfactory cues for homing after displacement," *J Exp Biol* 216 (2013): 2798-2805.

315 코리슴새가 섬을 찾아가는 : Ibid.

315 제이컵스는 파피나 발라프 같은 : F. Papi, *Animal Homing* (London: Chapman & Hall, 1992); H. G. Wallraff, *Avian Navigation: Pigeon Homing as a Paradigm* (Berlin: Springer, 2005).

315 이 지도의 첫 번째 부분은 : L. F. Jacobs, "From chemotaxis to the cognitive map : The function of olfaction," *Proc Natl Acad Sci* 109 (2012): 10693-700.

315 독일 남부에 있는 비둘기 사육장에서 : H. G. Wallraff and M. O. Andreae, "Spatial gradients in ratios of atmospheric trace gases: A study stimulated by experiments on bird navigation," *Tellus B Chem Phys Meteorol* 52 (2000): 1138-57; H. G. Wallraff, "Ratios among atmospheric trace gases together with winds imply exploitable information for bird navigation: A model elucidating experimental results," *Biogeosciences* 10 (2013): 6929-43.

317 어린 비둘기를 대상으로 : P. E. Jorge et al., "Activation rather than navigational effects of odours on homing of young pigeons," *Curr Biol* 19 (2009): 1-5.

317 리처드 홀랜드는 만약 : R. A. Holland, "True navigation in birds: From quantum physics to global migration," *J Zool* 293 (2014): 1-15.

317 그런데 최근에 홀랜드 연구팀이 : R. A. Holland et al., "Testing the role of sensory systems in the migratory heading of a songbird," *J Exp Biol* 212 (2009): 4065-71.

317 더구나 이망증이 나타나는 : A. Rastogi et al., "Phase inversion of neural activity in the olfactory and visual systems of a night-migratory bird during migration," *Eur J Neurosci* 34 (2011): 99-109.

318 전서구를 연구한 블라저는 : N. Blaser et al., "Testing cognitive navigation in unknown territories: Homing pigeons choose different targets," *J Exp Biol* 216, pt. 16 (2013): 3213-31.

318 찰스 월콧은 주위에 : C. Walcott, "Multi-modal orientation in homing pigeons," *Integr Comp Bio* 45 (2005): 574-81.

319 월콧은 먼 거리에서 길을 : Ibid.

320 런던 임페리얼 칼리지의 : M. Shanahan, "The brain's connective core and its role in animal cognition," *Philos Trans R Soc Lond B* 367, no. 1603 (2012): 2704-14.

320 전형적인 새의 뇌에서 : M. Shanahan et al., "Large-scale network organisation in the avian forebrain: A connectivity matrix and theoretical analysis," *Front Comput*

*Neurosci* 7, no. 89 (2013), doi: 10.3389/fncom.2013.00089.

제8장 참새의 도시

326 『도처에 존재하는 집참새의 생물학』 : T. R. Anderson, *Biology of the Ubiquitous House Sparrow* (Oxford: Oxford University Press, 2006), 9.

326 사람들의 새 그림자라고 : S. Steingraber, "The fall of a sparrow," *Orion Magazine*, 2008.

327 인류세(人類世) 때문에 : A. D. Barnosky et al., "Has the earth's sixth mass extinction already arrived?" *Nature* 471 (2011): 51–57.

327 수백만 년 동안 새들이 : R. E. Green, "Farming and the fate of wild nature," *Science* 307 (2005): 550. 그린은 "농업은 현재 전 세계의 새들이 대면해야 하는 아주 심각한 위협"이라고 했다. 전 세계 지표면의 거의 절반 정도가 방목지대나 중경 작물지대로 바뀌고 있다. 농토를 확장하면서 전 세계 산림지의 절반 이상이 사라지고 있다. 농업은 현재뿐 아니라 미래에도 새들에게는 가장 위협이 될 요소인데, 상황은 개발도상국에서 훨씬 더 심각하다.

327 조류학자 피트 던은 집참새를 : P. Dunn, *Essential Field Guide Companion* (Boston: Houghton Mifflin, 2006), 679.

327 그러나 지금은 수백만 개체가 : 집참새 확산 이야기의 출처. T. R. Anderson, *Biology of the Ubiquitous House Sparrow* (Oxford: Oxford University Press, 2006), 21–30.

327 처음에 농사에 피해를 입히는 : C. Lever, *Naturalized Birds of the World* (New York: John Wiley, 1987).

328 집참새가 신대륙으로 건너온 지 : E. A. Zimmerman, "House Sparrow History," *Sialis*, http://www.sialis.org/hosphistory.htm.

328 현재 이 조그만 집참새는 : Partners in Flight Science Committee 2012. Species Assessment Database, version 2012, http://rmbo.org/pifassessment.

329 테디 앤더슨은 거실에 앉아 : T. R. Anderson, *Biology of the Ubiquitous House Sparrow* (Oxford: Oxford University Press, 2006), 283–84.

329 1970년대 말부터 1980년대 초까지 : P. A Gowaty, "House sparrows kill eastern bluebirds," *J Field Ornithol* (Summer 1984): 378–80.

329 집참새를 도입해서 풀어놓은 : D. Sol et al., "Behavioural flexibility and invasion success in birds," *Anim Behav* 63 (2002): 495–502.

330 스페인 생태산림 적용연구 센터 : D. Sol et al., "The paradox of invasion in birds: Competitive superiority or ecological opportunism?" *Oecologia* 169, no. 2 (2012): 553–64.

330 그러나 몇 년 전에 : D. Sol and L. Lefebvre, "Behavioural flexibility predicts

invasion success in birds introduced to New Zealand," *Oikos* 90 (2000): 599–605.

331 솔이 조사한 전 세계에 : D. Sol et al., "Unraveling the life history of successful invaders," *Science* 337 (2012): 580.

331 다른 생태계에서도 성공적으로 : 양서류와 파충류 : J. J. Amiel et al., "Smart moves: Effects of relative brain size on establishment success of invasive amphibians and reptiles," *PLoS ONE* 6 (2011): e18277. Mammals: D. Sol et al., "Brain size predicts the success of mammal species introduced into novel environments," *Am Nat* 172 (2008): S63–S71.

331 솔은 새가 새롭거나 : D. Sol et al., "Exploring or avoiding novel food resources? The novelty conflict in an invasive bird," *PLoS ONE* 6, no. 5 (2011): 219535. 솔과 동료들은 "기꺼이 새로운 음식을 맛볼 준비가 되어 있거나 새로운 먹이 습득 전략을 빨리 채택하는 개체군은 새로운 환경에서 생존하고 생식하는 데에 유리한 사전 적응(pre-adaptation : 적응이 일어난 시기에는 그다지 쓸모가 없지만 환경이 바뀌었을 때는 유용하게 쓰일 수 있는 유전되는 특성/옮긴이)이 일어나 있는 경우가 많다"라고 했다.

332 일리노이 주 노멀에서 : J. E. C. Flux and C. F. Thompson, "House sparrows taking insects from car radiators," *Notornis* 33, no. 3 (1986): 190–91.

332 밤이면 엠파이어 빌딩 : R. K. Brooke, "House sparrows feeding at night in New York," *Auk* 88 (1971): 924.

332 미저리 주에 사는 : J. L. Tatschl, "Unusual nesting site for house sparrows," *Auk* 85 (1968): 514.

332 낮 시간이 긴 봄에 : B. D. Bell, "House sparrows collecting feathers from live feral pigeons," *Notornis* 41 (1994): 144–45.

333 일부 도시에서는 : M. Suarez-Rodriguez et al., "Incorporation of cigarette butts into nests reduces nest ectoparasite load in urban birds; new ingredients for an old recipe?" *Biol Lett* 9, no. 1 (2012): 201220921.

333 먹이를 구할 때도 : T. Anderson, *Biology of the Ubiquitous House Sparrow* (Oxford: Oxford University Press, 2006), 246–82.

333 영국 에이번 강가의 : K. Rossetti, "House sparrows taking insects from spiders' webs," *British Birds* 76 (1983): 412.

333 하와이 마우이 섬에서는 : H. Kalmus, "Wall clinging: Energy saving the house sparrow *Passer domesticus*," *Ibis* 126 (1982): 72–74.

333 몇 년 전에 뉴질랜드에서 : R. Breitwisch and M. Breitwisch, "House sparrows open an automatic door," *Wilson Bulletin* 103 (1991): 4.

334 한 목격자는 뉴질랜드의 : R. E. Brockie and B. O'Brien, "House sparrows (*Passer domesticus*) opening autodoors," *Notornis* 51 (2004): 52.

334 자신의 저서 『바람새(The Wind Birds)』에서 : P. Matthiessen, *The Wind Birds* (New York: Viking Press, 1973), 20.

335 탐파에 있는 사우스 플로리다 대학교의 : L. B. Martin and L. Fitzgerald, "A taste for novelty in invading house sparrows, *Passer domesticus*," *Behav Ecol* 16, no. 4 (2005): 702–7.

336 이 두 과학자는 : A. Liker and V. Bokony, "Larger groups are more successful in innovative problem solving in house sparrows," *PNAS* 106, no. 19 (2009): 7893–98.

336 예를 들면 어맨다 리들리는 : 2015년 4월 7일, 어맨다 리들리와의 개인적인 연락.

336 가장 영리한 한 사람보다 : P. R. Laughlin et al., "Groups perform better than the best individuals on letters-to-numbers problems: Effects of group size," *J Pers and Soc Psych* 90, no. 4 (2006): 644–51.

336 심리학자 스티븐 핑커는 : S. Pinker, "The cognitive niche: Coevolution of intelligence, sociality, and language," *PNAS* 107, suppl. 3 (2010): 8993–99.

337 따라서 혼자인 새보다는 : J. Morand-Ferron and J. L. Quinn, "Larger groups of passerines are more efficient problem-solvers in the wild," *PNAS* 108, no. 38 (2011): 15898–903; L. Aplin et al., "Social networks predict patch discovery in a wild population of songbirds," *Proc R Soc B* 279 (2012): 4199–205.

337 영국의 조류학자 에드먼드 셀루스는 : E. Selous, *Bird Life Glimpses* (London: George Allen, 1905), 79.

337 "그러나 모두 같은 행동을" : 다음에서 인용. M. M. Nice, "Edmund Selous—An Appreciation," *Bird-Banding* 6 (1935): 90–96. 나이스는 다음에서 가져온 것이다. E. Selous, *Realities of Bird Life* (London: Constable & Co., 1927), 152; E. Selous, *The Bird Watcher in the Shetlands* (London: J. M. Dent & Co., 1905), 232.

337 옥시토신과 같은 분자에 : A. M. Kelly and J. L. Goodson, "Personality is tightly coupled to vasopressin-oxytocin neuron activity in a gregarious finch," *Front Behav Neurosci* 8, no. 55 (2014), doi: 10.3389/fnbeh.2014.0005.

338 작은 펭귄을 비롯해서 : J. F. Cockrem, "Corticosterone responses and personality in birds: Individual variation and the ability to cope with environmental changes due to climate change," *Gen Comp Endocrinol* 190 (2013): 156–63.

338 린 마틴은 새로운 영토로 : A. W. Schrey et al., "Range expansion of house sparrows (*Passer domesticus*) in Kenya: Evidence of genetic admixture and human-mediated dispersal," *J Heredity* 105 (2014): 60–69.

338 이 집참새들은 아마도 : 2015년 3월 6일, 린 마틴과의 개인적인 연락.

338 하지만 지금은 케냐의 도시들은 : J. D. Parker et al., "Are invasive species performing better in their new ranges?" *Ecology* 94 (2013): 985–94.

338 몸바사에서 멀리 떨어진 : L. B. Martin et al., "Surveillance for microbes and range

expansion in house sparrows," *Proc R Soc B* 281, no. 1774 (2014): 20132690.

339 **과학자들은 이런 스트레스** : A. L. Liebl and L. B. Martin, "Exploratory behavior and stressor hyper-responsiveness facilitate range expansion of an introduced songbird," *Proc R Soc B* (2012), doi:10.1098/rspb.2012.1606.

339 **마틴의 제자인 대학원생** : A. L. Liebl and L. B. Martin, "Living on the edge: Range edge birds consume novel foods sooner than established ones," *Behav Ecol* 25, no. 5 (2014): 1089-96.

339 **그러나 영토를 개척하고** : 이 연구 결과는 마틴이 신대륙 집참새 두 무리를 비교했던 이전 연구 결과와 일치한다. 이전 연구에서 마틴이 살펴본 첫 번째 무리는 파나마 콜론 시로 이주한 '개척자' 참새들이었다. 이 참새들은 콜론에 들어간 지 30년 밖에 되지 않았고 활발하게 퍼져나가는 중이었다. 또다른 무리는 뉴저지 주 프린스턴에서 150년 이상 살고 있는 고루한 '터줏대감' 참새들이다. 마틴은 두 무리에서 참새들을 잡아와 비슷한 환경에서 사육하면서 참새들이 처음 보는 키위 조각이나 으깬 박하사탕 같은 것을 먹이로 주었다. 파나마에서 온 참새들은 즐겁게 새로운 먹이를 먹었지만 뉴저지 주에서 온 참새들은 거부했다. L. B. Martin and L. Fitzgerald, "A taste for novelty in invading house sparrows," *Behav Ecol* 16 (2005): 702-7 참조.

339 **그런데 최근에 미시시피 주 빌록시의** : M. J. Afemian et al., "First evidence of elasmobranch predation by a waterbird: Stingray attack and consumption by the great blue heron," *Waterbirds* 34, no. 1 (2011): 117-20.

340 **바하 해변에서도** : D. L. Bostic and R. C. Banks, "A record of stingray predation by the brown pelican," *Condor* 68, no. 5 (1966): 515-16.

341 **쿡 산의 고산 마을을** : B. D. Gartell and C. Reid, "Death by chocolate: A fatal problem for an inquisitive wild parrot," *New Zealand Vet J* 55, no. 3 (2007): 149-51.

341 **그러나 린 마틴의 말처럼** : 2015년 3월 5일, 린 마틴과의 개인적인 연락.

341 **집참새도 일단 일정한** : 마틴과 동료들은 "따라서 선택은 안정적인 환경에서 살아가는 개체들의 융통성은 낮추고 새롭거나 변화가 많은 환경에서 살아가는 개체들의 융통성은 촉진해야 한다……. 융통성을 발휘하는 데에는 비용이 들기 때문에 융통성은 모든 개체가 활용할 수 있는 실용적인 전략은 아닐 것이다. 특히 다양성하고는 거리가 먼 장소에서 고집스럽게 살아가는 개체들은 그 지역 환경에 맞게 표현형이 바뀌는 자연 선택이 일어날 테니, 융통성은 더욱 실용적인 전략이 아니다"라고 했다. L. B. Martin and L. Fitzgerald, "A taste for novelty in invading house sparrows," *Behav Ecol* 16 (2005): 702-7.

342 **성격이 다양한 개체와** : 그러나 반드시 언급해야 할 점이 있다. 다니엘 솔이 지적한 것처럼 성공한 침입자에게는 사회성이 아주 중요한 특성이라고 보는 주장을 뒷받침할 경험적 증거는 없다는 것이다. "다른 장소에서 들여오는 생물 종은 거의 모

두 사회적인데, 그 이유는 아마도 쉽게 잡히기 때문이거나 사람의 주거지 근처에 자주 나타나기 때문일 겁니다. 따라서 성공한 침입자가 사회성이 좋을 것이라는 예측을 제대로 평가해볼 방법은 없습니다." 2015년 다니엘 솔과 나눈 개인적인 서신의 내용.

342 (분할 산란 전략[bet-hedging strategy]이라고) : 2015년 4월, 다니엘 솔과의 개인적인 연락.

342 (캐나다 토론토만 해도) : R. Johns, "Building owners in new lawsuit over bird collision deaths," American Bird Conservancy media release, 2012, http://www.abcbirds.org/newsandreports/releases/120413.html.

342 다니엘 솔 연구팀은 : 2015년 4월 다니엘 솔과의 개인적인 연락; D. Sol et al., "Urbanisation tolerance and the loss of avian diversity," *Ecol Lett* 17, no. 8 (2014): 942–50.

343 최근에 캐나다 과학자들은 : D. S. Proppe et al., "Flexibility in animal signals facilitates adaptation to rapidly changing environments," *PLoS ONE* (2011), doi:10.1371/journal.pone.0025413.

343 30년이 넘는 세월 동안 : S. Shultz, "Brain size and resource specialization predict long-term population trends in British birds," *Proc R Soc B* 272, no. 1578 (2005): 2305–11.

344 중앙 아메리카 대륙의 : L. O. Frishkoff, "Loss of avian phylogenetic diversity in neotropical agricultural systems," *Science* 345, no. 6202 (2014): 1343–46.

345 다니엘 솔과 동료들은 : D. Sol et al., "Behavioral drive or behavioral inhibition in evolution: Subspecific diversification in Holarctic passerines," *Evolution* 59, no. 12 (2005): 2669–77; D. Sol and T. D. Price, "Brain size and the diversification of body size in birds," *Am Nat* 172, no. 2 (2008): 170–77.

346 2014년 초에 코넬 대학교의 : B. G. Freeman and A. M. Class Freeman, "Rapid upslope shifts in New Guinean birds illustrate strong distributional responses of tropical montane species to global warming," *PNAS* 111 (2014): 4490–94.

346 "정말 놀랍게도 산을 타고" : 2015년 2월 5일, 벤 프리먼과의 개인적인 연락.

347 언젠가 나는 사람의 발자국을 : P. Kareiva et al., "Conservation in the Anthropocene," *The Breakthrough* (Winter 2012), http://thebreakthrough.org/index.php/journal/past-issues/issue-2/conservation-in-the-anthropocene.

348 환경보호 단체의 예측대로라면 : S. Nash, *Virginia Climate Fever* (Charlottesville: University of Virginia Press, 2014), 24.

348 아주 융통성 있게 행동한다고 : O. Vedder et al., "Quantitative assessment of the importance of phenotypic plasticity in adaptation to climate change in wild bird populations," *PLoS Biol* (2013), doi:10.1371/journal.pbio.1001605.

349 이런 새들은 세대 시간이 : 그러나 다니엘 솔이 지적한 것처럼 "그 반대를 의미하는 연구 결과(즉 세대 시간이 길수록 환경 변화에 반응하는 정도는 커진다)도 있다." B.-E. Saether, "Climate driven dynamics of bird populations: Processes and patterns," *BOU Proceedings—Climate Change and Birds* (2010) 참조.

349 기온이 높아져서 : S. Shultz, "Brain size and resource specialization predict longterm population trends in British birds," *Proc R Soc B* 272, no. 1578 (2005): 2305–11; D. Sol et al., "Big brains, enhanced cognition and response of birds to novel environments," *PNAS* 102 (2005): 5460–65.

350 그러나 1980년대 이래로 : A. J. Baker, "Rapid population decline in red knots: fitness consequences of decreased refuelling rates and late arrival in Delaware Bay," *Proc Roy Soc B* 271 (2004): 875–82.

350 그러나 기온이 변하는 바람에 : H. Galbraith et al., "Predicting vulnerabilities of North American shorebirds to climate change," *PLoS ONE* (2014), doi:10.1371/journal.pone.0108899.

350 앞으로 50년이 지나면 : http://climate.audubon.org/birds/mouchi/mountain-chickadee.

350 더구나 지구 온난화 때문에 : C. A. Freas et al., "Elevation-related differences in memory and the hippocampus in mountain chickadees, *Poecile gambeli*," *Anim Behav* 84 (2012): 121–27.

351 블라디미르 프라보수도프는 날씨가 : 2015년 1월 29일, 블라디미르 프라보수도프와의 개인적인 연락.

351 프리먼은 "그 어느 때보다" : 2015년 2월 26일, 벤 프리먼과의 개인적인 연락.

351 실제로 전 세계적으로 : G. De Coster et al., "Citizen science in action—evidence for long-term, region-wide house sparrow declines in Flanders, Belgium," *Landscape Urban Plan* 134 (2015): 139–46; L. M. Shaw et al., "The house sparrow *Passer domesticus* in urban areas—reviewing a possible link between post-decline distribution and human socioeconomic status," *J Ornithol* 149, no. 3 (2008): 293–99.

351 집참새가 감소하고 있다는 사실은 : http://www.rspb.org.uk/discoverandenjoynature/discoverandlearn/birdguide/redliststory.aspx.

351 새끼의 생존율이 크게 : W. J. Peach et al., "Reproductive success of house sparrows along an urban gradient," *Anim Conserv* 11, no. 6 (2008): 493–503; http://www.rspb.org.uk/news/details.aspx?id=tcm:9-203663; D. Adam, "Leylandii may be to blame for house sparrow decline, say scientists," *Guardian*, 2008, http://www.theguardian.com/environment/2008/nov/20/wildlife-endangeredspecies.

351 사람들이 오랫동안 가꿔왔던 : G. Seress, "Urbanization, nestling growth and reproductive success in a moderately declining house sparrow population," *J Avian Biol* 43 (2012): 403–14.

352 이스라엘에서는 기후 변화로 : Y. Yom-Tov, "Global warming and body mass decline in Israeli passerine birds," *Proc R Soc B* 268 (2001): 947-52.

352 린 마틴은 이런 가설들에 : 2015년 3월 5일, 린 마틴과의 개인적인 연락.

352 집참새에 관해서 테드 앤더슨이 : T. R. Anderson, *The Biology of the Ubiquitous House Sparrow* (Oxford: Oxford University Press, 2006), 437.

353 과학자들은 지금도 새로운 종을 : P. C. Rasmussen et al., "Vocal divergence and new species in the Philippine hawk owl *Ninox philippensis* complex," *Forktail* 28 (2012): 1-20; J. B. C. Harris, "New species of *Muscicapa* flycatcher from Sulawesi, Indonesia," *PLoS ONE* 9, no. 11 (2014): e112657; P. Alstrom et al., "Integrative taxonomy of the russet bush warbler *Locustella mandelli* complex reveals a new species from central China," *Avian Res* 6, no. 1 (2015), doi:10.1186/s40657-015-0016-z.

353 까마귀가 유사점을 : A. Smirnova et al., "Crows spontaneously exhibit analogical reasoning," *Curr Biol* (2014), doi:http://dx.doi.org/10.1016/j.cub.2014.11.063.

354 리처드 프룸은 참새목 명금류가 : R. O. Prum, "Coevolutionary aesthetics in human and biotic artworlds," *Biol Philos* 28, no. 5 (2013): 811-32.

354 조류학자 리처드 F. 존스턴의 : R. F. Johnston, 다음에서 인용. T. R. Anderson, *The Biology of the Ubiquitous House Sparrow* (Oxford: Oxford University Press, 2006), 31.

355 개빈 헌트는 "천적이 전혀 없고" : 2015년 1월, 개빈 헌트와의 개인적인 연락.

355 그러나 코스타리카의 농경지대와 : L. O. Frishkoff, "Loss of avian phylogenetic diversity in neotropical agricultural systems," *Science* 345, no. 6202 (2014): 1343-46.

356 새의 게놈을 비교한 : M. N. Romanov et al., "Reconstruction of gross avian genome structure, organization and evolution suggests that the chicken lineage most closely resembles the dinosaur avian ancestor," *BMC Genomics* 15, no. 1 (2014): 1060.

356 1930년대에 미국의 조류학자 : A. C. Bent, *Life Histories of North American Gallinaceous Birds* (Washington, DC: U.S. Government Printing Office, 1932), 335.

357 알도 레오폴드는 아름다움의 물리학에 : A. Leopold, *A Sand County Almanac* (London: Oxford University Press, 1966), 137.

357 6,600만 년 전에 공룡을 : E. D. Jarvis et al., "Whole-genome analyses resolve early branches in the tree of life of modern birds," *Science* 346, no. 6215 (2014): 1321-31.

358 "사람이란 실제로 존재하는" : 아인슈타인이 벨기에 엘리사베트 여왕에게 쓴 1932년 9월 19일 자 편지.

358 수 힐리는 "실제로 존재하는" : S. D. Healy, "Animal cognition: The tradeoff to being smart," *Curr Biol* 22, no. 19 (2012): R840-41.

359 **다니엘 솔은 다산과 생존이라는** : 2015년 1월, 다니엘 솔과의 개인적인 연락.

359 **스웨덴 고틀란드 섬에서** : L. Cauchard et al., "Problem-solving performance is correlated with reproductive success in a wild bird population," *Anim Behav* 85 (2013): 19-26. 코샤르 연구팀은 새끼를 기르는 박새 부부에게 풀기 힘든 과제를 제시한 뒤에, 부모의 문제 풀이 능력과 자손의 양육 성공률에 어떤 상관관계가 있는지 알아보았다. 연구팀은 둥지 상자에 줄을 당겨야만 열리는 뚜껑 문을 달고 박새 부부의 모습을 관찰했다. 부부 가운데 한 마리라도 뚜껑 문을 열 수 있는 박새 부부의 새끼가 두 마리 모두 뚜껑 문을 열 수 없는 박새 부부의 새끼보다 생존율이 훨씬 더 높았다.

360 **그러나 위담 숲에서 새끼를** : E. Cole et al., "Cognitive ability influences reproductive life history variation in the wild," *Curr Biol* 22 (2012): 1808-12.

360 **(산에서 사는 검은머리박새도)** : D. Y. Kozlovsky et al., "Elevation-related differences in parental risk-taking behavior are associated with cognitive variation in mountain chickadees," *Ethology* 121, no. 4 (2015): 383-94; 2015년 1월 25일, 블라디미르 프라보수도프와의 개인적인 연락.

360 **네일테 보헤트는 "문제를"** : 2015년 4월, 네일테 보헤트와의 개인적인 연락.

361 **예를 들면 바베이도스 섬에서는** : 시몬 두카테스, 2012년 2월의 인터뷰; S. Ducatez, "Problem-solving and learning in Carib grackles: Individuals show a consistent speed-accuracy tradeoff," *Anim Cogn* 18, no. 2 (2015): 485-96.

361 **다니엘 솔은 "용감한 개체는"** : 2015년 1월, 다니엘 솔과의 개인적인 연락.

역자 후기

# 언제나 우리와 함께 하기를

탁 트인 창문 앞에 서서 바깥 풍경을 내다보고 있다. 건물 바로 앞으로 넓은 10차선 도로가 있고 삼거리에서 교차해 동북쪽으로 쭉 이어지는 도로를 따라 시선을 옮기면 창의 가로 길이를 모두 채울 정도로 넓게 퍼져 있는 푸른 산이 있다. 도로와 산이 그은 세로줄과 가로줄을 메우고 있는 것은 아주 높지는 않은 고만고만한 건물들. 창 하나가 담고 있는 시흥대로에서 호압산과 불영암을 품은 관악산까지의 병풍 같은 모습이다.

시간을 내서 등산도 조금 해야 하는데라는 생각을 하고 있을 때, 8층 높이에 있는 옥상에서 내려오기 시작한 것인지, 작은 새 두 마리가 갑자기 내 눈앞에서 도로 쪽으로 쭉 하강하다가 그대로 솟구쳐올라 관악산 쪽으로 날아간다. 족히 2킬로미터는 넘는 산까지의 거리를 말 그대로 눈 깜빡할 사이에(사실 그보다는 조금 더 길었지만) 날아가버린 것이다. 내 걸음으로 걸었다면 건물에서 나와 이런저런 신호등을 건너고 부지런히 다리를 움직여야 40분 안에 닿을까 말까 한 곳을 새들은 바람을 타고 하늘을 날아 사람의 몸으로는 절대로 흉내낼 수 없는 시간 안에 도착한 것이다.

새들이 나는 모습은 정말로 경이롭다. 지붕과 지붕을 건너뛰는 것이 고작인 닭만 해도 땅 위에서 지붕 위로 날아가는 모습을 직접 보았을 때는 '우와' 하는 소리가 절로 나온다(적어도 나는 그렇다).

그 때문일까? 우리가 새들에게서 주목하는 모습은 갑자기 솟구쳐오르거나, 바람을 타고 우아하게 제비를 돌거나, 하늘을 호령하며 높은 곳에서 맴돌거나, 엄청난 속도로 급강하해서 먹이를 채가는 모습에 한정될 때가 많다. 하지만 하늘을 나는 재주는 새들이 가지고 있는 다양한 재주 가운데 하나일 뿐이다. 그런데도 많은 사람이 하늘을 나는 것 외에는 새들이 할 수 있는 다양한 재주를 살펴볼 생각을 하지 않을 때가 많다. 날지 못하는 바보 새라거나, 날지도 못하니 닭은 새도 아니라는 말들을 하면서도 그 말의 부당함을 인지하지 못할 때가 많은 것이다.

부당함이라는 말이 나와서 하는 말인데, 나는 새에 관해서는, 그다지 오해하지 않는 사람이라고 생각했었다. 하지만 이 책을 읽어나가면서 내가 얼마나 터무니없는 오해를 해왔는지를 인정할 수밖에 없었다. "공룡은 포유류와 조류로 갈라져서 진화했기 때문에 포유류나 조류는 동등한 면이 많아"라고 했던 말은 무지한 말이지만 그렇다고는 해도 어느 정도는 공정한 표현이었다. 하지만 "새는 날기 위해 대뇌를 포기하고 소뇌를 발전시킨 거야. 포유류는 대뇌를 발전시켜 똑똑함을 늘렸지만 새는 소뇌를 발전시켜 엄청난 운동 신경을 갖게 된 거지"라고 했던 말은 정말로 부당한 오해였다.

새는 날려고 두뇌를 포기하지 않았다. 새가 포유류만큼, 어쩌면 포유류보다 똑똑하다는 증거는 계속해서 나오고 있다. 새의 뇌를 연구한 기간이 길지 않았는데도 적지 않게 쏟아져나온 새의 영리함을 연구한 결과를 모은 책이 바로 이 책이다. 대뇌 피질이 없기 때문에 고등한 사고력을 발휘할 수 없다는 편견 앞에서 새들은 '아니거든. 나도 그런 부위가 있거든'이라며 사람의 무지를 밉지 않게 비웃어주고, 어디 한번 겨뤄보자고 내준 확률 문제에서는 사람을 거뜬히 이긴다.

씨앗을 찾는 시합에서도 동일한 음정을 내는 시합에서도 그림 유형을 맞추는 시합에서도 집을 찾아가는 시합에서도, 사람은 새들의 라이벌이 될 수 없다. 만들 수 있다는 이유로 무조건 만들고 보자는 우리 사람과 달리 딱 필요한 만큼만 도구를 만들어 쓰는 새들의 품성은 아름답기까지 하다.

　이 책을 읽는 동안 새에 관한 뇌 과학을, 행동 과학을, 심리학을, 내분비학을, 인지 과학을 조금쯤은 알게 되었다. 그리고 사람에 관해, 생태에 관해 알게 되었고, 아직은 우리 동네에서는 목격하지 못한 집참새와 곧 만나게 될지도 모른다는 기대를 품게 되었다(인터넷을 찾아보니 한국 남부지방에서는 심심치 않게 목격된다고 한다. 참새는 참새인데 정수리에 흰색 무늬가 선명하게 보이면 아, 집참새구나 하면 된다).

　이 책의 저자 제니퍼 애커먼은 사람을 만나 대화를 하고 과학을 알려주고 사람들의 이야기를 들려주고 새들이 서식하는 장소에 찾아가 풍경을 묘사하고 사색한다. 이 책은 과학서이자 여행서이고 사색하면서 인생을 살아가는 한 사람의 수필이다. 읽는 내내 마음이 따뜻해졌다. 그 마음이 번역서에서도 조금은 표현되었기를 바라본다.

　이 글을 쓰는 지금도 창문 밖 가는 전선줄 위에서 총총총 움직이는 작은 새가 보인다. 도시에서 볼 수 있는 동물은 많지 않다. 서울 도심에서, 고양이 외에 야생인 동물은 어떤 종을 볼 수 있을까? 참새, 비둘기, 까치, 그리고 대부분 목격했을 때 '저 새는 이름이 뭐야?'라고 부를 수밖에 없는 새들 몇 종이 전부일 것이다(그나마도 그런 새들은 숲과 사람의 거주지가 가까운 곳에서만 볼 수 있다). 지친 현대인의 일상에서 사무실 밖에서 들려오는 이름 모를 새들의 노래는, 떼 지어 날아가는 철새들의 모습은 잠시 동안 긴장을 풀 수 있는 위로가 되지 않을까? 새들의 그런 모습이 지구에 영원히 간직되기를. 우리 호모 사피엔스가 사라진 뒤에도 지속되기를 바라본다. 그리고 우리가 새들을 좀더 잘 이해할 수 있었으면 하는 바람도 가져본다.

거친 원고를 깔끔하게 정리해주신 까치글방 권은희 편집자와 편집부 분들에게, 마감을 지킬 수 있도록 부지런히 설거지를 해준 남편에게, 번역하는 동안 가끔 찾아와 노래를 불러주었던, 참새임이 분명한 새에게 (아니라면 미안하다) 감사의 말을 전하고 싶다. 이 책을 만드신 분들, 읽어주실 분들 모두 행복했으면 좋겠다.

2017년 5월 30일 화요일에

김소정

# 인명 색인

# 새 이름 색인